微电网与智慧能源丛书

直流配电网分散自治控制

彭勇刚　韦　巍　著

科学出版社

北　京

内 容 简 介

本书是作者在相关项目的支撑下，结合多年从事分布式可再生能源交直流供电研究基础上形成的成果。全书围绕直流配电网的建模与稳定性分析、直流接入与互联关键设备、直流配电系统稳定与自治控制三个核心方向介绍了相关研究成果。首先在介绍直流配电网发展背景和相关概念的基础上，建立了直流配电典型电源和负荷特性与模型。接着介绍了基于阻抗的直流配电稳定性分析方法，重点提出了分散式阻抗稳定性判据，为即插即用等变化场景下的直流稳定性分析提供了一种新的思路。然后论述了直流电压支撑控制与直流微电网自治运行方法，介绍了直流互联设备及其控制方法，重点提出了基于恒变比控制思想的新型直流变压器。最后提出了基于恒变比控制策略直流互联的多电压等级直流配电网全局自治运行控制方法。

本书内容理论联系实际，既可作为分布式直流配电研究的科研工作者的学习用书，也可供电力相关行业人员参考。

图书在版编目(CIP)数据

直流配电网分散自治控制 / 彭勇刚，韦巍著. -- 北京 : 科学出版社，2025. 3. --（微电网与智慧能源丛书）. -- ISBN 978-7-03-081528-6

Ⅰ. TM727

中国国家版本馆CIP数据核字第2025WA4867号

责任编辑：范运年　王楠楠 / 责任校对：王萌萌
责任印制：师艳茹 / 封面设计：赫　健

科学出版社 出版
北京东黄城根北街16号
邮政编码：100717
http://www.sciencep.com
北京厚诚则铭印刷科技有限公司印刷
科学出版社发行　各地新华书店经销
*
2025年3月第　一　版　开本：720×1000　1/16
2025年3月第一次印刷　印张：16 3/4
字数：335 000

定价：138.00元

（如有印装质量问题，我社负责调换）

“微电网与智慧能源丛书”序

微电网是由分布式电源、储能系统、能量转换装置、监控和保护装置、负荷等汇集而成的小型发、配、用电系统，是具备自我控制和能量管理能力的自治系统，既可以与外部电网并网运行，也可以独立运行，可用于有效解决海岛、高原等偏远地区供电问题，也可以克服大规模分布式能源接入对电网运行造成的不利影响，是我国未来新型电力系统建设的重要组成部分。同时，随着人工智能时代的到来，互联网、信息技术将与能源系统高度融合，大幅提高能源系统智慧化水平，这将为能源转型发展带来新的契机。

在国家 973、863 和重点研发计划等项目支持下，近十年我国微电网和智慧能源技术迅猛发展。为推动技术落地，《关于推进新能源微电网示范项目建设的指导意见》和《关于推进“互联网+”智慧能源发展的指导意见》等文件相继发布，通过相关支持政策的制订，推动了微电网和智慧能源技术的广泛应用，已成功建成一批适应各种场景需求的微电网和智慧能源系统实际工程。

在技术发展与工程实施过程中，一些大学、科研单位和企业取得了大量研究成果，部分技术已经走在了国际前列。为促进微电网和智慧能源领域技术研究和应用的持续发展，推动相关领域优秀科研成果与技术的广泛应用，我们策划并组织了“微电网与智慧能源丛书”。值得欣慰的是，这一丛书还入选了科学出版社 2021 年度的重大出版项目。

丛书围绕微电网与智慧能源的基础理论和关键技术，结合已经完成或正在实施的相关领域国家重大研究项目前沿课题，以一线科研人员的优秀成果为依托，分成微电网技术基础、规划设计、保护控制、能量管理、经济运行与智慧能源等部分，力求反映我国微电网与智慧能源领域最新的研究成果，突出科研工作的自主创新性，旨在为学科发展和人才培养贡献力量。

相信丛书的出版将为我国大规模分布式能源的智慧化应用发挥积极的推动作用，助力科研工作更好地为国家能源战略需求服务。

2022 年 4 月 12 日

前　言

我国能源变革与“双碳”目标的有序推进，极大地促进了可再生能源的发展。分布式发电大多呈现直流特性，随着直流分布式电源及新型直流负荷的不断增长，直流电由于具有易于控制、没有频率和无功问题以及功率传输能力强等优势而受到日益广泛的关注。一方面，直流配电可以更加高效灵活地接入分布式电源；另一方面，直流配电减少了变换环节，提升了供电效率。而且直流线路具有供电容量更大、供电半径更长、线路损耗更小的优势，这将进一步推动直流配电网的持续发展。

直流配电系统是一个典型的电力电子化供电系统，在结构、装备、运行与控制等方面均与现有配电系统存在明显差异。未来成熟的直流配电系统应当具有新的配电网组织形式，主要应具备如下特点和功能：①具有接纳大规模分散式可再生能源的能力；②具备柔性化控制与协调能力，源荷储有机融合与协调运行；③可实现区域自治与区域间无缝连接，具备灵活的扩展能力，能够实现灵活的自愈与网络重构；④电网物理系统与电网通信信息高度融合，利用信息与智能技术提供丰富的高级服务；⑤分布式智能得到大量的应用，分布式控制和集中控制有机结合。

但是现有的直流配电系统如果需要扩展一个新的供电区域，原有控制系统需要重新设计运行场景和模式，互联的 DC/DC 变换器、DC/AC 变换器等都可能需要改变或者切换控制模式，尤其是中央控制器需要修改，无法保持原有系统的不变性，其根本原因在于现有直流供电系统还无法实现如同现有交流供电系统的自治运行。现有研究只是实现了物理上的连接，没有实现运行模式和控制策略上的无缝连接和灵活组网与扩展，缺乏成熟的直流互联关键设备，无法支撑多区域直流系统的灵活互动与自治运行。

鉴于上述难题，结合直流配电网源、网、荷三个方面具有的独特优势，本书聚焦于直流配电网的底层分散式控制和稳定性问题，从直流配电网对象建模、系统稳定性分析、关键互联设备、系统自治运行控制方法几个角度开展研究和介绍，从底层控制模式开始实现直流配电系统的自治运行。

全书共分为 7 章。第 1 章概述直流配电的发展背景和供电方式，介绍直流配电的相关关键技术；第 2 章介绍典型的直流电源、直流负荷及储能，并建立其控制模式，为系统控制提供基础；第 3 章从阻抗分析角度研究直流配电网的稳定性分析方法，重点提出针对即插即用场景的分散式阻抗稳定性判据；第 4 章针对直流母线电压稳定控制开展研究，分析分布式电源的并网稳定性、储能电压支撑及变流器并联运行的环流问题，提出直流微电网的自治运行方法；第 5 章针对直流配电互联、组网关键设备及其控制方法开展研究，提出基于恒变比控制策略的理想直流变压器，实现了直流区域的无缝连接与组网；第 6 章针对多电压等级直流配电网的运行控制开展研究，提出恒变比直流变压器互联的多电压等级直流配电网全局自治运行方法；第 7 章介绍实际的直流互联电力电子变压器设计与直流配电网实验平台与示范系统。

本书为“微电网与智慧能源丛书”之一。本书研究成果受到国家自然科学基金项目(编号：51877188)和国家重点研发计划项目(编号：2017YFB0903303)等的支持，是上述项目研究成果的总结，也是本课题组王晓明、夏杨红、胡辉勇等多位博士研究生参与项目研究的成果总结，博士研究生翁楚迪参与了整理工作。在此向国家自然科学基金委员会、工业和信息化部以及参与项目研究的博士研究生表示衷心的感谢！

由于知识水平有限，书中难免有不妥之处，希望读者能够提出宝贵的改进意见，我们将不胜感激。

作　者

2024 年 6 月

目　录

第1章　直流配电网概述

1.1　直流配电发展背景

能源是当今社会经济发展的强劲动力，而电能是众多一次能源转化后的一种重要的二次能源消费形式。世界上第一个发电机是直流发电机，世界上第一个供电系统也是直流供电系统。但由于交流电方便升降压、更适合长距离输电，电力系统大发展的时期交流发电和交流供电系统占据了主流，一直到目前，世界上主要的电力系统都是交流供电。今天，电力系统已经发展成一个庞大复杂的工业体系，成为现代经济和社会的基石，同时也面临新的发展问题，交直流之争仍然没有画上完美的句号。

由于传统化石能源日益枯竭以及其对环境产生的不利影响，以太阳能、风能和潮汐能等为代表的可再生清洁能源目前受到越来越多的关注[1]。以中国为例，截至2019年底，可再生能源发电装机达到7.94亿kW，其中太阳能发电装机2.04亿kW，风电装机2.1亿kW，分别同比增长了17.3%和14.0%，太阳能、风电首次“双双”突破2亿kW。可再生能源发电装机约占全部电力装机的39.5%，可再生能源的清洁能源替代作用日益凸显[2]。而从世界范围看，国际能源署(International Energy Agency，IEA)预测，2019～2024年可再生能源发电新增装机容量增幅将超过50%，增量为12.00亿kW，这相当于美国2019年的总装机容量[3]。

在19世纪末，得益于交流变压器优异的电压等级转换能力，交流电取代直流电成为主要的供电形式。由于传统水利、火力能源及可再生能源分布不均，超远距离输电的需求，出现了特高压交流输电和特高压直流输电，但是此时直流输电主要用于点对点、远距离、大容量电源外送，而不能组网。

而在现阶段，直流电由于具有易于控制、没有频率和无功问题以及功率传输能力强等优势而受到日益广泛的关注。此外，当将直流电应用于配电网中时，电路中的电力电子变换环节相对于交流配电网会减少，因此系统效率会得到提高。更重要的是，随着电力电子变压器(power electronic transformer，PET)技术的发展，直流配电网中的电压等级转换变得越来越容易，这给直流配电网的发展提供了强劲的动力。

与传统化石能源集中发电、单向输配电不同，可再生能源除了集中发电，还有更广泛的分布式发电方式，电源在近负荷端提供更灵活、高效的电能。而这些分布式发电大多呈现直流特性，如光伏和储能本身就是直流电源，风机和柴油发电机等交流电源通常也需要中间的直流环节来匹配传统交流大电网的频率。在这种情况下，使用传统交流电网接入分布式发电并不是较好的选择。事实上，使用直流电网，特别是直流配电网，可以省去不必要的直流/交流(DC/AC)转换环节，有效提升分布式发电的效率[4,5]。除了在电源侧，当今电力系统负荷侧的直流特性也越来越明显，如电子设备(如计算机、手机等)、LED灯、电动汽车、数据中心、变频驱动电器等都是直流负荷。采用直流配电网为这些高比例的直流负荷供电是一种更为高效的选择[6,7]。此外，直流配电网在网络特性上相较于交流配电网也有自己的优势。直流配电网具有供电容量更大、供电半径更长、线路损耗更小、没有频率和无功问题、易于控制等特点，这些优势将进一步推动直流配电网的持续发展[8,9]。

因此直流配电网在源、网、荷三个方面都具有独特的优势，直流配电的相关研究和示范应用开始快速发展。对其在实际应用中可能面临的问题进行深入研究显得很有意义。

直流配电网在输送容量、可控性、提高供电质量、减小线路损耗、隔离交直流故障、可再生能源灵活和便捷接入等方面具有比交流配电网更好的性能，可以有效提高电能质量、减少电力电子换流器的使用、降低电能损耗和运行成本、协调大电网与分布式电源之间的矛盾，充分发挥分布式能源的价值和效益。

直流配电具有很多自身优势[10]：①线路成本低；②输电损耗小；③供电可靠性高；④可以更加高效灵活地接入分布式电源。

直流供电在接纳分布式电源及在大量开关电源类负载的供电系统中显现出诸多天然的优势：①减少电能变换环节，降低损耗[11]。分布式可再生能源大多采用电力电子变换装置接入电网，采用直流供电将能减少变换环节从而降低损耗，同时向开关电源类负载、变频调速类负载以及电子设备等本质直流负载进行供电时也能减少整流环节从而降低损耗。②降低线路损耗。直流系统只存在电阻损耗，因此整个供电系统的损耗将有望大幅度降低。③提高电能质量[12]。将大容量可控AC/DC变换器作为直流电源，采用适当的控制策略，可以有效提高直流系统的供电连续性和电能质量。

因此，直流供电技术的发展主要受直流技术优势的内在驱动，以及分布式能源和直流负荷发展的外在促进。

1.2　直流配电网供电方式

1.2.1　直流供电基本类型

直流配电在受到广泛关注之前，从20世纪90年代开始就已经在特定领域进行了应用，如地铁、数据中心、通信基站等。而军舰、航空以及混合电动汽车等特殊应用领域的直流区域配电技术也日趋成熟。这些都为直流配电向工厂、住宅等领域的推广应用提供了基础。目前研究和关注的主要还是普通民用领域的直流配电网。

根据应用领域的差别，可以将直流配电的应用场景归纳为三类：①专用直流配电系统；②城市直流配电系统；③民用直流配电系统。

从应用规划和发展趋势来看，直流配电可以划分为直流微电网和直流配电网。直流微电网从交流微电网发展而来，是直流配电网的雏形。而直流配电网是更加广泛互联的直流配电系统。

1) 直流微电网

直流微电网是由直流电源和负荷构成的微电网，是未来智能配电系统的重要组成部分，对于节能减排和实现能源可持续发展具有重要意义。相比交流微电网，直流微电网可更高效可靠地接纳风、光等直流输出的分布式可再生能源发电系统、储能单元、电动汽车及其他直流用电负荷。

相比于采用交流微电网，采用直流微电网将省去部分变换器装置，降低成本；直流母线电压是衡量系统功率是否平衡的唯一指标，不存在频率、无功等问题；通过双向 DC/AC 变流器即可与现有配电网或交流微电网相连，并有效隔离交流侧故障等问题，提供高可靠性、高质量的供电[9,13]。直流微电网因其诸多优点，逐渐受到了国内外学者的广泛关注。在国外，美国北卡罗来纳州立大学提出了以直流供电为基础的 FREEDM (future renewable electric energy delivery and management) 系统结构[14]，荷兰、德国等均建立了直流微电网实验室[15]；在国内，一批国家自然科学基金项目和 863 计划项目获得立项，如国家自然科学基金项目“直流微电网协调控制及其稳定性研究”(51307140)、863 计划项目“高密度分布式能源接入交直流混合微电网关键技术”等[16]。

2) 直流配电网

传统的直流配电往往指的是向负载供电的功能，而并不包含发电的概念。现在大家所讨论的直流配电网一般包括源网荷储集成的新型直流配电网或者智能直流配电网。其网络母线主要是直流母线，可给直流负荷和交流负荷供电。和交流配电网一样，直流配电网通常也有多个电压等级的直流母线存在，向不同电压等级的负荷进行供电。相比交流配电网，直流配电网在很多领域取得了技术和经济优势，具有巨大的发展前景。

尽管直流配电网具有特有的优势，然而由于交流配电网基础设施完善、交流电源和负载的长期存在，直流配电网目前难以完全取代交流配电网。而采用交直流混合配电网时，交流负载和直流负载可以分别接入交流母线和直流母线，减少能量转换环节、降低成本，易于整合各种分布式发电，是解决高密度分布式发电接入配电网的有效途径，因此在未来很长一段时间内将是一个交直流配电共存、混合发展的局面。

1.2.2　直流供电网架结构

直流供电网架结构指的是典型的直流配电网拓扑结构及主设备配置方式[17]。常用的中压直流供电网架结构包括：单端单路辐射状结构、单端双路辐射状结构、单端环状结构、双端结构、多端树枝状结构及多端环状结构。

在直流配电网发展过程中，网架结构的确定首先应当充分考虑应用场景、用户需求以及电压等级等多个方面的因素。

低压直流母线结构主要包括单母线结构、双母线结构、分层式母线结构。低压直流单母线结构与现有交流配电系统类似，所有用电设备挂接在一条母线上。双母线结构的电源一般采用真双极接线，正、负极母线取自单独的换流器，可单母线运行，也可双母线配合运行，具有电压等级多、供电容量大、供电方式灵活等特点，适用于多电压等级及高可靠性供电需求的场所。分层式母线结构是对单母线结构的扩展，在单母线结构的基础上，通过直流/直流(DC/DC)变压器引出低一级电压的母线。该母线结构将与用户接触较多的用电设备采用更低一级电压供电，提高了用户用电安全性。同时，相较单母线结构的分散式 DC/DC 变压器，集中式 DC/DC 变压器提升了系统运行效率，降低了方案的社会成本。

常用的直流供电方式有二线式与三线式。

(1)二线式：用于城市无轨电车、地铁机车、矿山牵引机车等的供电。

(2)三线式：供应发电厂、变电所、配电所自用电和二次设备用电，电解和电镀用电。

1.2.3　直流电压等级

直流供电的电压等级及序列关系到电网安全性、经济性、负荷适应性等关键问题，对电网未来的发展有重要影响。通信、交通、船舶和航空等特殊行业直流负荷较小，对供电可靠性要求高，且有电能储存的需求，因此较早地采用了直流供电系统，其中通信、船舶业采用的电压等级较多。通信行业采用 48V、240V、270V、336V、350V、380V 电压等级，其中 240V 为我国通信行业的标准电压等级；城市轨道交通采用 750V、1500V、3000V 电压等级；大型船舶采用 750V、1500V、3000V 等电压等级[10]；国外建议信息数据中心采用 260～400V 范围的电压供电；美国和日本提出采用 380V 作为未来楼宇直流供电系统电压等级[11]。

更高直流配电电压则有±3kV、±6kV、±10kV、±20kV、±35kV、±100kV 等。

直流配电网电压等级的选择应以满足负荷需求和分布式电源输送容量的要

求、简化变压层级为原则，取值对应相关直流配电电压标准的规范电压值。直流配电网电压等级的确定需综合考虑其应用范围、传输容量、输送距离、可靠性、安全性和经济性等因素。

1.3　直流配电关键技术

1.3.1　直流配电互联设备

1. AC/DC 变流器

AC/DC 变流器是直流配电网的基础设备，其控制效能直接影响直流配电网的稳定运行和直流功率的协调分配，主要分为电流源型和电压源型两种。通常通过 AC/DC 变流器实现直流配电网和交流配电网的互联以及交流分布式电源和交流负荷的接入。

2. DC/DC 变换器

直流配电网中，直流电源、直流负荷及储能一般以 DC/DC 变换器作为接口接入电网。因此 DC/DC 变换器也是直流配电网中的重要关键设备。直流微电网中基本的 DC/DC 变换器主要有 Buck、Boost、Buck-Boost 三种。现有 DC/DC 变换器控制器大多采用单电压环控制或单电流环控制，采用电压电流双环控制的较少。

3. 直流变压器

相邻两个电压等级直流母线之间需要通过直流变压器实现互联，通常采用隔离型 DC/DC 变换器实现双向互联。高频隔离型 DC/DC 变换器在低压小容量领域已经得到比较广泛的应用，在中压大容量领域处于样机研发的阶段，其拓扑、控制、保护和电力电子装置等尚无完善的方案。目前针对直流变压器的研究主要有 3 种主电路拓扑：①双向半桥；②串联谐振变换器；③双主动桥(dual active bridge，DAB)，事实表明 DAB 是最适合构成直流变压器的子模块拓扑，也是当前学术界和工业界研究的重点。

4. 电力电子变压器

电力电子变压器是一种具有变压器功能的电力电子变换器，集电气隔离、电压变换、能量传递等功能于一身，可实现交直流互联和接入功能。这是一类多端口交直流混合的新型电力电子设备，可以实现多端口的灵活接入和互联，方便多类型交直流分布式电源、负荷及储能的接入以及与交流配电网的互联。

5. 直流断路器

直流断路器是关系直流配电网保护和安全运行的关键设备，对系统灵活运行、防止故障范围扩大有重大意义。直流断路器按照开断原理可分为机械式、全固态式和混合式三种。目前在直流配电领域，中压大容量直流断路器是国内外研发的热点，其中低压直流断路器比较成熟，已经有多款相关产品进行示范应用，但是在中压以上还未有低成本、高可靠性的成熟产品。

6. 直流故障限流器

直流故障限流器通常串联进直流线路，用于直流故障时限制故障电流的大小及上升速度，可以用来增加电路的短路阻抗，达到限制短路电流的作用。该设备主要配合故障保护装置使用，防止故障电流过大破坏供电设备，同时降低故障电流上升速度，给故障保护装置留出动作时间以切除故障。目前，常用的限流技术主要包括限流熔断器和限流电抗器等传统限流技术、超导限流技术、基于电力电子的固态限流技术，这些技术大部分都是基于交流系统的过零或者工频谐振特性。

国内外结合直流供电和能源互联网需求，提出了与直流配电相关的能量路由器、电力电子变压器、微网路由器等多个新型电力电子设备概念和构想[18-27]。在美国，2008 年美国电力科学研究院提出了下一代柔性电力装备“智能通用变压器”[18]；北卡罗来纳州立大学主持“未来可再生电力能源传输与管理系统”项目，提出了能量路由器(energy router)的概念[19]；美国麻省理工学院、得州仪器公司(TI)、通用公司(GE)及加拿大庞巴迪(Bombardier)等高校和公司也都开始了电力电子化配电装备的研究[20]。德国也已经提出了“E-Energy”计划[21]，2014 年德国基尔大学提出以电力电子技术为核心的 HEART(the highly efficient and reliable smart transformer)下一代配电网装备的 5 年研制方案[22]。在日本，2011 年成立的“数字电网联盟”提出了“电力路由器”柔性化配电装备[23]。在中国，国家电网有限公司、中国南方电网有限责任公司也开展了电力电子变压器和能量路由器的相关研究[24]，各大院校也参与其中[25-27]。这些直流及交直流混合供电系统的典型设备中，有些已经研发出样机进行示范应用，有些还处于功能构想和探索阶段。这些设备只是通过多端口、多模式实现了交直流之间物理上的互联，是基于原有交流电力系统运行框架的方案，其电力电子接口基本还是采用交流配电下的 PQ 控制、VF 控制、下垂控制和虚拟同步机等概念，无法真正支撑未来大规模分布式电源及互动资源接入的电力电子化供电系统的无缝连接、灵活组网及自治运行需求。

1.3.2　直流保护与控制

保护技术作为电力系统三道防线中的第一道防线，是保证直流配电系统高效可靠运行、促进直流配电系统发展应用的关键技术之一。直流配电网环境源荷基本采用电力电子设备接入电网，电力电子变流器故障时故障电流上升速度快，换流装置过流能力差、故障穿越能力差，因此极容易造成闭锁，这就要求直流断路器在几毫秒内完成分断任务，短时间内完成大量的系统储能吸收耗散。同时，直流配电网在电气特性及测量方式等根本性技术上跟交流配电网完全不同，没有低成本、可商业应用的大容量直流断路器，相关直流保护技术和装备既缺乏标准，也缺少运行经验。因此保护隔离装置对直流系统的应用至关重要。

直流配电网中存在大量电力电子装置，且靠近用户终端，故障复杂多样，直流配电网常见故障包括直流短路、接地故障和绝缘下降、交直流混接、直流环网等。

文献[28]将直流配电系统的保护区域分为交流电源侧保护、变换器保护、直流网络保护和负载保护，并对 4 个分区的配置原则进行了阐述，但未针对实际案例进行具体配置。目前直流配电系统缺乏成熟、经济的保护装置及实践运行经验和标准，仍处于理论研究的初级阶段。直流配电系统保护技术的难点主要有：①故障特性分析及快速识别；②兼顾实用性、经济性与可靠性的保护装置研发；③适用于中低压直流配电系统的系统保护整体方案。

1.3.3　直流配电系统运行控制技术

从控制的目标来讲，直流配电系统的运行控制主要是通过源荷协调控制各电压等级直流母线的电压稳定，以满足负荷的需求。直流配电网的控制技术从接入到运行可以分为直流分布式电源的接入控制、多源协调控制、直流互联电力电子变换器的控制、多端多电压等级直流配电网络的运行控制几个方面。

与交流系统相比，直流母线电压是衡量直流系统内功率平衡的唯一指标，在运行控制中只需控制母线电压在合理范围内即可，没有交流系统中的频率、无功等问题。但是由于直流系统与交流系统依靠电力电子设备连接，以及直流系统内部多换流器并网的特点，直流系统表现出低惯性、弱阻尼的特征，其稳定控制的难度要大于交流系统。

分布式电源接入控制层面主要解决直流并网问题，根据控制模式可以划分为电流源控制模式和电压源控制模式。电压源控制模式的分布式电源及储能系统要参与直流电压的稳定控制，克服源荷的双向随机波动，实现直流供电电压的稳定。

由于直流配电网接入了大量的分布式电源、储能及可灵活调节的负荷，因此区域内直流电压稳定控制的可调节资源丰富，同时控制难度也增加，需要灵活协调区域内的源荷资源实现直流电压的稳定可靠，这是和传统交流配电网有明显差异的地方。

互联层的控制是直流配电发展的关键技术之一。交直流互联、相邻直流电压等级母线之间的互联是实现直流组网的关键。通过这些双向 AC/DC、DC/DC 变换器实现区域及母线间的互联与能量互济，同时可以实现双向的电压支撑，因此分流分区互联设备的运行控制是整个系统高效、优化运行的关键，也是目前研究的热点。

另外，中低压直流配电系统存在多个直流电压等级，还可能包含直流微电网以及不同电压等级独立接入的分布式电源及储能系统，将使系统表现出多层级控制架构。多层级控制架构可扩展性差，不利于系统内大量电力电子设备实现即插即用以及快速控制。因此，扁平化、易拓展的灵活控制架构是未来直流配电系统的应用趋势。传统的集中控制将面临控制对象数量巨大的维数灾难，控制难度大，控制算法的实时性也难以保障。因此将上层系统部分决策功能下放到终端设备里可有效提高控制系统的简易化和实用化，而在就地侧，基于下垂的分散控制将是直流配电系统的一种重要控制方式。

1.3.4 直流配电能量管理技术

直流配电网接入大量的电力电子化源荷资源，其能量管理策略关系到系统的安全性、稳定性和高效性。在满足系统安全可靠运行的条件下，设计合理的系统能量管理策略及调度算法，优化各个接入单元的运行状态与控制指令，实现有限资源的高效、可靠利用，是直流配电能量管理研究有待解决的核心技术难题。直流配电网的能量管理策略按时间尺度可以分为实时控制管理层及调度管理层。

虽然直流系统能量管理策略存在特殊性，但仍可借鉴交流系统中较为成熟的优化模型和优化方法，并考虑上述特殊性对其进行改进和验证，以适应直流配电网的运行特点和技术要求。

能量管理问题同时包含了分布式电源组合与消纳、储能系统运行计划和系统能量实时管理等诸多方面，因此仅考虑系统单一时间尺度下的不同能量平衡关系仍较难保证直流配电系统以经济性最优运行。因此，近年来基于多时间尺度的系统能量优化管理研究受到越来越多的关注。从现有研究结果不难发现，多时间尺度系统能量优化管理问题主要包括日前计划、实时调度两个阶段。

直流配电能量管理策略中的算法模型主要由约束条件和优化目标两部分组成。前者要求管理策略在不同的运行条件下都能保证系统的稳定与安全，并满足并网单元和重要设备的安全可靠运行要求；而后者则要求在满足约束条件的前提下，针对不同的场景和需求，选择不同的指标组合作为优化管理的目标，并采用合适的优化方法以实现系统预定的目标最优化计算。

另外，由于直流配电涉及大量分布式的变流器，其调节速度快、调节能力强、调节模式灵活，但是其有效管理难度大，只有发挥各自不同的特性，才能达到多时间尺度协调、全局优化的目标。

1.3.5 直流配电电能质量控制技术

直流配电电能质量标准直接关系到直流配电实际工程的建设和推广。和直流配电电压等级类似，目前直流配电电能质量标准也在不断研究和完善。迄今为止，国际上对直流系统电压稳定的普遍定义是：能够承受系统电压额定值的±10%内的电压波动。

常见的直流配电电能质量问题包括：电压波动和闪变问题、电压偏差和电压跌落问题以及谐波问题。

电压波动和闪变问题是直流配电系统中常见的电能质量问题，影响负荷用电，危害系统的安全运行，如导致LED灯闪烁引起人体不适，影响计算机、工业负荷等直流用电设备的正常工作。

电压偏差和电压跌落也是直流配电系统中常见的电压问题。当电压出现越限时，可能导致电器损坏；电压跌落会对工业中敏感负荷等电力电子设备造成影响。

相对于传统交流配电网，直流配电网中谐波较少，其谐波主要来源于系统中各种并网的电力电子设备，包括负荷及分布式电源接入变流器等。直流配电系统中常见的脉冲负载及大负载启动时，会产生谐波并注入配电网中。并网质量不太高的分布式电源也会产生大量谐波。

基于储能的各类算法是目前治理直流配电电能质量问题的主要方法，包括治理直流配电系统电压波动、闪变和谐波。另外，传统高压直流谐波的治理技术已经比较成熟，因此可以借鉴到直流配电系统中。比较常见的是在系统中添加无源滤波器和有源滤波器，通过这些设备可以抑制直流线路中的谐波，提高电网的电能质量[29]。

1.4 本书的主要内容

直流配电系统是一个典型的电力电子化供电系统，在结构、装备、运行与控制等方面均与现有配电系统存在明显差异，未来成熟的直流配电系统应当具有新的配电网组织形式，主要应具备如下特点和功能：①具有接纳大规模分散式可再生能源的能力；②具备柔性化控制与协调能力，源荷储有机融合与协调运行；③可实现区域自治与区域间无缝连接，具备灵活的扩展能力，能够实现灵活的自愈与网络重构；④电网物理系统与电网通信信息高度融合，利用信息与智能技术提供丰富的高级服务；⑤分布式智能得到大量的应用，分布式控制和集中控制有机结合。

但是现有的直流配电系统如果需要扩展一个新的供电区域，原有控制系统需要重新设计运行场景和模式，互联的 DC/DC、DC/AC 变换器等都可能需要改变或者切换控制模式，尤其是中央控制器需要修改，无法保持原有系统的不变性，其根本原因在于现有直流供电系统还无法实现如同现有交流供电系统的自治运行。现有研究只是实现了形式上的无缝连接，没有实现运行模式和控制策略上的无缝连接和灵活组网与扩展，无法支撑多区域直流系统的灵活互动与自治运行。

现在直流供电系统的关键设备和中央控制系统需要采用集中控制方法进行模式切换和调控，只能够实现单个子网内部的分布式或者分散式控制以及互联的两个子网之间的整体协调，无法实现多个区域之间广域的自治和多源协调控制。而且一旦增加一个供电子网或者区域，系统模式或者状态就呈倍数增加，原来的互联设备和中央控制系统控制算法就需要更新修改。在自主运行方面有大量学者研究虚拟同步机控制技术，为分布式电源并网提出了一种自主运行的解决方案，但是区域之间互联、网/网之间互联仍然没有解决方案。

鉴于上述难题，结合直流配电网源、网、荷三个方面具有的独特优势，本书聚焦于直流配电网的底层分散式控制和稳定性问题，从直流配电网对象建模、系统稳定性分析、关键互联设备、系统自治运行控制方法几个角度开展研究和介绍，从底层控制模式开始实现直流配电系统的自治运行。

第 1 章介绍直流配电网发展的背景、特点和关键技术等基本概念。

第 2 章介绍直流配电网中典型的直流电源和直流负荷特性及模型，为系统的整体分析和控制提供了基础。直流电源部分除了典型的光伏和风电直流并网，还介绍燃料电池系统。直流负荷部分重点介绍直流充电桩和电解水制氢系统，也介绍常规工业和家用直流负荷。第 2 章还介绍储能系统类型及控制模式。

第 3 章从阻抗的角度研究直流配电网的稳定性分析方法。尤其针对大规模分散式控制电力电子变流器接入下的直流配电网稳定性分析问题，提出基于阻抗分析的分散式稳定性分析方法，为分布式电源及负荷接入的直流配电网即插即用模式下的稳定性分析提供了一个快速、简便的分析方法。

所提方法给直流配电网中的每一个子系统规定了非时变的端口阻抗规范，这些规范仅依赖于直流配电网额定电压和各子系统容量等在系统规划阶段就能确定下来的常数。所提分散式端口阻抗规范使得直流配电网在各子系统各自独立设计的同时能保证整个直流配电网运行时的小信号稳定性。由于该方法使得直流配电网中的各子系统在稳定性分析时实现了完全解耦，大规模直流配电网中面临的维数灾难问题能得到有效解决。所提方法的有效性通过硬件在环测试进行验证。

第 4 章针对典型的直流配电结构——直流微电网的自治运行开展研究。首先，介绍基于函数描述法的分布式电源直流并网稳定性分析方法。其次，重点介绍直流配电的核心问题——直流电压稳定与支撑控制技术，重点提出基于 $P_{dc}-v_{dc}^2$ 下垂控制的直流电压稳定控制方法。再次，提出直流配电多 DC/DC 变流器并联运行环流分析与抑制方法，实现了多变流器的并联高效运行。最后，给出直流微电网的自治运行控制架构与方法，实现基于荷电状态(state of charge，SOC)平衡的储能与源荷协调分散式直流微电网自治运行。

第 5 章针对直流配电网的互联设备开展研究。首先针对直流配电网关键设备电力电子直流变压器的分散式控制问题，提出采用分散式控制型双主动桥变换器(dual active bridge converter，DABC)来构建恒变比电力电子直流变压器的方法。然后介绍典型的多端口直流互联设备及其控制方法，为构建多电压等级直流配电网及交直流混合配电网提供了基础。

所提恒变比电力电子直流变压器控制方法，具有双向电压支撑能力。该控制方法仅依赖于 DABC 的本地信息且没有引入控制器切换，是一种分散式的统一控制方法。在此基础上，分散式变比控制的 DABC 被用于构建直流配电网中的恒变比电力电子直流变压器，为多电压等级直流配电网组网及互联提供了关键支撑。

第 6 章针对基于恒变比电力电子直流变压器互联的多电压等级直流配电网的系统分散式控制问题，提出多电压等级直流配电网的分散式标幺化一次控制方法，实现了全局的自治运行和协调控制。

在该方法下，多电压等级直流配电网中的所有元件采用标幺化建模。其中电力电子直流变压器采用分散式标幺化的电压平方差(difference-of-V^2)控制来使得各直流母线的标幺化电压值相等。储能系统通过分散式标幺化的 P-V^2 下垂控制来支撑母线电压，这样，在多电压等级直流配电网中位于不同母线上的储能系统之间可以按比例分担功率。

该方法更加便于直流配电网的无缝连接与灵活扩展，完全不同于现有交流配电网的运行控制模式，更加适用于未来大规模分布式电源接入的新型直流配电网的运行，实现了分散的灵活控制，并且发挥了区域内所有灵活资源的互动调节能力，提高了系统稳定性和电能质量。

第 7 章介绍目前直流配电网的应用和示范情况，展望未来直流配电的发展趋势。

本书结合大规模分布式电源接入特点下直流配电网的发展需求，从自治控制角度研究系统建模、稳定性分析、互联设备及自治控制方法，形成了具有代表性的直流配电网分散式控制结构及方法，给出了一种新颖的直流配电互联、组网及运行方案，为相关研究和技术应用提供参考。

参 考 文 献

[1] 国家能源局. 国家能源局关于《中华人民共和国能源法(征求意见稿)》公开征求意见的公告[EB/OL]. (2020-04-10)[2024-08-06]. http://www.nea.gov.cn/2020-04/10/c_138963212.htm.

[2] 国家能源局. 国家能源局 2020 年一季度网上新闻发布会文字实录[EB/OL]. (2020-03-06) [2024-08-06]. http://www.nea.gov.cn/2020- 03/06/c_138850234.htm.

[3] International Energy Agency. Renewables market analysis and forecast from 2019 to 2024[EB/OL]. (2019-10-21)[2024-08-06]. https://www.iea.org/reports/renewables-2019.

[4] 曾嵘, 赵宇明, 赵彪, 等. 直流配用电关键技术研究与应用展望[J]. 中国电机工程学报, 2018, 38(23): 6790-6801.

[5] 熊雄, 季宇, 李蕊, 等. 直流配用电系统关键技术及应用示范综述[J]. 中国电机工程学报, 2018, 38(23): 6802-6813.

[6] 马钊, 赵志刚, 孙媛媛, 等. 新一代低压直流供用电系统关键技术及发展展望[J]. 电力系统自动化, 2019, 43(23): 12-22.

[7] 温家良, 吴锐, 彭畅, 等. 直流电网在中国的应用前景分析[J]. 中国电机工程学报, 2012, 32(13): 7-12, 185.

[8] 韩民晓, 谢文强, 曹文远, 等. 中压直流配电网应用场景与系统设计[J]. 电力系统自动化, 2019, 43(23): 1-11, 89.

[9] 江道灼, 郑欢. 直流配电网研究现状与展望[J]. 电力系统自动化, 2012,(8): 98-104.

[10] 宋强, 赵彪, 刘文华, 等. 智能直流配电网研究综述[J]. 中国电机工程学报, 2013, 33(25): 9-19.

[11] Hammerstrom D J. AC versus DC distribution systems-did we get it right?[C]. IEEE Power Engineering Society General Meeting, Tampa, 2007: 1-5.

[12] Salamonsson D, Sannino A. Low-voltage dc distribution system for commercial power systems with sensitive electronic loads[J]. IEEE Transactions on Power Delivery, 2007, 22(3): 1620-1627.

[13] Dragicevic T, Vasquez J C, Guerrero J M, et al. Advanced LVDC electrical power architectures and microgrids: A step toward a new generation of power distribution networks[J]. IEEE Electrification Magazine, 2014, 2(1): 54-65.

[14] Huang A Q, Crow M L, Heydt G T, et al. The future renewable electric energy delivery and management (FREEDM) system: The energy internet[J]. Proceedings of the IEEE, 2011, 99(1): 133-148.

[15] Weiss R, Ott L, Boeke U. Energy efficient low-voltage DC-grids for commercial buildings[C]. 2015 IEEE First International Conference on DC Microgrids (ICDCM), Atlanta, 2015: 154-158.

[16] 李霞林, 郭力, 王成山, 等. 直流微电网关键技术研究综述[J]. 中国电机工程学报, 2016,(1): 2-17.

[17] 中国电力企业联合会. 中压直流配电网典型网架结构及供电方案技术导则: T/CEC 166—2018[S]. 北京: 中国电力出版社, 2018.

[18] Maitra A, Sundaram A, Gandhi M, et al. Intelligent universal transformer design and applications[C]. Proceedings of the 20th International Conference and Exhibition on Electricity Distribution, Prague, 2009.

[19] 张勇军, 刘子文, 宋伟伟, 等. 直流配电系统的组网技术及其应用[J]. 电力系统自动化, 2019, 43(23): 39-49.

[20] Kolar J W, Ortiz G I. Solid state transformer concepts in traction and smart grid applications[C]. IECON, Vienna, 2013: 1-184.

[21] European Commission. Towards smart power networks, lessons learned from European research FP5 projects[R]. Brussels: European Commission, 2005.

[22] The highly efficient and reliable smart transformer (HEART), a new HEART for the electric distribution system [EB/OL]. (2013-06-26) [2024-12-25]. https://www.heart.tf.uni-kiel.de/de.

[23] Ortiz G, Leibl M, Kolar J W, et al. Medium frequency transformers for solid-state-transformer applications-design and experimental verification[C]. IEEE Proceedings of the 10th International Conference on Power Electronics and Drive Systems (PEDS), Kitakyushu, 2013.

[24] 刘振亚. 全球能源互联网[M]. 北京: 中国电力出版社, 2015.

[25] 董朝阳, 赵俊华, 文福栓, 等. 从智能电网到能源互联网: 基本概念与研究框架[J]. 电力系统自动化, 2014, 38(15): 1-11.

[26] 曹军威, 孟坤, 王继业, 等. 能源互联网与能源路由器[J]. 中国科学: 信息科学, 2014, 44(6): 714-727.

[27] 赵剑锋. 输出电压恒定的电力电子变压器仿真[J]. 电力系统自动化, 2003, 27(18): 30-33, 46.

[28] 胡竞竞, 徐习东, 裘鹏, 等. 直流配电系统保护技术研究综述[J]. 电网技术, 2014, 38(4): 844-852.

[29] 姚钢, 纪飞鹏, 殷志柱, 等. 直流配电电能质量研究综述[J]. 电力系统保护与控制, 2017, 45(16): 163-170.

第2章　直流电源及负荷建模

2.1　直流电源模型

2.1.1　光伏直流接入

功率控制和电压控制是光伏(photovoltaic，PV)并网最为常用的两种控制方式。早期常采用的是光伏的最大功率点跟踪(maximum power point tracking，MPPT)模式，旨在寻找光伏的最大输出功率从而实现光伏电站的高效应用[1,2]。但是，由于光伏发电的间歇性和随机性，最大功率点跟踪模式下的光伏最大输出功率可能时常波动。而光伏的恒功率控制模式，使光伏的输出功率留有一定裕量，减小了输出功率波动，是光伏并网的常见控制方式之一。

相比于多级光伏发电系统，单级光伏发电系统具有更加紧凑、更低投资、更高效率等优点，在微电网领域得到了广泛的应用。因此，本节以基于扰动观察(perturbation & observation，P&O)法的恒功率控制模式为例，介绍单级光伏发电系统的接入方式。如图 2-1 所示，光伏面板通过 Buck 型 DC/DC 变换器接入直流子网。其中光伏的输出电压和电流分别为 v_{pv} 和 i_{pv}，光伏侧的电容为 C_{pv}。Buck 型 DC/DC 变换器的输出经过 LCL 滤波器进行滤波，滤波器的电感和电容分别为 L_1、L_2 和 C，对应的电感电流、电容电压和电流分别为 i_1、i_2、v_C 和 i_C。直流配电网简化为一个戴维南等效电路，其中直流电源的电压为 V_s，网络阻抗为 R_g 和 L_g。

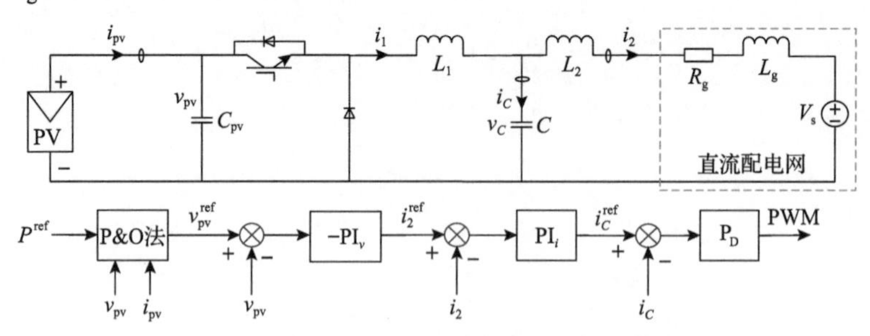

图 2-1　单级光伏发电系统拓扑和控制策略

光伏发电系统的控制策略为典型的基于 P&O 法的多环控制方法。最外环是具有恒功率输出功能的基于 P&O 法的功率控制环，其基本的控制流程如图 2-2(a)

所示。从图中可以看出，当参考功率 P^{ref} 大于光伏的最大功率时，光伏按照最大功率输出；当参考功率 P^{ref} 小于光伏的最大功率时，光伏按照 P^{ref} 输出。P&O 法的扰动步长为 ε，控制周期为 T_{p}。

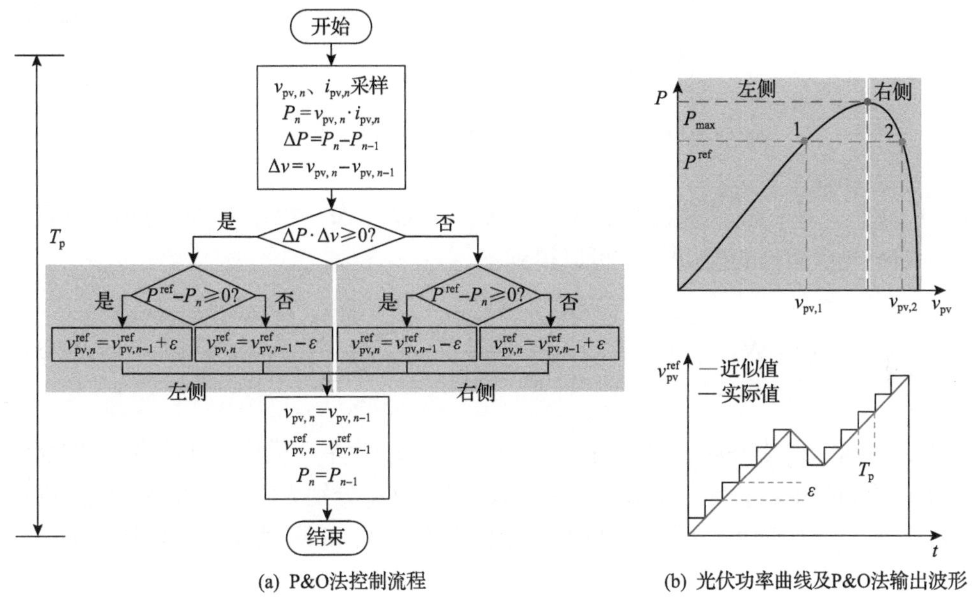

(a) P&O法控制流程　　(b) 光伏功率曲线及P&O法输出波形

图 2-2　P&O 法原理图

中间环是基于比例积分(PI)控制器的电压环，控制光伏的端口电压 v_{pv} 使其跟随由功率环产生的电压指令 $v_{\text{pv}}^{\text{ref}}$。内环是电流环，包括基于 PI 控制器的输出电流控制和基于比例控制器的阻尼控制。

根据图 2-1，光伏发电系统的数学模型为

$$\begin{cases} C_{\text{pv}}\dfrac{\mathrm{d}v_{\text{pv}}}{\mathrm{d}t}=i_{\text{pv}}-d\cdot i_1 \\ L_1\dfrac{\mathrm{d}i_1}{\mathrm{d}t}=d\cdot v_{\text{pv}}-v_C \\ C\dfrac{\mathrm{d}v_C}{\mathrm{d}t}=i_1-i_2 \\ \left(L_2+L_{\text{g}}\right)\dfrac{\mathrm{d}i_2}{\mathrm{d}t}=-R_{\text{g}}i_2+v_C-V_{\text{s}} \end{cases} \tag{2-1}$$

式中，d 为占空比。由式(2-1)可以看出，光伏发电系统模型中存在着二次项等非线性环节，通过小信号建模可分析其小干扰稳定性，其小信号模型为

$$
\begin{cases}
C_{\mathrm{pv}}\dfrac{\mathrm{d}\Delta v_{\mathrm{pv}}}{\mathrm{d}t}=\Delta i_{\mathrm{pv}}-\Delta d\cdot I_1^*-D^*\cdot\Delta i_1\\
L_1\dfrac{\mathrm{d}\Delta i_1}{\mathrm{d}t}=\Delta d\cdot V_{\mathrm{pv}}^*+D^*\cdot\Delta v_{\mathrm{pv}}-\Delta v_C\\
C\dfrac{\mathrm{d}\Delta v_C}{\mathrm{d}t}=\Delta i_1-\Delta i_2\\
\left(L_2+L_{\mathrm{g}}\right)\dfrac{\mathrm{d}\Delta i_2}{\mathrm{d}t}=-R_{\mathrm{g}}\Delta i_2+\Delta v_C
\end{cases}
\tag{2-2}
$$

式中，V_{pv}^*、I_1^*、D^*为稳态量；Δv_{pv}、Δi_{pv}、Δd、Δi_1、Δv_C和Δi_2为小干扰量。

结合光伏面板的模型[3,4]，可以得到：

$$
i_{\mathrm{pv}}=N_{\mathrm{P}}\left(I_{\mathrm{sc}}+K_I\Delta T\right)\left\{\frac{G}{G_{\mathrm{N}}}-\frac{\exp\left(v_{\mathrm{pv}}/N_{\mathrm{S}}V_{\mathrm{t}}a\right)-1}{\exp\left[\left(V_{\mathrm{oc}}+K_V\Delta T\right)/V_{\mathrm{t}}a\right]-1}\right\}
\tag{2-3}
$$

式中，N_{P}和N_{S}为并联和串联的模块数；V_{oc}和I_{sc}为单个模块的开路电压和短路电流；V_{t}为热电压；a为理想二极管常数；G和G_{N}分别为实际和额定的辐照度；$\Delta T=T-T_{\mathrm{N}}$，$T$和$T_{\mathrm{N}}$分别为实际和额定的温度；$K_I$和$K_V$为电流和电压系数。

进一步有

$$
\begin{cases}
\Delta i_{\mathrm{pv}}=g_{\mathrm{pv}}\Delta v_{\mathrm{pv}}\\
\Delta P=V_{\mathrm{pv}}^*\Delta i_{\mathrm{pv}}+\Delta v_{\mathrm{pv}}I_{\mathrm{pv}}^*=K_{\mathrm{pv}}\Delta v_{\mathrm{pv}}\\
g_{\mathrm{pv}}=\dfrac{-N_{\mathrm{P}}\left(I_{\mathrm{sc}}+K_I\Delta T\right)}{\exp\left[\left(V_{\mathrm{oc}}+K_V\Delta T\right)/V_{\mathrm{t}}a\right]-1}\cdot\dfrac{\exp\left(V_{\mathrm{pv}}^*/N_{\mathrm{S}}V_{\mathrm{t}}a\right)}{N_{\mathrm{S}}V_{\mathrm{t}}a}\\
K_{\mathrm{pv}}=g_{\mathrm{pv}}V_{\mathrm{pv}}^*+P^{\mathrm{ref}}/V_{\mathrm{pv}}^*
\end{cases}
\tag{2-4}
$$

式中，ΔP为光伏输出功率的小干扰量；I_{pv}^*为光伏板输出电流稳态值。

由式(2-1)，根据V_{pv}^*和P^{ref}可以计算出系统的平衡点为

$$
\begin{cases}
I_1^*=\left(\sqrt{V_{\mathrm{s}}^2+4R_{\mathrm{g}}P^{\mathrm{ref}}}-V_{\mathrm{s}}\right)/2R_{\mathrm{g}}\\
D^*=P^{\mathrm{ref}}/V_{\mathrm{pv}}^*I_1^*
\end{cases}
\tag{2-5}
$$

建立光伏发电系统的开环控制模型后，下面介绍包含控制策略的闭环控制模型。闭环控制模型中，图 2-1 所示的电压环和电流环均为线性环节，而图 2-2(b)中基于 P&O 法的功率控制环的输出是不连续、阶跃式的，需要合理地建模。如图 2-2(b)所示，在T_{p}较小时，基于 P&O 法的功率环输出可近似表达为

$$v_{\mathrm{pv}}^{\mathrm{ref}}=\frac{\varepsilon}{T_{\mathrm{p}}}\int \operatorname{sgn}\left(P^{\mathrm{ref}}-P_n\right)\operatorname{sgn}(\Delta P)\operatorname{sgn}(\Delta v)\mathrm{d}t \tag{2-6}$$

其中，$\operatorname{sgn}(x)$ 为符号函数，若 $x\geqslant 0$，则 $\operatorname{sgn}(x)=1$；若 $x<0$，则 $\operatorname{sgn}(x)=-1$。

忽略采样误差，由图 2-2(b) 可知

$$\begin{cases}\operatorname{sgn}(\Delta P)\operatorname{sgn}(\Delta v)=1, & \text{左侧}\\ \operatorname{sgn}(\Delta P)\operatorname{sgn}(\Delta v)=-1, & \text{右侧}\end{cases} \tag{2-7}$$

因此，式 (2-6) 可以化简为

$$\begin{cases}v_{\mathrm{pv}}^{\mathrm{ref}}=\dfrac{\varepsilon}{T_{\mathrm{p}}}\displaystyle\int \operatorname{sgn}\left(P^{\mathrm{ref}}-P_n\right)\mathrm{d}t, & \text{左侧}\\ v_{\mathrm{pv}}^{\mathrm{ref}}=-\dfrac{\varepsilon}{T_{\mathrm{p}}}\displaystyle\int \operatorname{sgn}\left(P^{\mathrm{ref}}-P_n\right)\mathrm{d}t, & \text{右侧}\end{cases} \tag{2-8}$$

结合图 2-1 和式 (2-2)、式 (2-4)、式 (2-8)，当光伏运行点位于光伏功率曲线的左侧时，光伏发电系统接入直流配电网的完整模型如图 2-3 所示。当光伏运行点位于光伏功率曲线的右侧时，可按照类似的方式推出系统框图。从图 2-3 中可以看出，光伏发电系统包含两个部分：不连续的非线性部分 $N(A)$ 和线性部分 $G(s)$。$N(A)$ 由 P&O 法引入，由于一阶导数不存在，传统的小信号建模方式不再适用。现有的基于小信号的线性系统分析方法研究范围如图 2-1 和图 2-3 所示，对基于 P&O 法的功率控制环的分析不再适用。因此，为分析基于 P&O 法的功率控制环的影响，本书提出基于描述函数法的稳定性分析方法，并在 4.1 节中详细介绍。

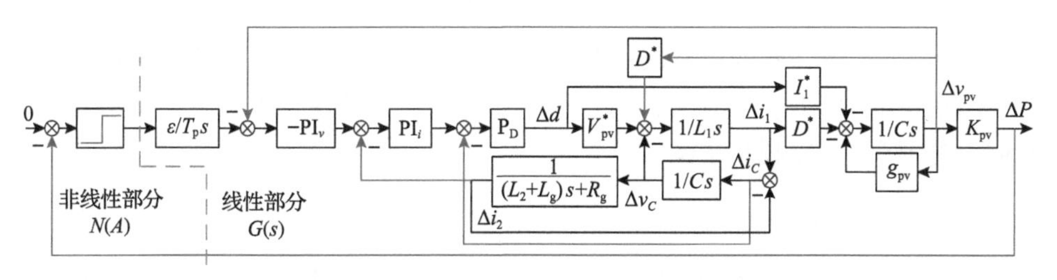

图 2-3　单级直流光伏发电系统完整模型

2.1.2　风机直流并网

风力发电系统通常由风力机和发电机组成。当风以一定速度吹向风力机时，风力机叶片上产生的力驱动风力机转动，实现风能到机械能的转换。而后，通过传动装置，将风力机的动能传递给发电机，带动发电机同步转动，通过电磁感应将机械能转换为电能。根据转速运行特征，风力发电机组可分为恒速恒频和变速恒频两种类型[5]。恒速恒频风力发电机组的发电机处于恒转速工作状态，限制了其最大风能捕获的能力和范围，降低了发电效率。而变速恒频风力发电机组的风机转速可调，能够实现风能的最大跟踪，转换效率较高，因此得到了广泛的使用。

目前，常见的变速恒频风力发电系统使用的发电机组有永磁同步电机(permanent magnetic synchronous generator，PMSG)和双馈感应电机(doubly fed induction generator，DFIG)两种。永磁同步电机构造简单，系统的可靠性和易维护性较高，同时无须励磁绕组，避免了励磁电流产生的损耗。双馈感应电机体积小、造价低，可控变量多，控制方式灵活。采用 PMSG 和 DFIG 的风力发电系统的交流并网拓扑结构如图 2-4 所示。

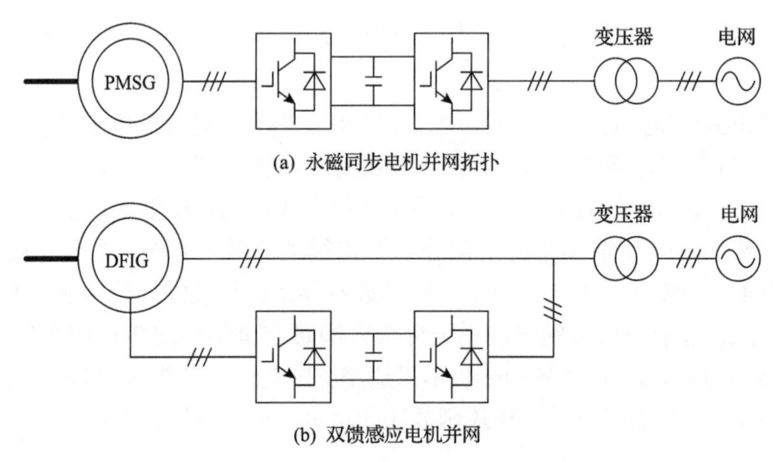

(a) 永磁同步电机并网拓扑

(b) 双馈感应电机并网

图 2-4　传统风机交流并网拓扑结构

针对传统交流并网的研究起步较早，而随着海上风电发展对远距离输送的需求的不断提高，风力发电直流并网技术逐渐得到广泛关注。本节主要介绍 DFIG 直流并网的接入、控制及建模。

1. DFIG 直流并网方式

典型的 DFIG 直流并网方式如图 2-5(a)中 DFIG 的转子绕组由电压源逆变器(voltage source inverter，VSI)通过直流母线进行励磁，定子绕组产生的三相交流电经过整流桥后输出到直流母线。由于定子侧采用了不控整流，DFIG 的输出中存在较多的谐波分量，影响供电质量[6]。图 2-5(b)中 DFIG 的定子和转子均通过 VSI 连接到直流母线，控制方式更加灵活，可以有效调节输出的有功功率和无功功率。下面主要介绍双 VSI 接入的 DFIG 并网控制方式。

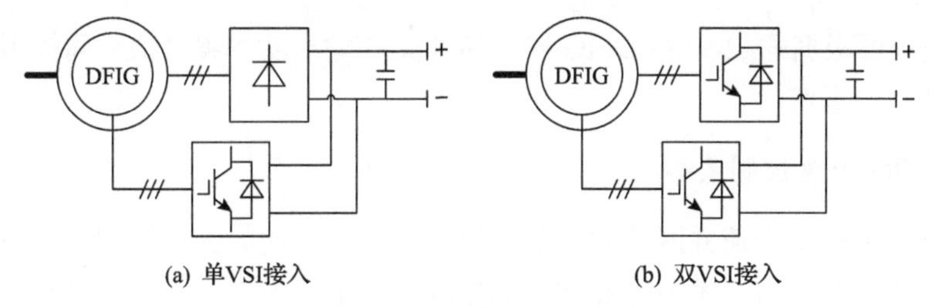

(a) 单VSI接入　　(b) 双VSI接入

图 2-5　DFIG 直流并网方式

2. DFIG 最大功率点跟踪策略

当风速低于额定风速时，风力发电机组为实现风能的最大利用，通常采用最大功率点跟踪控制策略，获取最大的功率输出。图 2-6 展示了风力机输出机械功率 P_m 与转速 ω_t 的关系，图中风速 $v_1 < v_2 < v_3$。由图可知，当风速一定时，风力机输出的机械功率随转速先增后减，此时存在最大功率点和对应的最佳转速。当转速一定时，最大功率点和转速随风速的增大而增大。

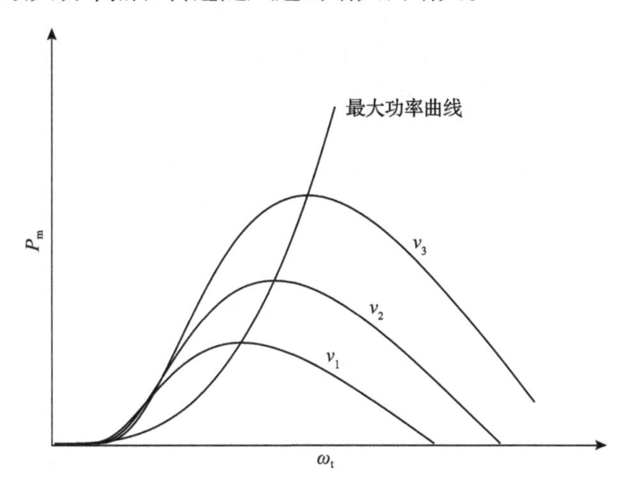

图 2-6　风力机 P_m - ω_t 关系曲线

将不同风速下的最大功率点连接，可获得最大功率曲线。由于风力机转速 ω_t 与 DFIG 转子转速 ω_r 正相关，该曲线可表示为

$$P_{mppt} = k_{opt}\omega_t^3 = k_{opt}\left(\frac{\omega_r}{n}\right)^3 \tag{2-9}$$

其中，k_{opt} 为处于最佳叶尖速比和风能利用系数时的系统比例系数；ω_r 为 DFIG 转子转速；n 为齿轮箱变比。实际工程中风速检测较为困难，为实现最大功率点

跟踪控制，可根据式(2-9)由 DFIG 转子转速获取输出功率参考值，间接引导系统运行在最大功率点。

3. DFIG 矢量控制策略

传统的 DFIG 交流并网控制通常采用定子电压定向的矢量控制，通过对转子电流的控制实现有功、无功的解耦。而直流并网中，由于定子侧连接直流母线，原有方法不再适用。因此，DFIG 可采用基于间接气隙磁链定向的功率-电流双闭环控制方法[7]，转子侧变流器(rotor side converter，RSC)用于保证三相正弦气隙电势的稳定，定子侧变流器(stator side converter，SSC)用于实现有功、无功的解耦。

1) RSC 控制策略

DFIG 存在磁路上的耦合，为方便解耦和提高控制性能，通常将 abc 坐标系下的交流量变换到 dq 坐标系下的直流量后进行控制。选取 DFIG 气隙磁链的矢量方向为 d 轴，其空间位置角 θ_m 通过定子绕组角频率 ω_1 的积分得到。此时，dq 坐标系下 DFIG 的气隙磁链为

$$\begin{cases}\Psi_{dm} = L_m i_{ds} + L_m i_{dr} = L_m i_m \\ \Psi_{qm} = L_m i_{qs} + L_m i_{qr} = 0\end{cases} \tag{2-10}$$

其中，i_{ds}、i_{qs}、i_{dr}、i_{qr} 分别为定、转子电流在 dq 轴上的分量；Ψ_{dm}、Ψ_{qm} 为气隙磁链的 dq 轴分量；L_m 为定转子互感；i_m 为等效励磁电流。

DFIG 的气隙电势为

$$\begin{cases}e_{dm} = \dfrac{d\Psi_{dm}}{dt} - \omega_1 \Psi_{qm} \\ e_{qm} = \dfrac{d\Psi_{qm}}{dt} + \omega_1 \Psi_{dm}\end{cases} \tag{2-11}$$

其中，e_{dm}、e_{qm} 为气隙电势的 dq 轴分量。

DFIG 的转子磁链及电压方程为

$$\begin{cases}\Psi_{dr} = L_r i_{dr} + L_m i_{ds} \\ \Psi_{qr} = L_r i_{qr} + L_m i_{qs} \\ v_{dr} = R_r i_{dr} + \dfrac{d\Psi_{dr}}{dt} - (\omega_1 - \omega_r)\Psi_{qr} \\ v_{qr} = R_r i_{qr} + \dfrac{d\Psi_{qr}}{dt} + (\omega_1 - \omega_r)\Psi_{dr}\end{cases} \tag{2-12}$$

其中，Ψ_{dr}、Ψ_{qr} 为转子磁链的 dq 轴分量；L_r 为转子自感；v_{dr}、v_{qr} 为转子 dq 轴电压；R_r 为转子电阻；$\omega_1 - \omega_r$ 为转差角速度。

根据式(2-10)中的气隙磁链方程，可得定子电流在 dq 轴上的分量：

$$\begin{cases} i_{\text{ds}} = i_{\text{m}} - i_{\text{dr}} \\ i_{\text{qs}} = -i_{\text{qr}} \end{cases} \tag{2-13}$$

将式(2-13)代入式(2-12)中的转子磁链方程，可得

$$\begin{cases} \Psi_{\text{dr}} = L_{\sigma\text{r}} i_{\text{dr}} + L_{\text{m}} i_{\text{m}} \\ \Psi_{\text{qr}} = L_{\sigma\text{r}} i_{\text{qr}} \end{cases} \tag{2-14}$$

其中，$L_{\sigma\text{r}} = L_{\text{r}} - L_{\text{m}}$ 为转子漏电感。

将式(2-14)代入式(2-12)中的转子电压方程，同时由于 DFIG 的恒磁通运行下等效励磁电流 i_{m} 通常为一恒定值，忽略 i_{m} 微分项后可得

$$\begin{cases} v_{\text{dr}} = R_{\text{r}} i_{\text{dr}} + L_{\sigma\text{r}} \dfrac{\text{d}i_{\text{dr}}}{\text{d}t} - \omega_{\text{s}} L_{\sigma\text{r}} i_{\text{qr}} \\ v_{\text{qr}} = R_{\text{r}} i_{\text{qr}} + L_{\sigma\text{r}} \dfrac{\text{d}i_{\text{qr}}}{\text{d}t} + \omega_{\text{s}} L_{\sigma\text{r}} i_{\text{dr}} + \omega_{\text{s}} L_{\text{m}} i_{\text{m}} \end{cases} \tag{2-15}$$

其中，$\omega_{\text{s}} = \omega_1 - \omega_{\text{r}}$。

此外，可认为 DFIG 定子电阻上产生的压降远小于其气隙反电势，根据式(2-11)、式(2-13)可得

$$i_{\text{m}} + \frac{L_{\text{m}}}{R_{\text{s}}} \frac{\text{d}i_{\text{m}}}{\text{d}t} = i_{\text{dr}} + \frac{1}{R_{\text{s}}} e_{\text{dm}} \tag{2-16}$$

气隙磁链定向下 e_{dm} 稳态值为 0，因此可通过控制励磁电流来调节转子电流 d 轴分量。RSC 控制框图如图 2-7 所示，在 d 轴上通过双闭环控制产生稳定的励磁电流和气隙电势，由式(2-10)可得到等效励磁电流外环参考信号为

$$i_{\text{m}}^* = \frac{\left|\Psi_{\text{m}}^*\right|}{L_{\text{m}}} \tag{2-17}$$

其中，Ψ_{m}^* 为气隙磁链的参考值，可根据 DFIG 运行点处参数计算获得。

在 q 轴上，通过控制转子电流 q 轴分量保证气隙磁链定向的准确性。转子电流 q 轴分量参考值由式(2-18)得到：

$$i_{\text{qr}}^* = -i_{\text{qs}} \tag{2-18}$$

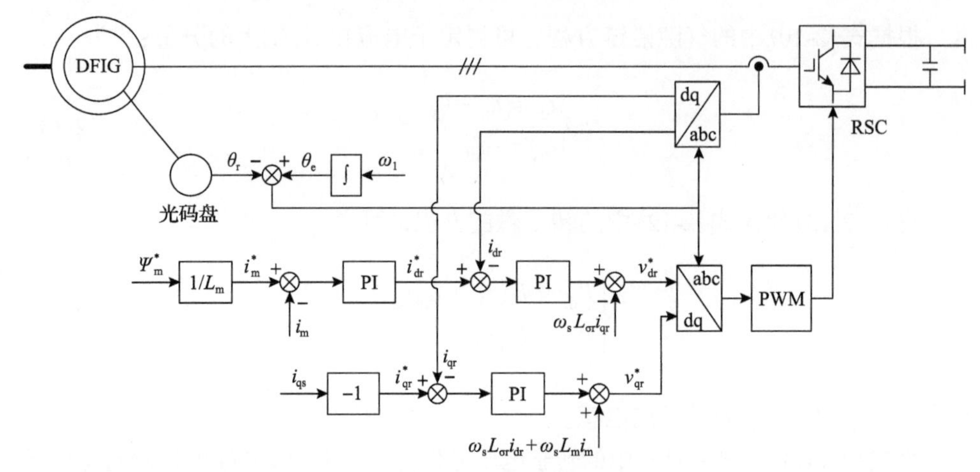

图 2-7　RSC 控制框图

θ_r-实际转角；θ_e-额定转角；v_{dr}^*-有功电压给定值；v_{qr}^*-无功电压给定值；i_{dr}^*-转子电流 d 轴分量参考值

2) SSC 控制策略

SSC 用于对 DFIG 输出功率的控制。气隙磁链定向下，dq 坐标系中 DFIG 的定子磁链及电压的方程可表示为

$$\begin{cases}\Psi_{ds}=L_s i_{ds}+L_m i_{dr}\\ \Psi_{qs}=L_s i_{qs}+L_m i_{qr}\\ v_{ds}=R_s i_{ds}+\dfrac{d\Psi_{ds}}{dt}-\omega_1\Psi_{qs}\\ v_{qs}=R_s i_{qs}+\dfrac{d\Psi_{qs}}{dt}+\omega_1\Psi_{ds}\end{cases}\tag{2-19}$$

其中，v_{ds}、v_{qs} 为定子 dq 轴电压；L_s 为定子自感；R_s 为定子电阻。

将式(2-13)代入式(2-19)中的定子磁链方程，可得

$$\begin{cases}\Psi_{ds}=L_{\sigma s} i_{ds}+L_m i_m\\ \Psi_{qs}=L_{\sigma s} i_{qs}\end{cases}\tag{2-20}$$

其中，$L_{\sigma s}=L_s-L_m$ 为电机定子漏电感。

将式(2-20)代入式(2-19)中的定子电压方程，同时忽略 i_m 微分项可得

$$\begin{cases}v_{ds}=R_s i_{ds}+L_{\sigma s}\dfrac{di_{ds}}{dt}-\omega_1 L_{\sigma s} i_{qs}\\ v_{qs}=R_s i_{qs}+L_{\sigma s}\dfrac{di_{qs}}{dt}+\omega_1 L_{\sigma s} i_{ds}+\omega_1 L_m i_m\end{cases}\tag{2-21}$$

DFIG 定子侧输出的电磁有功功率 P_e 及从电网吸收的总电磁无功功率 Q_e 可以表示为

$$\begin{cases} P_e = \omega_1 L_m \left(i_{dr} i_{qs} - i_{qr} i_{ds} \right) \\ Q_e = e_{dm} i_{qs} - e_{qm} i_{ds} \end{cases} \tag{2-22}$$

将式(2-13)代入式(2-22)，同时考虑到气隙磁链定向下电机气隙反电势 d 轴分量为 0，可得

$$\begin{cases} P_e = \omega_1 L_m i_m i_{qs} \\ Q_e = -e_{qm} i_{ds} \end{cases} \tag{2-23}$$

由于气隙电势 q 轴分量 e_{qm} 及等效励磁电流 i_m 在稳态时均为恒定值，由式(2-22)可知气隙磁链定向下，可通过定子电流 q 轴分量控制定子侧输出有功功率，通过定子电流 d 轴分量控制定子侧输出无功功率，实现有功和无功的解耦控制。

因此，SSC 控制框图如图 2-8 所示，d 轴上采用无功功率外环和定子电流 q 轴分量内环的双闭环控制，q 轴上采用有功功率外环和定子电流 d 轴分量内环的双闭环控制。根据最大功率点跟踪及单位功率因数控制的需求，有功功率和无功功率的参考值分别给定为

$$\begin{cases} P_e^* = P_{mppt} / (1-s) \\ Q_e^* = 0 \end{cases} \tag{2-24}$$

其中，P_{mppt} 根据式(2-9)由最大功率曲线得到；s 为转差率。

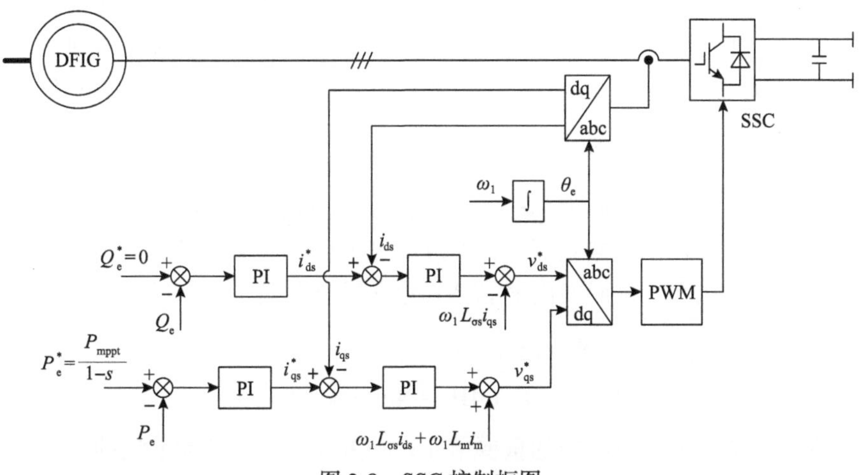

图 2-8　SSC 控制框图

2.1.3 燃料电池

1. 氢燃料电池接入及控制

氢燃料电池接入拓扑和控制策略如图 2-9 所示。氢燃料电池通过变流器接入直流母线，氢燃料电池侧电容为C_{fc}，变流器电感、电容分别为L、C，直流母线电压为v_{bus}，变流器接入的线路电阻为r。

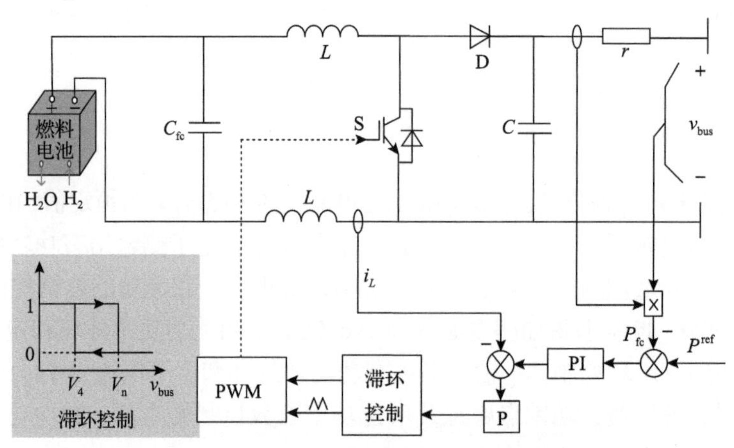

图 2-9　氢燃料电池接入拓扑和控制策略

V_n-电压额定值；V_4-滞环的一个特征点的电压值

氢燃料电池通常与储能电池结合使用，作为后备电源，在储能电池 SOC 不足时协助支撑本地负荷。因此，氢燃料电池采用恒功率控制策略，当储能电池支撑能力不足，直流母线电压v_{bus}下降至设定值时，氢燃料电池开始工作，弥补储能电池的功率缺额；当直流母线电压v_{bus}上升到额定值时，氢燃料电池退出运行。氢燃料电池采用功率-电流双闭环控制策略，功率外环采用比例积分控制，电流内环采用比例(P)控制。同时，为了避免母线电压振荡，加入滞环控制环节。

2. 氢燃料电池电气特性分析

氢燃料电池是质子交换膜(proton exchange membrane，PEM)电解水制氢的逆反应，通入的氢气在铂金催化剂下转换成氢离子(H^+)，氢离子扩散到阴极与空气中的氧气反应生成水，进而发出电能，其化学反应方程为

$$\begin{cases} \text{阳极：} 2H_2 - 4e^- = 4H^+ \\ \text{阴极：} O_2 + 4H^+ + 4e^- = 2H_2O \end{cases} \tag{2-25}$$

氢燃料电池作为微电网中的重要单元，一方面可以在储能电池的荷电状态较低时支撑重要负载；另一方面制氢单元所产生的氢气也不便长时间储存，需要氢

燃料电池消耗所储存氢气。由文献[8]，氢燃料电池的外电气特性以及最大效率工作点电压可以简化表达为

$$P_{fc}=v_{fc}i_{fc} \tag{2-26}$$

$$\begin{aligned}v_{fc}=n\Bigg\{&1.299-\delta_1-\left[\delta_2+2\times10^{-4}\ln A+4.5\times10^{-5}\ln\left(P_{H_2}\times9.17\times10^{-7}\times e^{-\frac{77}{T}}\right)\right]T\\&-\delta_3T\ln\left(P_{O_2}\times1.97\times10^{-7}\times e^{\frac{498}{T}}\right)-\delta_4T\ln i_{fc}-R_ti_{fc}-m_1\exp\left(-\frac{m_2i_{fc}}{A}\right)\Bigg\}\end{aligned} \tag{2-27}$$

其中，P_{fc} 为氢燃料电池输出功率；v_{fc} 为氢燃料电池工作电压；i_{fc} 为氢燃料电池工作电流；A 为质子交换膜横截面积；n 为氢燃料电池单元组成个数；P_{H_2} 和 P_{O_2} 为氢气和氧气的进气压强；δ_1 、δ_2 、δ_3 、δ_4 、m_1 、m_2 、R_t 为经验系数。

3. 氢燃料电池运行特性分析

根据式(2-26)、式(2-27)以及表 2-1 中的参数，分析氢燃料电池的电压-电流-温度(v-i-T)和功率-电流-温度(P-i-T)关系，如图 2-10 所示。

表 2-1　氢燃料电池参数

参数	数值
δ_1 , δ_2 , δ_3 , δ_4	$-0.4185, 0.0135, 0.2, -4\times10^{-5}$
R_t , σ	4×10^{-5}, 15.9
m_1 , m_2	0.2083, 50.73
A , n	50cm^2, 70
S_{H_2} , L	1.15, 1.5V

注：S_{H_2} 为氢气的化学计量系数；L 为氢气最小热值下的等效电压。

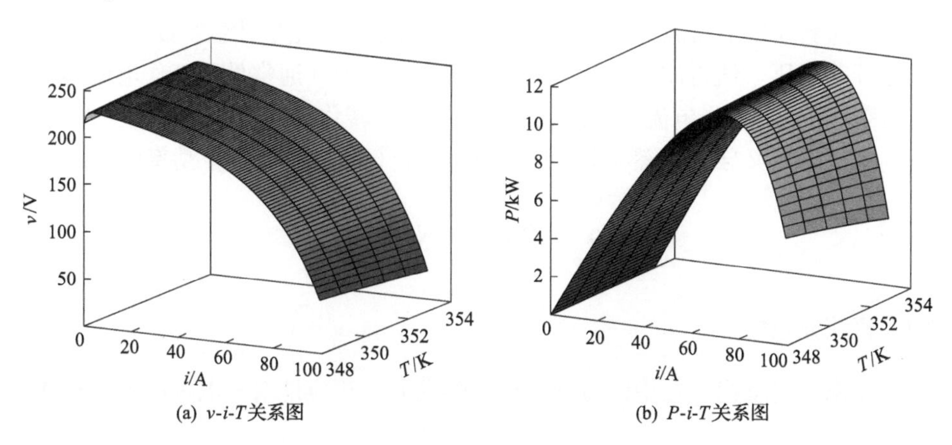

(a) v-i-T关系图　　(b) P-i-T关系图

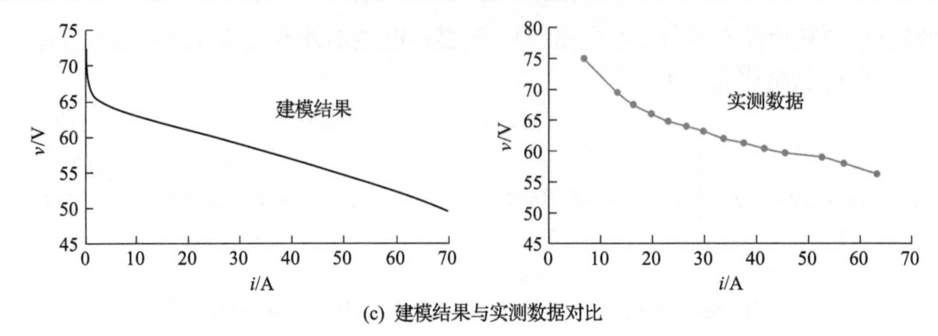

(c) 建模结果与实测数据对比

图 2-10　氢燃料电池的外电气特性、输出特性及测试对比

图 2-10(a)为氢燃料电池的外电气特性曲线。从图中可看出氢燃料电池的外电气特性不够坚硬，当工作电流较大时，端口电压下降幅度较大，此时输出功率呈下降趋势。此外，氢燃料电池的外电气特性受温度影响，较高的工作温度会使端口电压有所提高。

图 2-10(b)为氢燃料电池的输出特性曲线。从图中可以看出，氢燃料电池的输出功率随着工作电流的增大呈现出先增大后减小的趋势，因此当工作温度一定时，氢燃料电池存在最大功率点工作状态。此外，氢燃料电池的输出功率同样受温度影响，温度的升高能稍微提升输出功率。

图 2-10(c)为建模结果和实测数据的对比效果，其中实测数据基于某公司生产的氢燃料电池产品中的一个电堆测试得到，该电堆由 18 个电池单元组成。从图中可以看出，在测试电流范围内，随着电流的增大该电堆输出电压逐渐下降，基本符合燃料电池的外电气特性。

由文献[8]可得氢燃料电池的能量转换效率最大点公式，如式(2-28)所示。

$$\eta_{\max}=\frac{V_{fc}}{S_{H_2}L} \tag{2-28}$$

其中，L 为氢气最小热值下的等效电压；S_{H_2} 为氢气的化学计量系数；V_{fc} 为氢燃料电池开路电压。值得注意的是，最大效率点工作模式通常处于工作电流的中间阶段，因为较小的工作电流会使得很大一部分电能转化为热能维持系统工作温度，较大的工作电流又导致氢燃料电池产生浓度极化现象从而阻碍了功率的输出。

2.2　直流负荷模型

2.2.1　直流充电桩

近年来，电动汽车在中国得到了快速的发展，相应地对充电桩的需求也快速增长。按照充电方式，充电桩可分为交流充电桩和直流充电桩。交流充电桩作为供电接口连接到电动汽车的车载充电器，并由车载充电器为动力电池进行充电。直流充电桩则可以调整输出的直流电压、电流，直接为电动汽车的动力电池供电。直流充电桩作为外置的供电装置，能为动力电池提供更大的充电功率，更符合电动汽车快速充电的需求。

在传统的交流配电网中，直流充电桩需要完成交流—直流的电能变换。同时，为减少直流充电桩对电网的谐波污染，充电桩变换器还需要进行无功补偿或功率因数校正。而在直流配电网中，直流母线可以进行直接供电，省去整流环节，且不存在无功的问题。因此，直流配电网对于直流充电桩的接入更为友好。本节首先介绍动力电池的充电方法，并介绍相关的 DC/DC 变换器拓扑及其控制策略。

1. *动力电池的充电方法*

电池的充电速度受温升、极板弯曲、气化和充电设备能力等因素影响[9]。美国学者马斯(Mas)研究了电池充电过程中产生的气体对充电速度的影响，提出了电池在充电中的接受充电电流曲线。马斯充电曲线如图 2-11 所示，在充电过程中应尽量靠近马斯充电曲线，在提高充电速度的同时，尽量减少产生的气体以减弱极化现象的影响。

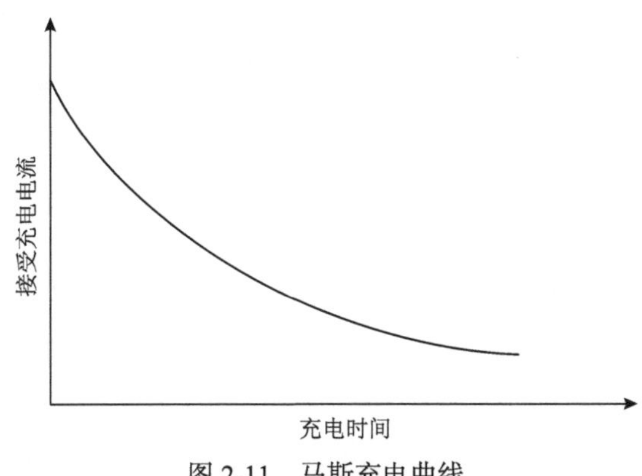

图 2-11　马斯充电曲线

早期，恒压及恒流的充电方法多被用于给蓄电池充电。虽然，恒压及恒流的方法易于实现，但是存在着容易损伤电池和充电效率低等问题。为了解决充电电流过大对电池损伤的问题，通过改进方法得到了恒压限流和恒流限压的充电策略。之后，随着充电控制技术的发展，一些更优的充电方法被提出，如恒流-恒压-浮充三段式充电方法和分级恒流充电方法等。

1）恒压充电与恒流充电

恒压充电方式下，电池的充电电压保持恒定，充电电流随充电过程中电池剩余电量的增加而减小。当充电电流减小至一定值时，充电过程结束。恒压充电方法的关键在于充电电压的选择，较高的充电电压会使起始的充电电流较大，可能造成电池损伤；较低的充电电压则会降低充电速度，乃至造成电池欠充。

恒流充电方式下，电池的充电电流保持恒定。由马斯充电曲线可知，随着电池充电，最大接受充电电流逐渐减小。为保护电池和提高充电效率，充电过程中往往需要调整充电电流。因此，恒流充电方式已很少使用。

2）恒压限流充电与恒流限压充电

恒压限流充电下，充电电压保持恒定，同时限定充电电流在额定范围内。充电过程中的电压、电流如图 2-12（a）所示。限流的方式能较好解决初始阶段充电电流过大的问题，且充电过程中电流曲线更为符合马斯充电曲线。

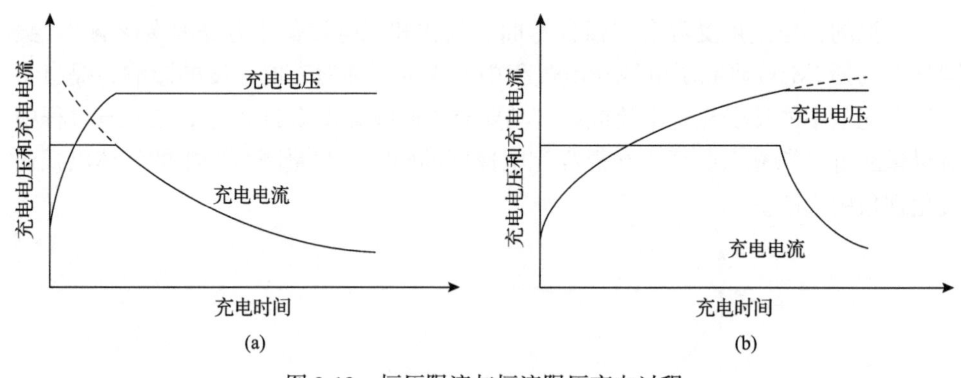

图 2-12　恒压限流与恒流限压充电过程

恒流限压充电下，充电电流保持恒定，同时限制充电电压不超过设定值。充电过程中的电压、电流如图 2-12（b）所示。在恒流充电阶段，充电电压逐渐上升。若充电电压超出设定值，则对充电电压进行限制。

3）恒流-恒压-浮充三段式充电

恒流-恒压-浮充三段式充电过程的曲线如图 2-13 所示。初始阶段，电池的接受充电电流较大，此时采取恒流的方式进行快速充电。在恒流阶段，随着恒定的充电电流对电池进行充电，电池的端电压不断上升。当电池电压上升至设定值时，切换至恒压充电方式。在恒压阶段，充电电流逐渐下降。当充电电流下降至一定值后，进入浮充阶段。此时，以小于恒压阶段的充电电压，对电池进行小电压、小电流充电，进一步提升充电深度。

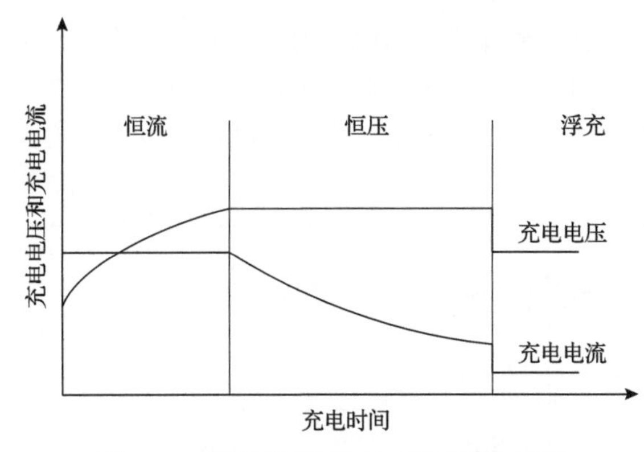

图 2-13　恒流-恒压-浮充三段式充电过程

2. DC/DC 变换器拓扑

在直流配电网中，直流充电桩的接入和控制更为方便。由直流母线提供直流电源，直流充电桩进行 DC/DC 电能变换，最终为电池提供充电所需的直流电。DC/DC 变换器的电路拓扑有许多，根据电路中是否含有隔离变压器，可将其分为非隔离型和隔离型两种类型。常见的非隔离型 DC/DC 变换器有 Buck 变换器、Boost 变换器等，它们电路简单、结构紧凑、控制简单，在早期的设备上有较多的应用。而随着高频化电力电子技术的发展，隔离型变换器由于电气隔离、高电压传输比等优点得到了广泛的使用。

1) 双向 DC/DC 变换器

双向 DC/DC 变换器的结构较为简单，其拓扑如图 2-14 所示，C_1、C_2 为输入侧支撑电容，L 为滤波电感。双向 DC/DC 变换器的开关管 S_1 、S_2 由互补的脉冲宽度调制(pulse width modulation，PWM)控制，当从 V_1 向 V_2 传输能量时，变换器的工作电路等效为 Buck 电路；当从 V_2 向 V_1 传输能量时，变换器的工作电路则可等效为 Boost 电路。

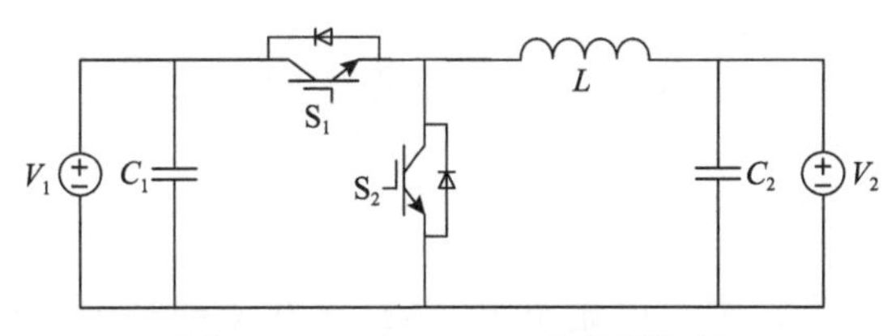

图 2-14　双向 DC/DC 变换器拓扑

2) 隔离型全桥 DC/DC 变换器

隔离型全桥 DC/DC 变换器的拓扑如图 2-15 所示。S_1 ～ S_4 为开关器件组成的全桥，D_1 ～ D_4 为功率二极管组成的不控整流桥。隔离型全桥 DC/DC 变换器采用移相控制，即全桥上下桥臂的控制信号为互补的 50%占空比的方波，左右半桥之间的控制信号存在相位差。通过控制该相位差，可以改变变压器原边侧方波电压占空比，进而调节传输功率的大小，实现控制输出电压或电流的目标。

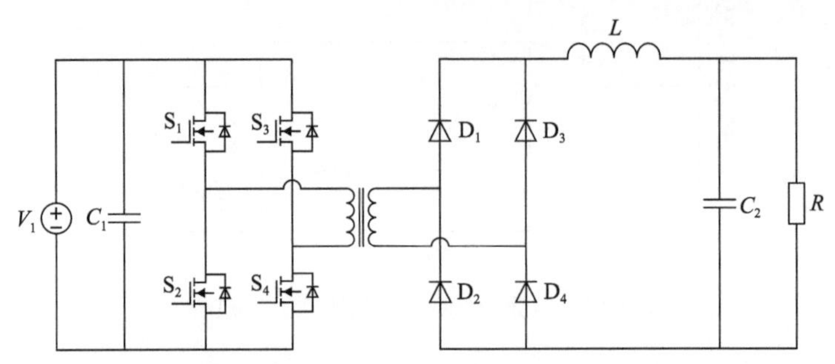

图 2-15　隔离型全桥 DC/DC 变换器拓扑

3) 全桥 *LLC* 谐振变换器

图 2-16 所示的全桥 *LLC* 谐振变换器，包含一个由谐振电容 C_r、谐振电感 L_r 和励磁电感 L_m 构成的谐振网络，能够扩大系统软开关范围，减小开关损耗，有效提升系统工作效率。传统的 *LLC* 谐振变换器控制方式为变频控制，通过调节开关频率来改变系统直流电压增益，从而实现控制系统输出的目标。由于谐振变换器的工作条件易受负载影响，单独的变频控制存在电压增益调节范围有限的问题。对此，通过结合移相控制和变频控制的混合控制方式，设定不同电压增益范围下的控制模式，可进一步拓宽系统电压调节范围。

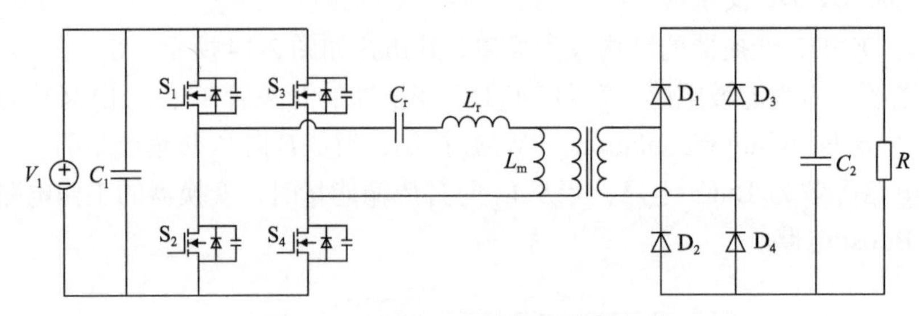

图 2-16　全桥 *LLC* 谐振变换器拓扑

3. DC/DC 变换器控制策略

前面所述的充电方式中，恒流-恒压-浮充三段式的充电方式也是由恒压、恒流等阶段组成，因此本节以恒压限流的充电方法为例，介绍其在 DC/DC 变换器上的实现方法。

DC/DC 变换器的恒压限流的充电控制策略如图 2-17 所示，采用了电压-电流双闭环控制策略。电压外环将采集的输出电压与参考值做差后，通过电压的 PI 控制器生成电流内环的参考值。该参考值需要经过一个限幅模块，限幅值为设定的充电电流极值。电流内环将采集的电感电流与参考值做差，通过电流的 PI 控制器计算得到移相角，并最终由 PWM 模块生成对应的全桥控制信号。

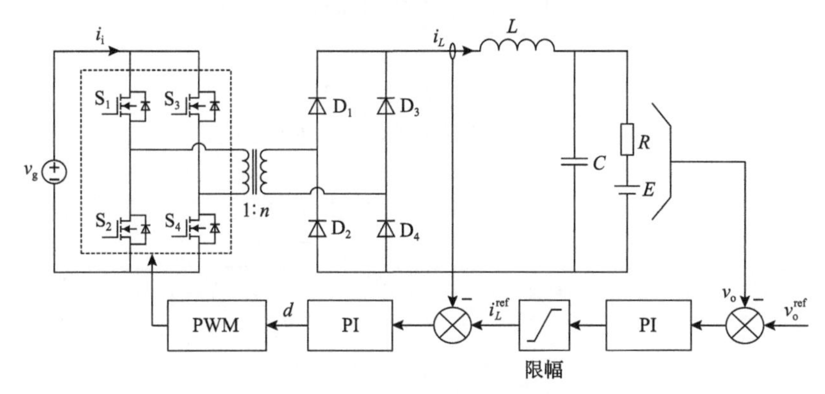

图 2-17　恒压限流充电控制方法

i_i-输入电流

限幅模块的存在，保证了生成的电流参考值不会超限。当限幅模块作用时，电流参考值将变为一个固定的限制值，此时电压-电流双环控制将退化为电流环控制。同样地，恒流限压的充电方法可由带限幅的电流-电压双闭环控制策略实现，在此不再赘述。

图 2-17 中，全桥 DC/DC 变换器的开关周期平均模型为[10]

$$\begin{cases} C\dfrac{\mathrm{d}v_o}{\mathrm{d}t}=i_L-\dfrac{v_o-E}{R} \\ L\dfrac{\mathrm{d}i_L}{\mathrm{d}t}=n\cdot d\cdot v_g-v_o \end{cases} \tag{2-29}$$

其中，d 为全桥输出方波占空比；n 为变压器变比；v_g、v_o 分别为输入、输出电压；i_L 为电感电流。

式(2-29)中含有二次非线性环节，通过引入扰动量并忽略高阶项，可得到其小信号模型：

$$\begin{cases} C\dfrac{\mathrm{d}\Delta v_o}{\mathrm{d}t}=\Delta i_L-\dfrac{\Delta v_o}{R} \\ L\dfrac{\mathrm{d}\Delta i_L}{\mathrm{d}t}=nD\Delta v_g+nV_i\Delta d-\Delta v_o \end{cases} \tag{2-30}$$

其中，Δv_o、Δi_L、Δd 为小信号扰动量；D、V_i 为稳态量。

进一步，将式(2-30)进行拉普拉斯变换，可得到电压-电流双闭环控制框图，如图 2-18 所示。图中 G_v、G_i 分别表示电压和电流 PI 控制器的传递函数。其他传递函数如式(2-31)所示，式中 s 为拉普拉斯算子。

$$\begin{cases} G_{\text{vi}} = \dfrac{R}{CRs+1} \\ G_{\text{id}} = \dfrac{nV_{\text{g}}(CRs+1)}{LCRs^2+Ls+R} \\ G_{\text{vg}} = \dfrac{nD(CRs+1)}{LCRs^2+Ls+R} \end{cases} \tag{2-31}$$

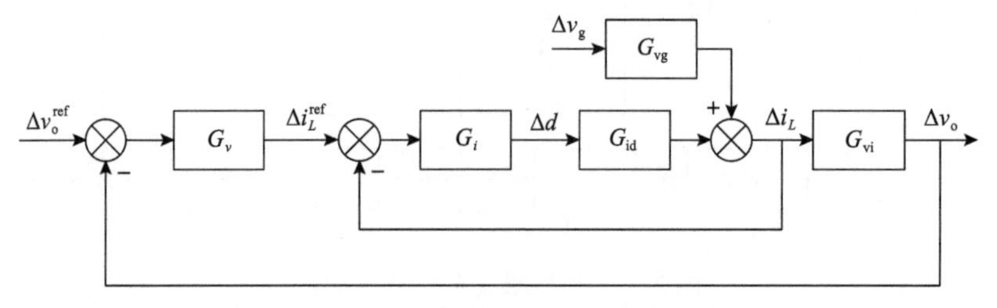

图 2-18　电压-电流双闭环控制框图

2.2.2　直流电解水制氢

制氢可以促进可再生能源的消纳，同时产生的氢气可用于冶金、航天等行业或通过燃料电池将电能回馈给电网，氢能接入电力系统的方式如图 2-19 所示。目

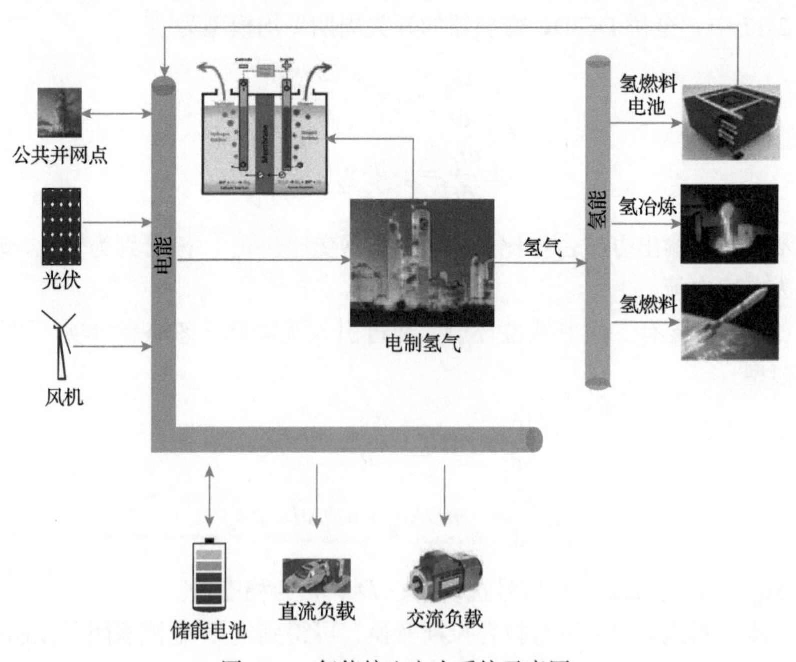

图 2-19　氢能接入电力系统示意图

前，电解水制氢技术包括固体氧化物电解技术、质子交换膜电解水制氢技术和碱液电解技术。其中，碱液电解技术由于工艺流程成熟、易于模块化等优点已在实际工程中得到广泛应用，因此下面介绍碱液电解水制氢单元的电气特性及能量转换效率模型。

1. 电解水制氢单元电气特性分析

制氢单元是由若干个电解槽单体组成一定容量的装机负荷，工作时在电能和热能的作用下将纯水转化为氢气和氧气，其化学反应方程为

$$2H_2O \xrightarrow{\text{电能+热能}} 2H_2 + O_2 \tag{2-32}$$

每个电解槽单体内部存在可逆反应和不可逆反应，其中不可逆反应包括欧姆极化反应和浓度极化反应，制氢单元输出电压为

$$\begin{cases} V_{\text{ele}} = V_{\text{rev}} + V_{\text{ohm}} + V_{\text{con}} \\ V_{\text{o}} = NV_{\text{ele}} \end{cases} \tag{2-33}$$

其中，V_{ele}为电解槽单体端电压；V_{rev}为可逆电压；V_{ohm}为欧姆极化电压；V_{con}为浓度极化电压；N为电解槽个数；V_{o}为制氢单元输出的电压。可逆电压、欧姆极化电压和浓度极化电压由文献[11]可以表示为

$$\begin{cases} V_{\text{rev}} = 1.253 - 2.4516\text{e}^{-5}T \\ V_{\text{ohm}} = \left(r_1 + \dfrac{r_2 T}{A_{\text{ele}}}\right) I \\ V_{\text{con}} = \left(s_1 + s_2 T + s_3 T^2\right) \lg\left[\left(t_1 + \dfrac{t_2}{T} + \dfrac{t_3}{T^2} + \alpha\right)\dfrac{I}{A_{\text{ele}}} + 1\right] \end{cases} \tag{2-34}$$

其中，T为工作温度；I为制氢单元工作电流；A_{ele}为阴极极板面积；r_1、r_2、s_1、s_2、s_3、t_1、t_2、t_3、α为经验系数，具体参数如表 2-2 所示。

表 2-2　制氢单元参数

参数	数值
r_1，r_2	$2.3\times10^{-3}\Omega\cdot\text{m}^2$，$-1.107\times10^{-7}\Omega\cdot\text{m}^2/℃$
s_1，s_2，s_3	$1.286\times10^{-1}\text{V}$，$2.378\times10^{-3}\text{V}\cdot℃$，$-0.606\times10^{-5}\text{V}/℃^2$
t_1，t_2，t_3	$3.559\times10^{-2}\text{m}^2/\text{A}$，$-1.3029\times10^{-2}\text{m}^2\cdot℃/\text{A}$，$2.513\times10^{-3}\text{m}^2\cdot℃^2/\text{A}$
α	2m^{-2}
A_{ele}	0.25m^2
N	100

根据式(2-33)和式(2-34)以及表2-2中的参数，可绘制出制氢单元的外电气特性曲线，图2-20(a)为电压-电流-温度(v-i-T)之间的关系，图2-20(b)为功率-电流-温度(P-i-T)之间的关系。从图2-20(a)可以看出当电流较小时，制氢单元端口电压受电流影响较大，随着电流的增大迅速增大；当电流较大时，制氢单元端口电压受电流的影响较小，呈现平稳的趋势。制氢单元的端口电压随着温度的升高稍有下降，这是因为温度的升高导致电解槽的离子运动加快从而使得电解槽内阻稍有降低，因此其端口电压稍微下降。从图2-20(b)可以看出，制氢单元消耗的功率整体随着输入电流的增大而增大，受温度的影响不是十分明显。

基于某公司生产的4Nm^3/h[①]制氢设备进行测试，电解槽片数为20片。图2-21为同样电解槽片数情况下建立的数学模型和实验测试数据的对比图，由于实际设备运行时工作电流不能太小(电流过小时易引起氢氧串气)，因此实际运行时电流

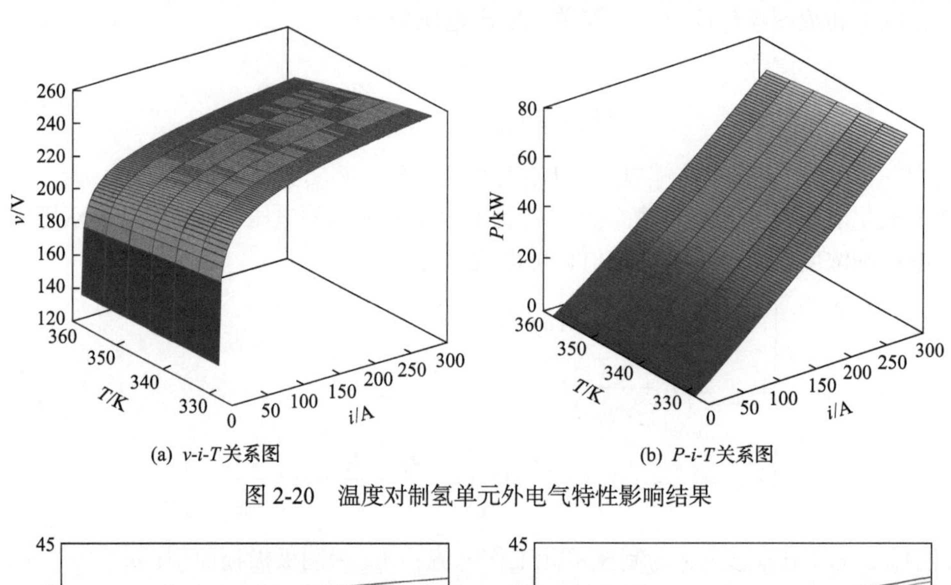

(a) v-i-T关系图　　(b) P-i-T关系图

图2-20　温度对制氢单元外电气特性影响结果

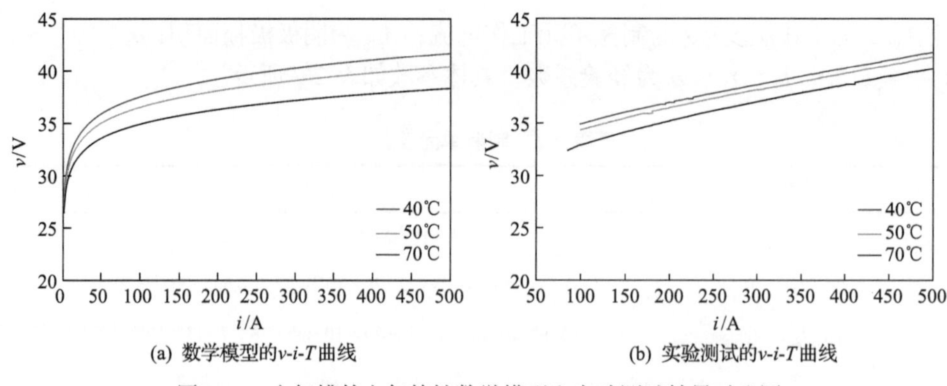

(a) 数学模型的v-i-T曲线　　(b) 实验测试的v-i-T曲线

图2-21　电解槽外电气特性数学模型和实验测试结果对比图

① Nm^{3}为标准立方米，是在0℃和1个标准大气压下的气体体积。

为100～500A。从图中可以看出，制氢单元端口电压随着工作电流的上升而上升；而温度的升高导致电解槽内阻下降，因此使得制氢单元端口电压下降。综上，所建模型基本和实际运行数据吻合。

2. 电解水制氢单元能量转换效率模型

根据法拉第电解定律，电解槽通入的电流累积产生的电荷量与氧化还原反应所需的电荷量相等。因此由单位时间内通入的电荷量(输入电流)，可计算出产出的氢气的摩尔量(摩尔速率)：

$$v_h = \frac{\mathrm{d}n}{\mathrm{d}t} = K\frac{NI}{aF} \tag{2-35}$$

其中，v_h为氢气产出速率；n为摩尔数；t为时间；K电化学反应系数；F为法拉第常数；a为反应物化学价的变化量；I为电解电流。

根据氢气的热值系数，可计算出单位时间内产出氢气的化学热能Q_h：

$$Q_h = K(1-\beta T)\frac{NI}{aF}\cdot R_h \tag{2-36}$$

其中，R_h为氢气的化学能热值，单位为kJ/mol；β为温度调整系数。

制氢装置的输入能量包括两部分，分别为输入的电能Q_{power}、制氢装置反应需要的热能Q_{heat}。

由式(2-33)可得单位时间内输入的电能，即输入功率为

$$Q_{power} = V_o I = N\left(V_{rev} + V_{ohm} + V_{con}\right)I \tag{2-37}$$

由于制氢装置的欧姆极化电压和浓度极化电压会产生热能Q_{extr}，因此单位时间产生的热能为

$$Q_{extr} = N\left(V_{ohm} + V_{con}\right)I \tag{2-38}$$

$$Q_{heat} = TS - \lambda Q_{extr} = \left[TS - \lambda N\left(V_{ohm} + V_{con}\right)I\right] \tag{2-39}$$

其中，S为温度T下的熵值；λ为热能散失系数。

在制氢单元工作过程中主要的能量损耗一方面是电化学反应放热导致的部分能量散失；另一方面是由于辅助供电需要消耗部分电能。由式(2-33)～式(2-39)以及表2-3中的参数，可推导制氢单元中电能到化学能的能量转化效率：

$$
\begin{aligned}
\eta &= \frac{Q_{\mathrm{h}}}{Q_{\mathrm{heat}} + Q_{\mathrm{power}}} \cdot 100\% \\
&= \frac{KR_{\mathrm{h}}(1-\beta T)}{2FV_{\mathrm{rev}} + 2F(1-\lambda)\cdot\left[\dfrac{r_1 + r_2 T}{A_{\mathrm{ele}}} I + \left(s_1 + s_2 T + s_3 T^2\right)\lg\left(\dfrac{t_1 + \dfrac{t_2}{T} + \dfrac{t_3}{T^2} + \alpha}{A_{\mathrm{ele}}} I + 1\right)\right] + \dfrac{2FTS}{NI}} \cdot 100\%
\end{aligned}
\tag{2-40}
$$

表 2-3　制氢单元效率参数

参数	数值	参数	数值
F	96485C/mol	K	1300
R_{h}	284.7kJ/mol	λ	0.3
S	90J/(mol·K)	β	2.98×10^{-3}

根据式(2-40)、表 2-2 及表 2-3 中的数据绘制制氢单元的能量转换效率和电流以及温度的关系曲线，如图 2-22(a)所示，可以看出制氢单元的能量转换效率随输入电流的增大而迅速增大，然后缓慢下降；随温度的升高呈现出下降的趋势。其原因为制氢单元反应过程中需增加额外的热能来维持反应过程中的温度，当制氢单元输入电流较小，即制氢单元消耗的功率较小时，能量转换效率会较低。随着制氢单元输入电流的增大，制氢单元消耗的功率也逐渐增大，这时外加热能就相对较小，能量转换效率得到提升。当电流增大到一定值后，浓度极化和欧姆极化消耗大量电能，这部分能量不能转化为化学能，导致能量转换效率下降，并且电解液中离子浓度较高使得化学反应趋于饱和状态。

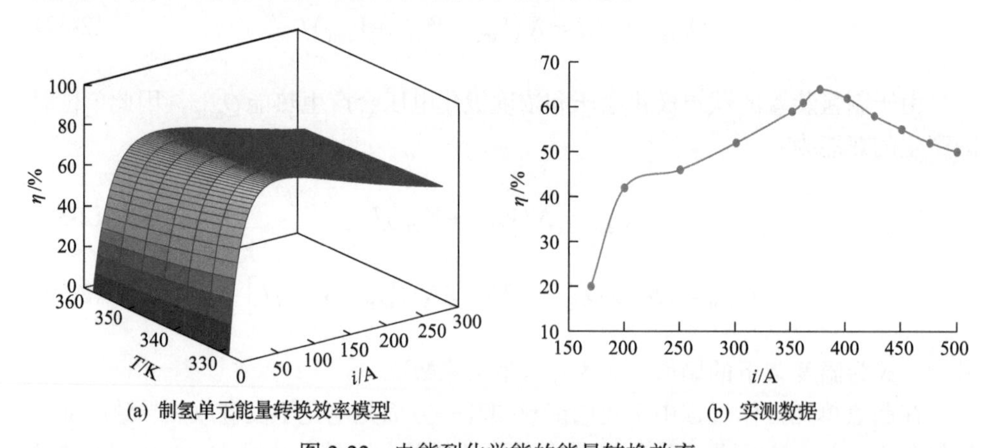

(a) 制氢单元能量转换效率模型　　(b) 实测数据

图 2-22　电能到化学能的能量转换效率

图 2-22(b)是基于实际制氢单元进行测试的结果，电解槽产生的氢气经过干燥

塔祛除碱液蒸气后通过质子流量计(RHM015)测量气体，考虑到氢气质量非常小，瞬时误差大，于是测量 2h 气体体积，然后根据表 2-3 中参数可计算产生的化学热能，然后可根据消耗的电能计算制氢单元的能量转换效率。考虑到每次启动设备需要 3h，采集数据工作量比较大，因此只给出压强为 1.5MPa 下的测试效果。从图中可以看出，系统的能量转换效率随着工作电流的增大而迅速增大，这一方面是因为有一部分电流需要转化为热能而维持系统的工作温度，另一方面产气越少越不利于质子流量计的测量，导致该阶段系统效率较低。系统最高能量转换效率达到 64%左右，之后随着电流的增加产生了浓度极化现象，能量转换效率缓慢下降。

2.2.3　工业直流负荷

1. 照明负荷

照明是保障工业生产的必要措施。典型的工业照明光源有白炽灯、钨丝灯、荧光灯、金属卤化物灯等。工业生产通常要求保证 24h 照明，且厂房车间所需光源数量也较多。而在实际使用中，除了考虑照明电源的使用寿命、显色效果，发光效率也是在选择光源类型时需优先考虑的。因此，具备更高发光效率的 LED 灯逐渐广泛应用于工业厂房的照明中。

LED 灯在交流配电网中的两级式接入方式如图 2-23 所示。首先，通过整流将交流母线的输入变换为直流输出。同时，为了减小照明电路谐波对电网的影响，整流环节应选择带有功率因数校正功能的拓扑结构或配置单独的功率因数校正装置。然后，通过后级的 DC/DC 变换器得到 LED 灯工作所需的直流电压。

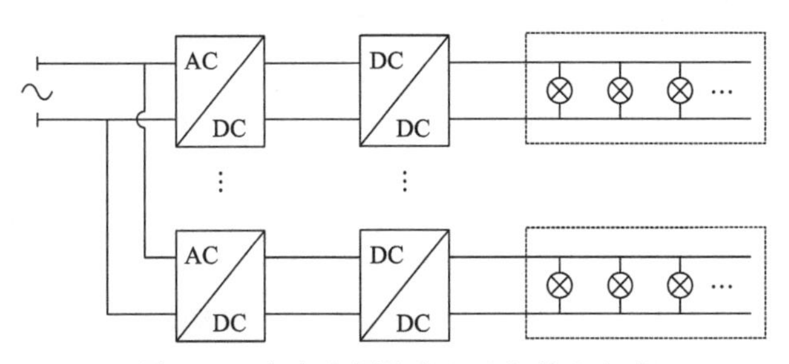

图 2-23　交流配电网下 LED 灯接入方式

作为直流负荷，LED 灯在直流配电网中的接入更为方便。直流配电网下的 LED 灯接入方式如图 2-24 所示，每一路 LED 灯的供电可以省去交-直流转换环节，仅需 DC/DC 变换器即可实现所需的电能变换。对比两种接入方式可以发现，一方面，直流配电网接入下的电能变换环节更少，能量转换效率更高；另一方面，由于两种接入方式在结构上存在相似性，通过线路改造实现直流配电是较为容易的。

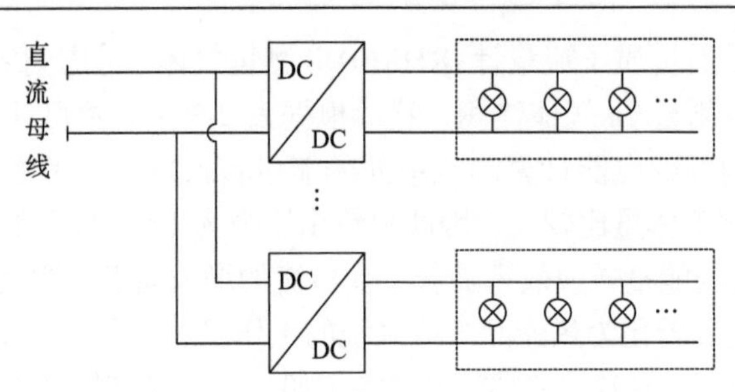

图 2-24　直流配电网下 LED 灯接入方式

2. 电动机负荷

电动机作为一种将电能转换为机械能的动力装置，是一种常见的工业负荷形式，广泛存在于机床、泵机、起重机等生产机械之中。电动机的种类繁多，按供电方式可分为交流电动机和直流电动机两种。通过电力电子设备，这些电动机负荷可在直流配电网中被快速地接入。

三相异步电动机是一种典型的交流电动机，因结构简单、价格便宜等优点而在传统的机床设备中被较多地使用。以中小型车床为例，一台车床通常需要多个电动机，包含拖动主轴旋转的主轴电动机、供给冷却液的冷却泵电动机和实现刀架自动运动的快速移动电动机。这些电动机需要交流电源供电，因此交流电动机在直流配电网下的接入方式如图 2-25 所示。可选择三相全桥等拓扑实现三相交流电源的逆变输出，为交流电动机提供工作所需的电压。

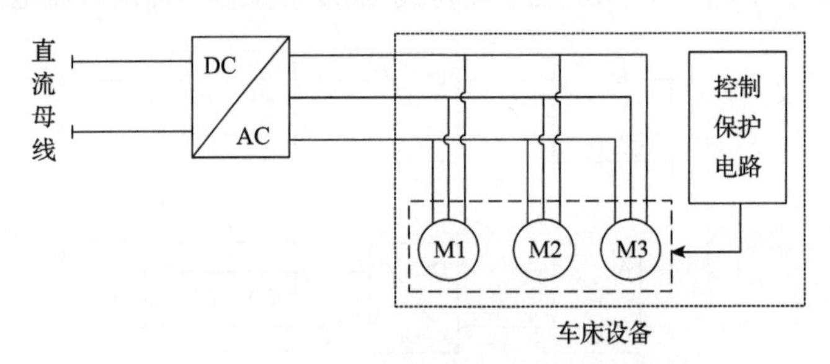

图 2-25　直流配电网下交流电动机接入方式

另外，得益于电力电子技术和电动机控制技术的发展，直流电动机的调速性能和响应速度在不断进步，因而在数控机床、工业机器人等各种对加工速度和精度有要求的领域得到了广泛应用。直流配电网下直流电动机的供电更为方便。由于无刷直流电动机省去了电刷结构，所以采用电子换相策略，正常工作时需要将直流电源连接至电子换相电路的输入端。因此，直流电动机可通过 DC/DC 变换器连接至直流母线，具体如图 2-26 所示。

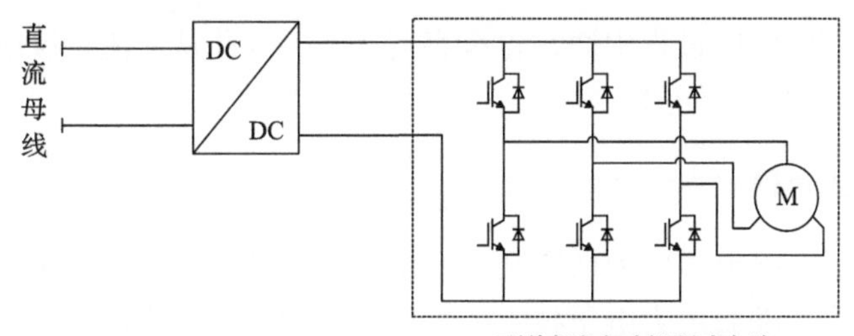

图 2-26 直流配电网下直流电动机接入方式

3. 焊机负荷

工业生产中，焊接、铸造、锻造等环节中往往还需要对工件进行加热。以焊机为例，业界常用的方法为脉冲电弧焊，即焊机通过控制输出的脉冲电流波形来控制对焊接工件的热输入[12]。为实现高频的脉冲输出，焊机的主电路可采取全桥逆变拓扑等结构，那么焊机需要由直流电源进行供电。在交流配电网下，交流母线通过 AC/DC 整流电路为焊机供电。在直流配电网下，焊机的供电则可由 DC/DC 变换器从直流母线获取。图 2-27 展示了逆变式焊机通过 DC/DC 变换器接入直流母线的过程。

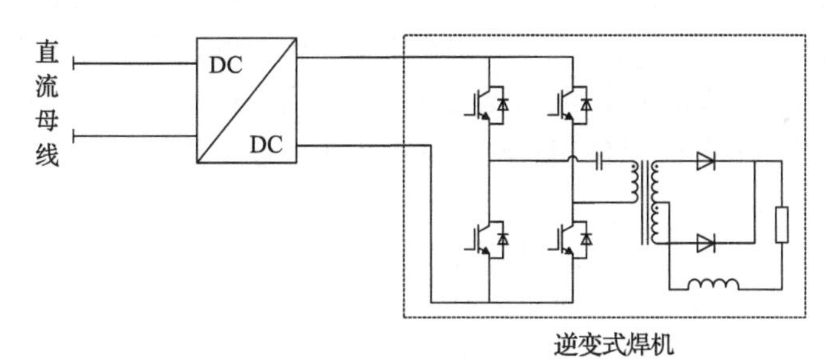

图 2-27 直流配电网下逆变式焊机接入方式

类似地，铸锻企业中使用的感应加热炉的工作过程中同样需要输出高频的交流电流，根据电磁感应原理，在坯料中产生涡流以达到加热的目的。从电能变换环节来看，感应加热炉与逆变式焊机自身都具备逆变电路，所以它们接入直流母线的方式也类似，在此不再赘述。

综上所述，从工业生产的照明环节、机床切削等冷加工环节、焊接和铸造等热加工环节中使用的相关设备来看，它们在直流配电网下的接入是可行的。按照负荷的供电类型，交流类型的负荷可通过 DC/AC 逆变器接入直流母线；对于直流类型的负荷，包括 LED 灯等直接由直流供电的负荷，或者直流无刷电机等自身带有逆变器需要直流输入的设备，都可通过 DC/DC 变换器或者直接接入直流母线。

另外，上述负荷的供电过程中通常含有直流环节，因此从交流系统改为直流系统的接入也是相对比较方便的。

2.2.4 家用直流负荷

现有的居民区配电主要为低压交流系统，对此各类家用电器多选择市电作为供电电源。但是，随着电力电子技术的发展，家用电器中直流负荷的占比不断增加，这为低压直流配电系统在居民区的应用提供了条件。本节将介绍一些常见的家庭负荷，并说明它们在交、直流配电系统下的兼容性问题。

白炽灯、荧光灯、LED 灯等照明类型负荷是家用电器中常见且不可或缺的负荷形式之一。传统的白炽灯通过加热灯丝进行发光，通常认为其是受温升影响的电阻型负荷，因而只要保证合适的供电规格，其在交流或直流系统下均能正常工作。而随着对白炽灯停产禁用政策的逐步落实，目前在家用照明领域大范围普及应用的是荧光灯和 LED 灯。由于电力电子器件的加入，荧光灯的电子镇流器可在直流条件下工作，而 LED 灯自身为直流负荷，可由直流电源直接驱动，因此它们在直流配电系统中的接入较为方便。

还有种常见的家用负荷为电机类型负荷，包括吸尘器、洗衣机、空调等家用电器。从电机的类型来区分，采用直流电机的设备可以较为方便地从直流配电网获取电源。而对于空调、洗衣机等大功率电器，传统的设备通常采用感应电机作为驱动，因为需要交流电源供电而无法直接在直流条件下工作。但近年来为了提高性能，一些产品开始广泛使用直流调速技术来控制电机转速，因此也可认为这些产品属于直流负荷。

最后，计算机、电视、打印机等各类电子设备已经成为人们生活中寻常可见的家用电器。这类电子产品通常搭配外置或内置的适配器，通过电力电子设备将市电转换为工作所需的不同等级直流电压，从本质上来说它们都属于直流负荷。另外类似的是近年来被快速普及的电动汽车，汽车的动力电池需要直流电源进行充电。所以，电动汽车充电时也可认为是直流负荷，电能的变换过程由车载充电器完成。

此外，家用电器中各种加热负荷(如烧水壶、卷发棒等)可被视为电阻型负荷，因此也可直接接入直流系统中。综上，相比于工业负荷，家用负荷中的直流负荷形式更为常见，包括 LED 灯等典型直流负荷以及可直流调速的洗衣机等广义上的直流负荷，因此通过低压直流配电系统对居民区进行供电是可行的，并且可以省略交-直流变换环节以提高电能转换效率。图 2-28 展示了一种家用负荷在直流配电网下的接入方式。不同于工业生产的是，居民普遍不具备对家用电器的改造能力。考虑现有家用电器多针对交流供电系统设计的情况，在交流配电向直流

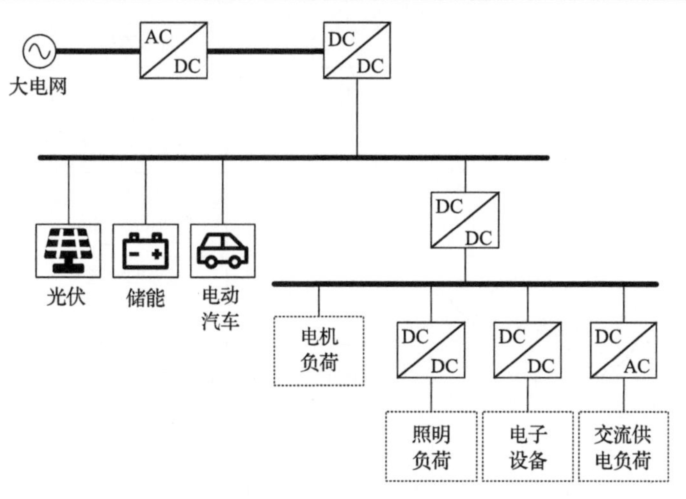

图 2-28　直流配电网下家用负荷接入方式

配电的过渡过程中，可在直流母线下接入逆变器，为部分还需要交流电源的电器供电。

2.3　储　　能

随着风能、太阳能等新能源发电在电力系统中的占比不断提高，新能源发电带来的间歇性、波动性等问题对配电网的稳定运行产生巨大影响。针对此问题，配电网中广泛应用储能来平抑电能波动、支撑母线电压和作为后备能源，以提高系统对新能源的承载力，保证供电可靠性和稳定性。本节介绍多种储能形式，并以常见的电池为例，介绍储能在直流配电网中的应用。

2.3.1　储能系统类型

储能系统将电能转化为其他形式的能量保存在储存介质中，并在需要时重新转换为电能放出。根据储存能量的形式不同，常见的储能可分为机械储能、电磁储能、相变储能和化学储能，具体如图 2-29 所示。

机械储能包括抽水蓄能、飞轮储能和压缩空气储能等形式，适合用于构建大容量储能系统。抽水蓄能技术需要建设上下游水库，可通过从下游水库抽水以势能形式储存能量，也可通过上游水库放水驱动水轮发电机进行发电。抽水蓄能技术成熟可靠，具备蓄能容量大、运行寿命长等优点，但是水库的建设受到地理条件限制，难以适用于所有场合。飞轮储能利用了高速旋转的飞轮以动能的形式储存能量，功率密度高，但是空转状态下的飞轮存在能量损失的问题。压缩空气储能技术则是以空气内能形式进行储能，并通过压缩空气驱动燃气轮机

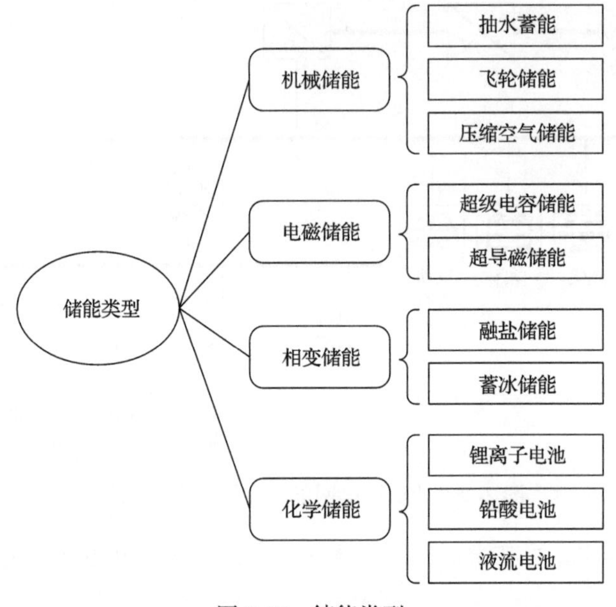

图 2-29　储能类型

进行发电。和抽水蓄能技术类似，大型压缩空气储能系统的建设也受限于地理条件。

电磁储能技术包括超级电容储能和超导磁储能。超级电容储能技术利用了电容器的特性进行储能，超级电容具备高功率密度和高能量密度，且循环寿命长，但存在自放电的问题。超导磁储能技术则利用超导线圈的零电阻特性通入大电流产生强磁场储能，但是超导设备的造价和维护成本较为昂贵。

相变储能利用材料在相态变换或温度变化过程中吸收或释放能量进行储能，常见的有融盐储能、蓄冰储能等形式。融盐储能使用熔融状态下的无机盐进行传热储热，而蓄冰储能则以冰为储能介质进行储冷。相变储能的储能密度高，可用于构建大容量的储能站，目前除了蓄冰储能，采用其他相变材料的示范工程还较少。

化学储能，尤其是电池储能是配电网中应用最为广泛的一种储能形式。电池通过电化学反应实现电能和化学能之间的相互转换。相比于机械储能，电池储能的规划配置更为灵活，可以更好地满足配电网在不同场景下对于储能的需求。常见的电池类型有铅酸电池、锂离子电池和液流电池等。铅酸电池的技术成熟、价格便宜，但是由于材料原因在生产和回收过程中对环境有一定的影响。相比之下，更环保和功率密度更高的锂离子电池正在逐渐普及，但是锂离子电池的安全性问题仍待后续的深入研究。另外，液流电池有望实现大容量储能系统的构建，但目前还未有大规模商业应用。

2.3.2　电池的荷电状态估计

在各类储能设备中，电池储能可由工厂批量模块化制造，容量配置和安装选址灵活便捷，因而在电力系统的电源侧、电网侧和用户侧各环节都得到了广泛的应用。本节以电池储能为例介绍储能设备在直流配电网中的应用，从电池的建模开始。

一方面，为了更好地描述电池电流和电压之间的关系，需要根据电池的内外特性进行建模，以方便对电池的控制和管理。常用的电池等效电路模型有 Rint 模型、Thevenin 模型、RNGV(Rate-Newman-Gribble-Vetter)模型和二阶 *RC* 模型等[13]，具体的电路模型如图 2-30 所示。

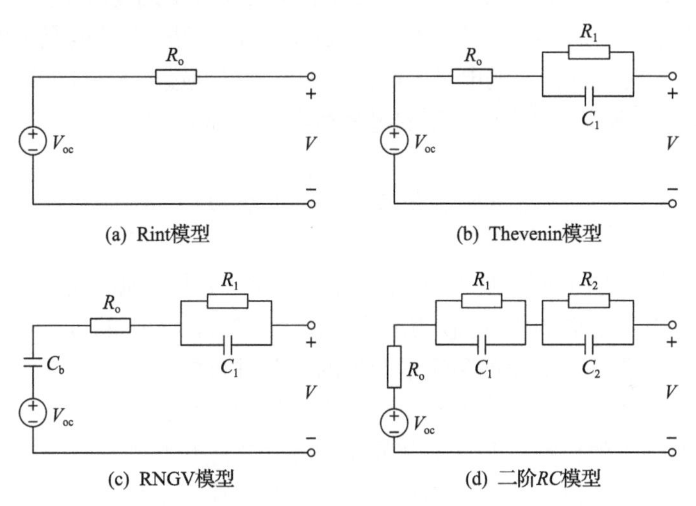

图 2-30　电池等效电路模型

Rint 模型将电池等效为由理想电压源 V_{oc} 和内阻 R_o 串联成的电路，模型的结构简单但精度相对较低。在此基础上，Thevenin 模型增加了一阶 *RC* 电路，用极化电阻 R_1 和极化电容 C_1 来描述电池充放电过程中的极化现象。RNGV 模型增加了一个串联电容 C_b 来描述开路电压 V_{oc} 随电流的变化情况，对模型的动态特性进行了改进。二阶 *RC* 模型则是在 Thevenin 模型的基础上，通过更高阶的 *RC* 电路更精确地描述电池的极化特性。

另一方面，在电池的使用过程中为了更好地了解电池的具体情况，往往使用荷电状态(SOC)、健康状态等关键状态来表征和评估电池。其中，荷电状态表征了电池的剩余可用电量，是最为重要且常用的描述电池状态的指标，能为电池的充放电行为选择提供参考。SOC 定义为在一定的充放电倍率下，电池的剩余电量与额定电量的比值，具体如式(2-41)所示。

$$\mathrm{SOC} = \frac{Q_c}{Q_m} \times 100\% \tag{2-41}$$

其中，Q_c 为电池的剩余电量；Q_m 为电池的额定电量。

由于电池中的能量以化学能形式储存，因此难以直接监测到电池的剩余电量。为了获取电池的 SOC，通常使用估算的方法，包括开路电压法、安时积分法、基于模型的估计方法和基于数据驱动的估计方法等。

开路电压法需要事先获取开路电压与 SOC 的映射关系，在使用时采集开路电压后通过查表可获得电池的 SOC。由于开路电压是在电池开路的条件下采集的，且为使电池达到平衡状态通常需要经过较长时间静置，因此该方法并不适合在线的 SOC 估计场景，可用作其他方法获取初始电池 SOC 的手段。

安时积分法是一种简单且常用的电池 SOC 估计方法。电池的剩余电量是初始电量减去在一段时间内消耗的电量，而消耗的电量可通过电流对时间的积分获得。那么结合 SOC 的定义，可知 t 时刻的电池荷电状态 SOC_t 为

$$\mathrm{SOC}_t = \mathrm{SOC}_0 + \frac{1}{Q_m}\int_0^t \eta \cdot i\mathrm{d}t \tag{2-42}$$

其中，SOC_0 为电池初始荷电状态；η 为库仑效率；i 为电池的充放电电流。安时积分法简单有效，获取的 SOC 较为准确。但由于估计 SOC 的过程是开环的，无法对初始和积分环节中由噪声和测量产生的误差进行校正。

另外，简单介绍下基于模型和基于数据驱动的估计方法。基于模型的估计方法需要借助电路等效模型，利用卡尔曼滤波等算法进行状态估计，通过对系统观测值的误差进行修正以获得较高的估算精度。基于模型的估计方法依赖准确的等效电路模型，而高精度的模型并不总是那么容易获得。对此，基于数据驱动的估计方法则将电池视为黑盒，不考虑电池内部的实际关系，利用数据驱动方法得到输入输出间的映射关系，并构建出电池模型。因为在直流配电系统中，主要关注储能参与源网荷互动的过程，在此对于上述估计方法的细节不再展开。

2.3.3 电池储能的控制模式

电池需要在直流条件下工作，因此通过双向的 DC/DC 变换器接入直流配电网中。为了调节电池的充放电，DC/DC 变换器通常采用功率控制模式或下垂控制模式。

储能单元的功率控制方法如图 2-31 所示，R_l 为线路电阻。控制器采用了功率-电流双环控制，功率外环将输出功率的参考值(P^{ref})与测量值作差后，经过 PI 控制器成为电流的参考值，电流内环的参考值与测量值作差后通过 P 控制器得到占空比 d，最后由 PWM 模块生成相应的控制信号给开关管 S_1、S_2。通常在功率

控制模式下，储能的充放电受上层控制的调控，因此功率参考值需要由上层的中央控制器通过通信给定。

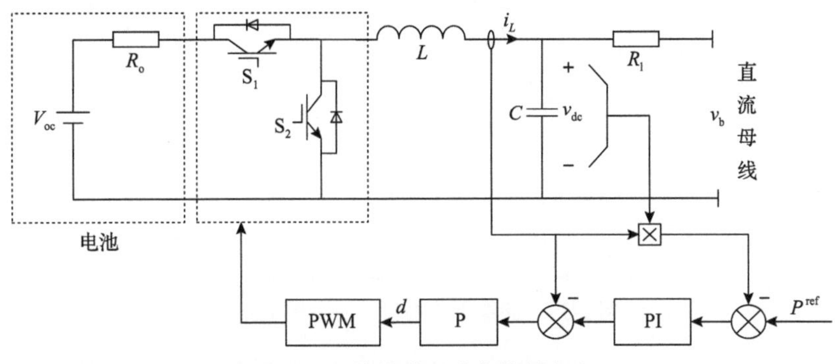

图 2-31　储能单元功率控制方法

另外，储能的一种传统 i-v 下垂控制方法如图 2-32 所示。控制回路基于电压-电流双闭环控制，并增加下垂控制环节，控制律为

$$v^{ref} = V^{*} - r \cdot i_L \tag{2-43}$$

其中，v^{ref} 为电压外环的参考值；V^{*} 为输出电压额定值；r 为下垂系数；i_L 为电感电流。

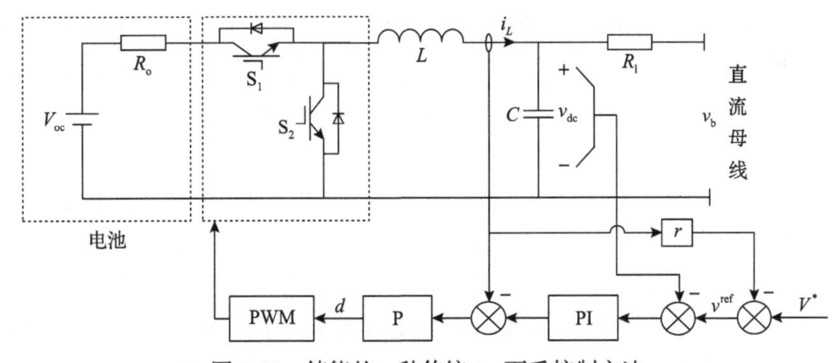

图 2-32　储能的一种传统 i-v 下垂控制方法

因为直流母线电压表征了系统的功率平衡情况，所以下垂控制可以根据式(2-43)中的电压-电流关系，实时调节储能系统的出力。由于下垂控制采集的是本地的电压电流信号，因此下垂控制可以不依赖于通信进行，更适用于分布式系统。

下垂控制是一种被广泛应用的控制方法，可用于实现系统的即插即用、功率分担和主动支撑等功能。以功率分担为例，当两个采用下垂控制的储能单元接入同一直流母线时，它们的等效电路如图 2-33 所示，v_{dc1} 和 v_{dc2} 为储能 1 和储能 2 的输出电压，r_{load} 为负载电阻。式(2-43)中的下垂系数可等效为在电路中串联了虚

拟电阻 r_1、r_2。考虑线缆电阻 R_{l1}、R_{l2}，两个储能单元输出电流之间的关系为

$$\frac{i_{dc1}}{i_{dc2}}=\frac{r_1+R_{l1}}{r_2+R_{l2}} \tag{2-44}$$

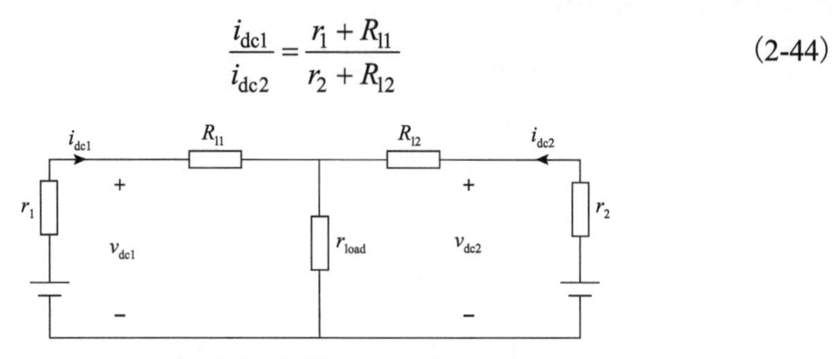

图 2-33　储能下垂控制方法等效电路

通常由于设置的虚拟电阻要远大于线缆电阻，所以输出电流之间的关系主要由下垂系数决定。当下垂系数相同时，储能单元的输出电流相同，即两个储能单元输出的功率相同，实现了储能之间的功率均分。而若设置不同的下垂系数，则各储能单元的输出功率呈比例，实现了储能之间的功率分担。

2.3.4　电池储能的应用方式

在直流配电网中，为应对大规模可再生能源接入对系统稳定运行造成的影响，电池储能被广泛应用于平抑功率波动、支撑母线电压、优化潮流分布和进行需求响应等方面。电池储能的应用受地理条件限制小，适合批量化生产和模块化应用，安装配置方式灵活。从应用规模来看，现有的电池储能呈现出集中式和分布式并存的情况。从应用场景来看，系统可在配电网侧、电源侧和用户侧等环节根据需要配置储能，来满足不同场景的需要。

在配电网侧，图 2-34 展示了一种集中式储能通过双向 DC/DC 变换器接入配电网直流母线的应用方式，可支撑母线电压、优化潮流分布和进行削峰填谷。从短时间尺度的控制来看，接入的集中式储能可以帮助维持系统功率平衡，保证系统的稳定运行。直流配电网的母线电压是衡量系统功率平衡的重要指标。电池储能根据系统运行状况进行快速响应，通过控制出力来支撑直流母线电压稳定，改善高度电力电子化后低惯量系统的响应特性。从中时间尺度的优化来看，储能系统可影响各子网的出力情况，实现系统潮流的优化分配。集中式储能可作为各直流子网的共享储能，通过建立多目标优化模型，以母线电压波动和子网间功率传输经济性为优化目标，通过控制储能出力调整系统潮流分布，实现直流配电网的优化运行。从长时间尺度的预测来看，储能系统可帮助削峰填谷，平滑负荷曲线。储能可结合负荷预测结果和电池 SOC 控制出力，降低系统功率峰谷差，实现削峰填谷。

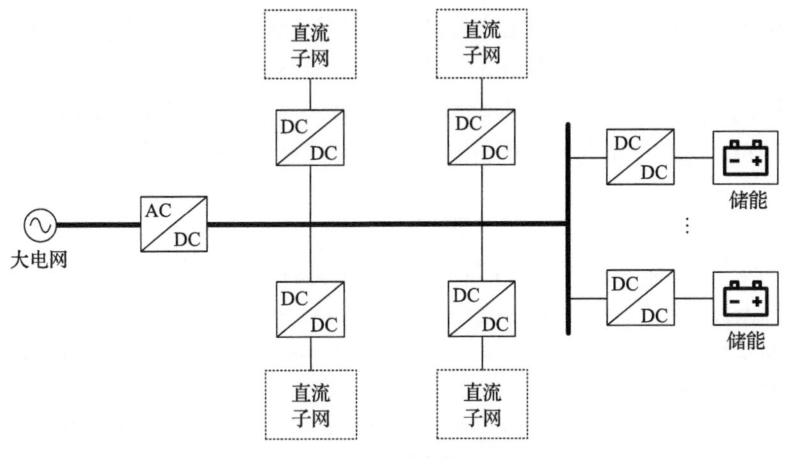

图 2-34　配电网侧储能接入

另外，储能系统可以更灵活地以分布式的形式接入电源侧和用户侧，如图 2-35 所示。在电源侧，储能系统能够平滑出力波动，同时帮助分布式电源跟踪计划出力。为解决新能源发电波动性和随机性的问题，储能系统通过控制充放电来平滑发电单元的功率输出曲线。同时，在风机、光伏等最大功率点跟踪模式下，储能吸收多余功率并在功率不足时放能，减少弃风弃光现象，促进可再生能源的就地消纳。对于新能源的间歇性，配合日前、日内调度，储能系统可以补偿发电单元出力，减小与预测值的误差，提高新能源发电的调度计划跟踪能力。

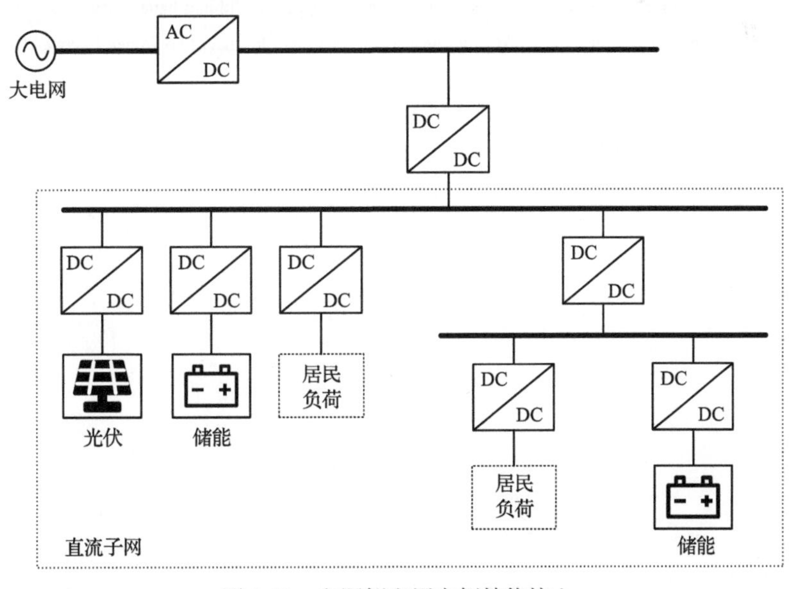

图 2-35　电源侧和用户侧储能接入

在用户侧，储能可以帮助用户管理分时电价，也可以提高供电质量和可靠性。用户侧储能系统可吸收供电母线的功率波动，提高用户供电质量，同时储能在闲置时作为用户备用电源，提高供电可靠性。另外，用户侧储能系统可参与分时电价管理，在低电价时充电、高电价时放电，进行峰谷差价套利。

参 考 文 献

[1] 杨永恒, 周克亮. 光伏电池建模及 MPPT 控制策略[J]. 电工技术学报, 2011, 26(s1): 229-234.

[2] 刘东冉, 陈树勇, 马敏, 等. 光伏发电系统模型综述[J]. 电网技术, 2011, 35(8): 47-52.

[3] Villalva M G, Gazoli J R, Filho E R. Comprehensive approach to modeling and simulation of photovoltaic arrays[J]. IEEE Transactions on Power Electronics, 2009, 24(5): 1198-1208.

[4] Cai H D, Xiang J, Wei W. Decentralized coordination control of multiple photovoltaic sources for DC bus voltage regulating and power sharing[J]. IEEE Transactions on Industrial Electronics, 2018, 65(7): 5601-5610.

[5] Li H, Chen Z. Overview of different wind generator systems and their comparison[J]. IET Renewable Power Generation, 2008, 2(2): 123-138.

[6] Marques G D, Iacchetti M F. DFIG topologies for DC networks: A review on control and design features[J]. IEEE Transactions on Power Electronics, 34(2): 1299-1316.

[7] 年珩, 易曦露. 面向直流输电的双馈风电机组并网拓扑及控制技术[J]. 电网技术, 2014, 38(7): 1731-1738.

[8] Wang M H, Huang M, Jiang W, et al. Maximum power point tracking control method for proton exchange membrane fuel cell[J]. IET Renewable Power Generation, 2016, 10(7): 908-915.

[9] 钱健. 快速充电——马斯三定律[J]. 蓄电池, 1979, 2: 18-24.

[10] 邹承宇. 充电机后级 DC/DC 变换器的充电控制方法与均流策略研究[D]. 西安: 西安理工大学, 2017.

[11] Zhang Y, Wei W. Model construction and energy management system of lithium battery, PV generator, hydrogen production unit and fuel cell in islanded AC microgrid[J]. International Journal of Hydrogen Energy, 2020, 45(33): 16381-16397.

[12] 王振民, 江东航, 吴健文, 等. 逆变式电弧焊机的发展与展望[J]. 电焊机, 2020, 50(9): 186-193.

[13] 杨杰, 王婷, 杜春雨, 等. 锂离子电池模型研究综述[J]. 储能科学与技术, 2019, 8(1): 58-64.

第 3 章　直流配电网的阻抗稳定性

3.1　阻抗稳定性分析基本原理

1976 年 Middlebrook 教授提出了阻抗稳定性判据的概念，最初是用于分析输入滤波器与负载变换器交互作用引起的不稳定现象[1]，典型的级联系统如图 3-1 所示。

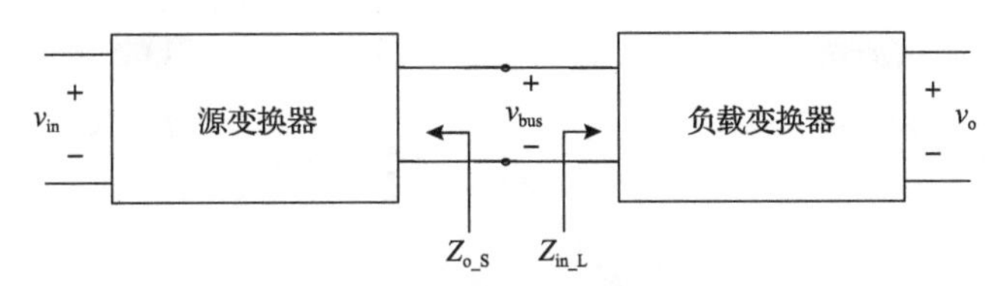

图 3-1　典型级联系统结构

其判据要求前级的输出阻抗在全频率范围内均小于后级输入阻抗，即 $|T_m|=\left|Z_{o\_S}/Z_{in\_L}\right| \ll 1$，一般要求阻抗比限制在 $1/G_m$（G_m 为系统幅值裕度），即 $|T_m| \leqslant 1/G_m$。其幅相曲线如图 3-2 所示[2]。

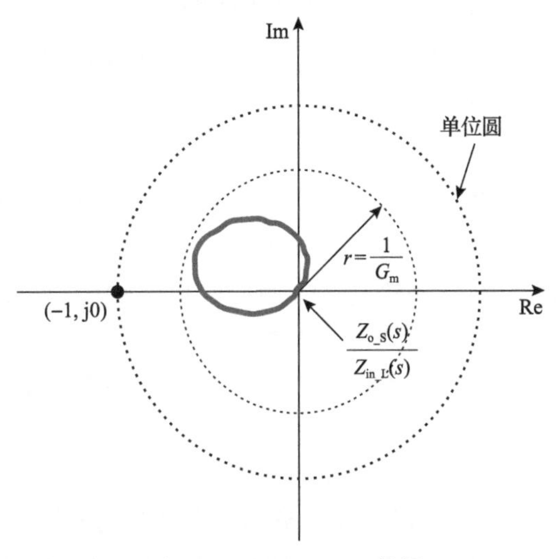

图 3-2　Middlebrook 判据

Middlebrook 判据是确保系统稳定的充分条件，但由于过于严格，在实际应用中受限较多。为此，基于禁区概念，文献[3]～[9]分别提出了改进的阻抗稳定性判据，对 Middlebrook 判据规定的禁区进行了缩小，增大了系统参数设计的自由度，这些判据都是充分条件。

随着可再生能源的大量接入，直流微电网中存在大量电力电子功率变换器。针对含有多源多负载的直流微电网稳定性问题，这里以考虑了节点间阻抗的 n 节点主从直流微电网为研究对象，其拓扑如图 3-3 所示。由于电源及恒功率负荷等单元都采用电力电子功率变换器接入系统，故用功率模块来表示。图 3-3 中的直流微电网形式，既可涵盖放射型系统，又可涵盖环网系统。

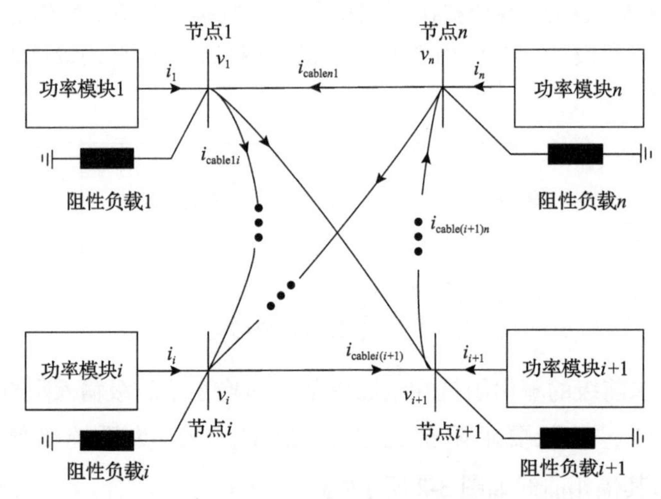

图 3-3　n 节点主从直流微电网

图 3-3 中，$v_1,\cdots,v_n$ 是 n 个节点的电压；$i_1,\cdots,i_n$ 是 n 个功率模块向节点注入的电流，流出功率模块为正方向；$i_{\text{cable}jk}(j,k=1,\cdots,n,j\neq k)$ 是节点 j 与节点 k 之间的线缆电感电流。

由电路原理知识可知，任何一个线性的有源二端网络对外电路而言，都可以等效为戴维南等效电路或者诺顿等效电路。文献[10]指出对于实际的电流源型系统一般不能采用戴维南等效电路，而应采用诺顿等效电路。文献[11]将直流分布式电源系统中的变换器分为两大类：控制母线侧端口电压的变换器(bus voltage controlled converter，BVCC)和控制母线侧端口电流的变换器(bus current controlled converter，BCCC)；其中，BVCC 是指直接或通过调节功率等方式间接控制其在系统直流母线侧的端口电压的变换器，如图 3-4(a)所示；BCCC 是指直接或通过调节功率等方式间接控制其在系统直流母线侧的端口电流的变换器，如图 3-4(b)所示。在建立二端口小信号模型时，BVCC 采用戴维南等效电路，BCCC 采用诺顿等效电路。

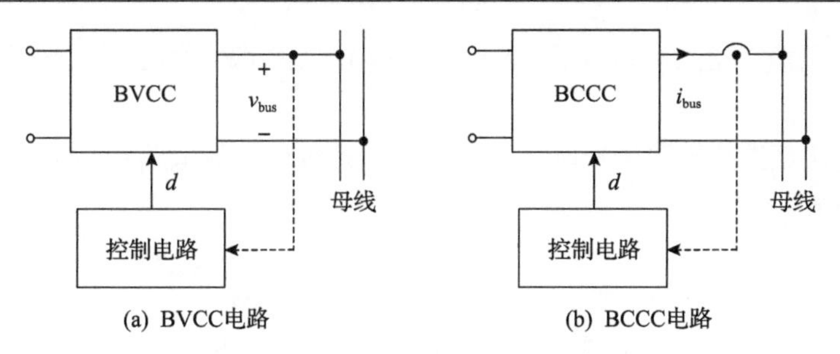

图 3-4　BVCC 和 BCCC 电路

基于此，本节中电压控制及下垂控制等电压源采用戴维南等效电路，电流控制的电流源、恒功率负荷等电路单元采用诺顿等效电路。不失一般性，假设系统中有 i 个戴维南等效电路，其编号依次为节点 1 至节点 i；剩下的是诺顿等效电路，其编号依次为节点 $i+1$ 到节点 n，如图 3-5 所示。

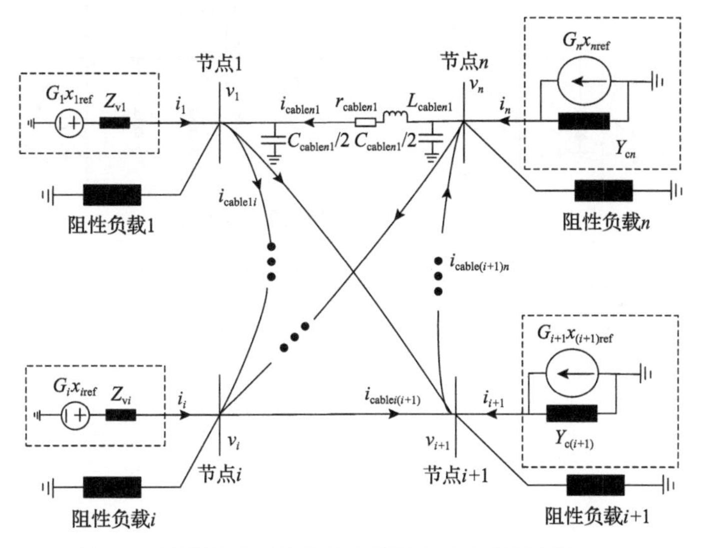

图 3-5　直流微电网的戴维南等效电路和诺顿等效电路

图 3-5 中，$Z_{v1},\cdots,Z_{vi}$ 是戴维南等效电路的阻抗，$Y_{cj}\,(j=i+1,\cdots,n)$ 是诺顿等效电路的导纳。线缆全部采用 π 型集中等效模型，如对于节点 1 和节点 n 之间的线缆，电阻参数为 $r_{\text{cable}n1}$，电感参数为 $L_{\text{cable}n1}$，分布电容参数为 $C_{\text{cable}n1}$，平均分布在两边。$G_j\,(j=1,\cdots,n)$ 是各个功率模块电压参考点到输出的闭环传递函数，$x_{j\text{ref}}\,(j=1,\cdots,n)$ 是各个功率模块的参考值。

从阻抗分析的角度来看，即使各个电源及恒功率负荷单独设计时控制性能很好，能保证各自的稳定性，但接入系统后将会产生复杂的相互作用，系统稳定性将会降低。本节侧重点在于分析系统稳定性，前提是各功率模块自身稳定，

即 $G_j(j=1,\cdots,n)$ 、 $Z_{vj}(j=1,\cdots,i)$ 、 $Y_{cj}(j=i+1,\cdots,n)$ 都是稳定的，没有右半平面极点。

为了应用系统节点导纳矩阵，将主电源的戴维南等效电路转为诺顿等效电路，如图 3-6 所示。

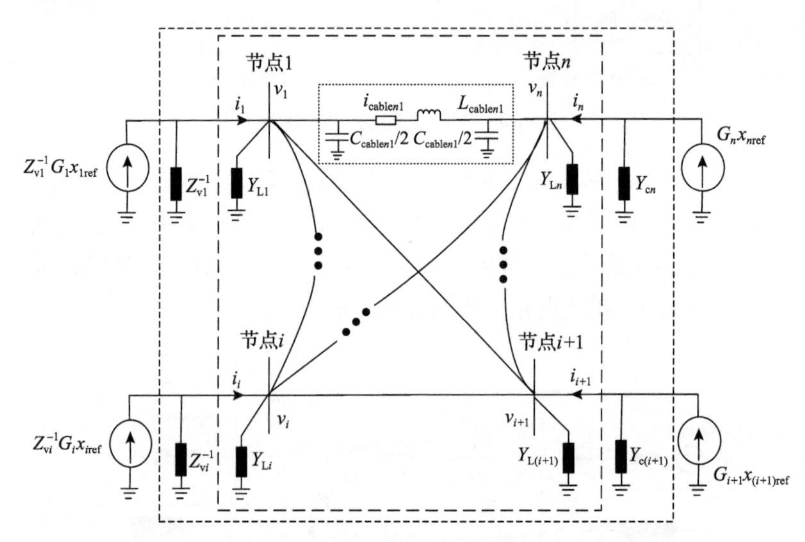

图 3-6　直流微电网的诺顿等效电路

图 3-6 中， $Y_{Lj}(j=1,\cdots,n)$ 为各个节点上的阻性负载导纳。

对图 3-6 中外部点虚框内部分应用节点导纳方程，可得

$$\begin{bmatrix} Z_{v1}^{-1}G_1x_{1\text{ref}} \\ \vdots \\ Z_{vi}^{-1}G_ix_{i\text{ref}} \\ G_{i+1}x_{(i+1)\text{ref}} \\ \vdots \\ G_nx_{n\text{ref}} \end{bmatrix} = \left(\begin{bmatrix} Z_{v1}^{-1} & & & & & \\ & \ddots & & & & \\ & & Z_{vi}^{-1} & & & \\ & & & Y_{c(i+1)} & & \\ & & & & \ddots & \\ & & & & & Y_{cn} \end{bmatrix} + \begin{bmatrix} Y_{L1} & & & \\ & Y_{L2} & & \\ & & \ddots & \\ & & & Y_{Ln} \end{bmatrix} + Y_{\text{net}} \right) \begin{bmatrix} v_1 \\ v_2 \\ \vdots \\ v_n \end{bmatrix} \tag{3-1}$$

其中， Y_{net} 为系统节点导纳矩阵，满足以下关系：

$$Y_{\text{net}} = \begin{bmatrix} y_{11} & \cdots & y_{1n} \\ \vdots & & \vdots \\ y_{n1} & \cdots & y_{nn} \end{bmatrix} \tag{3-2}$$

$$\begin{cases} y_{ii} = \sum_{j \neq i} \left[C_{\text{cable}ij} s/2 + 1/\left(r_{\text{cable}ij} + L_{\text{cable}ij} s \right) \right], \quad i = 1, \cdots, n \\ y_{jk} = -1/\left(r_{\text{cable}\,jk} + L_{\text{cable}\,jk} s \right), \quad j,k = 1, \cdots, n, j \neq k \\ r_{\text{cable}\,jk} = r_{\text{cable}kj}, \quad L_{\text{cable}\,jk} = L_{\text{cable}kj}, \quad C_{\text{cable}\,jk} = C_{\text{cable}kj} \end{cases} \tag{3-3}$$

其中，$r_{\text{cable}\,jk}$、$r_{\text{cable}kj}$ 为线路电阻；$L_{\text{cable}\,jk}$、$L_{\text{cable}kj}$ 为线路电感；$C_{\text{cable}\,jk}$、$C_{\text{cable}kj}$ 为线路电容。

令 Z_{v} 为戴维南等效电路的阻抗矩阵，Y_{c} 为诺顿等效电路的导纳矩阵，Y_{L} 为阻性负载导纳矩阵，G 为参考到输出的闭环传递函数矩阵，v 为节点电压向量，i 为节点注入电流向量，x 为参考值向量，则有以下关系：

$$\begin{cases} Z_{\text{v}} = \text{diag}\left(Z_{\text{v}1}, \cdots, Z_{\text{v}i}, 1, \cdots, 1 \right)_{n \times n} \\ Y_{\text{c}} = \text{diag}\left(1, \cdots, 1, Y_{\text{c}(i+1)}, \cdots, Y_{\text{c}n} \right)_{n \times n} \\ Y_{\text{L}} = \text{diag}\left(Y_{\text{L}1}, Y_{\text{L}2}, \cdots, Y_{\text{L}n} \right)_{n \times n} \\ G = \text{diag}\left(G_1, G_2, \cdots, G_n \right)_{n \times n} \end{cases} \tag{3-4}$$

$$\begin{cases} v = \left(v_1, v_2, \cdots, v_n \right)^{\text{T}} \\ i = \left(i_1, i_2, \cdots, i_n \right)^{\text{T}} \\ x = \left(x_{1\text{ref}}, \cdots, x_{n\text{ref}} \right)^{\text{T}} \end{cases} \tag{3-5}$$

从式(3-1)可得到

$$\begin{aligned} v &= \left[\text{diag}\left(Z_{\text{v}1}^{-1}, \cdots, Z_{\text{v}i}^{-1}, Y_{\text{c}(i+1)}, \cdots, Y_{\text{c}n} \right)_{n \times n} + Y_{\text{L}} + Y_{\text{net}} \right]^{-1} Z_{\text{v}}^{-1} G x \\ &= \left[Y_{\text{c}} + Z_{\text{v}} \left(Y_{\text{L}} + Y_{\text{net}} \right) \right]^{-1} G x \end{aligned} \tag{3-6}$$

对图 3-6 中内部的虚框内部分应用节点导纳方程，可得

$$i = \left(Y_{\text{L}} + Y_{\text{net}} \right) v = \left(Y_{\text{L}} + Y_{\text{net}} \right) \left[Y_{\text{c}} + Z_{\text{v}} \left(Y_L + Y_{\text{net}} \right) \right]^{-1} G x \tag{3-7}$$

对于实际物理系统，Y_{L} 和 Y_{net} 是稳定的，无右半平面极点；同时由于各功率模块自身稳定，故 Z_{v}、Y_{c}、G 都是稳定的，无右半平面极点。定义直流微电网稳定性判据 T_{m} 为

$$T_{\text{m}} = \left[Y_{\text{c}} + Z_{\text{v}} \left(Y_L + Y_{\text{net}} \right) \right]^{-1} \tag{3-8}$$

如果稳定性判据 T_{m} 的极点全部在左半平面，则系统稳定；如果稳定性判据 T_{m} 有右半平面极点，则系统不稳定。

从稳定性判据 T_m 的具体表达式中可以看出，该判据只与各部分的阻抗或导纳相关，这意味着在各模块自身稳定的前提下，系统稳定性只与各部分的阻抗或导纳相关。此外，该稳定性判据也考虑了系统节点间阻抗，且系统节点导纳矩阵与其他部分解耦；省去了参考到输出的闭环传递函数矩阵 G，简化了计算，同时各功率模块参与系统稳定性计算的是其具有明确物理意义的阻抗或导纳；系统为放射型或者环网时，区别只在于系统节点导纳矩阵 Y_{net} 的形成，适用范围广；能够分析由多种不同类型的线性有源二端网络组成的复杂直流微电网的稳定性，且 Z_v 和 Y_c 都是对角矩阵，易于扩展。

在直流微电网中存在多个电源时，有两种控制方式：主从控制和对等控制。下面分别针对主从控制和对等控制下直流微电网的稳定性进行分析，并分别给出基于双准比例谐振(PR)控制器和陷波器的有源阻尼控制方法。

3.2　直流配电集中式阻抗稳定性分析

3.2.1　主从控制模式下稳定性分析

1. 主电路

本节以图 3-7 所示的三机四节点环形直流微电网为例，分析多机多节点主从控制下环形直流微电网的系统稳定性。其中，包括 1 个主电源、2 个从电源和 1 个恒功率负荷：主电源采用恒电压控制，维持系统电压在额定点，宜采用戴维南等效；从电源采用电流控制，控制从电源输入系统的电流大小，宜采用诺顿等效；恒功率负荷通过控制从系统中吸收恒定功率，宜采用诺顿等效。

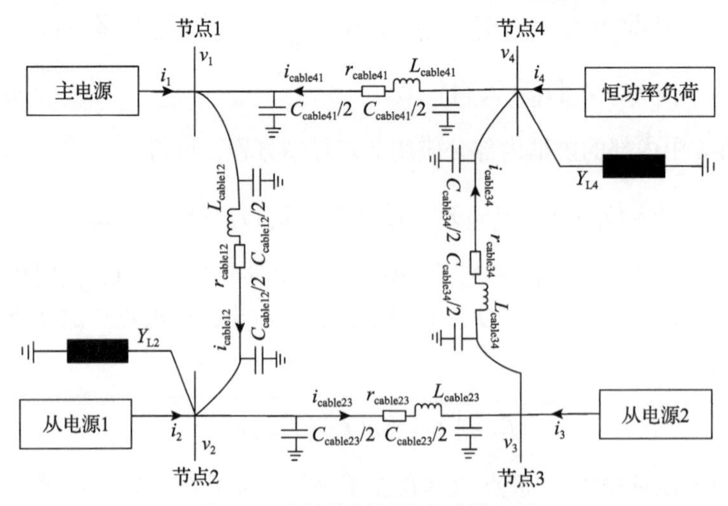

图 3-7　主从控制下的直流微电网

对主电源进行戴维南等效、从电源和恒功率负荷进行诺顿等效后，主从控制下直流微电网等效电路如图3-8所示。

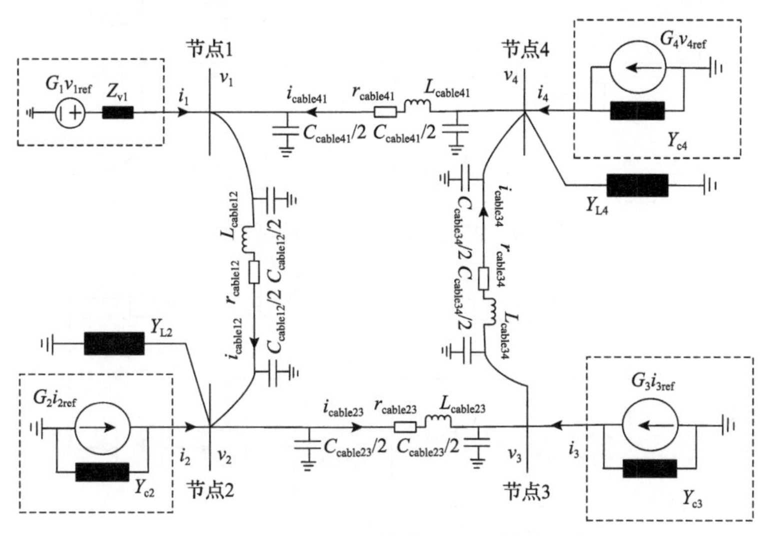

图3-8　主从控制下直流微电网等效电路

由式(3-8)所示的稳定性判据可知，图3-8中主从控制下直流微电网的稳定性判据为

$$T_{\mathrm{m}}=\left(\begin{bmatrix}1&&&\\&Y_{\mathrm{c2}}&&\\&&Y_{\mathrm{c3}}&\\&&&Y_{\mathrm{c4}}\end{bmatrix}+\begin{bmatrix}Z_{\mathrm{v1}}&&&\\&1&&\\&&1&\\&&&1\end{bmatrix}\left(\begin{bmatrix}0&&&\\&Y_{\mathrm{L2}}&&\\&&0&\\&&&Y_{\mathrm{L4}}\end{bmatrix}+Y_{\mathrm{net}}\right)\right)^{-1}\tag{3-9}$$

2. 阻抗建模

为了得到主电源输出阻抗、从电源和恒功率负荷导纳的具体表达式，以便分析含电压控制型主电源、电流控制型从电源、恒功率负荷等的复杂直流微电网的稳定性，下面依次对主电源、从电源和恒功率负荷进行建模。

1)主电源建模

主电源的主电路及控制部分如图3-9所示。

图3-9中，$G_{1v}(s)$是电压控制器，图中采用的是比例积分控制器；$G_{1i}(s)$是电流控制器，图中采用的是比例控制器。$K_{1\mathrm{pwm}}$是调制比，V_1是恒定输入电压，r_1、L_1、C_1分别是滤波电路的电阻、电感和电容，$v_{1\mathrm{ref}}$是电压参考值。输入电压V_1恒定不变，故主电源的小信号框图如图3-10所示。

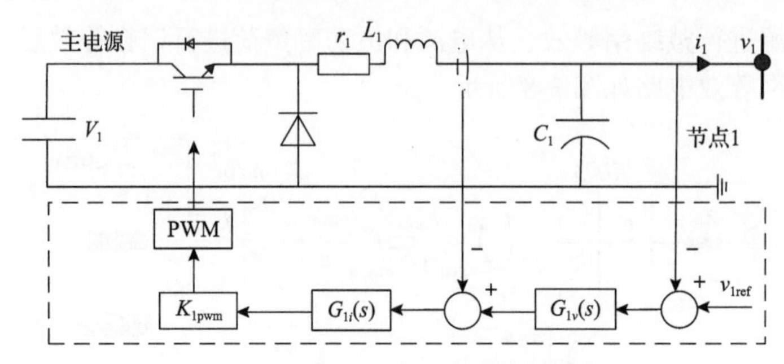

图 3-9　主电源的主电路及控制框图

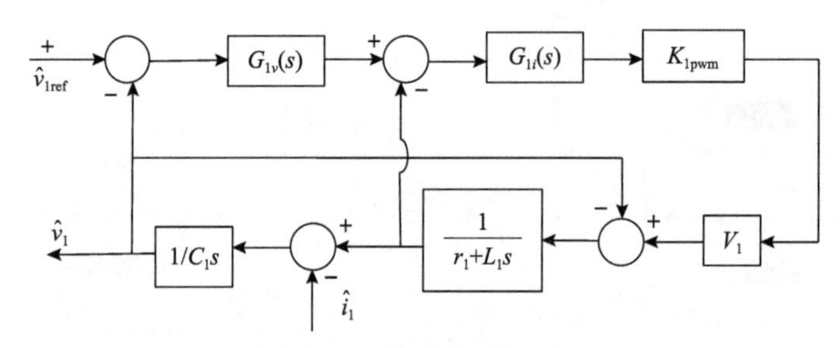

图 3-10　主电源的小信号框图

从图 3-10 中可推导出

$$\hat{v}_1 = -Z_{v1}\hat{i}_1 + G_1\hat{v}_{1ref} \tag{3-10}$$

其中，“^”表示小信号量；阻抗 Z_{v1} 和参考到输出的闭环传递函数 G_1 满足

$$Z_{v1} = \frac{L_1s + r_1 + G_{1i}K_{1pwm}V_1}{L_1C_1s^2 + \left(C_1G_{1i}K_{1pwm}V_1 + r_1C_1\right)s + G_{1i}G_{1v}K_{1pwm}V_1 + 1} \tag{3-11}$$

$$G_1 = \frac{G_{1i}G_{1v}K_{1pwm}V_1}{L_1C_1s^2 + \left(C_1G_{1i}K_{1pwm}V_1 + r_1C_1\right)s + G_{1i}G_{1v}K_{1pwm}V_1 + 1} \tag{3-12}$$

由于阻抗 Z_{v1} 和参考到输出的闭环传递函数 G_1 的分母相同，故阻抗 Z_{v1} 的稳定性能表征主电源的稳定性。

2) 从电源建模

以节点 $j(j=2,3)$ 处的从电源为例进行建模，其主电路及控制部分如图 3-11 所示。

图 3-11 中，$G_{ji}(s)$ 是电流控制器，K_{jpwm} 是调制比，V_j 是恒定输入电压，r_j、L_j、C_j、r_{cj} 分别是滤波电路的电阻、电感、电容和电容寄生电阻，i_{jref} 是电流参考值。从电源的小信号框图如图 3-12 所示。

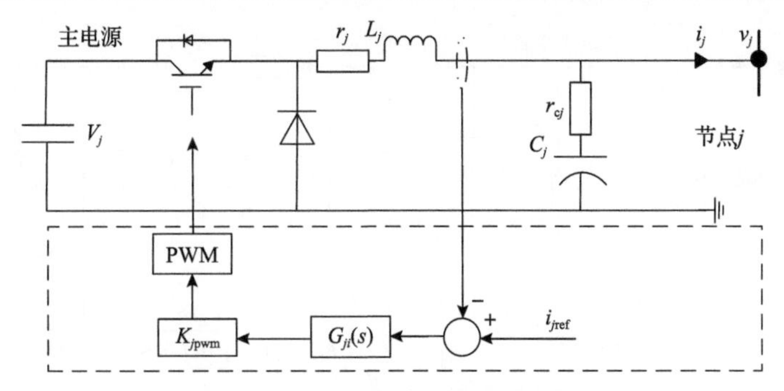

图 3-11　从电源的主电路及控制框图

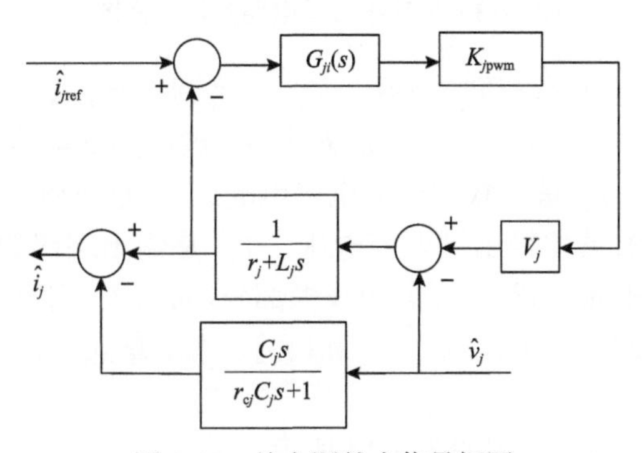

图 3-12　从电源的小信号框图

从图 3-12 中可推导出

$$\hat{i}_j = -Y_{cj}\hat{v}_j + G_j\hat{i}_{jref} \tag{3-13}$$

其中，导纳 Y_{cj} 和参考到输出的闭环传递函数 G_j 满足

$$Y_{cj} = \frac{C_jL_js^2 + \left(C_jG_{ji}K_{jpwm}V_j + C_jr_j + C_jr_{cj}\right)s + 1}{\left(G_{ji}K_{jpwm}V_j + L_js + r_j\right)\left(C_jr_{cj}s + 1\right)} \tag{3-14}$$

$$G_j = \frac{\left(C_{jj}r_{cj}s + 1\right)G_{ji}K_{jpwm}V_j}{\left(G_{ji}K_{jpwm}V_j + L_js + r_j\right)\left(C_jr_{cj}s + 1\right)} \tag{3-15}$$

与主电源类似，由于导纳 Y_{cj} 和参考到输出的闭环传递函数 G_j 的分母相同，故导纳 Y_{cj} 的稳定性能表征从电源的稳定性。

3) 恒功率负荷建模

对节点 4 处的恒功率负荷进行建模，其主电路及控制部分如图 3-13 所示。

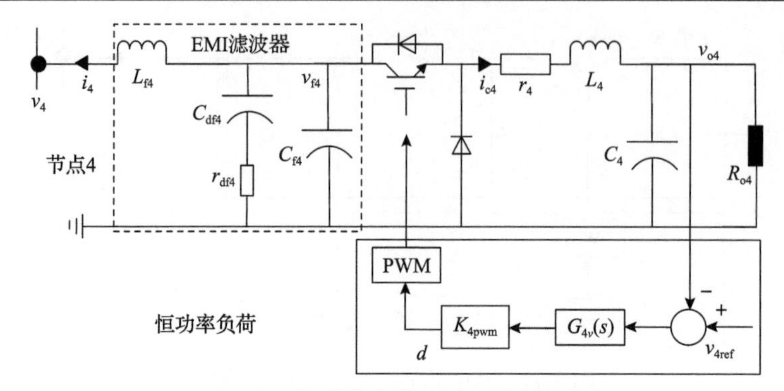

图 3-13　恒功率负荷电路及控制框图

图 3-13 中，$G_{4v}(s)$是电压控制器，$K_{4\mathrm{pwm}}$是调制比，d是占空比，$v_{4\mathrm{ref}}$是输出端口电压参考值，r_4、L_4、C_4分别是负载端滤波电路的电阻、电感和电容，v_{o4}是负载端电容电压，i_{c4}是负载端滤波电感电流，v_{f4}是电磁干扰(electromagnetic interference，EMI)滤波器输出端电容电压，R_{o4}是输出端接的负载电阻；L_{f4}、C_{f4}、C_{df4}、r_{df4}是电磁干扰滤波器(虚线框部分)的参数，用于对节点注入电流i_4进行滤波，其具体设计可参考文献[12]和[13]，本书重点不在于 EMI 滤波器的设计，故不赘述。

恒功率负荷的小信号框图如图 3-14 所示。

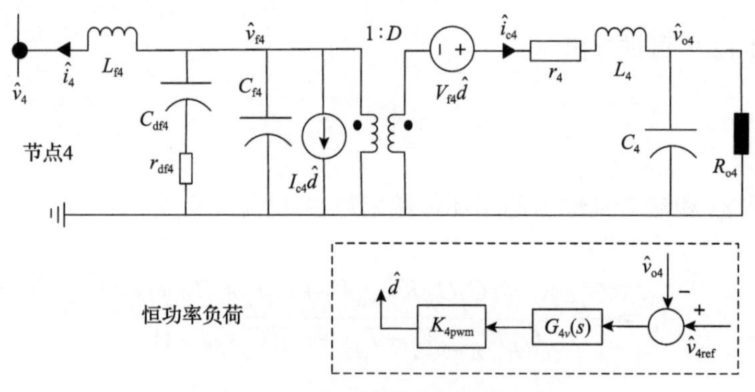

图 3-14　恒功率负荷的小信号框图

图 3-14 中V_{f4}、I_{c4}、D是稳态量，带 ^ 的量是小信号量。从图 3-14 中可以推导出

$$\hat{i}_4 = -\hat{Y}_{c4}\hat{v}_4 + G_4\hat{v}_{4\mathrm{ref}} \tag{3-16}$$

其中，导纳Y_{c4}和参考到输出的闭环传递函数G_4满足

$$Y_{c4} = \frac{a_{44}s^4 + a_{43}s^3 + a_{42}s^2 + a_{41}s^1 + a_{40}}{\varDelta_4} \tag{3-17}$$

$$G_4 = -\frac{c_{43}s^3 + c_{42}s^2 + c_{41}s^1 + c_{40}}{\Delta_4} \tag{3-18}$$

$$\Delta_4 = b_{45}s^5 + b_{44}s^4 + b_{43}s^3 + b_{42}s^2 + b_{41}s^1 + b_{40} \tag{3-19}$$

式中，$a_{40} \sim a_{44}$、$b_{40} \sim b_{45}$、$c_{40} \sim c_{43}$ 的具体表达式如下：

$$\begin{cases} a_{40} = D^2 - G_{4v}I_{c4}K_{4\text{pwm}}R_{o4}D \\ a_{41} = (C_{df4} + C_{f4})(G_{4v}K_{4\text{pwm}}R_{o4}V_{f4} + R_{o4} + r_4) + (R_{o4}C_4 + r_{df4}C_{df4})D^2 \\ \qquad - R_{o4}r_{df4}C_{df4}G_{4v}I_{c4}K_{4\text{pwm}}D \\ a_{42} = R_{o4}r_{df4}C_{df4}\left(C_{f4}G_{4v}K_{4\text{pwm}}V_{f4} + C_4D^2\right) + C_{df4}C_{f4}r_{df4}(R_{o4} + r_4) \\ \qquad + (L_4 + C_4R_{o4}r_4)(C_{df4} + C_{f4}) \\ a_{43} = (r_4R_{o4}C_4 + L_4)r_{df4}C_{df4}C_{f4} + C_4L_4R_{o4}(C_{f4} + C_{df4}) \\ a_{44} = R_{o4}C_4r_{df4}C_{df4}L_4C_{f4} \end{cases} \tag{3-20}$$

$$\begin{cases} b_{40} = G_{4v}K_{4\text{pwm}}R_{o4}V_{f4} + R_{o4} + r_4 \\ b_{41} = (R_{o4}r_{df4}C_{df4}V_{f4} - R_{o4}DI_{c4}L_{f4})G_{4v}K_{4\text{pwm}} + R_{o4}C_4r_4 + r_{df4}C_{df4}(R_{o4} + r_4) + D^2L_{f4} + L_4 \\ b_{42} = -R_{o4}r_{df4}C_{df4}DI_{c4}G_{4v}K_{4\text{pwm}}L_{f4} + (C_{df4} + C_{f4})(R_{o4}V_{f4}G_{4v}K_{4\text{pwm}}L_{f4} + R_{o4}L_{f4} + r_4L_{f4}) \\ \qquad + (R_{o4}C_4 + r_{df4}C_{df4})(L_{f4}D^2 + L_4) + R_{o4}C_4r_{df4}C_{df4}r_4 \\ b_{43} = R_{o4}r_{df4}C_{df4}C_{f4}G_{4v}K_{4\text{pwm}}L_{f4}V_{f4} + (D^2L_{f4} + L_4)R_{o4}C_4r_{df4}C_{df4} + C_{df4}C_{f4}L_{f4}r_{df4}(R_{o4} \\ \qquad + r_4) + (C_{df4} + C_{f4})(C_4L_{f4}R_{o4}r_4 + L_4L_{f4}) \\ b_{44} = C_{df4}C_{f4}L_{f4}r_{df4}(R_{o4}r_4C_4 + L_4) + (C_{df4} + C_{f4})C_4L_4L_{f4}R_{o4} \\ b_{45} = C_4C_{df4}C_{f4}L_4L_{f4}R_{o4}r_{df4} \end{cases} \tag{3-21}$$

$$\begin{cases} c_{40} = G_{4v}K_{4\text{pwm}}V_{f4}D + G_{4v}I_{c4}K_{4\text{pwm}}(R_{o4} + r_4) \\ c_{41} = (L_4 + R_{o4}r_{df4}C_{df4} + r_4r_{df4}C_{df4} + r_4R_{o4}C_4)G_{4v}K_{4\text{pwm}}I_{c4} \\ \qquad + (C_4R_{o4} + C_{df4}r_{df4})G_{4v}K_{4\text{pwm}}V_{f4}D \\ c_{42} = (R_{o4}C_4L_4 + r_{df4}C_{df4}L_4 + R_{o4}C_4r_{df4}C_{df4}r_4)G_{4v}I_{c4}K_{4\text{pwm}} \\ \qquad + R_{o4}C_4r_{df4}C_{df4}G_{4v}K_{4\text{pwm}}V_{f4}D \\ c_{43} = R_{o4}C_4r_{df4}C_{df4}L_4G_{4v}I_{c4}K_{4\text{pwm}} \end{cases} \tag{3-22}$$

3. 基于双准 PR 控制器的有源阻尼控制方法

主电源输出阻抗幅值在某频率上具有峰值，根据阻抗匹配准则，若是在该频率主电源输出阻抗与此节点系统等效阻抗发生交越，系统有可能不稳定。为了降低潜在的交越风险，提高系统稳定性，本节给出了一种基于双准 PR 控制器的有源阻尼控制方法，通过控制实现在主电源输出阻抗上串入虚拟谐波阻抗 R_{vh}，在降低阻抗峰值、提高系统稳定性的同时，不影响低频段幅值，即不影响系统潮流分布。

1) 双准 PR 控制器的特性

双准 PR 控制器由两个准 PR 控制器串联而成，其传递函数 $G_{dPR}(s)$ 如下：

$$G_{dPR}(s)=\frac{2k_r\omega_c s}{s^2+2\omega_c s+\omega_0^2}\times\frac{2k_r\omega_c s}{s^2+2\omega_c s+\omega_0^2} \tag{3-23}$$

其中，ω_0 为谐振点频率；k_r 为频率系数；ω_c 为带宽频率，其典型伯德图如图 3-15 所示。

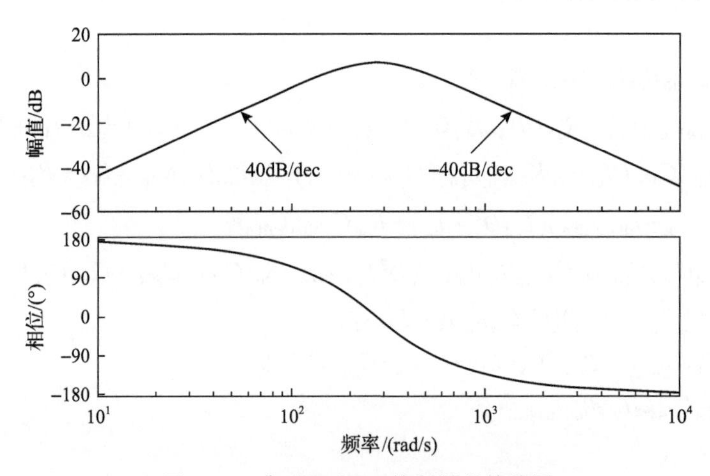

图 3-15　典型双准 PR 控制器的伯德图

分析双准 PR 控制器的谐振点频率及其幅值，其表达式如下：

$$G_{dPR}(s)=\left(\frac{2k_r\omega_c s}{s^2+2\omega_c s+\omega_0^2}\right)^2=\left(\frac{2k_r\omega_c}{s+2\omega_c+\dfrac{\omega_0^2}{s}}\right)^2 \tag{3-24}$$

从式(3-24)中可以看出，当且仅当 $s=\mathrm{j}\omega_0$ 时，$G_{dPR}(s)$ 的幅值最大。将 $s=\mathrm{j}\omega_0$ 代入式(3-24)，可得最大幅值 $|G_{dPR}(s)|_{max}$：

$$\left|G_{\mathrm{dPR}}(s)\right|_{\max}=\left|G_{\mathrm{dPR}}(s)\right|_{s=\mathrm{j}\omega_0}=k_{\mathrm{r}}^2 \tag{3-25}$$

可知，双准 PR 控制器的最大幅值出现在 $s=\mathrm{j}\omega_0$ 处，且只与 k_{r} 呈平方关系。不同 ω_{c} 时双准 PR 控制器的伯德图如图 3-16 所示。

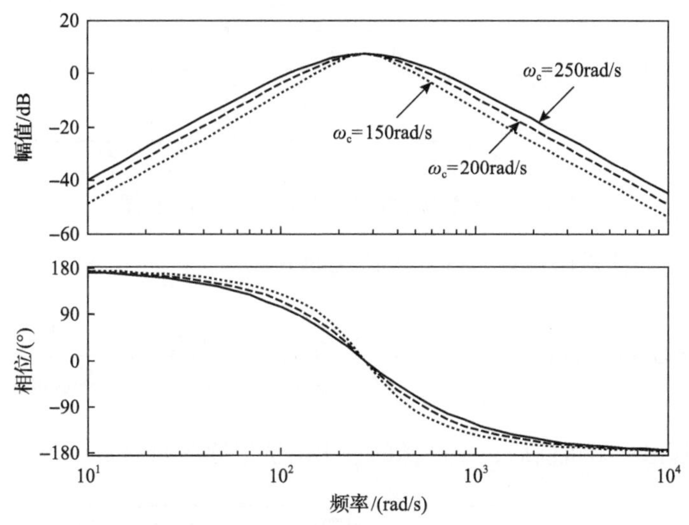

图 3-16　不同 ω_{c} 时双准 PR 控制器的伯德图

从图 3-16 中可看出，峰值与 ω_{c} 无关。但随着 ω_{c} 的增大，幅频形状变宽，与此同时，低频段和高频段的幅值都会增大；随着 ω_{c} 的减小，峰值处幅频形状变尖，与此同时，低频段和高频段的幅值都会减小；一般定义 ω_{c}/π 为准 PR 控制器的带宽。

2) 串联虚拟谐波阻抗

虚拟谐波阻抗 R_{vh} 的表达式如下：

$$R_{\mathrm{vh}}=G_{\mathrm{dPR}}(s)\times R_{\mathrm{vh0}} \tag{3-26}$$

其中，R_{vh0} 为虚拟电阻大小。

将虚拟谐波阻抗 R_{vh} 串入后的主电源电路如图 3-17 所示。加入了有源阻抗控制的小信号框图如图 3-18 所示，虚线框内部分为本节所提方法。

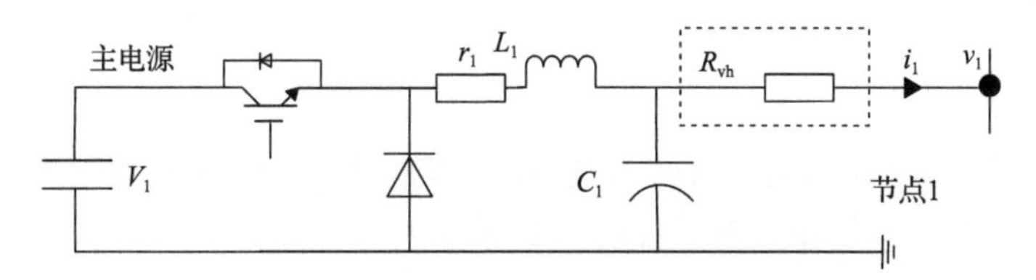

图 3-17　含虚拟谐波阻抗的主电源电路

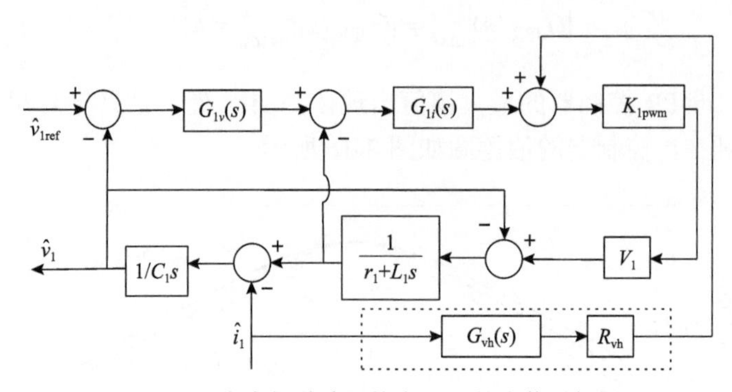

图 3-18　含虚拟谐波阻抗主电源的小信号框图

图 3-18 中，传递函数 $G_{\text{vh}}(s)$ 的表达式如下：

$$G_{\text{vh}}(s)=G_{1i}(s)G_{1v}(s)+C_1G_{1i}(s)s+\frac{C_1L_1}{K_{1\text{pwm}}V_1}s^2+\frac{C_1r_1}{K_{1\text{pwm}}V_1}s+\frac{1}{K_{1\text{pwm}}V_1} \tag{3-27}$$

加入虚拟谐波阻抗前后，主电源的输出阻抗伯德图如图 3-19 所示。

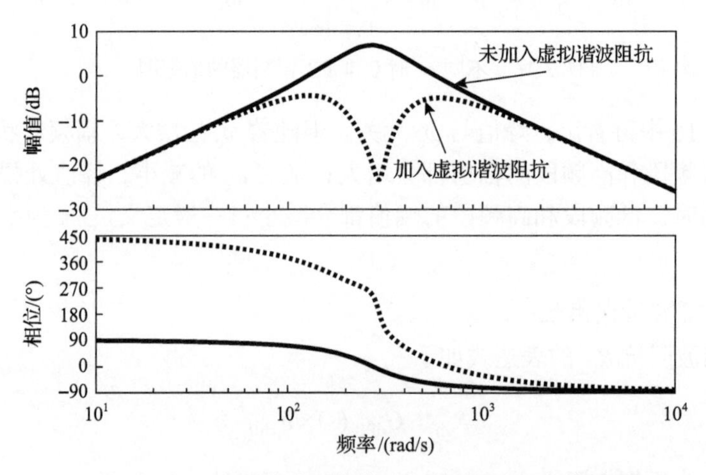

图 3-19　加入虚拟谐波阻抗前后主电源输出阻抗伯德图

从图 3-19 中可以看出，主电源输出阻抗幅值的峰值被有效地降低了，同时低频段的幅值并未改变。

4. 稳定性分析

本小节以图 3-7 所示的三机四节点环形直流微电网为例分析稳定性。系统额定电压 V_{nom} 为 24V，其他相关参数如表 3-1 所示。

表 3-1　主从控制下直流微电网参数

对象	变量	数值
双准 PR 控制器	k_r	1.5
	ω_c	200rad/s
	ω_0	274rad/s
	R_{vh0}	1Ω
电源	$L_1 \sim L_3$	0.6mH
	C_2、C_3	100μF
	r_{c2}、r_{c3}	0.0001Ω
	$K_{1pwm} \sim K_{3pwm}$	1/48
	$G_{1i}(s)$	37.7
	I_{2ref}、I_{3ref}	2.083A
	C_1	2000μF
	$r_1 \sim r_3$	0.0001Ω
	$V_1 \sim V_3$	48V
	$G_{1v}(s)$	$0.43+\frac{144.77}{s}$
	V_{1ref}	24V
	$G_{2i}(s)$、$G_{3i}(s)$	$1.056+\frac{12366}{s}$
恒功率负荷	L_4	0.18mH
	r_4	0.0001Ω
	C_{f4}	2000μF
	K_{4pwm}	1/24
	D	0.5
	r_{df4}	0.5557Ω
	C_4	2000μF
	L_{f4}	0.18mH
	C_{df4}	1000μF
	$G_{4v}(s)$	$5.7\times10^{-5}+\frac{113.92}{s}$
	V_{4ref}	12V
	R_{o4}	0.288Ω

续表

对象	变量	数值
线缆	r_{cable}	0.0001Ω
	C_{cable}	10μF
	L_{cable}	0.01mH
阻性负载	Y_{L2}	0.01736S
	Y_{L4}	0.01736S

节点 4 阻性负载吸收的功率 $P_{\text{L4}} = V_{\text{nom}}^2 Y_{\text{L4}}$，恒功率负荷吸收的功率 $P_{\text{c4}} = V_{\text{4ref}}^2 / R_{\text{o4}}$。根据表 3-1 中的参数，可计算得到主从控制下直流微电网稳定性判据 T_{m}，若存在右半平面极点，则系统不稳定；若极点全部在左半平面，则系统稳定。

首先，分析不同双准 PR 控制器参数大小对主电源输出阻抗和系统的稳定性的影响，以便选取合适的双准 PR 控制器参数。其中，参数 ω_0 由主电源输出阻抗谐振点频率决定，本书选取 $\omega_0 = 274\text{rad/s}$。

当 $\omega_{\text{c}} = 200\text{rad/s}$，$k_{\text{r}}$ 从 0.3 到 2.1 变化时，主电源输出阻抗特性如图 3-20 所示，系统主导极点轨迹如图 3-21 所示。从图 3-20 可看出，当 k_{r} 较小时，其对主电源输出阻抗峰值的改动不大，降峰效果不明显；当 k_{r} 逐渐增大时峰值被有效降低；但继续增大 k_{r}，阻抗峰值反而增大。从图 3-21 可看出，当 k_{r} 过大时，系统极点将从左半平面逐渐移向右半平面，导致系统稳定性降低，甚至失稳。故 k_{r} 不宜过小，也不宜过大，本小节选取 $k_{\text{r}} = 1.5$。

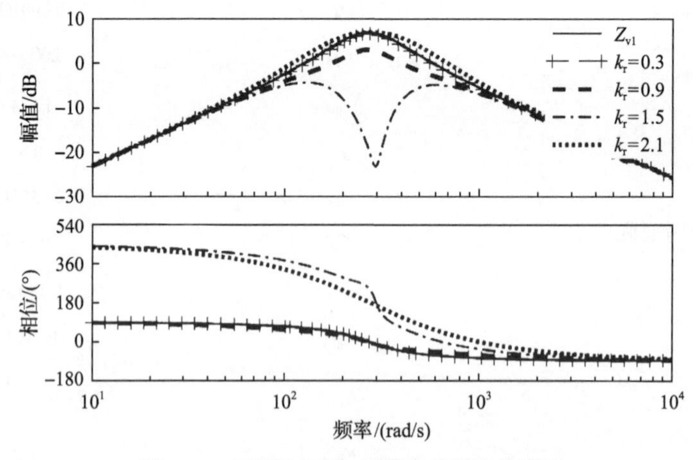

图 3-20 不同 k_{r} 时主电源输出阻抗伯德图

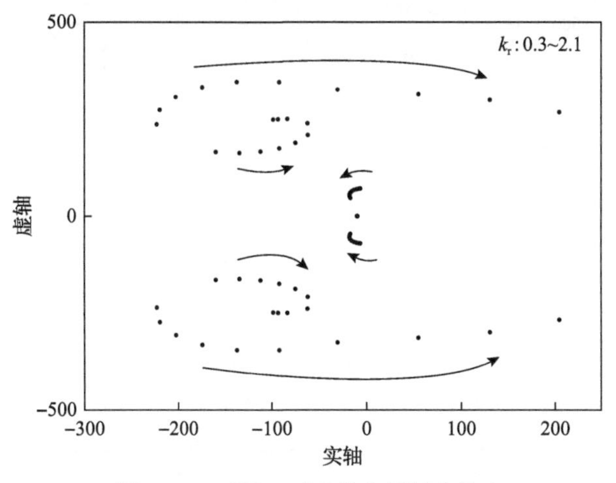

图 3-21　不同 k_r 时系统主导极点轨迹

当 $k_r = 1.5$ ，ω_c 从 70rad/s 到 310rad/s 变化时，主电源输出阻抗特性如图 3-22 所示，系统主导极点轨迹如图 3-23 所示。从图 3-22 可看出，当 ω_c 增大时，主电源输出阻抗峰值被有效降低。从图 3-23 可看出，当 ω_c 增大时，系统主导极点先左移，系统稳定性得到提高，之后系统主导极点右移，系统稳定性降低，甚至不稳定。故参数 ω_c 不宜取过大值，一般小于 ω_0 并留有一定裕度，本小节取 ω_c =200rad/s。

其次，在得到双准 PR 控制器参数后，下面分析不同负荷功率下系统的稳定性，以及给出的有源阻尼控制器对系统稳定性的提高效果。

当 $P_{L4} = 10\text{W}$ 、$P_{c4} = 500\text{W}$ 时，T_m 的主导极点分布如图 3-24(a)所示，极点全部在左半平面，系统稳定；增大恒功率负荷，当 $P_{L4} = 10\text{W}$ 、$P_{c4} = 900\text{W}$ 时，T_m 的主导极点分布如图 3-24(b)所示，有一对极点 $3.63 \pm 75.64\text{i}$ 在右半平面，系统不稳定，将存在周期约为 0.083s 的增幅振荡；当 $P_{L4} = 10\text{W}$ 、$P_{c4} = 900\text{W}$ 时，投入

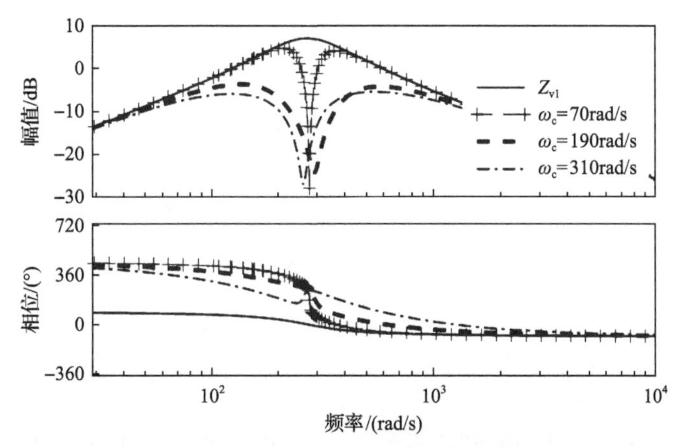

图 3-22　不同 ω_c 时主电源输出阻抗伯德图

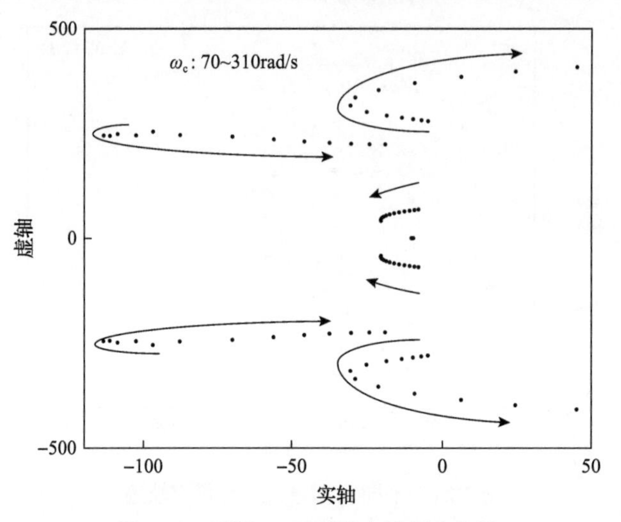

图 3-23　不同 ω_c 时系统主导极点轨迹

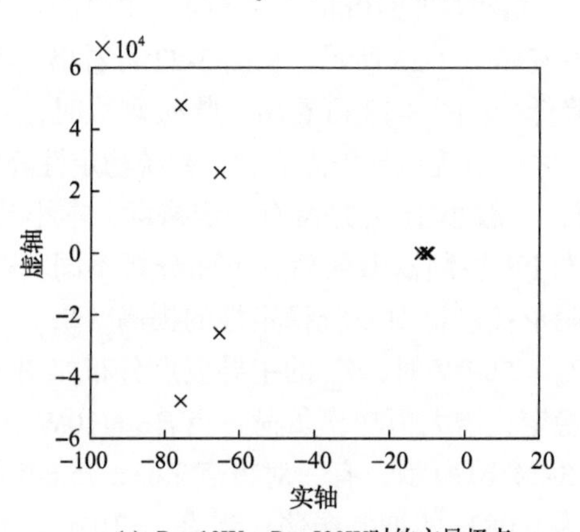

(a) P_{L4}=10W、P_{c4}=500W时的主导极点

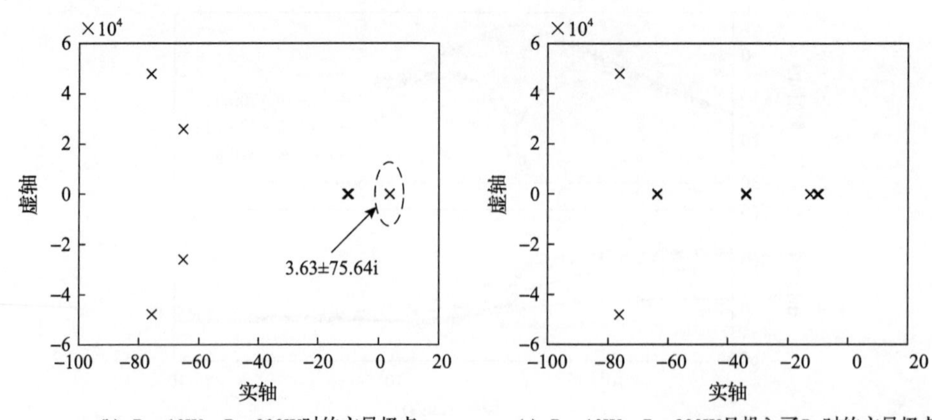

(b) P_{L4}=10W、P_{c4}=900W时的主导极点

(c) P_{L4}=10W、P_{c4}=900W且投入了R_{vh}时的主导极点

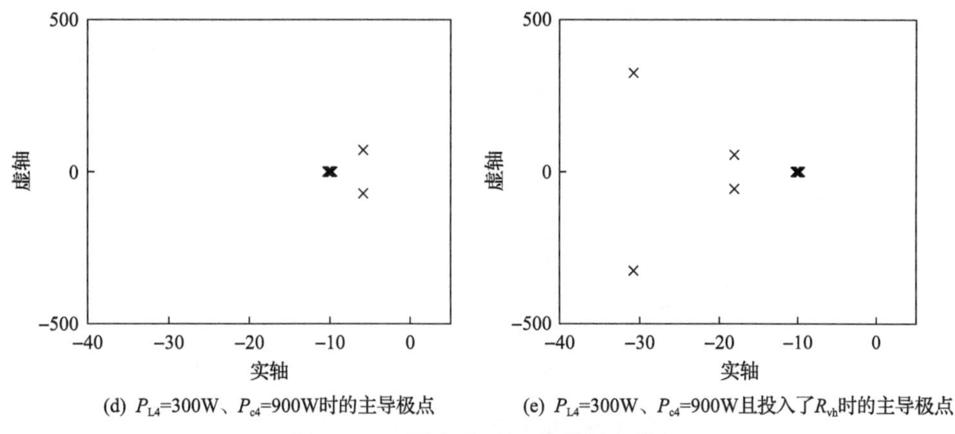

(d) P_{L4}=300W、P_{c4}=900W时的主导极点　(e) P_{L4}=300W、P_{c4}=900W且投入了R_{vh}时的主导极点

图 3-24　不同负载下 T_m 主导极点分布

虚拟谐波阻抗 R_{vh} 后，T_m 的主导极点分布如图 3-24(c)所示，极点全部在左半平面，系统稳定，与图 3-24(b)对比可知，给出的基于双准 PR 控制器的有源阻尼控制方法有助于提高系统稳定性；当 $P_{L4}=300W$ 、$P_{c4}=900W$ 时，不投入虚拟谐波阻抗 R_{vh} 的 T_m 主导极点分布如图 3-24(d)所示，极点全部在左半平面，系统稳定；当 $P_{L4}=300W$ 、$P_{c4}=900W$ 时，投入了虚拟谐波阻抗 R_{vh} 的 T_m 主导极点分布如图 3-24(e)所示，与图 3-24(d)所示主导极点分布比较可知，投入虚拟谐波阻抗后系统稳定性有一定的提高。

5. 仿真结果

在 MATLAB/Simulink 中搭建图 3-7 所示三机四节点环形直流微电网，参数见表 3-1。系统初始负载为 $P_{L4}=10W$ 、$P_{c4}=500W$ ，0.4s 时恒功率负荷增大到 $P_{c4}=900W$ ，0.7s 时节点 4 阻性负载增大到 $P_{L4}=300W$ ，节点 1 电压 v_1 的仿真结果如图 3-25 所示。0～0.4s 期间，节点 1 电压 v_1 逐渐到达稳态，系统稳定，验证了图 3-24(a)的分析结果；0.4～0.7s 期间，节点 1 电压 v_1 增幅振荡发散，周期为 0.084s，验证了图 3-24(b)的分析结果。0.7～1.7s 期间，节点 1 电压 v_1 重新收敛到稳定，系统稳定，验证了图 3-24(d)的分析结果。

2s 时节点 4 阻性负载降低到 $P_{L4}=10W$ ，此时系统负载 $P_{L4}=10W$ 、$P_{c4}=900W$ ；2.4s 时虚拟谐波阻抗投入，负荷不变为 $P_{L4}=10W$ 、$P_{c4}=900W$ ；3s 时节点 4 阻性负载增大到 $P_{L4}=300W$ ，节点 1 电压 v_1 的仿真结果如图 3-26 所示。2～2.4s 期间 $P_{L4}=10W$ 、$P_{c4}=900W$ ，节点 1 电压 v_1 与 0.4～0.7s 期间一样增幅振荡发散，周期为 0.084s，与图 3-24(b)的分析结果对应；2.4s 时虚拟谐波阻抗投入后，2.4～3s 期间节点 1 电压 v_1 逐渐到达稳态，系统稳定，验证了图 3-24(c)的分析结果；3～3.5s 期间节点 1 电压 v_1 同样稳定，验证了图 3-24(e)的分析结果。

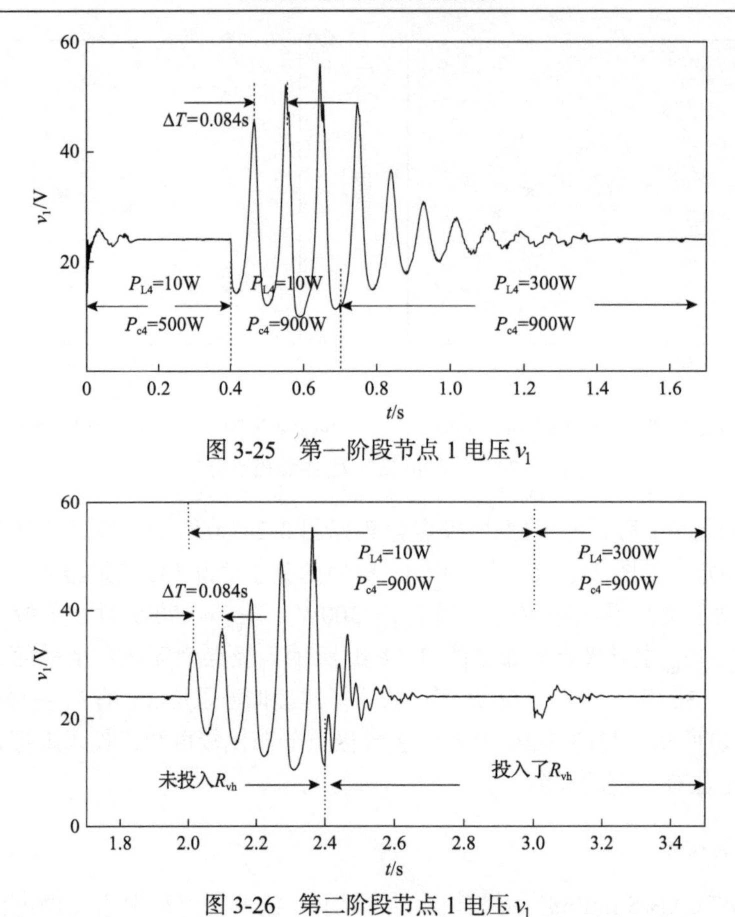

图 3-25　第一阶段节点 1 电压 v_1

图 3-26　第二阶段节点 1 电压 v_1

节点电压 $v_2 \sim v_4$ 的仿真结果如图 3-27 所示，其变化与节点 1 电压 v_1 相同，与稳定性分析相符。

线缆电流 i_{cable41} 的结果如图 3-28 所示，稳定与不稳定情况与节点 1 电压 v_1 的情况一致。值得注意的是，0.7～2s 期间和 3～3.5s 期间系统负荷相同，各线缆流

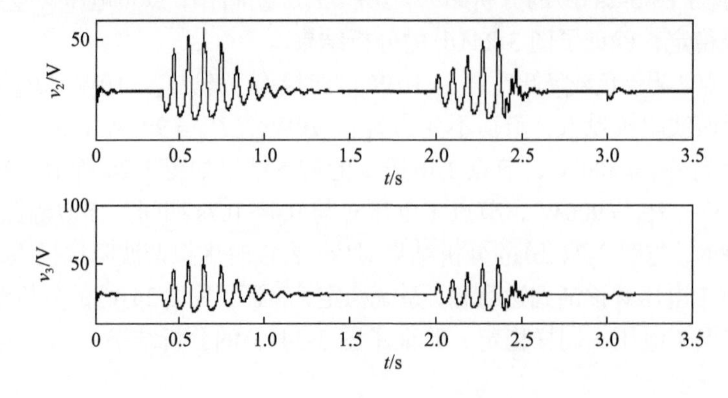

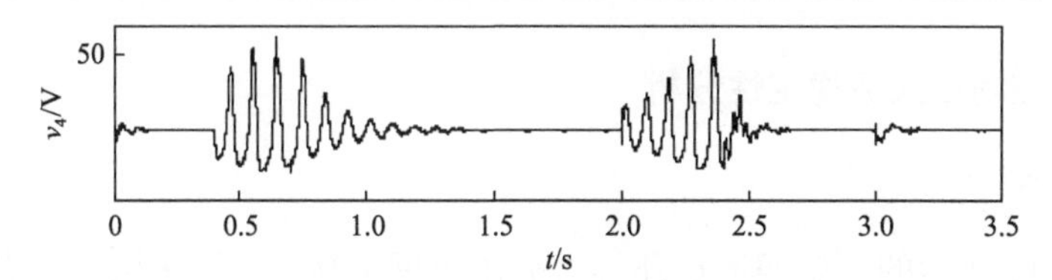

图 3-27　节点电压 $v_2 \sim v_4$（主从控制模式下稳定性分析）

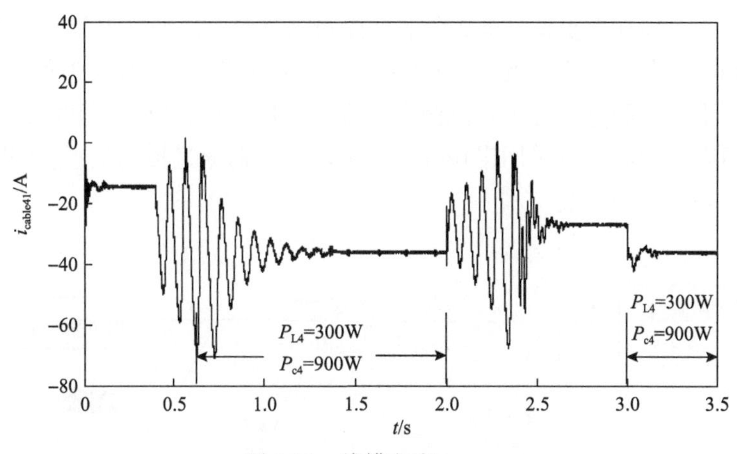

图 3-28　线缆电流 $i_{cable41}$

过的稳态电流分布也相同，验证了图 3-19 的分析结果，主电源输出阻抗低频段的幅值并未被改变。

线缆电流 $i_{cable12}$、$i_{cable23}$、$i_{cable34}$ 的结果如图 3-29 所示，其变化趋势与线缆电流 $i_{cable41}$ 相同。

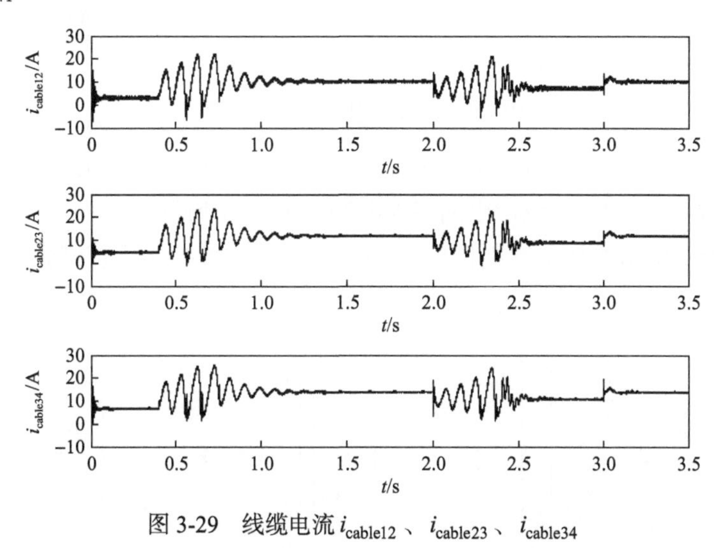

图 3-29　线缆电流 $i_{cable12}$、$i_{cable23}$、$i_{cable34}$

3.2.2 对等控制模式下稳定性分析

1. 主电路

以图 3-30 所示的三机四节点环形直流微电网为例，分析多机多节点对等控制下环形直流微电网的系统稳定性。其中包括 2 个下垂控制电压源、1 个恒电流控制电流源和 1 个恒功率负荷；将 2 个下垂控制电压源依次编号为节点 1 和节点 2，恒电流控制电流源编号为节点 3，恒功率负荷编号为节点 4；节点 3 和节点 4 接有阻性负载。下垂控制电压源为直流微电网提供电压支撑，宜采用戴维南等效；电流源采用恒电流控制，宜采用诺顿等效；恒功率负荷通过控制从系统中吸收恒定功率，也宜采用诺顿等效。

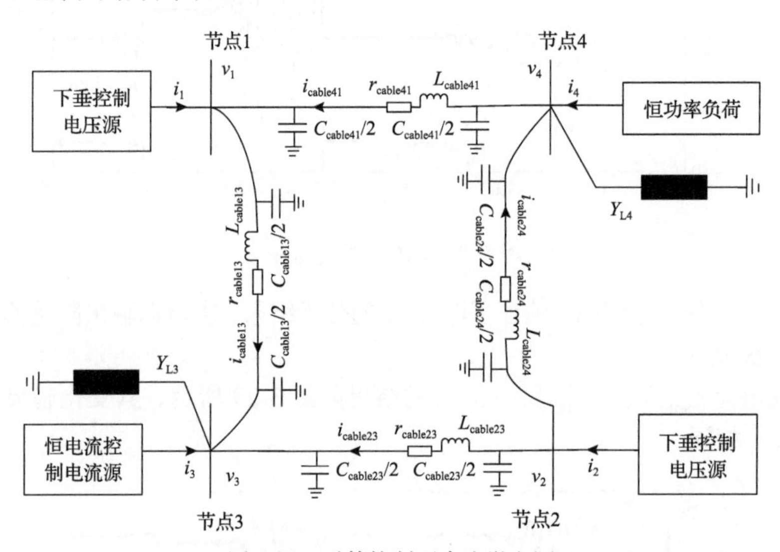

图 3-30　对等控制下直流微电网

对下垂控制电压源进行戴维南等效、恒电流控制电流源和恒功率负荷进行诺顿等效后，对等控制下直流微电网等效电路如图 3-31 所示。

由式(3-8)所示的稳定性判据可知，图 3-31 中对等控制下直流微电网的稳定性判据为

$$T_{\mathrm{m}}=\left(\begin{bmatrix}1 & & & \\ & 1 & & \\ & & Y_{\mathrm{c3}} & \\ & & & Y_{\mathrm{c4}}\end{bmatrix}+\begin{bmatrix}Z_{\mathrm{v1}} & & & \\ & Z_{\mathrm{v2}} & & \\ & & 1 & \\ & & & 1\end{bmatrix}\left(\begin{bmatrix}0 & & & \\ & 0 & & \\ & & Y_{\mathrm{L3}} & \\ & & & Y_{\mathrm{L4}}\end{bmatrix}+Y_{\mathrm{net}}\right)\right)^{-1} \tag{3-28}$$

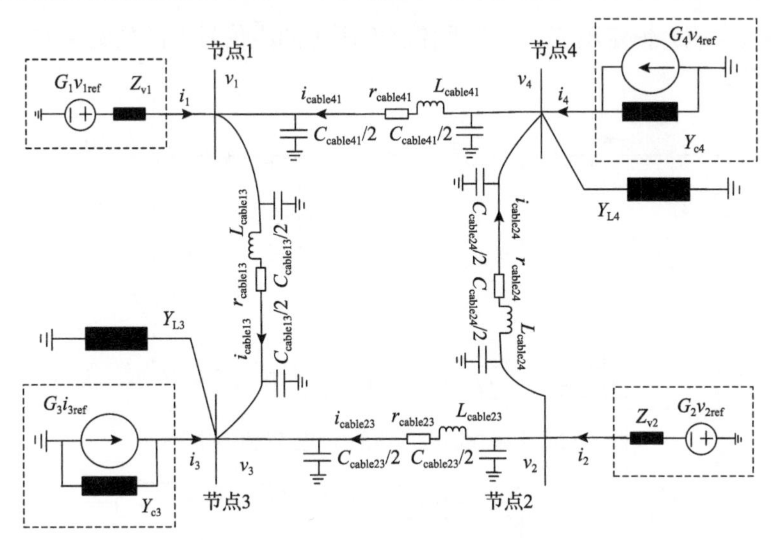

图 3-31　对等控制下直流微电网的等效电路

2. 阻抗建模

恒电流控制电流源和恒功率负荷的阻抗建模已于 3.2.1 节给出，在此不再赘述。本小节对下垂控制电压源进行建模。

当电压源采用电流-电压(*I*-*V*)下垂时有

$$v_j^* = v_{j\text{ref}} - k_j \cdot i_j,\quad j = 1,2 \tag{3-29}$$

其中，v_j^* 为第 i 个电压源的电压内环参考值；k_j 为第 j 个电压源的下垂系数；i_j 为第 j 个电压源的输出电流；$v_{j\text{ref}}$ 为第 j 个电压源的额定电压，一般各个下垂控制电压源的额定电压 $v_{j\text{ref}}$ 取相同值。

若忽略线缆上的压降，可知稳态时满足

$$v_{1\text{ref}} - k_1 \cdot i_1 = v_1^* = v_2^* = v_{2\text{ref}} - k_2 \cdot i_2 \tag{3-30}$$

从而

$$k_1 \cdot i_1 = k_2 \cdot i_2 \tag{3-31}$$

即输出电流与下垂系数成反比。以节点 1 的下垂控制电压源为例，当采用 *I*-*V* 下垂时，其主电路及控制部分如图 3-32 所示。

图 3-32 中，$G_{1v}(s)$ 是电压控制器，图中采用的是比例积分控制器；$G_{1i}(s)$ 是电流控制器，图中采用的是比例控制器。$K_{1\text{pwm}}$ 是调制比，V_1 是恒定输入电压，r_1、L_1、C_1 分别是滤波电路的电阻、电感和电容，$v_{1\text{ref}}$ 是额定电压，v_1^* 是电压内环参

考值。输入电压V_1恒定不变，故下垂控制电压源的小信号框图如图 3-33 所示，k_1是下垂系数。

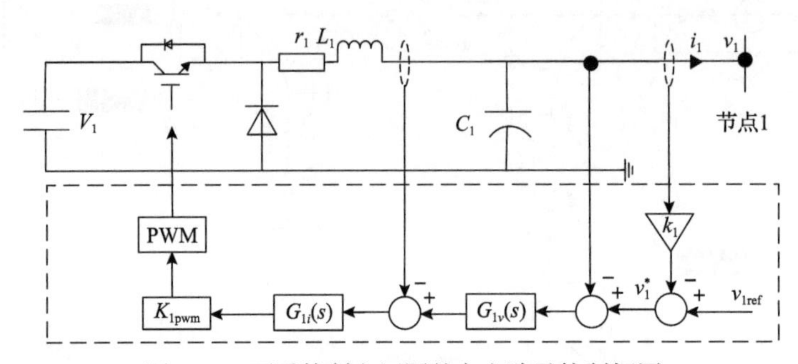

图 3-32 下垂控制电压源的主电路及控制框图

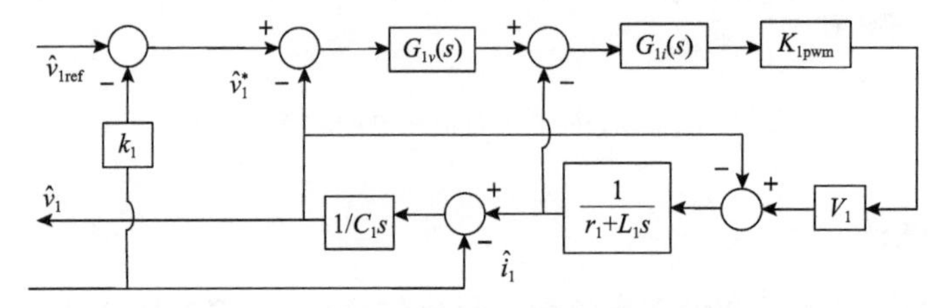

图 3-33 下垂控制电压源的小信号框图

从图 3-33 中可推导出

$$\hat{v}_1 = -Z_{\text{v1}}\hat{i}_1 + G_1\hat{v}_{1\text{ref}} \tag{3-32}$$

其中，阻抗Z_{v1}和参考到输出的闭环传递函数G_1满足

$$Z_{\text{v1}} = \frac{L_1 s + r_1 + G_{1i}K_{1\text{pwm}}V_1 + G_{1v}G_{1i}K_{1\text{pwm}}V_1 k_1}{L_1C_1s^2 + \left(C_1G_{1i}K_{1\text{pwm}}V_1 + r_1C_1\right)s + G_{1i}G_{1v}K_{1\text{pwm}}V_1 + 1} \tag{3-33}$$

$$G_1 = \frac{G_{1i}G_{1v}K_{1\text{pwm}}V_1}{L_1C_1s^2 + \left(C_1G_{1i}K_{1\text{pwm}}V_1 + r_1C_1\right)s + G_{1i}G_{1v}K_{1\text{pwm}}V_1 + 1} \tag{3-34}$$

由于阻抗Z_{v1}和参考到输出的闭环传递函数G_1的分母相同，故阻抗Z_{v1}的稳定性能表征主电源的稳定性，其伯德图如图 3-34 所示。

从图 3-34 中可以看出，下垂控制电压源输出阻抗在低频段呈现电阻特性，继而转为电感特性，在高频段转为电容特性。幅值特性在某频率处具有峰值。根据阻抗匹配准则，若是在该频率主电源输出阻抗与此节点系统等效阻抗发生交越，系统有可能不稳定。为了降低潜在的交越风险，提高系统稳定性，需降低此幅值峰值。

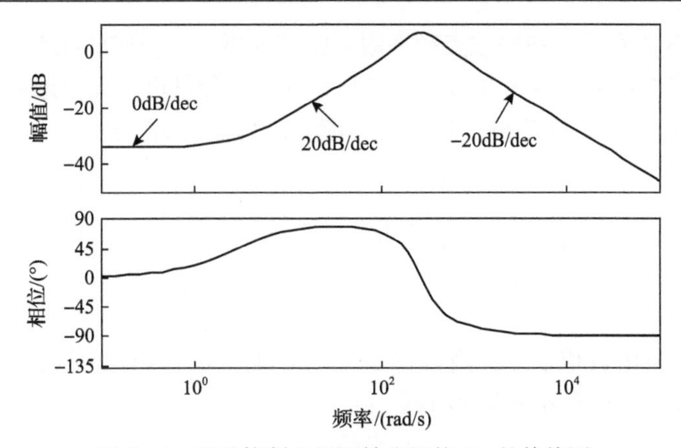

图 3-34　下垂控制电压源输出阻抗 Z_{v1} 的伯德图

3. 基于陷波器的有源阻尼控制方法

本小节给出一种基于陷波器的有源阻尼控制方法，实现在下垂控制电压源并联虚拟谐波阻抗，在降低阻抗峰值、提高系统稳定性的同时，不影响低频段幅值，即不影响系统潮流分布。

1) 陷波器的特性

陷波器表达式如下：

$$G_{\mathrm{f}}(s)=\frac{s^2+{\omega_0}^2}{s^2+k\omega_0 s+{\omega_0}^2} \tag{3-35}$$

其中，ω_0 为陷波点频率；k 为频率系数。陷波器典型伯德图如图 3-35 所示。

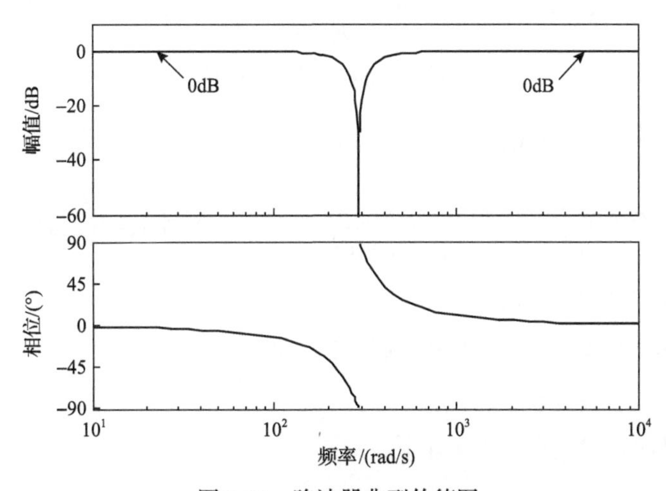

图 3-35　陷波器典型伯德图

从图 3-35 中可见：在陷波点频率附近幅值非常小，对应的频率分量将得到极大的衰减，其他频率幅值为 0dB，意味着对应频率分量可以无损地通过陷波器。

分析陷波器 $G_{\mathrm{f}}(s)$ 的陷波点频率及其幅值，其幅值如下：

$$\left|G_{\mathrm{f}}(s)\right|=\left|1-\frac{k\omega_0 s}{s^2+k\omega_0 s+\omega_0^2}\right|=\left|1-\frac{k\omega_0}{s+k\omega_0+\dfrac{\omega_0^2}{s}}\right| \tag{3-36}$$

从式(3-36)中可以看出，当且仅当 $s=\mathrm{j}\omega_0$ 时，$G_{\mathrm{f}}(s)$ 的幅值最小。将 $s=\mathrm{j}\omega_0$ 代入式(3-36)，可得最小幅值 $\left|G_{\mathrm{f}}(s)\right|_{\min}$：

$$\left|G_{\mathrm{f}}(s)\right|_{\min}=\left|G_{\mathrm{f}}(s)\right|_{s=\mathrm{j}\omega_0}=0 \tag{3-37}$$

可知，陷波器的最小幅值出现在 $s=\mathrm{j}\omega_0$ 处，且与 k 无关，对应的幅值趋近于 $-\infty$ dB。不同 k 时陷波器的伯德图如图 3-36 所示，可看出 k 越大，陷波器的尖峰越宽。

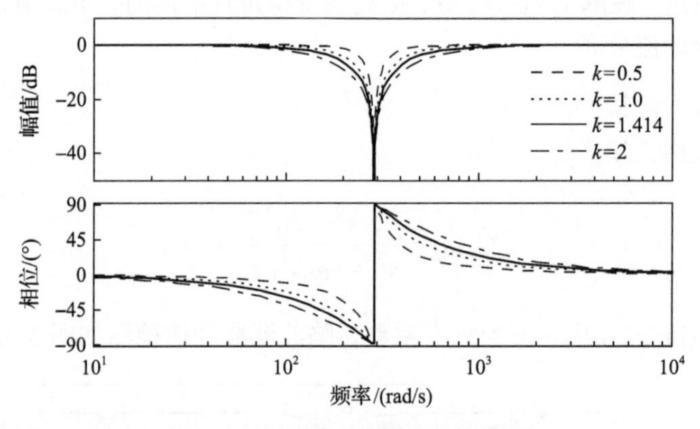

图 3-36　不同 k 时陷波器伯德图

对于正弦输入量 $x=x_{\mathrm{m}}\sin(\omega t)$，陷波器 $G_{\mathrm{f}}(s)$ 的输出 $y(t)$ 为

$$y(t)=L^{-1}\left[G_{\mathrm{f}}(s)\frac{x_{\mathrm{m}}\omega_0}{s^2+\omega_0^2}\right]=\frac{1}{\sqrt{1-0.25k^2}}\mathrm{e}^{-0.5k\omega_0 t}x_{\mathrm{m}}\sin\left(\sqrt{1-0.25k^2}\,\omega_0 t\right) \tag{3-38}$$

其中，L^{-1} 为拉普拉斯逆变换。

从式(3-38)可知，k 应满足 $0.25k^2<1$，即 $k<2$。

2) 并联虚拟谐波阻抗

虚拟谐波阻抗 R_{vh} 的表达式如下：

$$R_{\mathrm{vh}}=G_{\mathrm{f}}(s)R_{\mathrm{vh0}} \tag{3-39}$$

其中，R_{vh0} 为虚拟电阻大小。

虚拟谐波阻抗 R_{vh} 并联后的下垂控制电压源的小信号框图如图 3-37 所示，右边虚线框内部分为需实现的并联虚拟谐波阻抗，左边虚线框内部分是所提的有源阻尼控制方法。

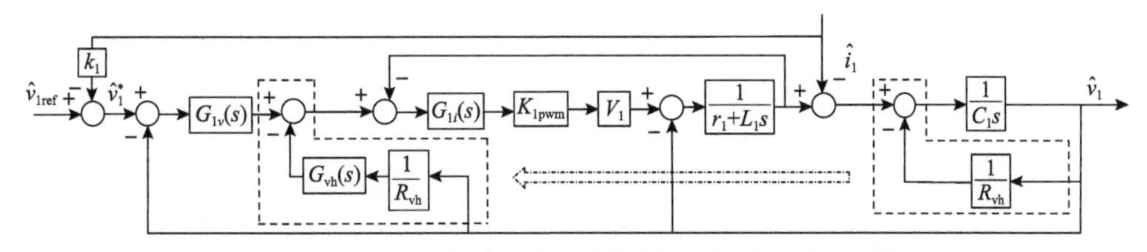

图 3-37　含虚拟谐波阻抗下垂控制电压源的小信号框图

传递函数 $G_{vh}(s)$ 的表达式如下：

$$G_{vh}(s)=\frac{L_1s+G_{1i}(s)K_{1pwm}V_1+r_1}{G_{1i}(s)K_{1pwm}V_1} \tag{3-40}$$

加入虚拟谐波阻抗前后，下垂控制电压源的输出阻抗伯德图如图 3-38 所示。

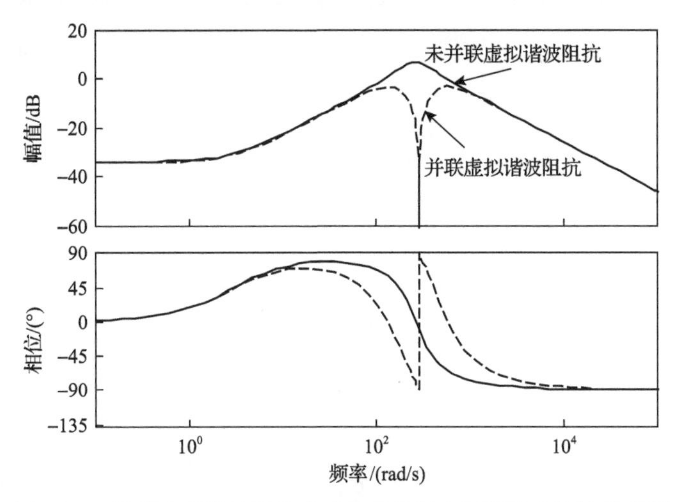

图 3-38　并联虚拟谐波阻抗前后下垂控制电压源输出阻抗伯德图

从图 3-38 中可以看出，通过有源阻尼控制并联虚拟谐波阻抗后，下垂控制电压源输出阻抗幅值的峰值被有效地降低了，同时低频段的幅值并未被改变。

4. 稳定性分析与仿真结果

本小节以图 3-30 所示的三机四节点环形直流微电网为例分析稳定性，在 MATLAB/Simulink 中搭建了相应的模型。系统额定电压 V_{nom} 为 24V，其他相关参数如表 3-2 所示。

表 3-2　对等控制下直流微电网参数

对象	变量	数值
陷波器	k	1.414
	R_{vh0}	1Ω
	ω_0	290rad/s
电源	$L_1 \sim L_3$	0.6mH
	C_3	100μF
	r_{c2}	0.0001Ω
	$K_{1pwm} \sim K_{3pwm}$	1/48
	$G_{1i}(s) \sim G_{2i}(s)$	37.7
	k_1	0.02
	I_{3ref}	8.333A
	C_1、C_2	2000μF
	$r_1 \sim r_3$	0.0001Ω
	$V_1 \sim V_3$	48V
	$G_{1v}(s) \sim G_{2v}(s)$	$0.43+\dfrac{144.77}{s}$
	V_{1ref}、V_{2ref}	24V
	k_2	0.04
	$G_{3i}(s)$	$1.056+\dfrac{12366}{s}$
恒功率负荷	L_4	0.18mH
	r_4	0.0001Ω
	C_{f4}	2000μF
	K_{4pwm}	1/24
	V_{4ref}	12V
	R_{o4}	0.12Ω
	C_4	2000μF
	L_{f4}	0.18mH
	C_{df4}	1000μF

续表

对象	变量	数值
恒功率负荷	$G_{4v}(s)$	$5.7\times10^{-5}+\frac{113.92}{s}$
	r_{df4}	0.5557Ω
线缆	r_{cable}	0.0001Ω
	C_{cable}	10μF
	L_{cable}	0.01mH
阻性负载	Y_{L2}	0.01736S
	Y_{L4}	0.01736S

节点 4 阻性负载 $P_{L4}=V_{nom}^2Y_{L4}$，恒功率负荷 $P_{c4}=V_{4ref}^2/R_{o4}$。根据表 3-2 中的参数，可计算得到主从控制下直流微电网稳定性判据 T_m，若存在右半平面极点，则系统不稳定；若极点全部在左半平面，则系统稳定。值得注意的是，不同情况下计算系统稳定性的初始点不同，应在相应初始点下分析。

1) 不稳定与有源阻尼控制效果

首先分析四种不同功率水平下系统稳定与不稳定情况，并验证有源阻尼控制对系统稳定性的提高效果。

当 $P_{L4}=10W$、$P_{c4}=1200W$ 时，系统的主导极点分布如图 3-39(a) 所示，极点全部在左半平面，系统稳定；增大恒功率负荷，当 $P_{L4}=10W$、$P_{c4}=1700W$ 时，系统的主导极点分布如图 3-39(b) 所示，有一对极点 $1.901\pm72.699i$ 在右半平面，系统不稳定，将存在周期约为 0.087s 的增幅振荡；当 $P_{L4}=10W$、$P_{c4}=1700W$ 且在节点 1 投入了虚拟谐波阻抗 R_{vh} 后，系统主导极点分布如图 3-39(c) 所示，极点全部在左半平面，系统稳定，与图 3-39(b) 比较可知，给出的基于陷波器的有源阻尼控制方法有助于提高系统稳定性；当 $P_{L4}=600W$、$P_{c4}=1700W$ 且未投入虚拟谐波阻抗 R_{vh} 时，系统主导极点分布如图 3-39(d) 所示，极点全部在左半平面，系统稳定；当 $P_{L4}=600W$、$P_{c4}=1700W$ 且在节点 1 投入了虚拟谐波阻抗 R_{vh} 时，系统主导极点分布如图 3-39(e) 所示，极点全部在左半平面，系统稳定，与图 3-39(d) 所示主导极点分布比较可知，极点离虚轴更远，表明系统稳定性有一定提高。

在 MATLAB/Simulink 中的仿真如下。系统初始负载为 $P_{L4}=10W$、$P_{c4}=1200W$，0.75s 时恒功率负荷增大到 $P_{c4}=1700W$，1s 时节点 4 阻性负载增大到 $P_{L4}=600W$，2.5s 时节点 4 阻性负载又降至 $P_{L4}=10W$，2.8s 时投入虚拟谐波阻抗，4s 时节点 4 阻性负载增大到 $P_{L4}=600W$。节点 1 电压 v_1 的仿真结果如图 3-40 所示，0～0.75s 期间节点 1 电压 v_1 逐渐到达稳态，系统稳定，验证了图 3-39(a) 的分析结果；0.75～1s 期间节点 1 电压 v_1 增幅振荡发散，周期为 0.087s，验证了

图 3-39(b)的分析结果；1～2.5s 期间节点 1 电压 v_1 重新收敛到稳定，系统稳定，验证了图 3-39(d)的分析结果；2.5～2.8s 期间节点 1 电压 v_1 再次增幅振荡发散；2.8s 投入虚拟谐波阻抗后，节点 1 电压 v_1 逐渐收敛，说明给出的基于陷波器的有源阻尼控制方法有助于提高系统稳定性，验证了图 3-39(c)的分析结果；4～5s 期间节点 4 阻性负载增大，节点 1 电压 v_1 保持稳定，与 1s 节点 4 阻性负载增大时节

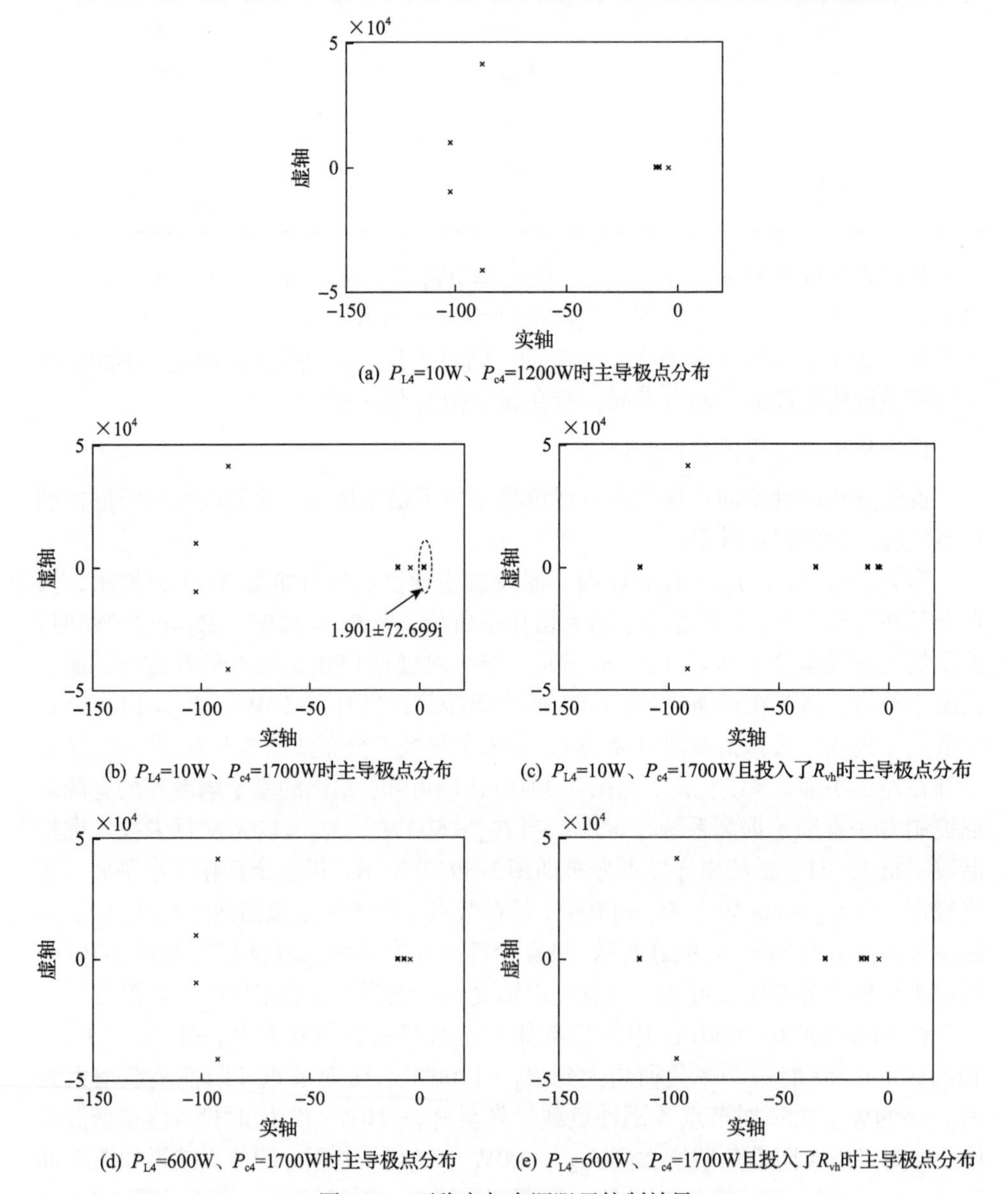

(a) P_{L4}=10W、P_{c4}=1200W时主导极点分布

(b) P_{L4}=10W、P_{c4}=1700W时主导极点分布

(c) P_{L4}=10W、P_{c4}=1700W且投入了R_{vh}时主导极点分布

(d) P_{L4}=600W、P_{c4}=1700W时主导极点分布

(e) P_{L4}=600W、P_{c4}=1700W且投入了R_{vh}时主导极点分布

图 3-39 不稳定与有源阻尼控制效果

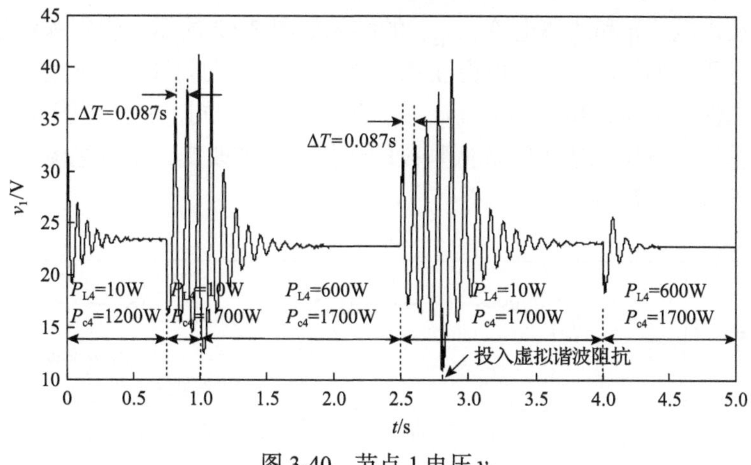

图 3-40　节点 1 电压 v_1

点 1 电压 v_1 的动态调整过程相比，此时节点 1 电压 v_1 更快收敛到稳态，波动更小，说明系统稳定性有一定提高，验证了图 3-39(e)的分析结果。

节点电压 $v_2 \sim v_4$ 的仿真如图 3-41 所示，其变化与节点 1 电压 v_1 相同，与稳定性分析相符。

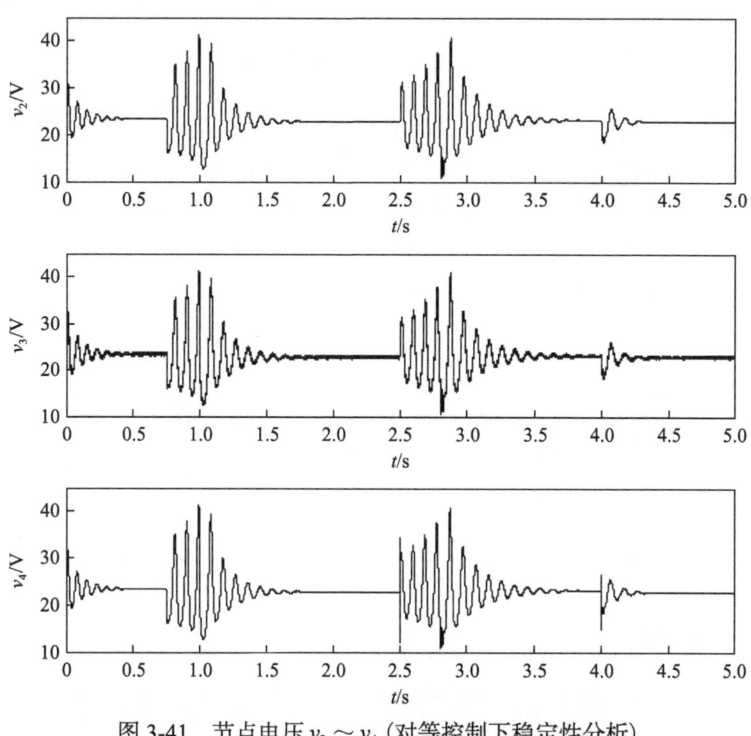

图 3-41　节点电压 $v_2 \sim v_4$ (对等控制下稳定性分析)

节点注入电流 i_1 和线缆电流 $i_{cable41}$ 的结果如图 3-42 所示，稳定和不稳定情况与节点 1 电压 v_1 的情况一致。值得注意的是，1～2.5s 期间和 4～5s 期间系统负荷相同，节点注入电流 i_1 和线缆电流 $i_{cable41}$ 的稳态分布相同，验证了图 3-38 的分析结果，下垂控制电压源输出阻抗低频段的幅值并未被改变，系统潮流未因虚拟谐波阻抗的投入而受影响。

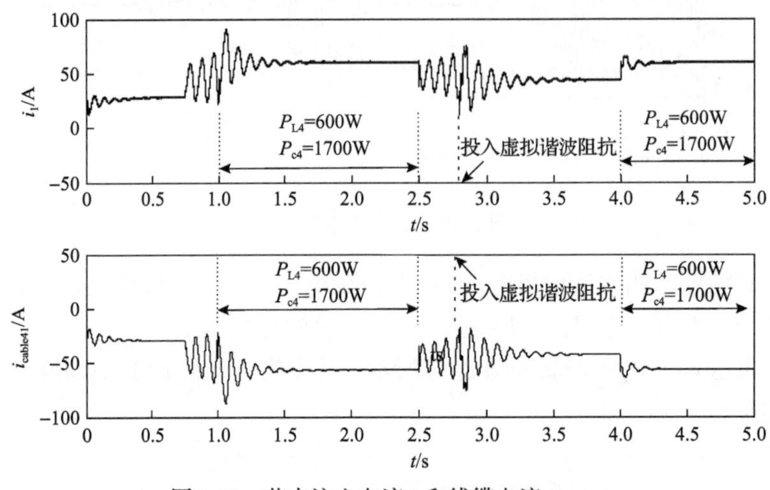

图 3-42　节点注入电流 i_1 和线缆电流 $i_{cable41}$

节点注入电流 i_2～i_4 和线缆电流 $i_{cable24}$、$i_{cable12}$、$i_{cable23}$ 的结果如图 3-43 所示，i_2 和 i_4 的变化与 i_1 的情况一致，但 i_3 基本不变，这是因为节点 3 离恒功率负荷较远，所受影响较小。线缆电流 $i_{cable24}$ 的变化与 $i_{cable41}$ 的情况一致，但线缆电流 $i_{cable12}$ 和 $i_{cable23}$ 在系统振荡期间波动较小，这同样是因为节点 3 离恒功率负荷较远，所受影响较小；同时也说明了相比于电压，振荡在电流信号中较小。

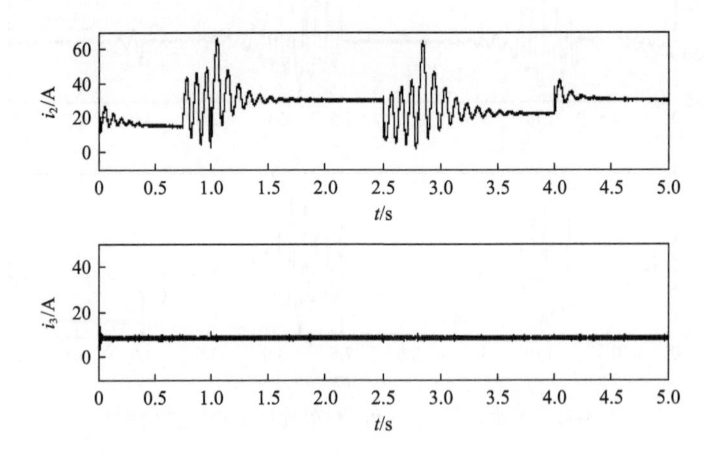

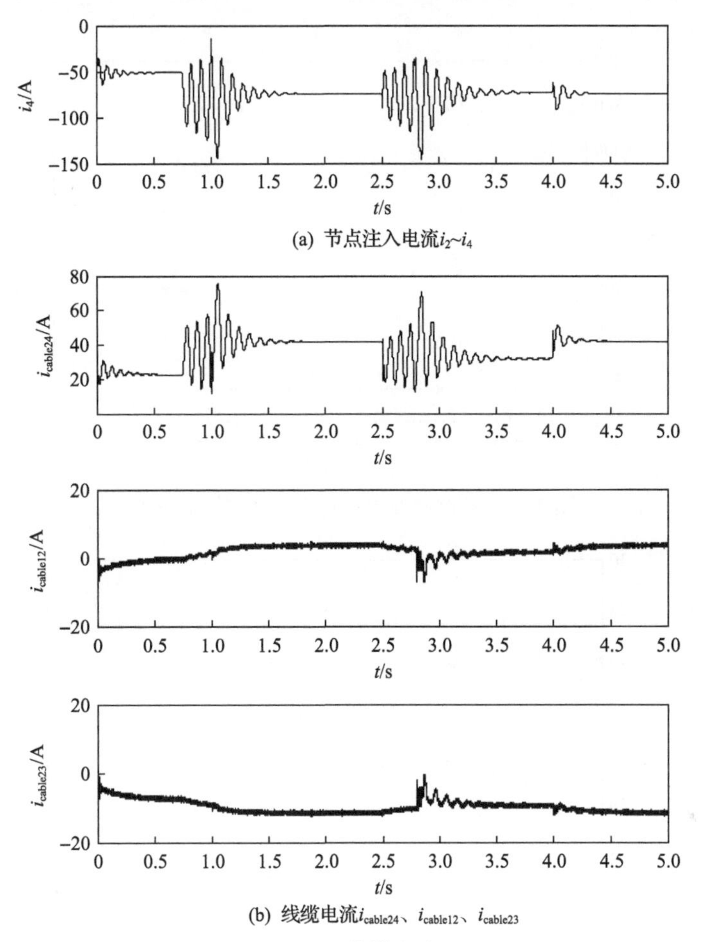

图 3-43　节点注入电流 $i_2 \sim i_4$ 和线缆电流 $i_{cable24}$、$i_{cable12}$、$i_{cable23}$

2) 控制器参数对稳定性的影响

由前面的分析和仿真可知，有源阻尼控制的投入有助于提高系统稳定性，下面分析不同控制器参数 k 对系统稳定性的影响，参数见表 3-2。k 在 0.2～2 变化时系统主导极点的轨迹如图 3-44 所示，一对极点远离虚轴，但有一对极点逐渐靠近虚轴，系统的稳定性逐渐降低。

仿真实验中在节点 1 投入有源阻尼控制器，初始负载为 $P_{L4}=10\text{W}$、$P_{c4}=1200\text{W}$，0.5s 时增加 500W 恒功率负荷以激发系统动态。k 依次取 0.5、1、1.414 和 2，不同情况下节点 4 电压 v_4 如图 3-45(a)所示，节点 1 的电压 v_1、节点注入电流 i_1、线缆电流 $i_{cable41}$ 的仿真结果分别如图 3-45(b)～(e)所示。

从图 3-45 中可以看出，k 依次取 0.5、1、1.414 和 2 时系统都能保持稳定；但 k 越大，系统动态超调也越大。综合选择，本节选取 k 为 1.414。

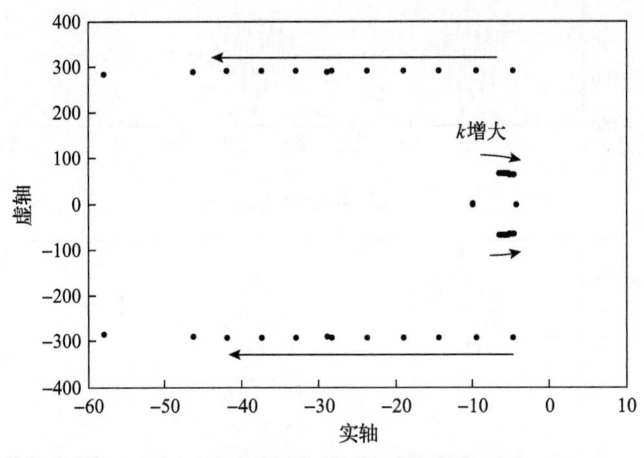

图 3-44　控制器参数 k 对系统稳定性的影响

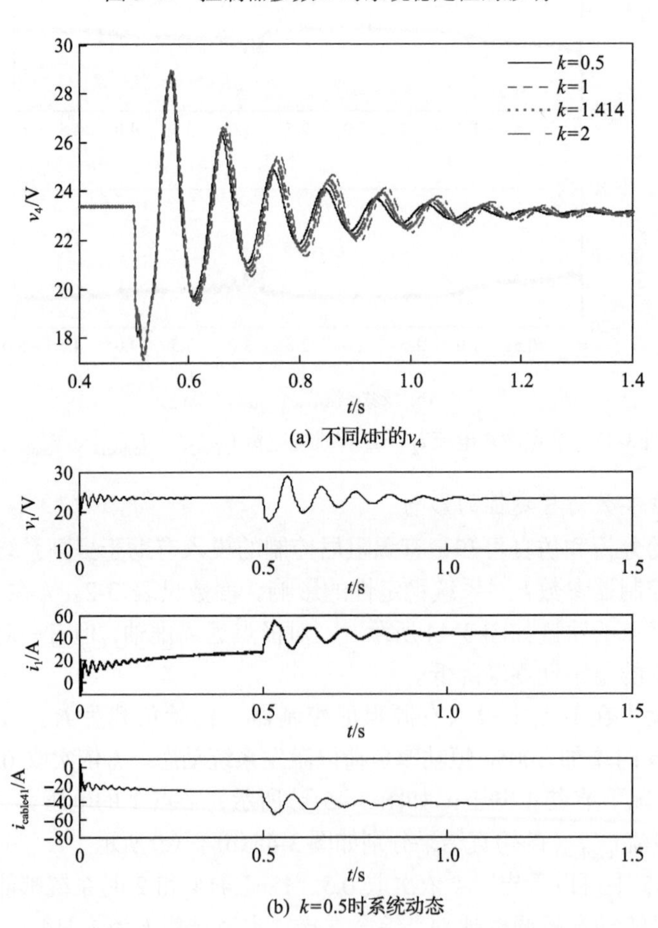

(a) 不同k时的v_4

(b) k=0.5时系统动态

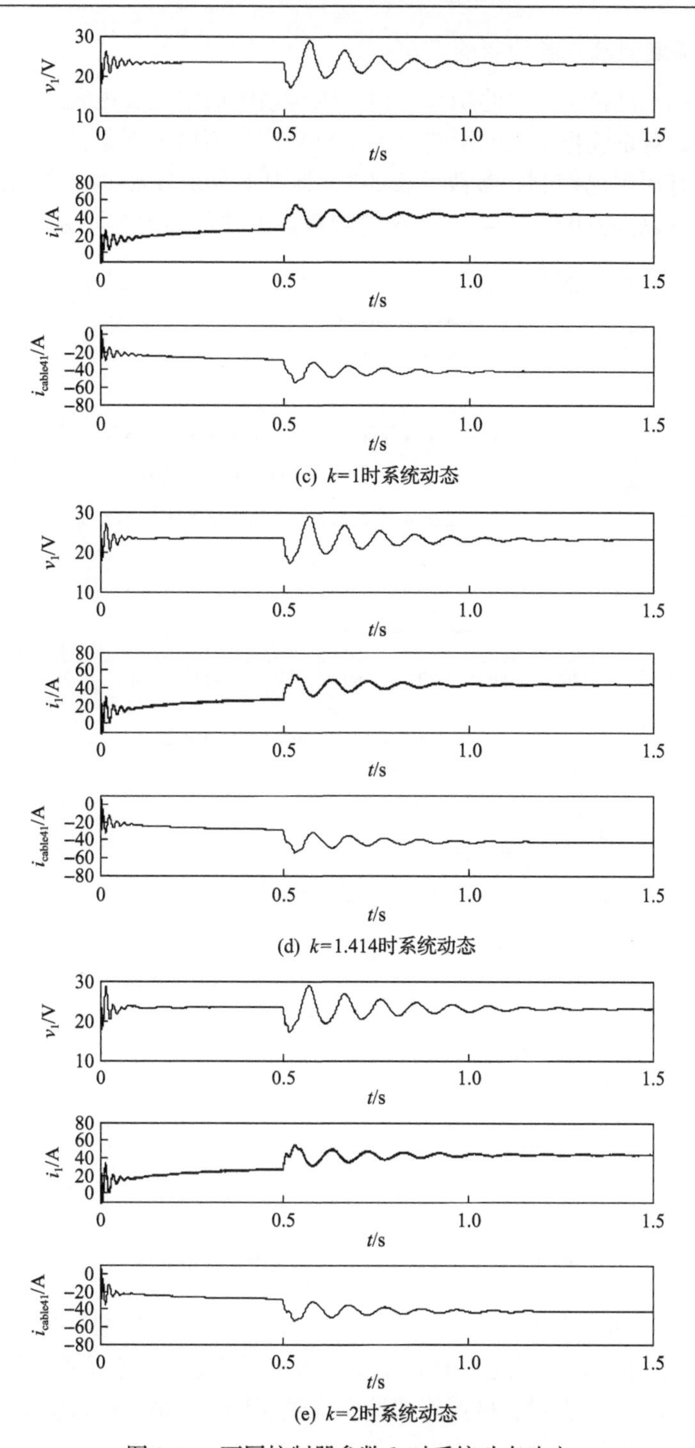

(c) k=1时系统动态

(d) k=1.414时系统动态

(e) k=2时系统动态

图 3-45　不同控制器参数 k 时系统动态响应

3）下垂系数对稳定性的影响

下垂系数不仅影响电源的功率分担，也对系统稳定性有很大影响，下面分析不同下垂系数对系统稳定性的影响。为了更易产生不稳定现象，分析和仿真实验中都不投入有源阻尼控制，参数见表 3-2，其中下垂系数 k_1、k_2 变化，其他参数不变。当 $k_2 = 2k_1 = 0.02 \sim 0.42$ 时系统主导极点的轨迹如图 3-46 所示。

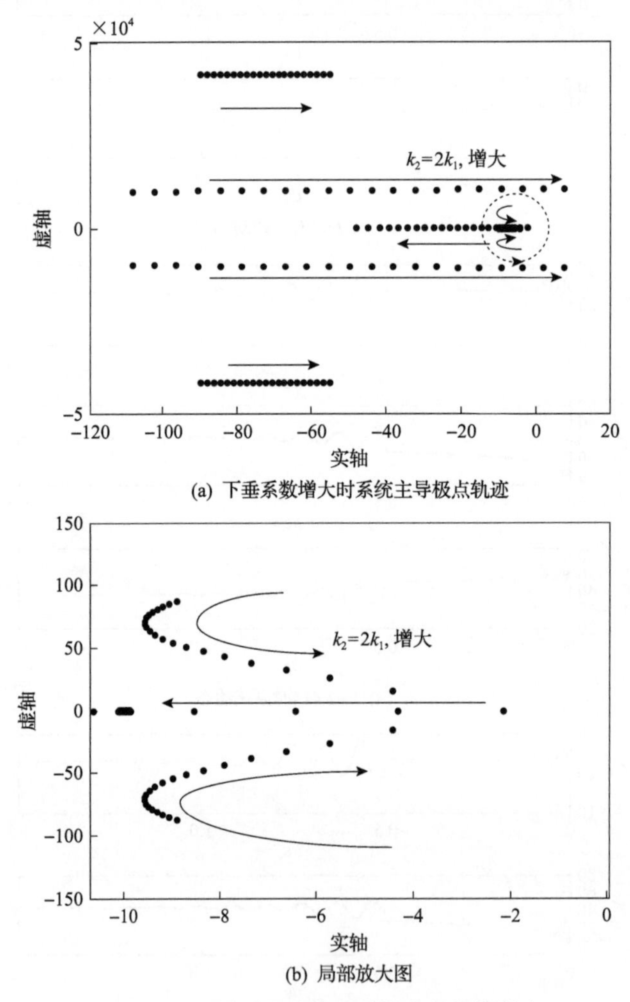

(a) 下垂系数增大时系统主导极点轨迹

(b) 局部放大图

图 3-46　不同下垂系数对系统稳定性的影响

从图 3-46 中可以看出，当下垂系数 $k_2 = 2k_1$ 从 0.02 开始增大时，极点全部在左半平面，系统处于稳定状态，且系统主要极点远离虚轴，系统稳定性得到提高；但下垂系数 k_1、k_2 过大时，极点将快速向虚轴靠近，并最终越过虚轴到达右半平面，从而导致系统失稳。

仿真实验采用表 3-2 的参数，0.5s 时节点 4 阻性负载增加至 600W 以激发系统动态。下垂系数 $k_2 = 2k_1 = 0.04$、0.12、0.24 时，节点 4 电压 v_4 如图 3-47(a)所示，节点 1 电压 v_1、线缆电流 i_{cable41}、节点注入电流 i_1 和 i_2 的仿真结果如图 3-47(b)～(d)所示。

从图 3-47(a)中可看出，下垂系数越大，稳态电压越小，阶跃时增幅也越小，但过渡过程时间越长。从图 3-47(b)～(d)中可以看出，三种不同下垂系数都能保持系统稳定，且节点 1 电压源和节点 2 电压源的输出电流保持 2∶1 的关系。

4)恒功率负荷大小对稳定性的影响

恒功率负荷具有负阻抗特性，易造成系统不稳定，下面分析不同恒功率负荷大小对系统稳定性的影响。为了更易产生不稳定现象，分析和仿真实验中都不投入有源阻尼控制，参数见表 3-2，其中参数 R_{o4} 变化，恒功率负荷 $P_{c4} = V_{4\text{ref}}^2 / R_{o4}$，其他参数不变。当 P_{c4} 从 1000W 到 1700W 变化时系统主导极点的轨迹如图 3-48 所示。

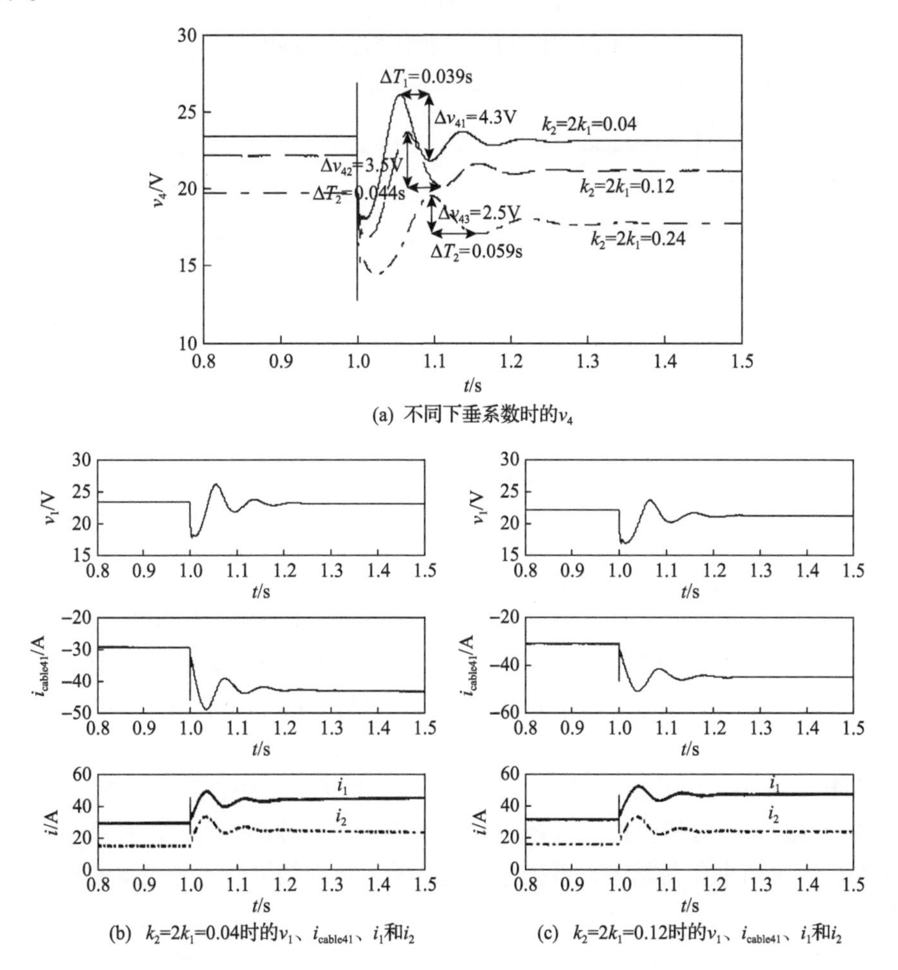

(a) 不同下垂系数时的v_4

(b) k_2=2k_1=0.04时的v_1、i_{cable41}、i_1和i_2

(c) k_2=2k_1=0.12时的v_1、i_{cable41}、i_1和i_2

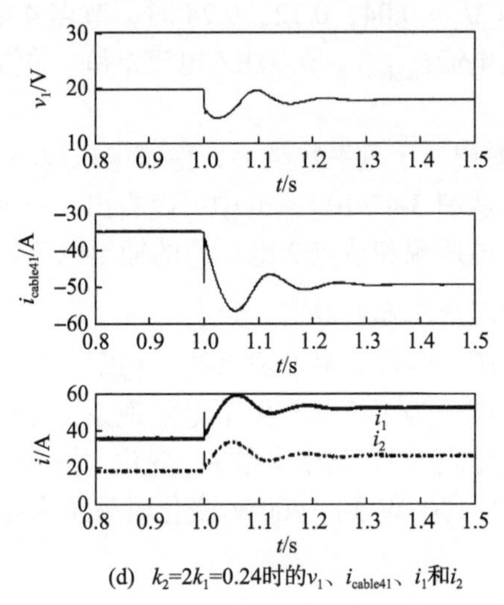

(d) $k_2=2k_1=0.24$时的v_1、i_{cable41}、i_1和i_2

图 3-47　不同下垂系数时系统动态响应

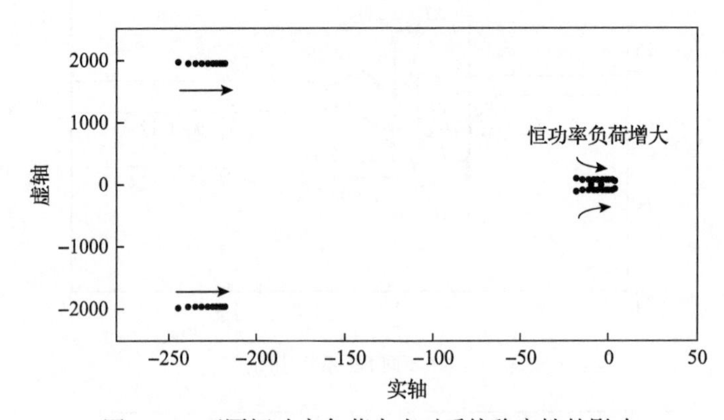

图 3-48　不同恒功率负荷大小对系统稳定性的影响

可以看出，当恒功率负荷增大时，系统主导极点皆靠近虚轴，甚至越过虚轴进入右半平面，造成系统不稳定。

仿真实验采用表 3-2 的参数，P_{c4} 分别取 1000W、1200W、1400W；1s 时 P_{c4} 增加 200W 以激发系统动态响应。不同情况下节点 4 电压 v_4 如图 3-49(a)所示，节点 1 电压 v_1、线缆电流 i_{cable41}、节点注入电流 i_4 的仿真结果分别如图 3-49(b)～(d)所示。

从图 3-49 中可以看出，当 $P_{c4}=1000\text{W}$ 时，系统能很快收敛；当 $P_{c4}=1200\text{W}$ 时，系统过渡过程时间变长；当 $P_{c4}=1400\text{W}$ 时，系统逐渐趋稳，但系统处于欠阻尼状态。故恒功率负荷越大，系统稳定性越差，仿真结果与主导极点的轨迹分析一致。

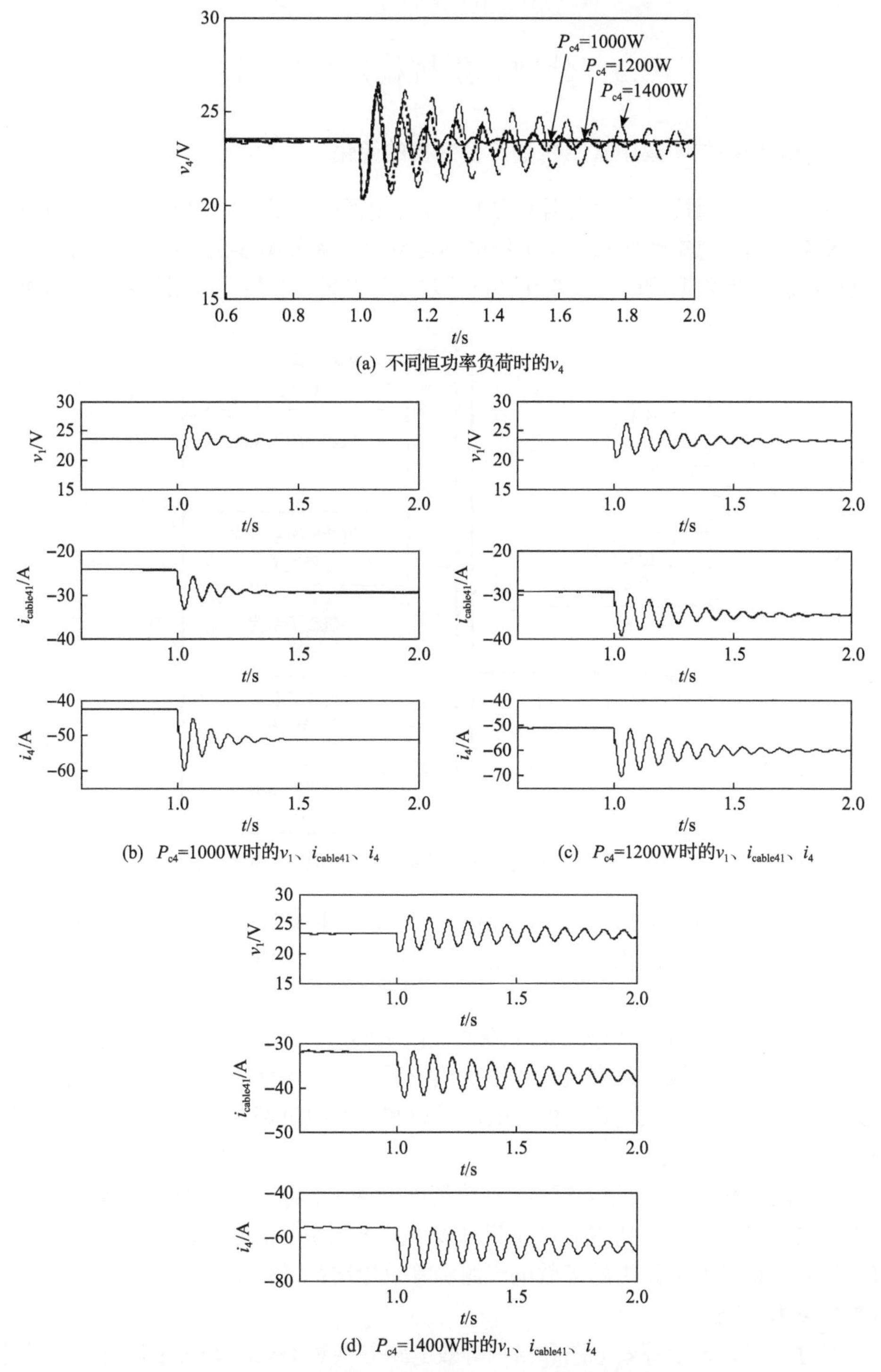

(a) 不同恒功率负荷时的v_4

(b) P_{c4}=1000W时的v_1、$i_{cable41}$、i_4

(c) P_{c4}=1200W时的v_1、$i_{cable41}$、i_4

(d) P_{c4}=1400W时的v_1、$i_{cable41}$、i_4

图3-49　不同恒功率负荷大小时系统动态响应

3.3 分散式阻抗稳定性判据

3.3.1 忽略线阻抗时集中式阻抗稳定性判据的简化

前述集中式阻抗稳定性判据考虑了直流配电网的线阻抗，相应的稳定性判别也较为复杂。如果忽略线阻抗，直流配电网可以表示为如图 3-50 所示的结构，其集中式阻抗稳定性判据可以得到简化，进一步地可以得到分散式的阻抗稳定性判据。

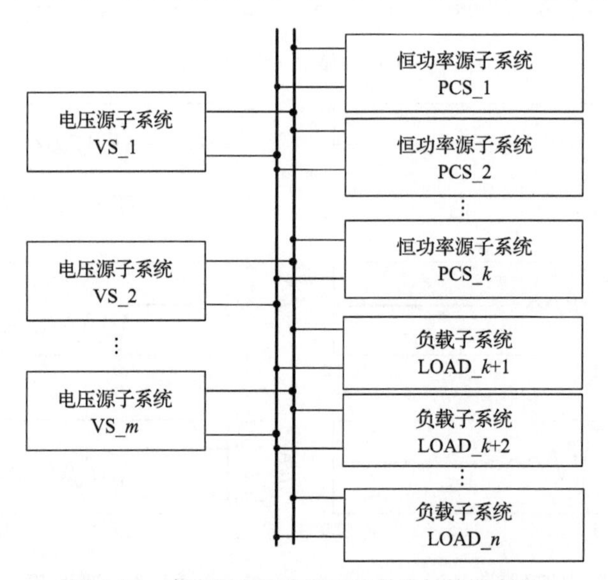

图 3-50 直流配电网多子系统并联结构示意图

为了得到忽略线阻抗时直流配电网的集中式阻抗稳定性判据，首先需要将并联到直流母线上的子系统分为广义电压源(GVS)和广义电流源(GCS)两类，其分类标准如下。

直流配电网中 GVS 分类标准：在直流配电网中，存在一个子系统通过一个电路端口接入直流母线，从直流母线侧对该子系统建立小信号戴维南等效电路，如果该小信号戴维南等效电路中的等效电压源和等效阻抗都是稳定的，那么该子系统可以被分类为 GVS。

直流配电网中 GCS 分类标准：在直流配电网中，存在一个子系统通过一个电路端口接入直流母线，从直流母线侧对该子系统建立小信号诺顿等效电路，如果该小信号诺顿等效电路中的等效电流源和等效导纳都是稳定的，那么该子系统可以被分类为 GCS。

通过使用戴维南等效电路和诺顿等效电路分别对 GVS 和 GCS 进行小信号建

模，图3-50所示的直流配电网可以抽象为如图3-51所示的统一小信号模型。

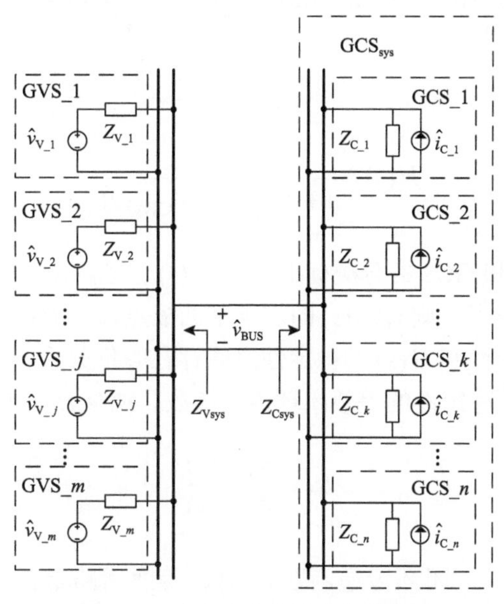

图3-51　直流配电网的小信号模型

在图3-51所示的模型中，一个GVS中$\hat{v}_{\mathrm{V}_j}(s)$(电压源电压)和$Z_{\mathrm{V}_j}(s)$(电压源阻抗)($j=1,2,\cdots,m$)是稳定的，不存在右半平面的极点。同时一个GCS中$\hat{i}_{\mathrm{C}_k}(s)$和$Z_{\mathrm{C}_k}^{-1}(s)$($k=1,2,\cdots,n$)是稳定的，不存在右半平面的极点。根据米尔曼(Millman)定理，直流母线电压的小信号分量可以用式(3-41)来计算：

$$\hat{v}_{\mathrm{BUS}}(s)=\frac{\sum_{j=1}^{m}\hat{v}_{\mathrm{V}\_j}(s)/Z_{\mathrm{V}\_j}(s)+\sum_{k=1}^{n}\hat{i}_{\mathrm{C}\_j}(s)}{1/Z_{\mathrm{Vsys}}(s)+1/Z_{\mathrm{Csys}}(s)} \tag{3-41}$$

其中

$$Z_{\mathrm{Vsys}}(s)=\left(\sum_{j=1}^{m}Z_{\mathrm{V}\_j}^{-1}(s)\right)^{-1} \tag{3-42}$$

$$Z_{\mathrm{Csys}}(s)=\left(\sum_{k=1}^{n}Z_{\mathrm{C}\_k}^{-1}(s)\right)^{-1} \tag{3-43}$$

式(3-41)可以整理为

$$\hat{v}_{\text{BUS}}(s) = \left(\sum_{j=1}^{m} \hat{v}_{\text{V}\_j}(s) / Z_{\text{V}\_j}(s) + \sum_{k=1}^{n} \hat{i}_{\text{C}\_j}(s) \right) \frac{Z_{\text{Vsys}}(s)}{1 + Z_{\text{Vsys}}(s) / Z_{\text{Csys}}(s)} \tag{3-44}$$

定义

$$H(s) = \frac{Z_{\text{Vsys}}(s)}{1 + Z_{\text{Vsys}}(s) / Z_{\text{Csys}}(s)} \tag{3-45}$$

那么基于 GVS 和 GCS 的分类标准，$\hat{v}_{\text{V}\_j}(s)$、$Z_{\text{V}\_j}(s)$、$\hat{i}_{\text{C}\_k}(s)$ 和 $Z_{\text{C}\_k}^{-1}(s)$ 不存在右半平面的极点，则 $\hat{v}_{\text{BUS}}(s)$ 的右半平面极点数由 $H(s)$ 决定，即整个直流配电网的小信号稳定性和 $H(s)$ 的稳定性之间存在等价关系，也即 $H(s)$ 是决定整个直流配电网小信号稳定性的等效闭环传递函数。观察 $H(s)$ 的形式，令

$$T_{\text{m}} = \frac{Z_{\text{Vsys}}(s)}{Z_{\text{Csys}}(s)} \tag{3-46}$$

则 T_{m} 可以视作等效闭环传递函数 $H(s)$ 的等效回路增益，如果 T_{m} 满足奈奎斯特(Nyquist)稳定性判据，那么 $H(s)$ 是稳定的，也即整个直流配电网是小信号稳定的。

综上所述，$H(s)$ 是决定整个直流配电网小信号稳定性的等效闭环传递函数，而 T_{m} 是系统的等效回路增益。

3.3.2 单电压源多负荷直流配电网分散式阻抗稳定性判据

考虑直流配电网一种常见的应用，即一个电压源控制直流母线电压并为多个并联到母线上的负荷提供电能。该电压源通常被设计为接恒变比电流源时可以正常工作，因此其符合 GVS 的分类标准，可以被分类为 GVS。类似地，一个负荷通常被设计为接恒变比电压源时可以正常工作，因此可以被归类为 GCS。单电压源直流配电网和其小信号模型之间的映射关系如图 3-52 所示。

如图 3-52 所示，GVS_{sys} 是电压源 VS_{sys} 的小信号模型，同时 GCS_k 建模了一个子系统级的负荷 LOAD_k 而 GCS_{sys} 建模了一个系统级的负荷 LOAD_{sys}。假设直流配电网的额定母线电压是 V_{BUS}，整个直流配电网的容量为 E_{sys}，而 VS_{sys}、LOAD_{sys} 和 LOAD_k 的容量分别为 E_{Vsys}、E_{Lsys} 和 E_{L_k}。在一个给定的工作点，Z_{Vsys}、Z_{Csys} 和 Z_{C_k} 建模了各自子系统的母线侧小信号端口阻抗，而 P_{Vsys}、P_{Lsys} 和 P_{L_k} 是各自子系统的输入或输出功率。这样，根据容量平衡和功率平衡关系，可以得到如下的方程：

$$\begin{cases} E_{\text{sys}} = E_{\text{Vsys}} = E_{\text{Lsys}} = \sum_{k=1}^{n} E_{\text{L}\_k} \\ P_{\text{Vsys}} = P_{\text{Lsys}} = \sum_{k=1}^{n} P_{\text{L}\_k} \end{cases} \tag{3-47}$$

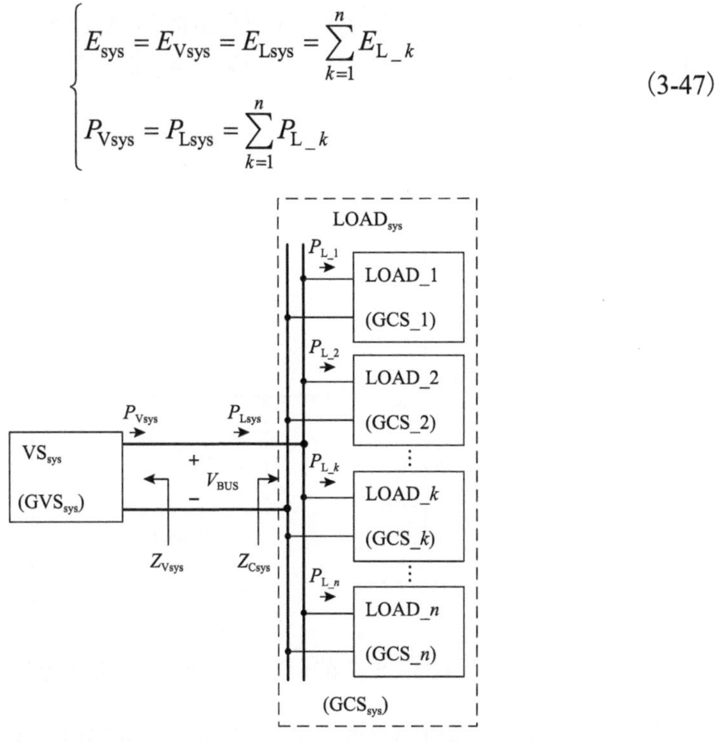

图 3-52　单电压源多负荷直流配电网及其小信号模型间的映射关系

这里直接给出本节对直流配电网中每一个子系统定义的端口阻抗规范并在下面给出其相关的论证。定义的端口阻抗规范可以表示为

$$\begin{cases} \left|Z_{\text{Vsys}}\right| < \dfrac{1}{2} \cdot (1-\varepsilon) \cdot V_{\text{BUS}}^2 \cdot E_{\text{sys}}^{-1} \\ \left|Z_{\text{C}\_k}\right| \geqslant (1-\varepsilon) \cdot V_{\text{BUS}}^2 \cdot E_{\text{L}\_k}^{-1}, \quad k = 1, 2, \cdots, n \end{cases} \tag{3-48}$$

其中，ε 为一个介于 0 和 1 之间的可设计常数。

观察式(3-48)，可以发现由于 V_{BUS}、E_{sys}、E_{L_k} 和 ε 可以在系统规划阶段确定，每个子系统的端口阻抗规范在系统运行阶段都是时不变的，彼此之间在系统运行后不存在依赖关系，所以它们是完全分散式的。

以上给出了本节对直流配电网中每一个子系统定义的端口阻抗规范，下面对所定义的端口阻抗规范的合理性进行相关论证，该合理性是指所定义的端口阻抗规范在一个实际的直流配电网中是能够被满足的。

单电压源多负荷直流配电网中的负荷 LOAD _ k 通常是电阻 R 、阻感(R-L)串联负载或呈现为恒功率负荷(constant power load，CPL)特性的电力电子变流器。

在一个给定的工作点，Z_{C_k} 和 P_{L_k} 分别是负荷 LOAD _ k 的端口输入阻抗和输入功率。这样，Z_{C_k} 在不同特性下的典型幅频特性曲线如图 3-53 所示。

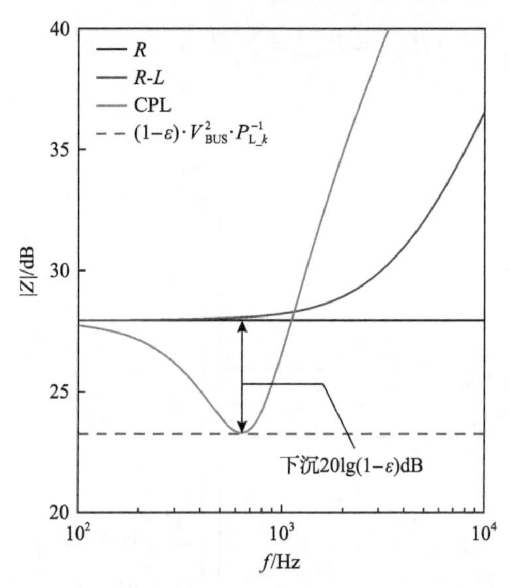

图 3-53　负荷在不同特性下的典型阻抗伯德图

当负荷 LOAD _ k 是电阻 R 时，Z_{C_k} 在全频带的幅值总是 $V_{\mathrm{BUS}}^2 \cdot P_{\mathrm{L}\_k}^{-1}$；当负荷 LOAD _ k 是 R - L 串联负载时，Z_{C_k} 的低频特性与其为电阻 R 时相同，而其高频幅值由于电感 L 的存在出现上扬。当负荷 LOAD _ k 为呈 CPL 特性的电力电子变流器时，其高频或低频特性与其为 R-L 串联负载时相似。但是，在中频带，Z_{C_k} 的幅值会由于电力电子变流器中的串联谐振而出现一定程度的下沉(dipping)，该下沉可以通过无源或有源方法得到有效抑制。考虑到完全抑制该下沉的代价可能较大，因此定义该下沉对于低频幅值的可容忍相对公差为 ε。这样，在一个给定的工作点，对于负荷 LOAD _ k 可以被满足的端口阻抗规范可以表示为

$$\left|Z_{\mathrm{C}\_k}\right| \geqslant (1-\varepsilon) \cdot V_{\mathrm{BUS}}^2 \cdot P_{\mathrm{L}\_k}^{-1}, \quad k=1,2,\cdots,n \tag{3-49}$$

在直流配电网的所有工作点，考虑到负荷功率 P_{L_k} 的最大值是其容量 E_{L_k}，那么 $\left|Z_{\mathrm{C}\_k}\right|$ 可达的下界为

$$\left|Z_{\mathrm{C}\_k}\right| \geqslant (1-\varepsilon) \cdot V_{\mathrm{BUS}}^2 \cdot E_{\mathrm{L}\_k}^{-1}, \quad k=1,2,\cdots,n \tag{3-50}$$

电压源 $\mathrm{VS_{sys}}$ 母线侧的小信号端口阻抗为 Z_{Vsys}，其幅值可以通过无源或有源方式得到有效抑制，因此其可以容易地满足式(3-48)定义的端口阻抗规范。

上述分析说明在实际直流配电网中式(3-48)定义的端口阻抗规范是可以得到满足的。基于以上分析，以下给出单电压源多负荷直流配电网中的一种基于阻抗分析的分散式小信号稳定性判据并加以证明。

单电压源多负荷直流配电网分散式小信号稳定性判据：如果一个单电压源多负荷直流配电网符合图 3-52 所示的结构，其中唯一的电压源 $\mathrm{VS_{sys}}$ 子系统符合 GVS 的分类标准，各负荷子系统 LOAD _ k ($k=1,2,\cdots,n$) 符合 GCS 的分类标准，那么该直流配电网小信号稳定的充分条件是其中所有子系统在所有工作点满足式(3-48)定义的各自的分散式端口阻抗规范。

证明　联立式(3-43)、式(3-47)和式(3-48)，由各负荷子系统 LOAD _ k ($k=1,2,\cdots,n$) 并联形成的系统级负荷 $\mathrm{LOAD_{sys}}$ 的端口阻抗规范可以用式(3-51)计算：

$$
\begin{aligned}
\left|Z_{\mathrm{Csys}}\right| &= \left|\left(\sum_{k=1}^{n} Z_{\mathrm{C\_}k}^{-1}\right)^{-1}\right| \geqslant \left(\sum_{k=1}^{n}\left|Z_{\mathrm{C\_}k}\right|^{-1}\right)^{-1} \\
&\geqslant (1-\varepsilon)\cdot V_{\mathrm{BUS}}^{2}\cdot\left(\sum_{k=1}^{n} E_{\mathrm{L\_}k}\right)^{-1} \geqslant (1-\varepsilon)\cdot V_{\mathrm{BUS}}^{2}\cdot E_{\mathrm{Lsys}}^{-1}
\end{aligned}
\tag{3-51}
$$

比较式(3-50)和式(3-51)，可以发现 GCS 的另一个递归特性是子系统级广义电流源 GCS _ k 和系统级广义电流源 $\mathrm{GCS_{sys}}$ 的端口阻抗规范具有相同的形式。

结合式(3-47)、式(3-48)和式(3-51)，可以发现 Z_{Vsys} 和 Z_{Csys} 的幅值满足以下关系：

$$
\begin{aligned}
20\cdot\lg\frac{\left|Z_{\mathrm{Vsys}}\right|}{\left|Z_{\mathrm{Csys}}\right|} &= 20\cdot\lg\left|Z_{\mathrm{Vsys}}\right| - 20\cdot\lg\left|Z_{\mathrm{Csys}}\right| \\
&< 20\cdot\lg\frac{1}{2} + 20\cdot\lg E_{\mathrm{sys}}^{-1} - 20\cdot\lg E_{\mathrm{Lsys}}^{-1} \\
&< -6\mathrm{dB}
\end{aligned}
\tag{3-52}
$$

式(3-52)意味着系统等效回路增益 $T_{\mathrm{m}} = Z_{\mathrm{Vsys}}(s)/Z_{\mathrm{Csys}}(s)$ 的 Nyquist 图不会包围(−1, j0)点。结合 GVS 和 GCS 的分类标准可知 T_{m} 没有右半平面的极点，因此根据 Nyquist 稳定性判据可知整个单电压源多负荷直流配电网是小信号稳定的。

综上，所提单电压源多负荷直流配电网分散式小信号稳定性判据的理论正确性得到了证明。

一个单电压源多负荷直流配电网满足所提端口阻抗规范的情形如图 3-54 所

示。可以发现，所提端口阻抗规范的本质是基于 Middlebrook 阻抗稳定性判据来保证系统的小信号稳定性，该方法是相对保守的。在系统规划阶段通过调节所提端口阻抗规范中的常数ε可以选择将电压源设计得更保守或者将负荷设计得更保守。如果ε被设计为更靠近 0，那么对负荷的端口阻抗限制性更强，要求其中频段端口阻抗幅值下沉不能过大，此时负荷被设计得更保守。如果ε被设计为更靠近 1，那么对电压源的端口阻抗限制性更强，要求其中频段端口阻抗幅值不能过大，此时电压源被设计得更保守。

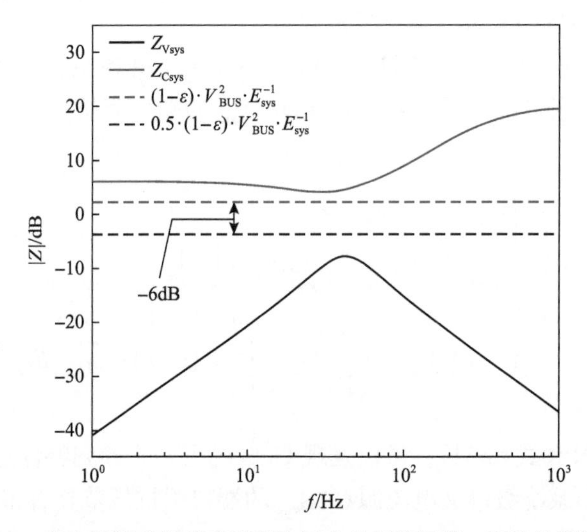

图 3-54　单电压源多负荷直流配电网中的系统级端口阻抗伯德图示例

3.3.3　包含恒功率源直流配电网分散式阻抗稳定性判据

直流配电网一个重要的功能是接入光伏、风机等分布式电源，这些电源通常会工作在最大功率点跟踪模式，因而在短时间尺度内可以被视作恒功率源(power controlled source，PCS)。因此，研究包含恒功率源的直流配电网的分散式端口阻抗规范具有较大的现实意义。考虑一个由多个电源和负荷组成的直流配电网，其中一个电压源控制直流母线电压，多个恒功率源控制它们各自注入直流配电网的功率，这些电源同时为并联在直流母线上的多个负荷提供电能。与单电压源多负荷直流配电网中的情况类似，电压源 VS_{sys} 被归类为广义电压源并被小信号建模为 GVS_{sys}。而恒功率源和负荷都被归类为广义电流源，理由是它们通常被设计为接恒变比电压源，其母线侧端口电流稳定。基于广义电流源的递归特性，恒功率源 PCSs 和负荷 LOADs 仅被小信号建模为如图 3-55 所示的各自最顶层的广义电流源 GCS_{PCSs} 和 GCS_{LOADs}，但这不改变其端口阻抗规范的分散式本质。

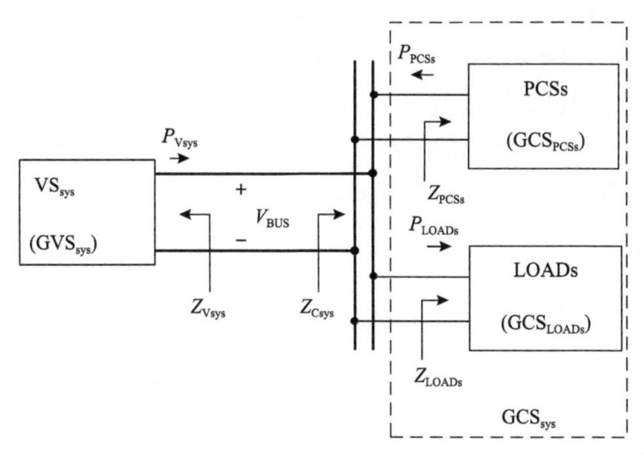

图 3-55　包含恒功率源的直流配电网及其小信号模型间的映射关系

假设整个直流配电网的容量为 E_{sys} ，VS_{sys}、LOADs 和 PCSs 的容量分别为 E_{Vsys}、E_{LOADs} 和 E_{PCSs}。在给定的工作点，Z_{Vsys}、Z_{Vsys}、Z_{LOADs} 和 Z_{PCSs} 分别建模了各自子系统的母线侧端口阻抗，而 P_{Vsys}、P_{PCSs} 和 P_{LOADs} 分别是各子系统的输入或输出功率。那么根据容量平衡和功率平衡关系可以得到如下方程：

$$\begin{cases} E_{sys} = E_{Vsys} + E_{PCSs} = E_{LOADs} \\ P_{Vsys} + P_{PCSs} = P_{LOADs} \end{cases} \tag{3-53}$$

类似于单电压源多负荷直流配电网，这里直接给出所提的分散式端口阻抗规范：

$$\begin{cases} \left|Z_{Vsys}\right| < \dfrac{1}{2} \cdot (1-\varepsilon) \cdot V_{BUS}^2 \cdot \left(E_{sys} + E_{PCSs}\right)^{-1} \\ \left|Z_{PCSs}\right| \geqslant (1-\varepsilon) \cdot V_{BUS}^2 \cdot E_{PCSs}^{-1} \\ \left|Z_{LOADs}\right| \geqslant (1-\varepsilon) \cdot V_{BUS}^2 \cdot E_{LOADs}^{-1} \end{cases} \tag{3-54}$$

其中，ε 为一个介于 0 和 1 之间的常数。

比较式(3-48)和式(3-54)，可以发现当单电压源多负荷直流配电网和包含恒功率源的直流配电网具有相同的容量时，后者对直流配电网中电压源的端口阻抗规范限制性更强。基于式(3-54)给出的端口阻抗规范，下面给出包含恒功率源的直流配电网的分散式小信号稳定性判据。

包含恒功率源的直流配电网分散式小信号稳定性判据：如果一个包含恒功率源的直流配电网符合图 3-55 所示的结构，其中唯一的电压源 VS_{sys} 子系统符合

GVS 的分类标准，由多个负荷子系统并联构成的系统级负荷 LOADs 和由多个恒功率源子系统并联构成的系统级恒功率源 PCSs 符合 GCS 的分类标准，那么该直流配电网小信号稳定的充分条件是其中所有子系统在所有工作点满足式(3-54)定义的各自的分散式端口阻抗规范。

证明　根据式(3-54)给出的子系统级广义电流源 GCS_{PCSs} 和 GCS_{LOADs} 的端口阻抗规范，同时考虑广义电流源的递归特性，系统级广义电流源 GCS_{sys} 可被满足的端口阻抗规范可以表示为

$$\left|Z_{\mathrm{Csys}}\right| \geqslant (1-\varepsilon)\cdot V_{\mathrm{BUS}}^2 \cdot \left(E_{\mathrm{PCSs}} + E_{\mathrm{LOADs}}\right)^{-1} \tag{3-55}$$

联立式(3-53)～式(3-55)，Z_{Vsys} 和 Z_{Csys} 之间的幅值差满足

$$\begin{aligned} 20\cdot \lg\frac{\left|Z_{\mathrm{Vsys}}\right|}{\left|Z_{\mathrm{Csys}}\right|} &= 20\cdot \lg\left|Z_{\mathrm{Vsys}}\right| - 20\cdot \lg\left|Z_{\mathrm{Csys}}\right| \\ &\leqslant 20\cdot \lg\left|Z_{\mathrm{Vsys}}\right| - 20\cdot \lg\left((1-\varepsilon)\cdot V_{\mathrm{BUS}}^2 \cdot \left(E_{\mathrm{PCSs}} + E_{\mathrm{LOADs}}\right)^{-1}\right) \\ &< -6\mathrm{dB} \end{aligned} \tag{3-56}$$

式(3-56)意味着系统等效回路增益 $T_{\mathrm{m}} = Z_{\mathrm{Vsys}}(s)/Z_{\mathrm{Csys}}(s)$ 的 Nyquist 图不会包围 $(-1, \mathrm{j}0)$ 点，结合 GVS 和 GCS 的分类标准可知 T_{m} 没有右半平面的极点，因此根据 Nyquist 稳定性判据可知整个包含恒功率源的直流配电网是小信号稳定的。由此所提包含恒功率源的直流配电网分散式小信号稳定性判据得证。

3.3.4　分散式阻抗稳定性判据应用案例分析

本节将通过具体案例理论分析以及硬件在环实验的方式来验证所提稳定性分析方法的合理性和有效性。由于本章所提出的分散式端口阻抗规范是相对保守的，其不是严格的稳定边界，所以对其直接进行验证较为困难。因此，本节通过一种间接的方式来进行验证。该方式具体过程为观察端口阻抗规范被满足时的系统稳定现象，以及测量端口阻抗规范不被满足且系统不稳定时系统振荡频率与理论值之间的匹配关系。

1. 直流配电网结构和参数

本节所研究的直流配电网结构如图 3-56 所示。母线额定电压 V_{BUS} 是 500 V，整个直流配电网的规划容量 E_{sys} 为 175 kW。该直流配电网由 5 个子系统组成：一个电压源 VS，一个恒功率源 PCS，以及三个负荷 LOAD_1、LOAD_2 和 LOAD_3。

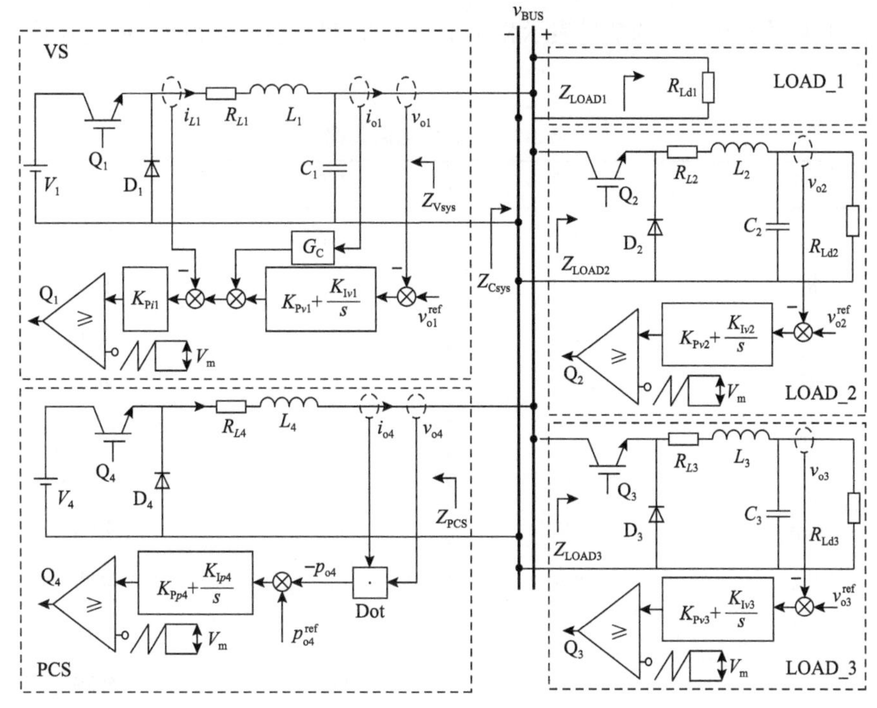

图 3-56　直流配电网的结构及其控制框图

电压源 VS 通过一个包含电流内环和电压外环的双环控制器来控制直流母线电压。控制器中的补偿环节 G_C 的作用是基于输出电流前馈法对电压源 VS 的端口输入阻抗进行塑造。LOAD_1 是一个电阻负荷，其在额定电压下的容量为 $E_{L\_1}=25\ \text{kW}$ 。LOAD_2 和 LOAD_3 是通过电力电子变流器接入的电阻负荷，该变流器工作于恒压输出模式，因此从直流母线侧视角看其呈现出 CPL 特性，两个负荷的容量分别为 $E_{L\_2}=100\text{kW}$ 和 $E_{L\_3}=50\text{kW}$ 。PCS 控制其本身注入直流母线的功率，其容量为 $E_{PCS}=100\text{kW}$ 。此外，为了匹配 GCS 的特性，PCS 的输入滤波器被设计为一个单电感 L_4。当 PCS 从直流母线上断开时，被测直流配电网是一个单电压源多负荷系统；当 PCS 被接入直流母线时，被测直流配电网是一个包含 CPS 的系统。

在接下来的实验中，包含 PCS、LOAD_1、LOAD_2 和 LOAD_3 在内的所有 GCS 被设计为满足它们各自的端口阻抗规范，而电压源 VS 的端口输出阻抗在不同值之间改变以对所提方法进行验证。GCS 端口阻抗下沉容忍度 ε 设计为 0.1，意味着系统中各个广义电流源被设计得更保守。如果广义电流源得到了良好的设计以满足其端口阻抗规范，那么满载工况是其最可能面临稳定性问题的极端情况。因此，本节中的实验都在满载工况下进行。整个直流配电网的参数如表 3-3 所示，其中，用大写字母表示的变量表示相应小写字母变量的稳态分量，如V_{BUS}是v_{BUS}的稳态分量。

表 3-3　直流配电网参数

参数	数值	参数	数值
V_1	1000V	V_{o2}^{ref}	250V
R_{L1}	1mΩ	R_{L3}	1mΩ
L_1	5mH	L_3	6.25mH
C_1	15000μF	C_3	500μF
V_{m}	1V	R_{Ld3}	1.25Ω
$K_{\mathrm{P}i1}$	0.016	$K_{\mathrm{P}v3}$	6.43×10^{-4}
$K_{\mathrm{P}v1}$	3.62	$K_{\mathrm{I}v3}$	0.367
$K_{\mathrm{I}v1}$	956	V_{o3}^{ref}	250V
V_{o1}^{ref}	500V	R_{Ld1}	10Ω
R_{L2}	1mΩ	V_{BUS}	500V
L_2	2mH	R_{L4}	1mΩ
C_2	1000μF	L_4	10mH
R_{Ld2}	0.625Ω	P_{o4}^{ref}	100kW
$K_{\mathrm{P}v2}$	6.60×10^{-4}	$K_{\mathrm{P}p4}$	6.28×10^{-5}
$K_{\mathrm{I}v2}$	0.322	$K_{\mathrm{I}p4}$	3.45×10^{-3}

2. 基于阻抗分析的小信号稳定性分析

1) 案例 1：单电压源多负荷直流配电网

在本案例中，PCS从直流母线上断开而且不被计入整个直流配电网中，此时可以对所提的单电压源多负荷直流配电网中的分散式端口阻抗规范进行验证。为了简化系统分析，直流配电网中的所有电力电子变流器都采用了Buck拓扑结构。假设所有电力电子变流器都被设计为工作在CCM (continuous current mode) 模式，那么该直流配电网中每个子系统的端口阻抗可以表示如下。

负荷LOAD _1的端口输入阻抗$Z_{\mathrm{LOAD1}}(s)$是R_{Ld1}。

负荷LOAD _2的端口输入阻抗可以表示为

$$Z_{\mathrm{LOAD2}}(s)=-\frac{A_1(s)}{B_1(s)} \tag{3-57}$$

其中

$$A_1(s)=\left(V_{o1}^{\text{ref}}\right)^2\left(C_2L_2R_{\text{Ld2}}s^3+C_2R_{L2}R_{\text{Ld2}}s^2+L_2s^2+R_{L2}s+V_{o1}^{\text{ref}}K_{\text{P}v2}R_{\text{Ld2}}s+R_{\text{Ld2}}s+V_{o1}^{\text{ref}}K_{\text{I}v2}R_{\text{Ld2}}\right) \tag{3-58}$$

$$B_1(s)=\left(V_{o2}^{\text{ref}}\right)^2\left(-C_2R_{\text{Ld2}}s^2+V_{o1}^{\text{ref}}K_{\text{P}v2}s-s+V_{o1}^{\text{ref}}K_{\text{I}v2}\right) \tag{3-59}$$

类似地，负荷 $Z_{\text{LOAD3}}(s)$ 的端口输入阻抗也可以用相同形式的公式来表示。

$Z_{\text{LOAD1}}(s)$、$Z_{\text{LOAD2}}(s)$ 和 $Z_{\text{LOAD3}}(s)$ 是子系统级广义电流源的端口阻抗，它们在直流母线侧并联，构成了系统级广义电流源的端口阻抗 $Z_{\text{Csys}}(s)$。三个负荷阻抗的伯德图如图 3-57 所示。可以发现它们都满足式(3-48)定义的各自的端口阻抗规范。

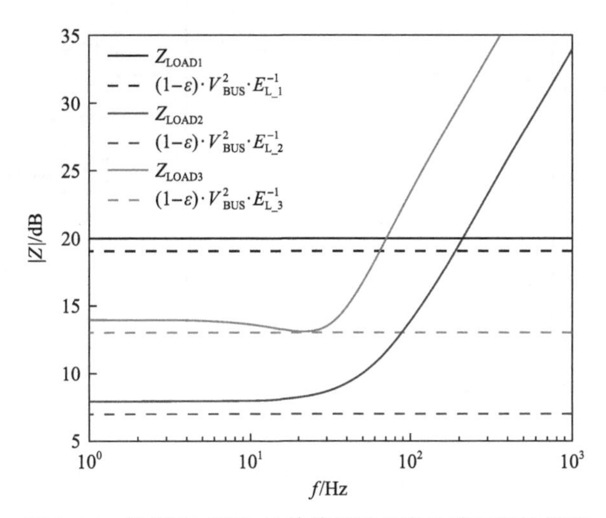

图 3-57　负荷端口阻抗的伯德图和相应的端口阻抗规范

电压源 VS 的端口输出阻抗是

$$Z_{\text{Vsys}}(s)=\frac{A_2(s)}{B_2(s)} \tag{3-60}$$

其中

$$A_2(s)=\left(L_1s+G_{\text{C}}(s)K_{\text{P}i1}V_1+K_{\text{P}i1}V_1+R_{L1}\right)s \tag{3-61}$$

$$B_2(s)=C_1L_1s^3+C_1K_{\text{P}i1}V_1s^2+C_1R_{L1}s^2+K_{\text{P}i1}K_{\text{P}v1}V_1s+s+K_{\text{I}v1}K_{\text{P}i1}V_1 \tag{3-62}$$

如图 3-58 所示，若电压源 VS 的端口输出阻抗补偿环节 $G_{\text{C}}(s)$ 为

$$G_{\rm C}(s)=G_{\rm C1}(s)=\frac{5.7\times10^{6}s^{3}+1.8\times10^{10}s^{2}+7.7\times10^{11}s+7.9\times10^{12}}{s^{4}+6.2\times10^{3}s^{3}+1.5\times10^{7}s^{2}+1.5\times10^{10}s+5.9\times10^{12}} \tag{3-63}$$

则电压源VS的端口输出阻抗幅值$\left|Z_{\rm Vsys}(s)\right|$会越过式(3-48)定义的上界而且与$\left|Z_{\rm Csys}(s)\right|$相交，此时电压源VS不满足式(3-48)对其规定的端口阻抗规范。这里需要注意的是两个阻抗幅值的相交并不意味着系统必定不稳定。两个阻抗幅值出现相交后，幅值交点处的相位差$\varphi(T_{\rm m})=\varphi(Z_{\rm Vsys})-\varphi(Z_{\rm Csys})$需要超过180°才能确定系统不稳定，这也是所提出的分散式端口阻抗规范保守性的来源。在本案例中，幅值交点13Hz处的相位差$\varphi(T_{\rm m})$超过了180°，所以系统不稳定，应该观察到振荡现象且理论振荡频率为13Hz。

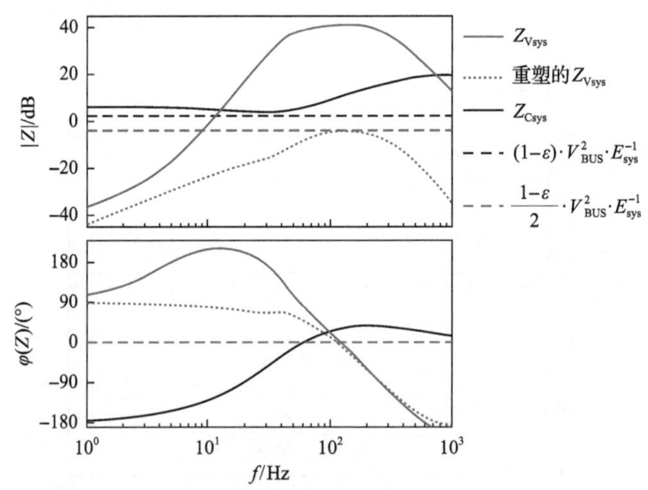

图 3-58 单电压源多负荷直流配电网中$Z_{\rm Vsys}$和$Z_{\rm Csys}$的伯德图

若电压源VS的端口输出阻抗$Z_{\rm Vsys}(s)$被重塑，且补偿环节$G_{\rm C}(s)$满足

$$G_{\rm C}(s)=G_{\rm C2}(s)=\frac{2.9\times10^{4}s^{3}+9.5\times10^{7}s^{2}+3.8\times10^{9}s+3.9\times10^{10}}{s^{4}+6.2\times10^{3}s^{3}+1.5\times10^{7}s^{2}+1.5\times10^{10}s+5.9\times10^{12}} \tag{3-64}$$

则电压源VS满足式(3-48)对其规定的端口阻抗规范，此时整个单电压源多负荷直流配电网应该是小信号稳定的。

2) 案例 2：包含 PCS 的直流配电网

在本案例中，PCS被计入直流配电网中以验证在包含恒功率源时所提分散式端口阻抗规范的可行性。本案例中负荷运行状态与案例 1 中相同。而PCS被接入直流母线，此时系统级广义电流源的端口阻抗$Z_{\rm Csys}(s)$是$Z_{\rm PCS}(s)$、$Z_{\rm LOAD1}(s)$、

$Z_{\mathrm{LOAD2}}(s)$ 和 $Z_{\mathrm{LOAD3}}(s)$ 四个阻抗的并联。

PCS 的端口阻抗 $Z_{\mathrm{PCS}}(s)$ 可以表示为

$$Z_{\mathrm{PCS}}(s)=\frac{A_3(s)}{B_3(s)} \tag{3-65}$$

其中

$$A_3(s)=V_{\mathrm{o1}}^{\mathrm{ref}}\left(L_3 s^2+V_{\mathrm{o1}}^{\mathrm{ref}}K_{\mathrm{P}p4}V_4 s+R_{L3}s+V_{\mathrm{o1}}^{\mathrm{ref}}K_{\mathrm{I}p4}V_4\right) \tag{3-66}$$

$$B_3(s)=P_{\mathrm{o4}}^{\mathrm{ref}}K_{\mathrm{P}p4}V_4 s+V_{\mathrm{o1}}^{\mathrm{ref}}s+P_{\mathrm{o4}}^{\mathrm{ref}}K_{\mathrm{I}p4}V_4 \tag{3-67}$$

所有 PCS 的端口阻抗的伯德图如图 3-59 所示，它们满足式(3-54)定义的包含恒功率源时的端口阻抗规范。从图中可以发现本案例中 $\left|Z_{\mathrm{Csys}}(s)\right|$ 的下界相比于案例 1 中要更小。

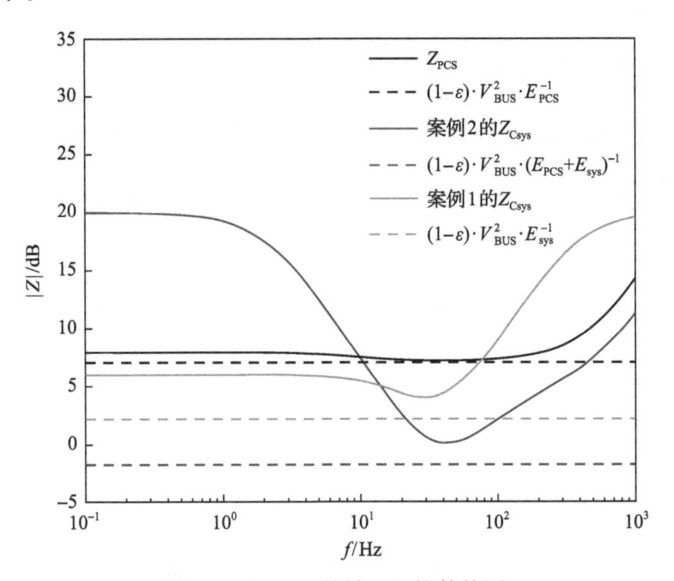

图 3-59　PCS 的端口阻抗伯德图

电压源 VS 的端口输出阻抗 $Z_{\mathrm{Vsys}}(s)$ 与案例 1 中有相同的形式，其伯德图如图 3-60 所示。若电压源 VS 的端口输出阻抗补偿环节 $G_{\mathrm{C}}(s)$ 为

$$G_{\mathrm{C}}(s)=G_{\mathrm{C3}}(s)=\frac{3.5\times10^4 s^3+1.1\times10^8 s^2+3.7\times10^9 s+2.6\times10^{10}}{s^4+2.5\times10^3 s^3+2.4\times10^6 s^2+1.0\times10^9 s+1.6\times10^{11}} \tag{3-68}$$

则电压源 VS 不满足式(3-54)对其规定的端口阻抗规范，此时电压源 VS 的端口输

出阻抗幅值$\left|Z_{\mathrm{Vsys}}(s)\right|$会越过式(3-54)定义的上界而且与$\left|Z_{\mathrm{Csys}}(s)\right|$在20Hz处相交，且幅值交点处的相位差$\varphi(T_{\mathrm{m}})=\varphi(Z_{\mathrm{Vsys}})-\varphi(Z_{\mathrm{Csys}})$超过180°，所以系统不稳定，应该观察到振荡现象且理论振荡频率为20Hz。

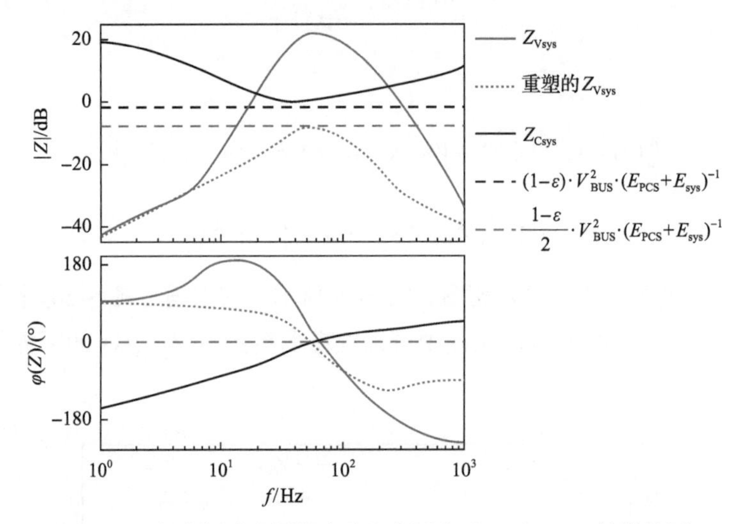

图 3-60　包含恒功率源的直流配电网中Z_{Vsys}和Z_{Csys}的伯德图

若电压源VS的端口输出阻抗$Z_{\mathrm{Vsys}}(s)$被重塑，且补偿环节$G_{\mathrm{C}}(s)$满足如下关系：

$$G_{\mathrm{C}}(s)=G_{\mathrm{C4}}(s)=\frac{5.4\times10^{2}s^{3}+1.7\times10^{6}s^{2}+5.5\times10^{7}s+3.9\times10^{8}}{s^{4}+2.5\times10^{3}s^{3}+2.4\times10^{6}s^{2}+1.0\times10^{9}s+1.6\times10^{11}} \tag{3-69}$$

则电压源VS满足式(3-54)对其定义的端口阻抗规范，此时整个包含恒功率源的直流配电网应该是小信号稳定的。

3. 硬件在环实验

为了验证3.3.3节中的理论分析，本小节对案例1和案例2进行相应的硬件在环实验。

图3-61展示了案例1的实验结果，其对应着单电压源多负荷直流配电网中的情况。图中记录了v_{BUS}、v_{o2}和v_{o4}的波形，它们是图3-56中各相应物理量的交流分量。如图3-61(a)所示，在阶段Ⅰ，电压源VS的端口输出阻抗补偿环节$G_{\mathrm{C}}(s)$被设置为$G_{\mathrm{C1}}(s)$，意味着单电压源多负荷直流配电网中只有电压源VS不满足其端口阻抗规范，此时单电压源多负荷直流配电网中的各物理量是不稳定的。为了更清晰地观察阶段Ⅰ中系统不稳定时产生的振荡现象，图3-61(b)展示了时间段

Δt_1 的放大波形。波形中的振荡频率约为13Hz，该频率与 3.3.3 节的理论分析相符。在阶段Ⅱ，电压源 VS 的端口输出阻抗补偿环节 $G_C(s)$ 被设置为 $G_{C2}(s)$，此时单电压源多负荷直流配电网中的电压源 VS 的端口阻抗因为得到重塑而满足其端口阻抗规范，同时单电压源多负荷直流配电网中的其他子系统都满足各自的端口阻抗规范，此时单电压源多负荷直流配电网中的各物理量是稳定的。

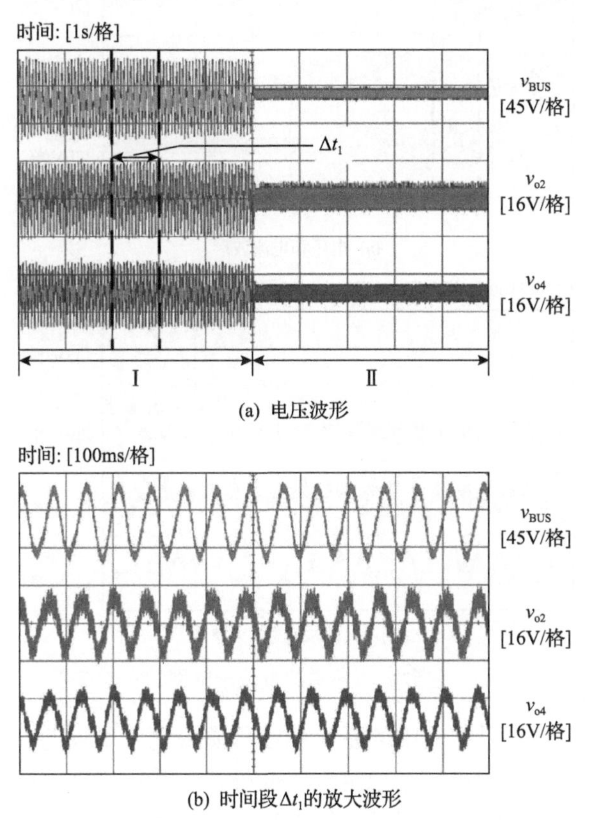

(a) 电压波形

(b) 时间段 Δt_1 的放大波形

图 3-61　单电压源多负荷直流配电网的实验结果

图 3-62 展示了案例 2 的实验结果，其对应着包含恒功率源的直流配电网的情况，图中记录了 v_{BUS}、v_{o2}、i_{o3} 和 v_{o4} 的波形，它们是图 3-56 中各相应物理量的交流分量。如图 3-62(a)所示，在阶段Ⅰ，电压源 VS 的端口输出阻抗补偿环节 $G_C(s)$ 为 $G_{C3}(s)$，意味着包含恒功率源的直流配电网的所有子系统中只有电压源 VS 不满足其端口阻抗规范，此时包含恒功率源的直流配电网是不稳定的。图 3-62(b)是时间段 Δt_2 的放大波形，波形显示系统的振荡频率约为 20Hz，该频率与 3.3.3 节的理论分析相符。在阶段Ⅱ，$G_C(s)$ 被设置为 $G_{C4}(s)$，此时包含恒功率源的直流配电网中的电压源 VS 的端口阻抗因为得到重塑而满足其端口阻抗规范，同时包含恒功率源的直流配电网中的其他子系统都满足各自的端口阻抗规范，此时整个包

含恒功率源的直流配电网是稳定的。

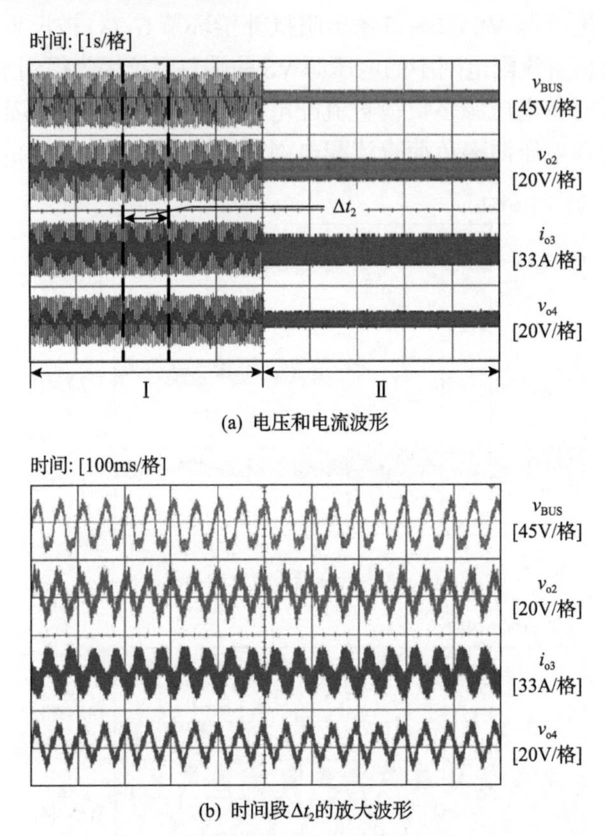

(a) 电压和电流波形

(b) 时间段Δt_2的放大波形

图 3-62 包含恒功率源的直流配电网的实验结果

总结上述的实验结果，其中的系统稳定现象验证了所提的分散式端口阻抗规范可以保证直流配电网的小信号稳定性。此外，实验中出现不稳定现象时其振荡频率与理论分析匹配，间接证明了所提方法背后的理论依据是可信的。

参 考 文 献

[1] Middlebrook R D. Input filter considerations in design and application of switching regulators[C]. IEEE Industry Applications Society (IAS) Annual Meeting, Chicago, 1976: 366-382.

[2] 张欣. 直流分布式电源系统稳定性研究[D]. 南京: 南京航空航天大学, 2014.

[3] Wildrick C M, Lee F C, Cho B H, et al. A method of defining the load impedance specification for a stable distributed power system[J]. IEEE Transactions on Power Electronics, 1995, 10(3): 280-285.

[4] Feng X G, Ye Z H, Xing K, et al. Impedance specification and impedance improvement for DC distributed power system[C]. IEEE Power Electronics Specialists Conference (PESC), Charleston, 1999: 889-894.

[5] Feng X G, Liu J J, Lee F C. Impedance specifications for stable dc distributed power systems[J]. IEEE Transactions on Power Electronics, 2002, 17(2): 157-162.

[6] Liu J J, Feng X G, Lee F C, et al. Stability margin monitoring for dc distributed power systems via perturbation approaches[J]. IEEE Transactions on Power Electronics, 2003, 18(6): 1254-1261.

[7] Feng X G, Ye Z H, Xing K, et al. Individual load impedance specification for a stable dc distributed power system[C]. IEEE Applied Power Electronics Conference and Exposition(APEC), Dallas, 1999: 923-929.

[8] Chen Y H. System stability analysis based on three-dimension forbidden region[C]. Virginia Power Electronic Center(VPEC) Seminar, Blacksburg, 1999: 112-117.

[9] Vesti S, Suntio T, Oliver J A, et al. Impedance-based stability and transient- performance assessment applying maximum peak criteria[J]. IEEE Transactions on Power Electronics, 2013, 28(5): 2099-2104.

[10] Sun J. Impedance-based stability criterion for grid-connected inverters[J]. IEEE Transactions on Power Electronics, 2011, 26(11): 3075-3078.

[11] Zhang X, Ruan X B, Tse C K. Impedance-based local stability criterion for DC distributed power systems[J]. IEEE Transactions on Circuits and Systems Ⅰ: Regular Papers, 2015, 62(3): 916-925.

[12] Cespedes M, Xing L, Sun J. Constant-power load system stabilization by passive damping[J]. IEEE Transactions on Power Electronics, 2011, 26(7): 1832-1836.

[13] Xing L, Feng F, Sun J. Optimal damping of EMI filter input impedance[J]. IEEE Transactions on Industry Applications, 2011, 47(3): 1432-1440.

第 4 章　直流电压稳定控制与直流微电网自治运行

4.1　分布式电源直流并网稳定性分析

本节以单级直流光伏为例，分析可再生能源接入直流子网的稳定性问题，并介绍改善系统稳定性的措施。对于其他类型的直流型可再生能源，可按照类似的方式进行分析。

2.1.1 节介绍了光伏基于扰动观察法的控制策略，系统的完整模型如图 4-1 所示。由于系统中存在的不连续非线性环节，传统基于纯线性系统理论的稳定性分析方法大多不再适用。因此，本节详细介绍基于描述函数法的单级直流光伏稳定性方法，并和传统方法进行对比，总结相关参数对稳定性的影响，以提供参数设计指导。

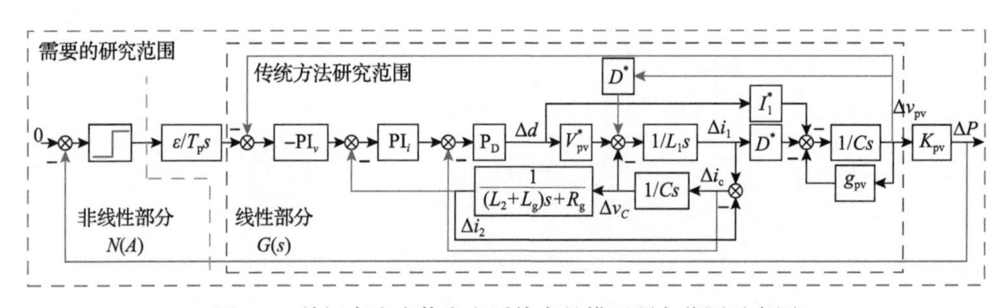

图 4-1　单级直流光伏发电系统完整模型研究范围示意图

4.1.1　描述函数法简介

描述函数法最早由丹尼尔(Daniel)教授于 1940 年提出，现已经被广泛应用于非线性系统的自激振荡和稳定性分析，是非线性系统特别是不连续的非线性系统的一种有效处理方法。描述函数法在电力系统中也被广泛运用[1-3]，针对含有不连续的非线性环节的光伏发电系统，描述函数法为其稳定性分析提供了可能的选择。不同于时域近似的小信号建模，描述函数法是在频域内对非线性环节进行近似。对于时域不连续的非线性环节，采用描述函数法依然能在频域内对其进行分析。下面对描述函数法进行简单的介绍。

如图 4-2 所示，输入 $x = A\sin(\omega t)$ 为正弦波，经过非线性环节后，变成同周期的输出 y 。y 通过傅里叶级数可展开为

$$y = A_0 + \sum_{k=1}^{\infty} A_k \sin\left(k\omega t + \theta_k\right) \tag{4-1}$$

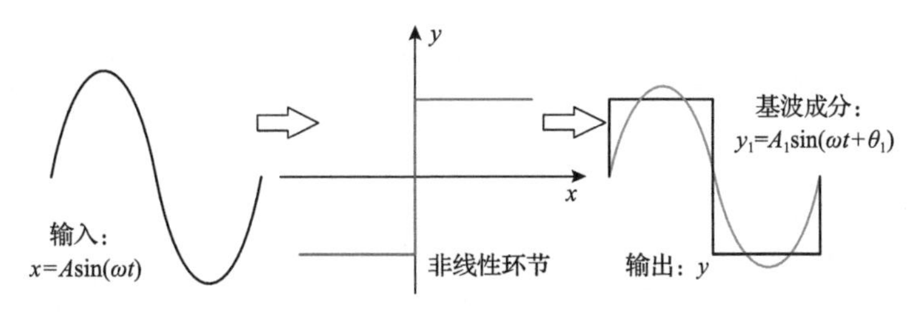

图 4-2　不连续的非线性环节响应分析

若整个系统满足：

(1)非线性部分是奇对称的，则输出中不含有直流成分。

(2)线性部分是低通的，则输出中高频谐波成分可以忽略。

因此，输出 y 中基波占主导地位，可以用来近似地代表整个输出。基于此，非线性部分的作用可以通过输出的基波比输入来进行描述，即

$$N(A) = \frac{A_1 e^{j\theta_1}}{A} \tag{4-2}$$

其中，$N(A)$ 为非线性环节的描述函数。

基于描述函数，整个非线性系统可以在频域内近似为一个线性系统，如图 4-3 所示，其中 $N(A)$ 可以看作一个随输入幅值变化的变增益放大器。

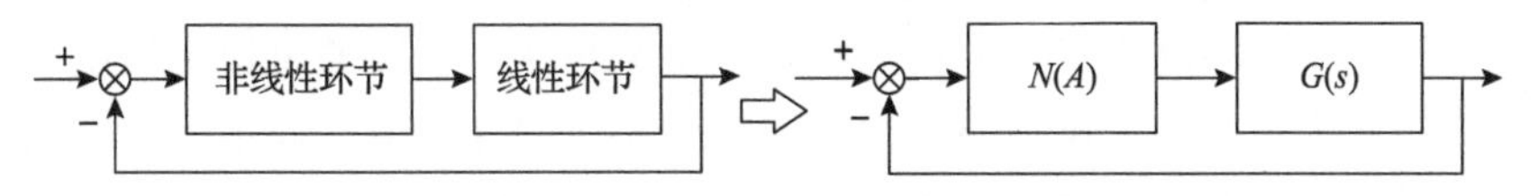

图 4-3　基于描述函数的频域近似系统

对比图 4-1 和图 4-3，会发现两者的结构相同。而且图 4-1 中的非线性部分是奇对称的，线性部分是低通的。所以，光伏接入直流配电网的稳定性可以很好地运用描述函数法来进行分析。

基于描述函数法，若 $G(s)$ 为最小相位系统，如下的改进 Nyquist 判据可用来判别系统稳定性：

(1)如图 4-4(a)所示，若 $G(s)$ 不包围 $-1/N(A)$，则系统稳定。

(2)如图 4-4(b)所示，若 $G(s)$ 包围 $-1/N(A)$，则系统不稳定。

(3)如图 4-4(c)所示，若 $G(s)$ 与 $-1/N(A)$ 相交，则系统临界稳定。进一步地，对于幅值为 A_a 的交叉点，若系统在 $[A_a-\Delta A, A_a)$ 区域内是不稳定的且在 $(A_a, A_a+\Delta A]$ 区域内是稳定的，其中 $\Delta A \ll A_a$，则该交叉点是稳定振荡点(持续等

幅振荡)，如图中点 a ；否则，该交叉点不是稳定振荡点，如图中点 b 。

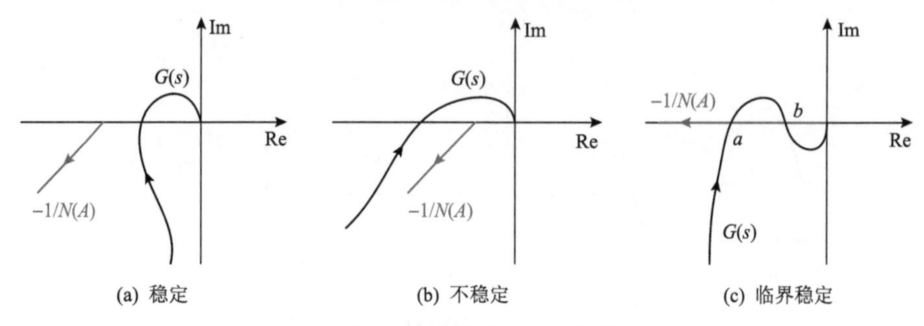

图 4-4　改进的 Nyquist 判据

对比于经典的线性系统 Nyquist 判据，可以发现在描述函数法里 $-1/N(A)$ 取代了 $(-1,\ \mathrm{j}0)$ 点。特别是对于临界稳定来讲，$G(s)$ 相交于 $-1/N(A)$ 的概率会明显地大于 $G(s)$ 相交于 $(-1,\mathrm{j}0)$ 点的概率。这也从侧面说明了考虑非线性环节的系统模型可以更好地解释功率振荡现象。进一步，若系统处于临界稳定状态，振荡频率 ω_{o} 和振荡幅值 A_{o} 可按式(4-3)计算：

$$\begin{cases} G_{\mathrm{Im}}\left(\omega_{\mathrm{o}}\right)=0 \\ N\left(A_{\mathrm{o}}\right)=-1/G_{\mathrm{Re}}\left(\omega_{\mathrm{o}}\right) \end{cases} \tag{4-3}$$

其中，$G_{\mathrm{Re}}(\omega_{\mathrm{o}})+\mathrm{j}G_{\mathrm{Im}}(\omega_{\mathrm{o}})=G(\mathrm{j}\,\omega_{\mathrm{o}})$ 。

对于 $G(s)$ 为非最小相位系统的情况，类似于经典的 Nyquist 判据，上述改进的判据做出相应的改变即可，在此不再赘述。

现有的纯线性系统稳定性分析方法如阻抗分析法，仅能通过稳定裕度间接估计出系统的振荡频率，且仅当系统为最小相位系统时才有效。而本节介绍的描述函数法则可以按照式(4-3)直接计算出振荡频率和幅值，在振荡信息的准确性和完备性上具有优势。

4.1.2　稳定性分析与稳定性改善

本节将详细介绍单级直流光伏发电系统接入直流子网的稳定性分析过程，以及相关因素对系统稳定性的影响。

首先，求出符号函数的描述函数。在正弦输入 $x=A\sin(\omega t)$ 的激励下，符号函数的输出可以表达为

$$\begin{cases} y=1, & 2k\pi \leqslant \omega t \leqslant \pi+2k\pi \\ y=-1, & \pi+2k\pi < \omega t < 2\pi+2k\pi \end{cases} \tag{4-4}$$

式(4-4)的傅里叶分解为

$$y = \frac{4}{\pi}\left[\sin(\omega t) + \frac{1}{3}\sin(3\omega t) + \frac{1}{5}\sin(5\omega t) + \cdots\right] \tag{4-5}$$

根据描述函数的定义式(4-2)，结合式(4-5)，单级直流光伏发电系统中的符号函数非线性环节的描述函数可计算出来：

$$N(A) = \frac{4}{\pi A} \tag{4-6}$$

其次，根据图 4-1，系统的线性部分 $G(s)$ 可以计算得到。在获取 $N(A)$ 和 $G(s)$ 之后，可以画出系统的 Nyquist 图。最后，根据改进的 Nyquist 判据，判断系统的稳定性，而且当系统处于临界稳定状态时，根据式(4-3)可计算出相应的振荡频率和幅值。

所使用的光伏模块的型号为 KC200GT，具体的光伏参数可参见文献[4]。由并联数为 15、串联数为 60 的光伏模块构成整个光伏面板。额定辐照度 $G_N = 1000\text{W/m}^2$，额定温度为 $T_N = 298.16\text{K}$。其他系统参数见表 4-1。

表 4-1　单级直流光伏发电系统参数

参数	数值
C_{pv}	2000μF
L_1，C，L_2	1.8mH, 20μF, 0.9mH
L_g，R_g	0.2mH, 0.1Ω
V_s	500V
（v_{pv}^*，P^{ref}）	(1137V, 140kW)
功率控制器	$\varepsilon = 1\text{V}$，$T_p = 200\mu\text{s}$
电压控制器 PI_v	$k_{vP} = 0.2\text{A/V}$，$k_{vI} = 100\text{A/(V}\cdot\text{s)}$
电流控制器 PI_i	$k_{iP} = 1.2$，$k_{iI} = 500\text{s}^{-1}$
阻尼控制器 P_D	$k_{dP} = 0.01\text{V/A}$

注：v_{pv}^* 为光伏输出电压额定值。

1. 光伏运行点影响

为说明光伏运行点对单级直流光伏发电系统接入直流子网稳定性的影响，现改变光伏运行点位置，其他参数与表 4-1 保持一致。选取的光伏运行点分为光伏功率曲线的左侧和右侧两类，左侧运行点为(1137V, 140kW)和(1387V, 170kW)，右侧运行点为(1873V, 140kW)和(1820V, 170kW)。

图 4-5 展示了系统 Nyquist 图随光伏运行点变化的情况。如图 4-5(a)所示，当光伏运行点在光伏功率曲线的左侧时系统处于临界稳定，即有功率振荡发生。在相同的输出功率下，当光伏运行点在光伏功率曲线的右侧时，系统是稳定的，如图 4-5(b)所示。当运行点在左侧时，根据式(4-3)，可以获得功率振荡的频率和幅值，分别为

$$(1137\text{V}, 140\text{kW}):\ f_{\text{o}} = 25\text{Hz},\ A_{\text{o}} = 24.7\text{kW} \tag{4-7}$$

$$(1387\text{V}, 170\text{kW}):\ f_{\text{o}} = 23\text{Hz},\ A_{\text{o}} = 19.8\text{kW} \tag{4-8}$$

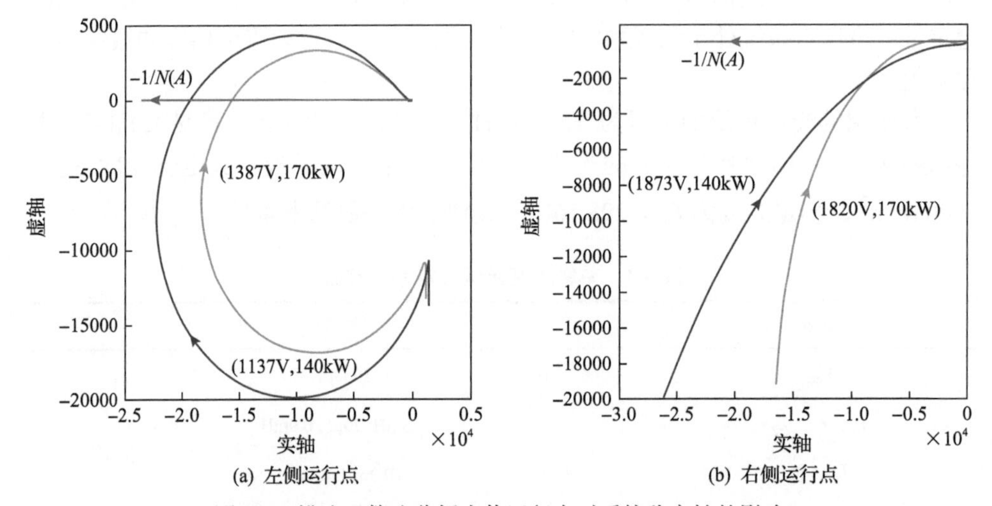

图 4-5　描述函数法分析光伏运行点对系统稳定性的影响

从式(4-7)和式(4-8)可以看出，随着运行点往右移动，系统的振荡频率变化很小，但是振荡幅值变化明显，不断减小，直到运行至右侧，振荡消失，系统稳定。

根据现有的纯线性系统分析方法及如图 4-1 所示的研究范围，得到的系统开环传递函数伯德图如图 4-6 所示。如图 4-6(a)所示，当运行点位于光伏功率曲线的左侧时，系统的开环传递函数 $T(s)$ 分别为

$$\begin{cases} T_1(s) = \dfrac{319(s+720)(s+500)(s+417)\left(s^2+471.5s+7.3\times10^7\right)}{s(s+4861)(s+459.5)\left(s^2+1146s+6.5\times10^7\right)(s-53)} \\[2ex] T_2(s) = \dfrac{383(s+610)(s+500)(s+417)\left(s^2+406s+7.3\times10^7\right)}{s(s+6221)(s+449)\left(s^2+1170s+6.3\times10^7\right)(s-41)} \end{cases} \tag{4-9}$$

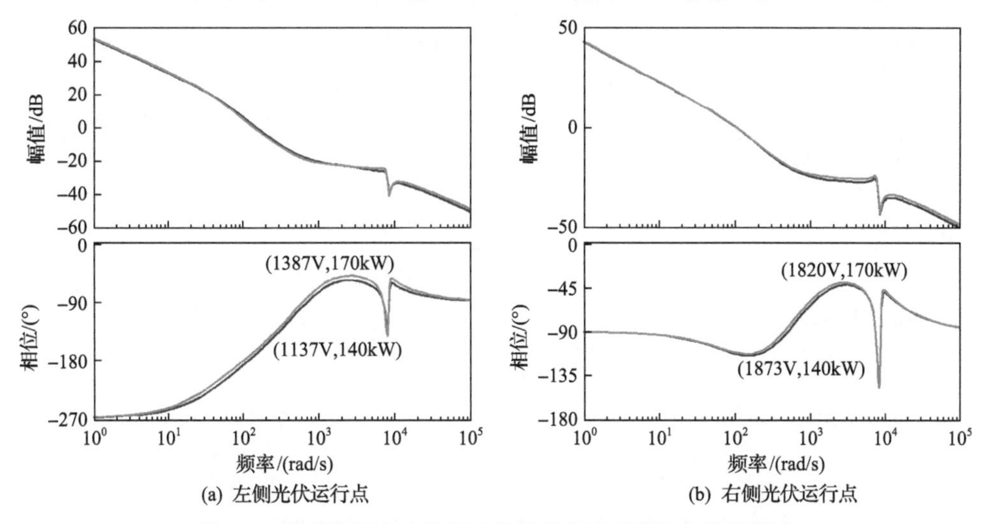

(a) 左侧光伏运行点 (b) 右侧光伏运行点

图 4-6 现有分析方法分析光伏运行点对系统稳定性的影响

从式(4-9)可以看出，当运行点位于光伏功率曲线的左侧时，系统的开环传递函数为非最小相位系统。因此不能运用稳定裕度去评判系统的相对稳定性，只能得到系统是稳定的结论，而得不到系统是临界稳定的结论且无法估计出系统可能的振荡频率和幅值，这与描述函数法的分析结果不一致，但是后面的实验结果表明，描述函数法的分析结果更为精确。

图 4-6(b)展示了当运行点位于光伏功率曲线的右侧时的系统开环伯德图，此时系统是最小相位系统，同时从图中可以看出，系统是稳定的且具有充分的稳定裕度。这和描述函数法的分析结果一致。

综上可得，光伏运行点在光伏功率曲线右侧时，单级直流光伏接入直流子网时系统更容易稳定。

2. 控制参数影响

现介绍控制参数变化对单级直流光伏发电系统稳定性的影响。改变功率控制器和电压控制器参数，其他参数和表 4-1 保持一致。

功率环为不连续非线性环节，现有线性系统分析法不能进行有效的分析。因此，根据描述函数法，当功率环扰动步长变化时，系统的 Nyquist 曲线变化情况如图 4-7(a)所示。从图中可以看出，当扰动步长变大，也即功率环的带宽变大时，功率振荡的幅值明显地增大。当$\varepsilon=0.5\text{V}$和$\varepsilon=1.5\text{V}$时，根据式(4-3)，功率振荡的频率和幅值分别为

$$\varepsilon=0.5\text{V}:\ f_o=25\text{Hz},\ A_o=12.4\text{kW} \tag{4-10}$$

$$\varepsilon=1.5\text{V}:\ f_o=25\text{Hz},\ A_o=37.3\text{kW} \tag{4-11}$$

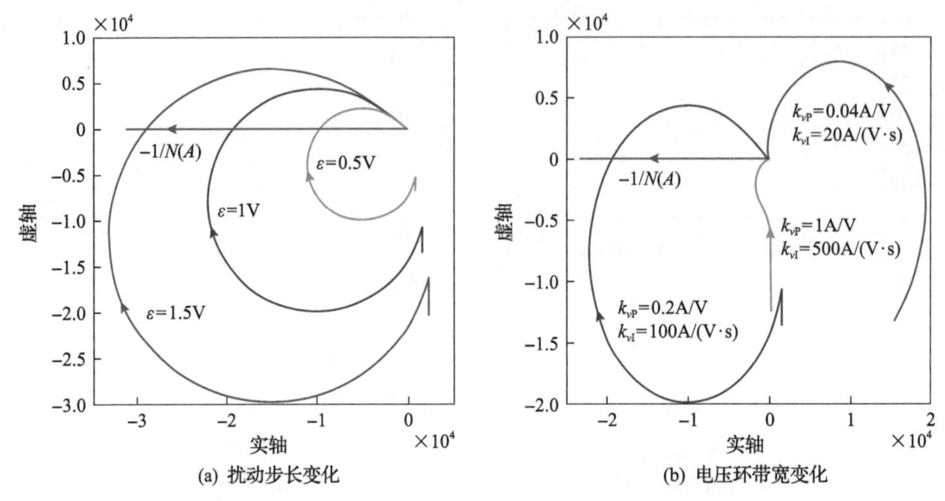

图 4-7　描述函数法分析控制参数对系统稳定性的影响

从式(4-7)、式(4-10)和式(4-11)可以看出，当扰动步长变大时，功率的振荡幅值会显著增加，而振荡频率变化不明显。

图 4-7(b)展示了电压环带宽变化时，系统的 Nyquist 曲线变化。当电压控制器的增益增大 4 倍，即 $k_{vP}=1\text{A/V}$ ，$k_{vI}=500\text{A/(V}\cdot\text{s)}$ 时，系统完全稳定；当电压控制器的增益缩小 80%，即 $k_{vP}=0.04\text{A/V}$ ，$k_{vI}=20\text{A/(V}\cdot\text{s)}$ 时，虽然 $G(s)$ 和 $-1/N(A)$ 不相交，但是此时的 $G(s)$ 是非最小相位系统，拥有右半平面的极点，所以整体系统是不稳定的。由此可得，电压环的带宽增加有利于系统的稳定。

图 4-8 展现了基于现有线性系统分析方法，得到的系统开环传递函数伯德图随电压环带宽的变化而变化的情况。由于电压环带宽的变化是整体增加或者减少电压环 PI 参数，所以相应的开环传递函数和式(4-9)中的 $T_1(s)$ 类似。保持相应的零极点不变，只是最前面的常数增益增大 4 倍或者缩小 80%。因此，随着电压环带宽的变化，系统的开环传递函数依然是非最小相位系统。不能运用稳定裕度去评判系统的相对稳定性，进而得不到系统是临界稳定的结论，以及无法估计出系统可能的振荡频率和幅值。从图中可以看出，当电压控制器增益增大 4 倍或者是额定增益，即 $k_{vP}=1\text{A/V}$ ，$k_{vI}=500\text{A/(V}\cdot\text{s)}$ 或者 $k_{vP}=0.2\text{A/V}$ ，$k_{vI}=100\text{A/(V}\cdot\text{s)}$ 时，系统完全稳定；当电压控制器增益缩小 80%时，$k_{vP}=0.04\text{A/V}$ ，$k_{vI}=20\text{A/(V}\cdot\text{s)}$ ，系统是不稳定的。

其中当电压环带宽增大以及减小时，所获得的稳定性结论和描述函数法的分析结果一致。而当系统带宽为额定值时，所获得的稳定性结论和描述函数法得到的结果不一致，但是 4.1.3 节实验结果表明，描述函数法的分析结果更为精确。

综上可得，功率环带宽越小、电压环带宽越大，单级直流光伏接入直流子网时就越容易稳定。

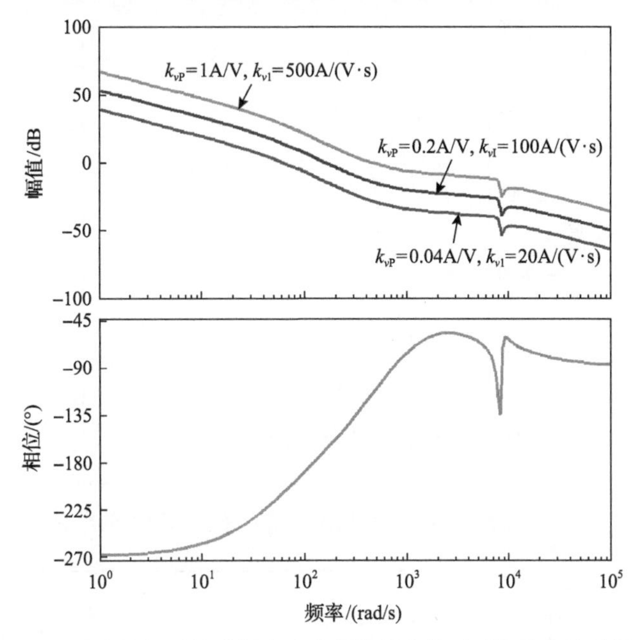

图 4-8　现有线性系统分析方法分析控制参数对系统稳定性的影响

3. 网络阻抗影响

现介绍直流子网的网络阻抗对单级直流光伏发电系统稳定性的影响，系统其他参数和表 4-1 保持一致。

图 4-9 展示了直流子网的网络阻抗对单级直流光伏发电系统稳定性的影响。从图中可以看出，随着网络阻抗 L_g 的增加，功率振荡的幅值越来越小。当 $L_g = 5\text{mH}$ 时系统振荡消失，保持稳定。当 $L_g = 1\text{mH}$ 时，功率振荡的频率和幅值为

$$L_g = 1\text{mH}:\ f_o = 26\text{Hz},\ A_o = 17.7\text{kW} \tag{4-12}$$

图 4-10 展示了基于现有线性系统分析方法，得到的系统开环传递函数伯德图随网络阻抗的变化而变化的情况。当 $L_g = 0.2\text{mH}$ 时，系统的开环传递函数如式(4-9)中的 $T_1(s)$ 所示，当 $L_g = 1\text{mH}$、5mH 时，相应的开环传递函数 $T(s)$ 分别为

$$\begin{cases} T_3(s) = \dfrac{319(s+565)(s+500)(s+417)\left(s^2+588s+5.4\times10^7\right)}{s(s+4080)(s+472)\left(s^2+1876s+4.4\times10^7\right)(s-53)} \\ T_4(s) = \dfrac{319(s+272)(s+500)(s+417)\left(s^2+845.5s+3.6\times10^7\right)}{s(s+1855)(s+573)\left(s^2+3964s+2.6\times10^7\right)(s-53)} \end{cases} \tag{4-13}$$

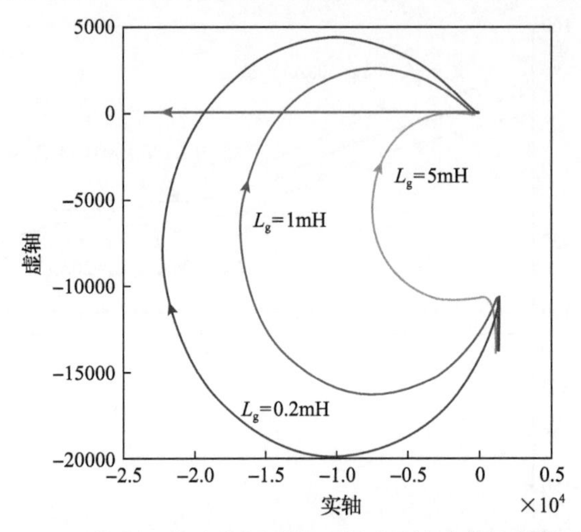

图 4-9 描述函数法分析网络阻抗对系统稳定性的影响

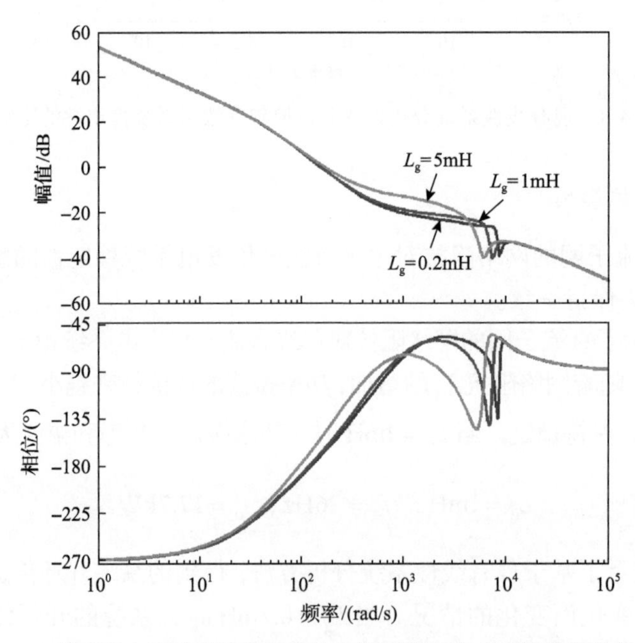

图 4-10 基于现有线性系统分析方法分析网络阻抗对系统稳定性的影响

基于$T_1(s)$、$T_3(s)$和$T_4(s)$，可以看出随着网络阻抗的变化，系统的开环传递函数依然是非最小相位系统。类似于前面的情况，不能运用稳定裕度去评判系统的相对稳定性，进而得不到系统是临界稳定的结论，以及无法估计出系统可能的振荡频率和幅值。根据图 4-10 中的开环传递函数伯德图，只能得到当网络阻抗L_g变化时，单级直流光伏发电系统是稳定的，这与描述函数法所获得的结论不一致，但是 4.1.3 节的实验结果表明，描述函数法的分析结果更为精确。

根据描述函数法获得的结论可以看出，与交流电网不同，直流电网网络阻抗的增加是有利于系统稳定性的。而在交流电网中，由于锁相环的作用，网络阻抗增加会导致系统的高频稳定性降低[4-12]。所以网络阻抗对系统稳定性的影响在交流电网和直流电网中有着本质的差异。

进一步，对上述分析结果加以总结，可得出改善单级直流光伏接入直流子网的稳定性措施：

(1)保持光伏运行点在光伏功率曲线的右侧。

(2)电压环带宽和功率环带宽相互匹配，维持较大带宽的电压环和较小带宽的功率环。

(3)单级直流光伏的稳定性对直流子网的网络强度不敏感，可适当放宽要求。

4.1.3　硬件在环实验

为验证前面所述稳定性的相关分析，对单级光伏直流并网系统进行硬件在环实验。单级直流光伏接入直流子网的拓扑及其控制如 2.1.1 节所示，相关参数如表 4-1 所示，实验平台如图 4-11 所示。

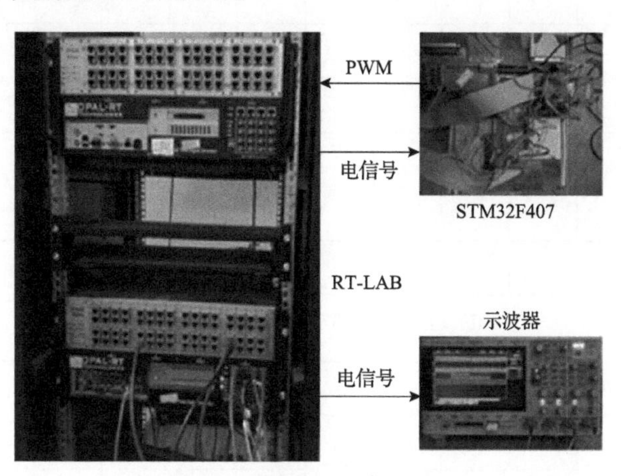

图 4-11　硬件在环实验平台

基于 RT-LAB 和 STM32F407 系列的 ARM(advanced RISC machines)控制器及 TMS320F28335 系列的数字信号处理器(DSP)搭建半实物硬件在环实验平台。其中，一次回路在 RT-LAB 中进行实时仿真，并产生相应的电信号；控制回路由 ARM 或者 DSP 采集 RT-LAB 送出的一次回路电信号，经过算法运算后产生 PWM 控制信号，回送到 RT-LAB 中的一次回路；相关的监测信号由示波器进行录波。

图 4-12 展示了光伏发电系统的输出功率和光伏电压随光伏运行点的改变而变化的情况。图 4-12(a)展示了当光伏运行点为(1137V, 140kW)和(1387V, 170kW)，即位于光伏功率曲线的左侧时，系统的响应情况，其中 $\Delta P = P - 140\text{kW}$ ，$\Delta v_{\text{pv}} =$

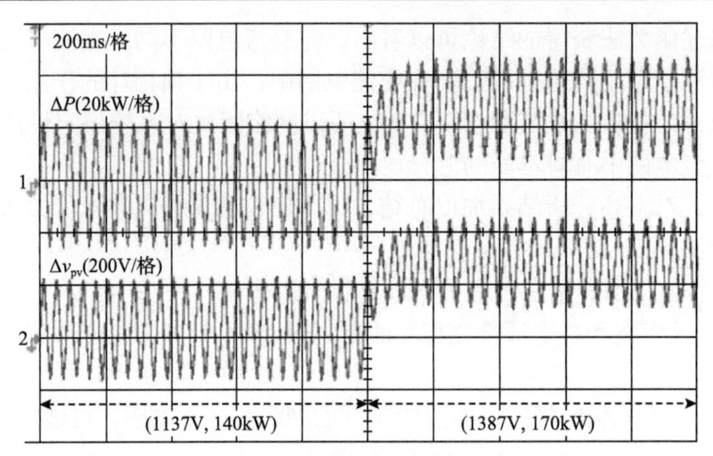

(a) 左侧运行点变化

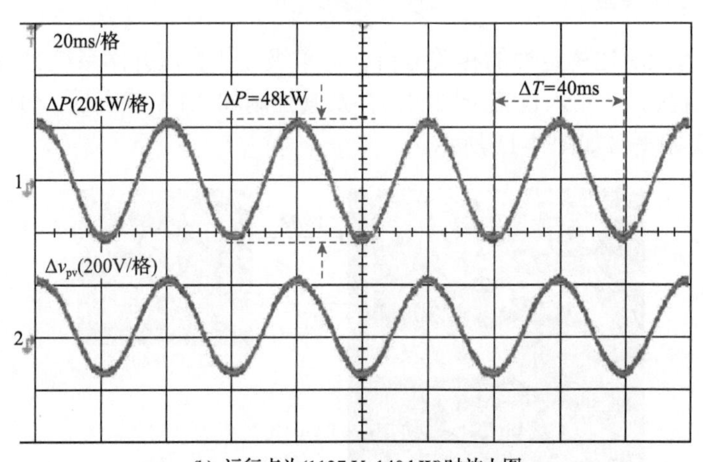

(b) 运行点为(1137 V, 140 kW)时放大图

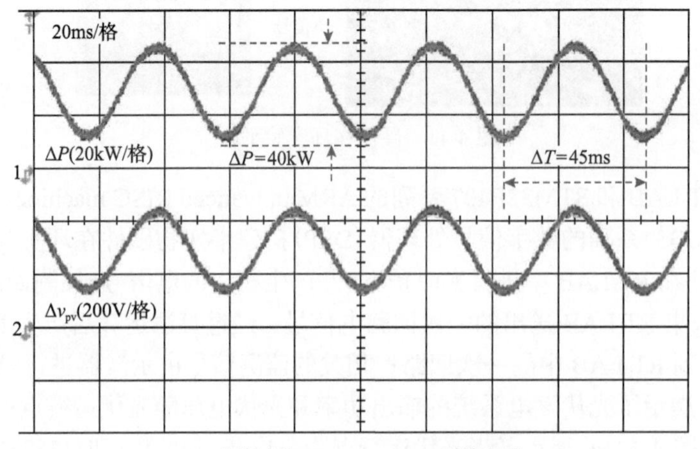

(c) 运行点为(1387 V, 170 kW)时放大图

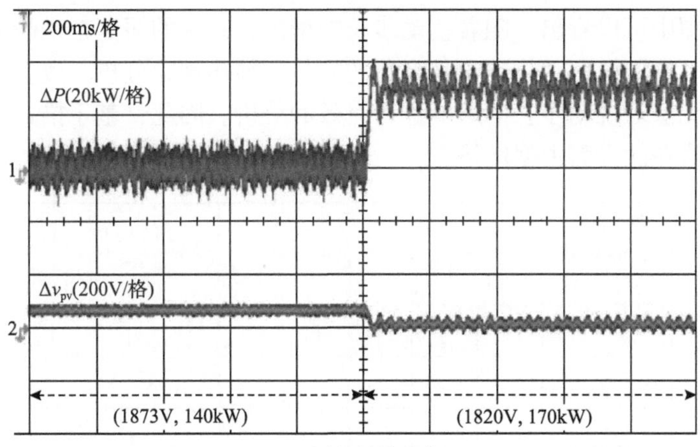

(d) 右侧运行点变化

图 4-12　光伏运行点变化时的单级直流光伏系统响应

$v_{pv}-1100\text{V}$。从图中可以看出，系统明显产生了功率振荡，随着运行点右移，也即从运行点(1137V, 140kW)到运行点(1387V, 170kW)，振荡幅值减小。

图 4-12(b)和图 4-12(c)分别展示了在不同光伏运行点上功率振荡的详细信息。从图 4-12(b)可以看出当运行点为(1137V, 140kW)时，系统的振荡频率和幅值为 25Hz 和 24kW；从图 4-12(c)可以看出当运行点为(1387V, 170kW)时，系统的振荡频率和幅值为 22Hz 和 20kW。这两个结果和式(4-7)、式(4-8)的理论计算结果相符，证明了理论分析的有效性。相比于线性系统分析方法而言，基于描述函数法的稳定性分析方法克服了非最小相位系统等的影响，能够准确评估系统的稳定性，获取更多的稳定性信息。特别是对于振荡幅值的分析，现有线性系统分析方法不能获取幅值的信息，而基于描述函数法的稳定性分析方法则可有效地获取振荡幅值和振荡频率信息，提高了对振荡分析的完备性。

图 4-12(d)展示了当光伏运行点为(1873V, 140kW)和(1820V, 170kW)，即位于光伏功率曲线的右侧时，系统的响应情况，其中 $\Delta P=P-140\text{kW}$，$\Delta v_{pv}=v_{pv}-1800\text{V}$。相比于图 4-12(a)，从图 4-12(d)中可以看出，当光伏运行点位于光伏功率曲线右侧时系统的稳定性明显提高，输出功率和光伏电压相对平滑，没有较大幅值的振荡。同时，从图 4-12(d)中也可以看出，随着运行点向左移动，也即从运行点(1873V, 140kW)到运行点(1820V, 170kW)，系统开始以较小的幅值起振。

综上可得：当光伏发电系统接入直流子网时，光伏运行点在光伏功率曲线右侧的时候，系统更容易稳定，而且随着运行点向右(向左)移动，系统稳定性不断提高(降低)。此结论与 4.1.2 节第 1 部分中的理论分析相符。

图 4-13 展示了当控制参数变化时，光伏发电系统的输出功率和光伏电压，图中 $\Delta P=P-140\text{kW}$，$\Delta v_{pv}=v_{pv}-1100\text{V}$。图 4-13(a)展示了扰动步长变化时的系

统响应。从图中可以看出，随着扰动步长的增加，系统的振荡越来越明显，振幅越来越大。系统的振荡随扰动步长变化的趋势和前述理论分析一致。现有线性系统分析方法无法对扰动步长的影响进行有效的分析。因此，基于描述函数法的稳定性分析方法在此方面占据优势。

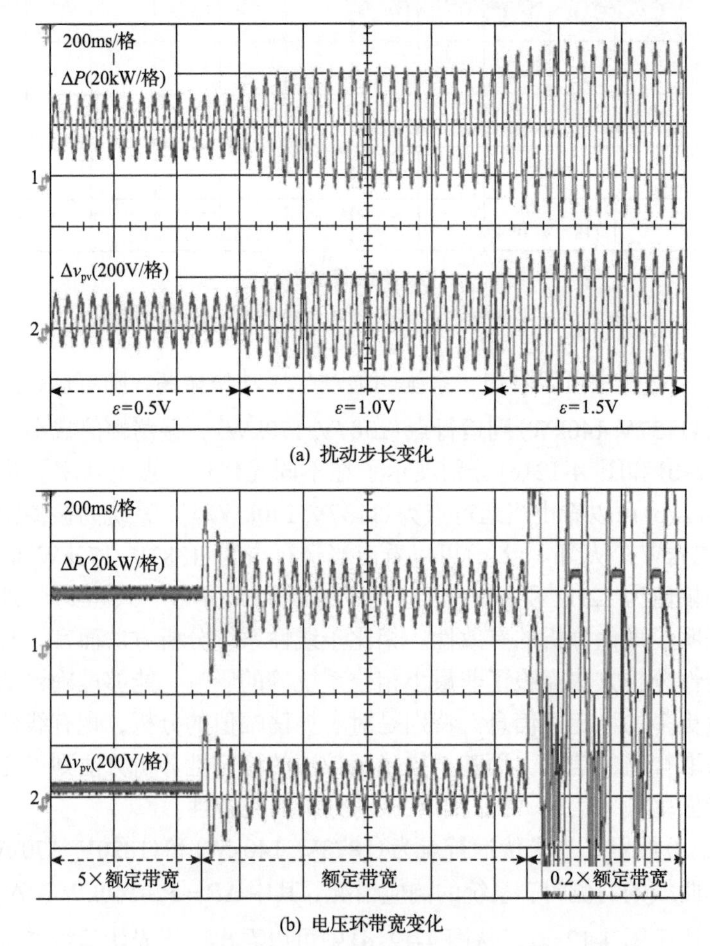

(a) 扰动步长变化

(b) 电压环带宽变化

图 4-13　控制参数变化时的单级直流光伏系统的响应

图 4-13(b)展示了电压环带宽减小时的系统响应。当电压环带宽增加 4 倍，即 $k_{vP}=1\text{A/V}$，$k_{vI}=500\text{A/(V}\cdot\text{s)}$时，系统没有振荡，完全稳定。当电压环带宽为额定值，即 $k_{vP}=0.2\text{A/V}$，$k_{vI}=100\text{A/(V}\cdot\text{s)}$时，系统有明显的振荡，处于临界稳定状态。随着电压环带宽的进一步减小，缩小为额定带宽的 1/5，即 $k_{vP}=0.04\text{A/V}$，$k_{vI}=20\text{A/(V}\cdot\text{s)}$时，系统不稳定，输出波形发散崩溃。同样地，光伏发电系统接入直流配电网时的稳定性随电压环带宽变化的趋势和前述理论分析完全符合。

图 4-14 展示了当直流子网网络阻抗变化时，光伏发电系统的输出功率和光伏

电压，图中 $\Delta P = P - 140\text{kW}$ ，$\Delta v_{\text{pv}} = v_{\text{pv}} - 1100\text{V}$ 。从图中可以看出，当 $L_{\text{g}} = 5\text{mH}$ 时，系统完全稳定，没有明显的振荡；当 $L_{\text{g}} = 1\text{mH}$ 时，系统处于临界稳定，有明显的振荡；当 $L_{\text{g}} = 0.2\text{mH}$ 时，振荡幅值变大，振荡更明显。所以随着直流子网网络阻抗的增加(减小)，系统的稳定性提升(降低)，与 4.1.2 节中的理论分析相符。

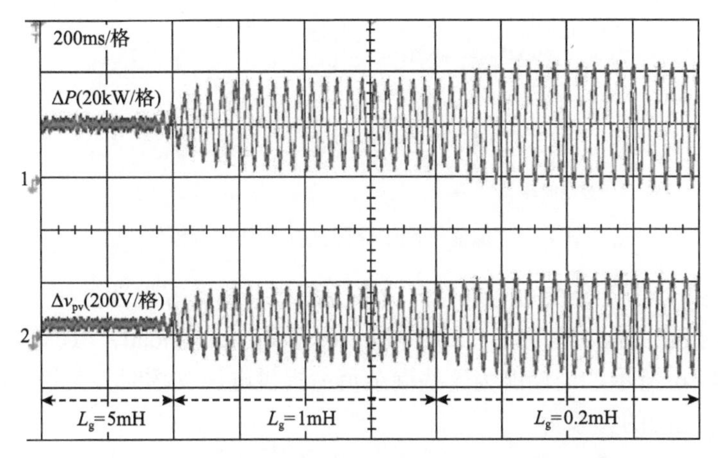

图 4-14　网络阻抗变化时单级直流光伏系统的响应

图 4-14 展示了网络阻抗对系统响应影响的实验结果。和交流电网相比，直流电网中的网络阻抗对光伏发电系统稳定性的影响有明显的不同。在交流电网中，由于锁相环的存在，网络阻抗的增加不利于系统的高频稳定性。而直流电网中，网络阻抗的增加是有利于光伏发电系统的稳定性的。

4.2　直流电压稳定与支撑控制技术

本节介绍一种基于 $P_{\text{dc}} - v_{\text{dc}}^2$ 的储能系统下垂控制策略。相较于传统 $i_{\text{dc}} - v_{\text{dc}}$ 下垂控制策略，此方法近似地实现了反馈线性化，有效克服了恒功率负荷引入的负阻尼特性，提升了系统的鲁棒性以及功率调控性能。

4.2.1　$P_{\text{dc}} - v_{\text{dc}}^2$ 下垂控制

多子网型交直流混合微电网的储能子网由多个储能构成，并直接维持公共母线(common bus)的电压。图 4-15 详细地展示了储能子网中单个储能设备的拓扑。储能设备由电池和直流变换器构成，电池经过双向 Boost 变换器升压，连接到公共母线。其中电池电压为 V_{s} ，双向 Boost 变换器的滤波电感为 L_{s} ，其寄生电阻为 R_{s} ，滤波电容为 C_{s} ，线路电阻为 R_{line} 。开关管两端的电压为 v_1 ，电感电流为 i_1 ，电容电压(也即储能输出电压)为 v_{dc} ，储能输出电流为 i_{dc} ，公共母线电压为 v_{cb} 。

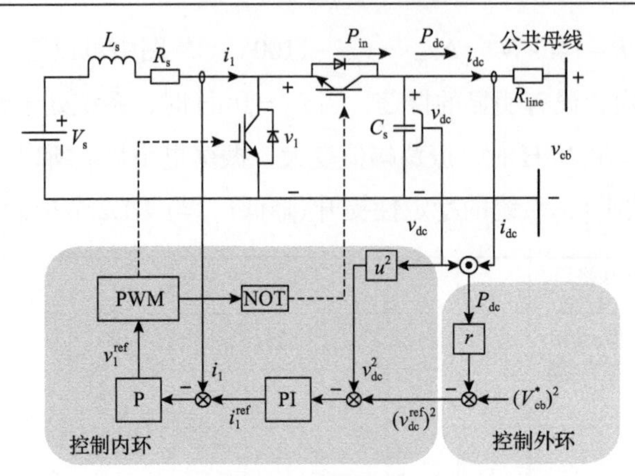

图 4-15 储能子网中储能拓扑及其控制框图

根据公共母线上存在的电机等恒功率负荷和电热器等阻性负荷，可等效认为公共母线连接着由恒功率负荷(CPL)和无源负荷(passive load，PL)形成的混杂负荷，如图 4-16 所示。当储能为这些混杂负荷提供电压支撑时，其输出电压v_{dc}和输出电流i_{dc}之间的关系为

$$\begin{cases} C_s \dfrac{dv_{dc}}{dt} = i_{in} - i_{dc} \\ i_{dc} = \dfrac{v_{dc}}{R_{load}} + \dfrac{P_c}{v_{dc}} \end{cases} \tag{4-14}$$

其中，i_{in}为来自电池的输入电流；R_{load}为无源负荷的等效电阻；P_c为恒功率负荷的等效功率。从式(4-14)中可以看出，i_{dc}和v_{dc}之间的关系是非线性的，因此采用传统的线性$i_{dc}-v_{dc}$下垂控制策略，通过控制电流来间接调节功率，会使得最终的功率调节速度等性能受到较大的影响。

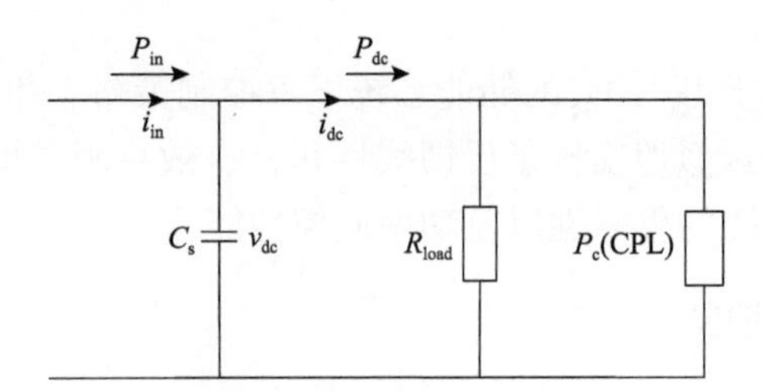

图 4-16 储能支撑恒功率负荷和无源负荷的简化电路图

此外，将i_{dc}和v_{dc}的动态特性考虑进来，即

$$\Delta i_{dc} = \left(\frac{1}{R_{load}} - \frac{P_c}{V_{dc}^{*2}} \right) \Delta v_{dc} \tag{4-15}$$

其中，V_{dc}^*为v_{dc}的平衡点；Δi_{dc}和Δv_{dc}为相应的小干扰量。由式(4-15)可以发现，

在恒功率负荷占比较高的情况下即 P_c 较大时，i_{dc} 和 v_{dc} 将呈现出负阻尼特性，这会影响系统稳定性。传统的线性 $i_{dc}-v_{dc}$ 下垂控制只有保持较大的下垂斜率，才能克服恒功率负荷引入的负阻尼。而较大的下垂斜率，将会造成输出电压跌落较大，不利于高质量供电。

采用传统的 $i_{dc}-v_{dc}$ 下垂控制会遇到诸多问题。因此，介绍一种 $P_{dc}-v_{dc}^2$ 下垂控制策略。从功率平衡的角度来对图 4-16 中的电路进行建模，可得到下述方程：

$$\begin{cases}\dfrac{1}{2}C_s\dfrac{dv_{dc}^2}{dt}=P_{in}-P_{dc}\\ P_{dc}=\dfrac{v_{dc}^2}{R_{load}}+P_c\end{cases}\tag{4-16}$$

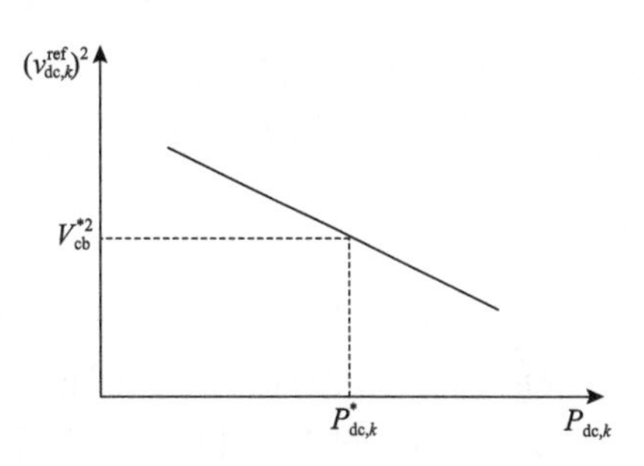

图 4-17　第 k 个储能的 $P_{dc}-v_{dc}^2$ 下垂曲线

其中，P_{in} 为来自电池的输入功率；P_{dc} 为输出功率。由式(4-16)可知 P_{dc} 和 v_{dc}^2 之间的关系是线性的。因此，$P_{dc}-v_{dc}^2$ 下垂控制策略的下垂曲线如图 4-17 所示。

相比于传统的 $i_{dc}-v_{dc}$ 下垂控制，$P_{dc}-v_{dc}^2$ 下垂控制有如下优点：①功率调节速度加快。对于传统的 $i_{dc}-v_{dc}$ 下垂控制而言，即使恒功率负荷保持不变，i_{dc} 和 v_{dc} 也会相互耦合变化，使得调整时间变长。而对于 $P_{dc}-v_{dc}^2$ 下垂控制来说，直接采集功率反馈，恒功率负荷保持不变，那么电压输出将稳定，大大缩短调整时间。②系统稳定性增强。恒功率负荷在 i_{dc} 和 v_{dc} 视角下会引入负阻尼，但是在 P_{dc} 和 v_{dc}^2 视角下呈现出线性关系，因此采用 P_{dc} 和 v_{dc}^2 作为反馈控制，可以提升系统应对高比例恒功率负荷时的稳定性，增强储能对恒功率负荷变化的鲁棒性。

下面来详细介绍基于 $P_{dc}-v_{dc}^2$ 下垂的控制策略。如图 4-15 所示，所提控制策略由内外两环构成。内环主要实现对 v_{dc}^2 的控制，使其准确跟踪由外环产生的参考值。外环主要由 $P_{dc}-v_{dc}^2$ 下垂构成，实现储能子网中多个储能间的功率分担。在图 4-15 所示的控制策略中，储能额定的输出功率被设置为 0。

首先，对内环进行建模。为适应所提的 $P_{dc}-v_{dc}^2$ 下垂控制策略，双向 Boost 变换器的开关周期平均模型可从功率平衡的角度来建立。在忽略开关损耗以及电感寄生电阻损耗的情况下，其模型为

$$\begin{cases}\dfrac{1}{2}C_s\dfrac{dv_{dc}^2}{dt}=V_s\cdot i_1-P_{dc}\\ L_s\dfrac{di_1}{dt}+R_s\cdot i_1=V_s-v_1\end{cases}\tag{4-17}$$

基于式(4-17)，可以为内环设置如图 4-15 所示的控制算法。首先电压控制是通过 PI 控制器来实现，可在稳态时实现零误差跟踪；然后电流控制通过 P 控制器来实现，以增加系统阻尼，提升稳定性。

然后，对外环进行建模。外环主要基于 $P_{dc}-v_{dc}^2$ 下垂控制构成，其下垂曲线如图 4-17 所示，其控制律为

$$\left(v_{dc,k}^{ref}\right)^2 = V_{cb}^{*2} - r_k\left(P_{dc,k} - P_{dc,k}^*\right) \tag{4-18}$$

其中，k 代表第 k 个储能；r_k、$P_{dc,k}$、$P_{dc,k}^*$ 和 $v_{dc,k}^{ref}$ 分别为下垂系数、实际输出功率、额定输出功率以及内环参考电压；V_{cb}^* 为额定的公共母线电压。

4.2.2 性能分析

首先，分析控制策略在稳态时的功率分担性能。在稳态时，可认为系统达到动态平衡，内环可认为是“1”，即 $v_{dc,k}=v_{dc,k}^{ref}$。

那么，结合图 4-18 和式(4-18)则有

$$P_{dc,k} = v_{dc,k}\cdot i_{dc,k} = \frac{\left(V_{cb}^{*2} + r_k P_{dc,k}^*\right) - r_k P_{dc,k} - v_{dc,k} v_{cb}}{R_{line,k}} \tag{4-19}$$

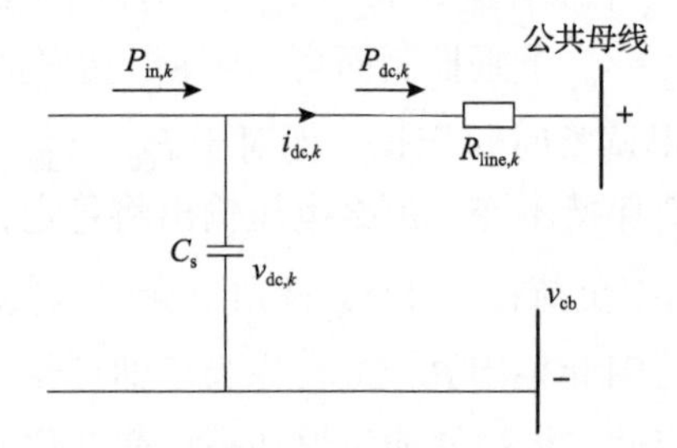

图 4-18 第 k 个储能接入公共母线简图

即

$$P_{dc,k} = \frac{\left(V_{cb}^{*2} + r_k P_{dc,k}^*\right) - v_{dc,k} v_{cb}}{R_{line,k} + r_k} \tag{4-20}$$

令 $H=\left(V_{cb}^{*2}+r_k P_{dc,k}^*\right)$，如果 $r_k \gg R_{line,k}$，则式(4-20)可改写为

$$\frac{r_k}{v_{cb}} P_{dc,k} - \frac{H}{v_{cb}} = -v_{dc,k} \tag{4-21}$$

结合式(4-18)，可以得到下述方程：

$$\left(\frac{r_k}{v_{cb}}\right)^2 P_{dc,k}^2 - \left(2\frac{H r_k}{v_{cb}^2} - r_k\right) P_{dc,k} + \left(\frac{H}{v_{cb}}\right)^2 - H = 0 \tag{4-22}$$

可解得

$$P_{\mathrm{dc},k}=\frac{H-v_{\mathrm{cb}}^2}{r_k} \tag{4-23}$$

通常来讲，根据储能的容量，$P_{\mathrm{dc},k}^*$ 和 r_k 的设置是相互匹配的，保持反比关系。因此对于所有的储能来说，其 H 值都是相同的。所以根据式(4-23)可以得到以下结论：如果 $r_k \gg R_{\mathrm{line},k}$，储能的输出功率 $P_{\mathrm{dc},k}$ 近似和下垂系数 r_k 成反比。因此，可以通过调整下垂系数 r_k 来解决多个储能间的功率分担问题。

其次，再来分析 $P_{\mathrm{dc}}-v_{\mathrm{dc}}^2$ 下垂控制策略对系统暂态稳定性的提升。为方便比较，储能以不同的下垂控制方式支撑相同的恒功率负荷，如图 4-19 所示。

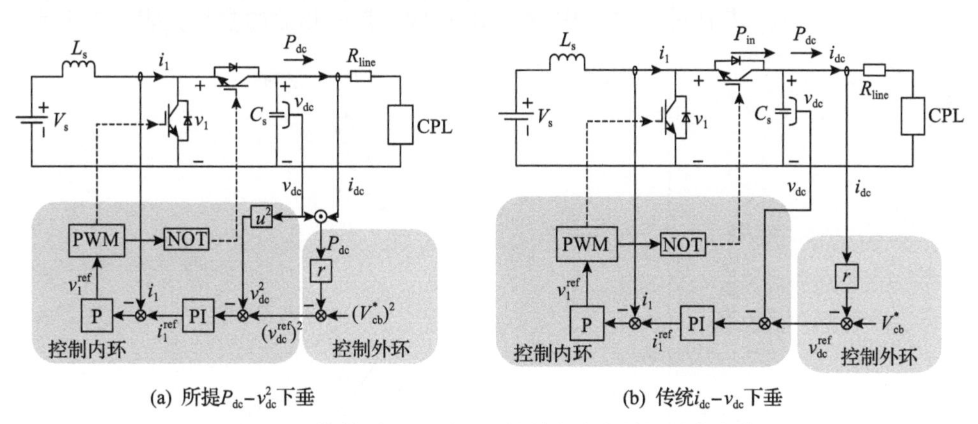

(a) 所提 $P_{\mathrm{dc}}-v_{\mathrm{dc}}^2$ 下垂　(b) 传统 $i_{\mathrm{dc}}-v_{\mathrm{dc}}$ 下垂

图 4-19　储能采用不同下垂控制方式支撑恒功率负荷

图 4-19(a)展示了储能采用所提 $P_{\mathrm{dc}}-v_{\mathrm{dc}}^2$ 下垂控制支撑恒功率负荷的情况。基于 PI 的电压控制器为 $k_{v\mathrm{P}}+k_{v\mathrm{I}}/s$，基于 P 的电流控制器为 $k_{i\mathrm{P}}$。选择电感电流(i_1)、电容电压的平方(v_{dc}^2)、电压控制器的积分和为状态变量 x_1、x_2、x_3，在忽略开关损耗以及电感寄生电阻损耗的情况下，系统模型为

$$\begin{cases} L_{\mathrm{s}}\dfrac{\mathrm{d}x_1}{\mathrm{d}t}=V_{\mathrm{s}}-(1-d)\cdot\sqrt{x_2} \\ \dfrac{1}{2}C_{\mathrm{s}}\dfrac{\mathrm{d}x_2}{\mathrm{d}t}=V_{\mathrm{s}}\cdot x_1-P_{\mathrm{dc}} \\ \dfrac{\mathrm{d}x_3}{\mathrm{d}t}=k_{v\mathrm{I}}\left(x_2^{\mathrm{ref}}-x_2\right) \end{cases} \tag{4-24}$$

其中，占空比 $d=k_{i\mathrm{P}}\left(x_1^{\mathrm{ref}}-x_1\right)$，$x_1^{\mathrm{ref}}=k_{v\mathrm{P}}\left(x_2^{\mathrm{ref}}-x_2\right)+x_3$；$x_2^{\mathrm{ref}}=V_{\mathrm{cb}}^{*2}-r\cdot P_{\mathrm{dc}}$。由于线路电阻一般比较小，可近视认为 P_{dc} 就是恒功率负荷的功耗。

根据式(4-24)，可推导出系统的小信号模型为

$$\begin{bmatrix}\Delta\dot{x}_1\\ \Delta\dot{x}_2\\ \Delta\dot{x}_3\end{bmatrix}=\begin{bmatrix}-\dfrac{k_{i\mathrm{P}}\sqrt{x_{2\mathrm{e}}}}{L_{\mathrm{s}}} & -\dfrac{k_{i\mathrm{P}}k_{v\mathrm{P}}\sqrt{x_{2\mathrm{e}}}+(1-d_{\mathrm{e}})\big/\left(2\sqrt{x_{2\mathrm{e}}}\right)}{L_{\mathrm{s}}} & \dfrac{k_{i\mathrm{P}}\sqrt{x_{2\mathrm{e}}}}{L_{\mathrm{s}}}\\ \dfrac{2L_{\mathrm{s}}V_{\mathrm{s}}}{C_{\mathrm{s}}} & 0 & 0\\ 0 & -k_{v\mathrm{I}} & 0\end{bmatrix}\begin{bmatrix}\Delta x_1\\ \Delta x_2\\ \Delta x_3\end{bmatrix}-\begin{bmatrix}\dfrac{k_{i\mathrm{P}}k_{v\mathrm{P}}r\sqrt{x_{2\mathrm{e}}}}{L_{\mathrm{s}}}\\ \dfrac{2}{C_{\mathrm{s}}}\\ k_{v\mathrm{I}}r\end{bmatrix}\Delta P_{\mathrm{dc}}\tag{4-25}$$

其中，$x_{2\mathrm{e}}$为x_2的平衡点，$x_{2\mathrm{e}}=V_{\mathrm{cb}}^{*2}-r\cdot P_{\mathrm{dc}}^{*}$，$P_{\mathrm{dc}}^{*}$为恒功率负荷的额定功率；$d_{\mathrm{e}}$为$d$的平衡点，$d_{\mathrm{e}}=1-V_{\mathrm{s}}\big/\sqrt{x_{2\mathrm{e}}}$。

由式(4-25)可得出随恒功率负荷变化，系统在$P_{\mathrm{dc}}-v_{\mathrm{dc}}^2$下垂控制下的根轨迹，如图4-20(a)所示，其中$P_{\mathrm{dc}}^{*}$由10kW变化到1MW，其他相关的参数如表4-2所示。

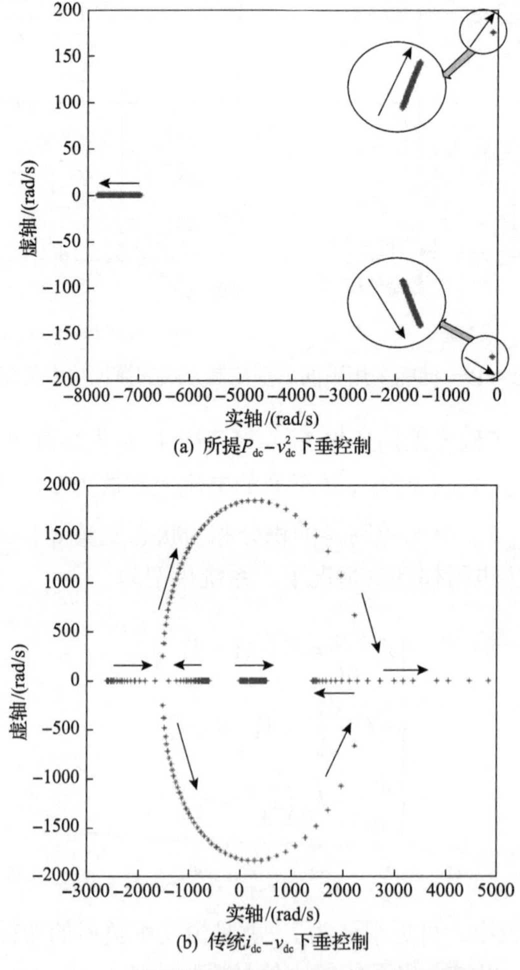

(a) 所提$P_{\mathrm{dc}}-v_{\mathrm{dc}}^2$下垂控制

(b) 传统$i_{\mathrm{dc}}-v_{\mathrm{dc}}$下垂控制

图4-20　储能采用不同控制策略时系统根轨迹图

表 4-2　$P_{dc}-v_{dc}^2$ 下垂控制参数

参数	数值
V_s, V_{cb}^*	500V, 1000V
L_s, C_s, R_{line}	1.0mH, 5.0mF, 10mΩ
下垂控制器	$V_{cb}^{*2}=10^6\text{V}^2$， $r=0.2\text{V}^2/\text{W}$
电压控制器	$k_{vP}=0.001\text{A/V}^2$， $k_{vI}=0.2\text{A}/(\text{V}^2\cdot\text{s})$
电流控制器	$k_{iP}=0.008\text{V/A}$

从图中可以看出，在恒功率负荷较大的变化范围内， $P_{dc}-v_{dc}^2$ 下垂控制依然能保持系统稳定。同时，图 4-21(a)展示了相应的仿真结果，可以看到随着恒功率负荷的增长，输出电压 v_{dc} 的纹波不断增加，但是系统依然保持稳定，所呈现的仿真结果和理论分析相吻合。

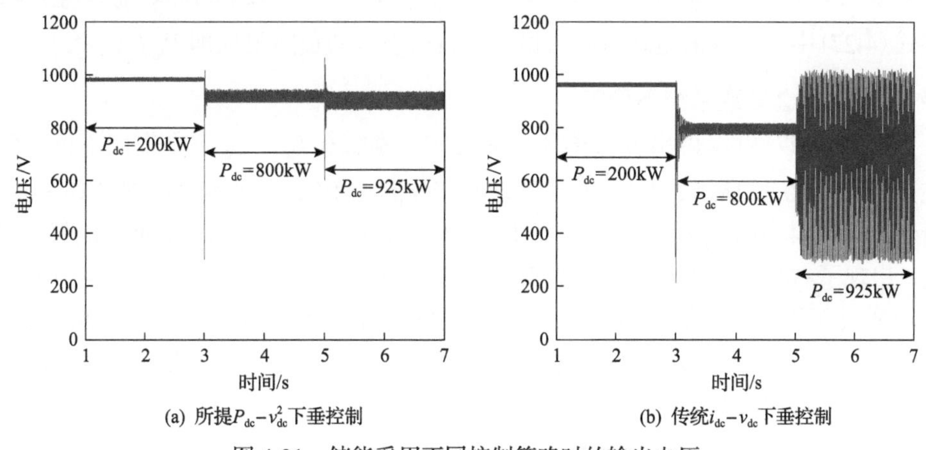

图 4-21　储能采用不同控制策略时的输出电压

图 4-21(b)展示了储能采用传统 $i_{dc}-v_{dc}$ 下垂控制支撑恒功率负荷的情况。为方便比较，内环保持相同的控制结构即电压/电流双环控制。选择电感电流(i_1)、电容电压(v_{dc})、电压控制器的积分和为状态变量 x_1、 x_2、 x_3，此时系统的状态方程为

$$\begin{cases} L_s\dfrac{dx_1}{dt}=V_s-(1-d)\cdot x_2 \\ C_s\dfrac{dx_2}{dt}=(1-d)\cdot x_1-\dfrac{P_{dc}}{x_2} \\ \dfrac{dx_3}{dt}=k_{vI}\left(x_2^{ref}-x_2\right) \end{cases} \tag{4-26}$$

其中，占空比$d=k_{iP}\left(x_1^{\text{ref}}-x_1\right)$，$x_1^{\text{ref}}=k_{vP}\left(x_2^{\text{ref}}-x_2\right)+x_3$；$x_2^{\text{ref}}=V_{\text{cb}}^*-r\cdot P_{\text{dc}}/x_2$。类似地，由于线路电阻比较小，可近似认为$P_{\text{dc}}$就是恒功率负荷的功耗。

根据式(4-26)，可推导出系统的小信号模型：

$$\begin{bmatrix}\Delta\dot{x}_1\\ \Delta\dot{x}_2\\ \Delta\dot{x}_3\end{bmatrix}=\begin{bmatrix}-\dfrac{k_{iP}x_{2\text{e}}}{L_{\text{s}}} & \dfrac{k_{iP}k_{vP}x_{2\text{e}}\left(rP_{\text{dc}}^*/x_{2\text{e}}^2-1\right)-\left(1-d_{\text{e}}\right)}{L_{\text{s}}} & \dfrac{k_{iP}x_{2\text{e}}}{L_{\text{s}}}\\ \dfrac{\left(1-d_{\text{e}}\right)+k_{iP}x_{1\text{e}}}{C_{\text{s}}} & \dfrac{P_{\text{dc}}^*/x_{2\text{e}}^2-k_{iP}k_{vP}x_{1\text{e}}\left(rP_{\text{dc}}^*/x_{2\text{e}}^2-1\right)}{C_{\text{s}}} & -\dfrac{k_{iP}x_{1\text{e}}}{C_{\text{s}}}\\ 0 & -k_{vI}\left(rP_{\text{dc}}^*/x_{2\text{e}}^2-1\right) & 0\end{bmatrix}\begin{bmatrix}\Delta x_1\\ \Delta x_2\\ \Delta x_3\end{bmatrix}-\begin{bmatrix}\dfrac{k_{iP}k_{vP}r}{L_{\text{s}}}\\ \dfrac{1-k_{iP}k_{vP}rx_{1\text{e}}}{x_{2\text{e}}C_{\text{s}}}\\ \dfrac{k_{vI}r}{x_{2\text{e}}}\end{bmatrix}\Delta P_{\text{dc}} \tag{4-27}$$

其中，$x_{2\text{e}}$为x_2的平衡点，可由方程$x_{2\text{e}}=V_{\text{cb}}^{*2}-r\cdot P_{\text{dc}}^*/x_{2\text{e}}$解出来，$P_{\text{dc}}^*$为恒功率负荷的额定功率；$d_{\text{e}}$为$d$的平衡点，$d_{\text{e}}=1-V_{\text{s}}/x_{2\text{e}}$；$x_{1\text{e}}$为$x_1$的平衡点，$x_{1\text{e}}=P_{\text{dc}}^*/V_{\text{s}}$。在式(4-27)中，可以清楚地看到由恒功率负荷引入的负阻尼项即$P_{\text{dc}}^*/\left(C_{\text{s}}x_{2\text{e}}^2\right)$。如果$P_{\text{dc}}^*$过大，会导致系统不稳定。

由式(4-27)可以得出恒功率负荷变化时，系统在$i_{\text{dc}}-v_{\text{dc}}$下垂控制下的根轨迹，如图4-20(b)所示，其中$P_{\text{dc}}^*$由10kW变化到1MW，其他相关的参数如表4-3所示。从图4-20(b)中可以看出，在恒功率负荷较大时，$i_{\text{dc}}-v_{\text{dc}}$下垂不能保持稳定，出现了右半平面极点。同时图4-21(b)展示了相应的仿真结果，可以看到随着恒功率负荷的增长，输出电压v_{dc}的纹波不断增加。当恒功率负荷进一步增长到925kW时，系统不稳定，输出电压v_{dc}崩溃，开始大幅振荡，所呈现的仿真结果和理论分析相吻合。

表4-3　$i_{\text{dc}}-v_{\text{dc}}$下垂控制参数

参数	数值
$V_{\text{s}},V_{\text{cb}}^*$	500V, 1000V
$L_{\text{s}},C_{\text{s}},R_{\text{line}}$	1.0mH, 5.0mF, 10mΩ
下垂控制器	$V_{\text{cb}}^*=1000\text{V}$，$r=0.2\text{V/A}$
电压控制器	$k_{vP}=1.0\text{A/V}$，$k_{vI}=300\text{A/(V}\cdot\text{s)}$
电流控制器	$k_{iP}=0.006\text{V/A}$

综上，通过对比图4-20和图4-21，可以明显看出$P_{\text{dc}}-v_{\text{dc}}^2$下垂控制在稳定性和鲁棒性方面的性能有所提升。

4.2.3　硬件在环实验

为验证出 $P_{dc}-v_{dc}^2$ 下垂控制对储能系统控制鲁棒性的提升，本节通过实验测试了一个简单的多子网型交直流混合微电网系统，如图 4-22 所示，整个系统由储能子网和四个交直流子网构成，子网的构成及其规格如图中所标注。储能的详细拓扑结构及其控制策略如图 4-15 所示，相关参数如表 4-4 所示，所用的硬件在环实验平台如图 4-11 所示，该实验平台已在 4.1.3 节中详细叙述，这里不再赘述。

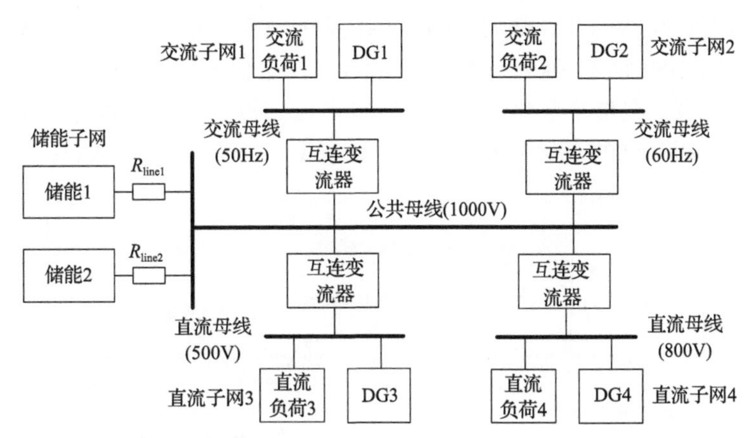

图 4-22　储能子网支撑孤岛多子网型混合微电网拓扑图

表 4-4　储能相关参数

参数	数值
V_s, V_{cb}^*	600V, 1000V
L_s, R_s, C_s	1.5mH, 1mΩ, 8.0mF
R_{line1}, R_{line2}	10mΩ, 7mΩ
下垂控制器	$V_{cb}^{*2}=10^6\text{V}^2$，$r_1=r_2=0.8\text{V}^2/\text{W}$
电压控制器	$k_{vP}=0.0007\text{A/V}^2$，$k_{vI}=0.07\text{A/(V}^2\cdot\text{s)}$
电流控制器	$k_{iP}=0.008\text{V/A}$

四个交直流子网的参数如下：交流子网 1 的额定交流电压为 311V/50Hz，额定的负荷功率为 60kW + j16kvar，DG1 的额定输出功率为 40kW；交流子网 2 的额定交流电压为 311V/60Hz，额定负荷功率为 120kW + j24kvar，DG2 的额定输出功率为 80kW；直流子网 3 的额定直流电压是 500V，额定的负荷功率为 80kW，DG3 的额定输出功率为 60kW；直流子网 4 的额定直流电压是 800V，额定的负荷功率为 100kW，DG4 的额定输出功率为 80kW。在具体实验时，不同的交直流子网的负荷和分布式电源(DG)会根据实验要求而变化。

储能子网中含有两个储能来共同维持公共母线电压，其额定值为 1000V；电池的额定电压为 600V，其经过双向 Boost 变换器升压到公共母线电压 1000V。两个储能的功率分担比为 1∶1，公共母线电压的允许变化范围为±50V，其他相关参数如表 4-4 所示。

图 4-23(a)展现了当交流子网 2 变化时储能的输出功率和公共母线电压，其中 $\Delta v_{\mathrm{cb}} = v_{\mathrm{cb}} - V_{\mathrm{cb}}^{*}$，$v_{\mathrm{cb}}$ 和 V_{cb}^{*} 分别是实际的和额定的公共母线电压；$P_{\mathrm{s},1}$ 和 $P_{\mathrm{s},2}$ 分别是储能 1 和储能 2 的输出功率。整个多子网型混合微电网工作在孤岛状态，状态Ⅰ是额定状态；在状态Ⅱ，交流子网 2 的负荷从 120kW 变化到 200kW；在状态Ⅲ，DG2 的输出功率从 80kW 变化到 180kW。在这些变化过程中，其他子网的运行状态保持不变。在整个变化过程中可以看到 Δv_{cb} 被维持在−10V 和 0V 之间，处于公共母线电压允许的变化范围之内。在状态Ⅰ，$P_{\mathrm{s},1} \approx P_{\mathrm{s},2} \approx 30\mathrm{kW}$；在状态Ⅱ，

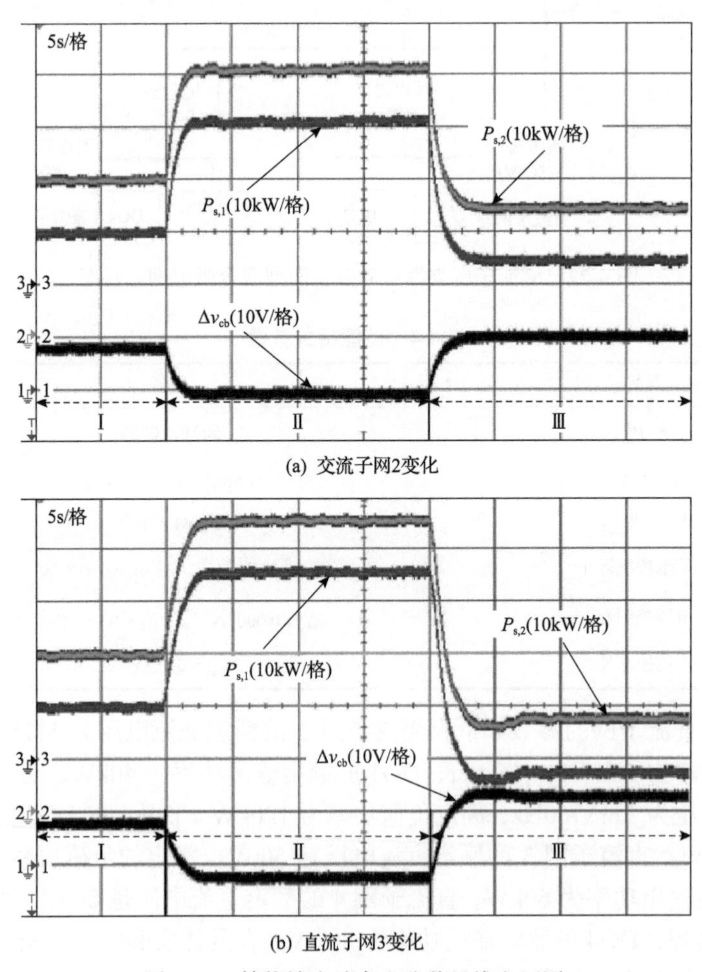

(a) 交流子网2变化

(b) 直流子网3变化

图 4-23　储能输出功率和公共母线电压图

$P_{s,1} \approx P_{s,2} \approx 50\text{kW}$；在状态Ⅲ，$P_{s,1} \approx P_{s,2} \approx 24\text{kW}$。因此，通过所提的$P_{dc} - v_{dc}^2$下垂控制策略，两台储能之间的功率分担比可以维持在1∶1左右。

图4-23(b)展现了当直流子网3变化时储能的输出功率和公共母线电压，图中相关变量的含义和图4-23(a)相同。同样地，整个多子网型混合微电网工作在孤岛状态，状态Ⅰ是额定状态；在状态Ⅱ，直流子网3的负荷从80kW变化到160kW；在状态Ⅲ，DG3的输出功率从60kW变化到180kW。在这些变化过程中，其他子网的运行状态保持不变。在整个变化过程中可以看到Δv_{cb}被维持在−12V和4V之间，也处于公共母线电压允许的变化范围之内。在状态Ⅰ，$P_{s,1} \approx P_{s,2} \approx 30\text{kW}$；在状态Ⅱ，$P_{s,1} \approx P_{s,2} \approx 55\text{kW}$；在状态Ⅲ，$P_{s,1} \approx P_{s,2} \approx 18\text{kW}$。这进一步说明通过所提的$P_{dc} - v_{dc}^2$下垂控制策略，两台储能之间的功率分担比可以维持在1∶1左右。

4.3　多DC/DC变流器并联运行环流抑制

直流微电网变流器连接着公共母线和直流子网，对直流子网的稳定运行起着重要作用。因为变流器的单机容量有限，通常由多个变流器并联实现大功率的应用，如输入并联输出并联(input-parallel output-parallel，IPOP)等并联结构。而针对并联引起的环流问题，本节将按照由浅到深的顺序，先从IPOP Buck型DC/DC变流器入手，提出运用基于开关状态组合的建模方法来对IPOP Buck型DC/DC变流器进行精确的建模，阐明了环流产生机制，并据此提出基于改进拓扑的两自由度环流抑制算法，然后将该抑制算法推广到IPOP Boost型DC/DC变流器中，最后过渡到IPOP双向DC/DC变流器中，这样的安排更加具有系统性。

4.3.1　DC/DC变流器的环流建模

在多子网型交直流混合微电网中DC/DC变流器的拓扑结构中，忽略掉网络中其他次要因素，着重研究IPOP结构中的相关问题。依据此思路可以得到如图4-24(a)所示的两台Buck型DC/DC变流器以IPOP形式连接的拓扑图，两个变流器协同地进行电压转换，为负荷R提供电压支撑。低压侧为输出端，LC滤波器进行输出滤波，两台变流器的正负极滤波电感分别为L_1^+、L_1^-和L_2^+、L_2^-，相应的电感电流为i_1^+、i_1^-和i_2^+、i_2^-；两台变流器的滤波电容分别为C_1和C_2，相应的电容电压(或称输出电压)为v_{o1}和v_{o2}；两台变流器的正负极输出线路电阻分别为R_{o1}^+、R_{o1}^-和R_{o2}^+、R_{o2}^-，相应的正负极输出电流为i_{o1}^+、i_{o1}^-和i_{o2}^+、i_{o2}^-。高压侧为输入端，其输入电压为v_{dc}，两台变流器的正负极输入线路电阻分别为R_{i1}^+、R_{i1}^-和R_{i2}^+、R_{i2}^-，相应的正负极输入电流为i_{i1}^+、i_{i1}^-和i_{i2}^+、i_{i2}^-。输出端的断路器用来保护DC/DC变流器，防止漏电流(差动保护)、过电流、过电压等故障。

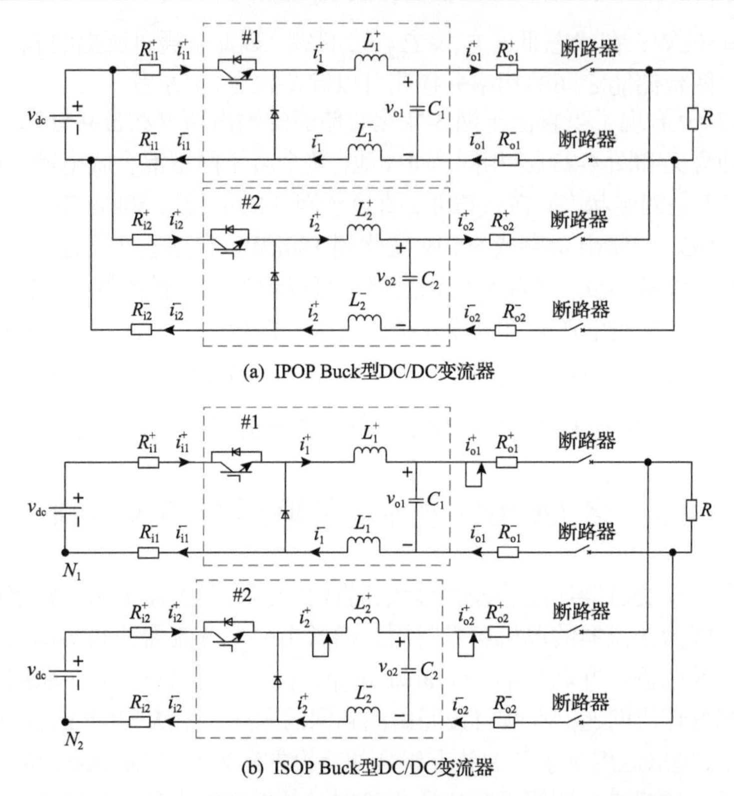

(a) IPOP Buck型DC/DC变流器

(b) ISOP Buck型DC/DC变流器

图 4-24　以不同并联方式连接的 Buck 型 DC/DC 变流器拓扑

图 4-24(b)展示了两台 Buck 型 DC/DC 变流器以输入串联输出并联(input-series output-parallel，ISOP)形式连接的拓扑图，相应变量的意义和图 4-24(a)相同。ISOP 结构广泛地存在于电力系统中，如多个分布式电源并入同一母线上。将图 4-24(a)和图 4-24(b)进行比较，发现两者的本质差异在于点 N_1 和 N_2 的电势在 IPOP 结构中被钳制住，变得相同。这会导致 IPOP Buck 型 DC/DC 变流器和 ISOP Buck 型 DC/DC 变流器有着显著的不同。

为进一步揭示 IPOP 结构的特点，将几种不同并联方式进行比较，如图 4-25 所示。所研究的 IPOP 非隔离型 Buck 型 DC/DC 变流器如图 4-25(a)所示，根据基尔霍夫电流定律，从图中的电流割集仅可以得到 $i_{o1}^{+}-i_{o1}^{-}=i_{i1}^{+}-i_{i1}^{-}$ 或者 $\sum_{k=1}^{n} i_{ok}^{+}-i_{ok}^{-}=0$ 或者 $\sum_{k=2}^{n} i_{ik}^{+}-i_{ik}^{-}=-\left(i_{o1}^{+}-i_{o1}^{-}\right)$。这些方程均不能保证 $i_{o1}^{+}=i_{o1}^{-}$，也即在 IPOP 非隔离型 Buck 型 DC/DC 变流器中单个变流器的正负极电流并不能保持相同，本书称之为单个变流器内部的环流；此外，变流器之间的电流不均衡也可以形成环流，本书称之为多个变流器之间的环流。所以，在 IPOP 非隔离型 Buck 型 DC/DC 变流器中存在着多种类型的环流，使得传统的控制方式，如单纯的下垂均流等不再适用，需要更有效的抑制策略。

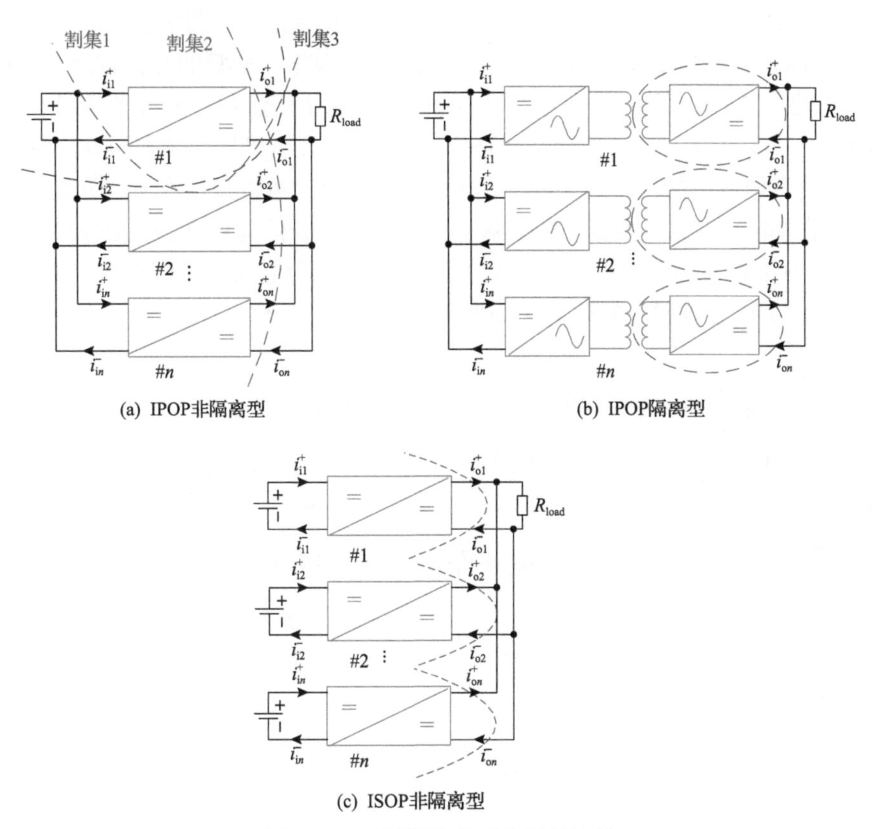

(a) IPOP非隔离型　(b) IPOP隔离型

(c) ISOP非隔离型

图 4-25　不同并联方式之间的比较

单个变流器内部的环流将会导致 Buck 型 DC/DC 变流器的端口退化，因为端口最基本的性质即正负极电流相同无法得到保证。所以，变流器的输入端或者输出端都不能再被视为一个端口。由于端口退化，一些基于端口性质的方法不再适用，如阻抗分析法，因为正极电流和负极电流不再相同，对于输出端或者输入端而言，“阻抗”的概念将很难去定义。所以在这种情况下，阻抗分析法需要做出改变或者拓展才能运用。再者，端口退化会影响变流器的本地保护，一般而言变流器会配置差动保护以防止漏电流事故发生，如果在 IPOP 结构中不考虑端口退化，差动保护将会频繁动作，影响系统的运行。

对于如图 4-25(b) 所示的 IPOP 隔离型 DC/DC 变流器以及如图 4-25(c) 所示的 ISOP 非隔离型 DC/DC 变流器，根据图中所示的电流割集，可以得出这些并联结构均能保证单个变流器的正负极电流相同，即不存在单个变流器内部的环流，只存在多个变流器之间的环流，环流抑制相对容易。但 IPOP 隔离型 DC/DC 变流器需要更多的功率管以及额外的隔离变压器，这无疑增加了系统的投资，同时也带来了更多的开关损耗和变压器损耗，导致系统效率下降。ISOP 非隔离型 DC/DC 变流器只适用于特定的场合，不能推广到多子网型混合微电网中。

对于两台 IPOP Buck 型 DC/DC 变流器来说，根据功率管的开关状态，一共有 4 种状态的电路，如图 4-26 所示。图 4-26(a)展示了变流器 1 和变流器 2 的占空比略图(同一变流器中两开关管是互补导通的)，可以看到共有 4 种开关状态，其中“1”代表导通，“0”代表关断。基于图 4-24(a)，可以得出在不同开关状态下的电路图，如图 4-26(b)所示。根据基于开关状态组合的建模方法，推导出图 4-26 中每种开关状态下的电路模型，然后将这些状态组合起来，可以得到两台 IPOP Buck 型 DC/DC 变流器的精确开关周期平均模型：

$$
\begin{cases}
L_1^+\dfrac{\mathrm{d}i_1^+}{\mathrm{d}t}+L_1^-\dfrac{\mathrm{d}i_1^-}{\mathrm{d}t}+(d_1+d_2)\left(R_{i1}^+i_1^++R_{i1}^-i_1^-\right)+v_{o1}=(d_1+d_2)v_{dc} \\
\left(i_1^+-C_1\dfrac{\mathrm{d}v_{o1}}{\mathrm{d}t}\right)R_{o1}^++\left(i_1^--C_1\dfrac{\mathrm{d}v_{o1}}{\mathrm{d}t}\right)R_{o1}^-+\left(i_1^+-C_1\dfrac{\mathrm{d}v_{o1}}{\mathrm{d}t}+i_2^+-C_2\dfrac{\mathrm{d}v_{o2}}{\mathrm{d}t}\right)R=v_{o1} \\
L_2^+\dfrac{\mathrm{d}i_2^+}{\mathrm{d}t}+L_2^-\dfrac{\mathrm{d}i_2^-}{\mathrm{d}t}+(d_1+d_3)\left(R_{i2}^+i_2^++R_{i2}^-i_2^-\right)+v_{o2}=(d_1+d_3)v_{dc} \\
\left(i_2^+-C_2\dfrac{\mathrm{d}v_{o2}}{\mathrm{d}t}\right)R_{o2}^++\left(i_2^--C_2\dfrac{\mathrm{d}v_{o2}}{\mathrm{d}t}\right)R_{o2}^-+\left(i_1^+-C_1\dfrac{\mathrm{d}v_{o1}}{\mathrm{d}t}+i_2^+-C_2\dfrac{\mathrm{d}v_{o2}}{\mathrm{d}t}\right)R=v_{o2} \\
i_1^++i_2^+=i_1^-+i_2^- \\
\quad L_1^-\dfrac{\mathrm{d}i_1^-}{\mathrm{d}t}+C_1R_{o1}^-\dfrac{\mathrm{d}v_{o1}}{\mathrm{d}t}+\left(R_{i1}^-+R_{o1}^-\right)i_1^--(d_3+d_4)R_{i1}^-i_1^+ \\
=L_2^-\dfrac{\mathrm{d}i_2^-}{\mathrm{d}t}+C_2R_{o2}^-\dfrac{\mathrm{d}v_{o2}}{\mathrm{d}t}+\left(R_{i2}^-+R_{o2}^-\right)i_2^--(d_2+d_4)R_{i2}^-i_2^+
\end{cases}
\tag{4-28}
$$

其中，$i_k^+=i_k^-=i_k$，$i_{ok}^+=i_{ok}^-=i_{ok}$，$k=1,2$；占空比 d_1、d_2、d_3、d_4 如图 4-26(a)所示。

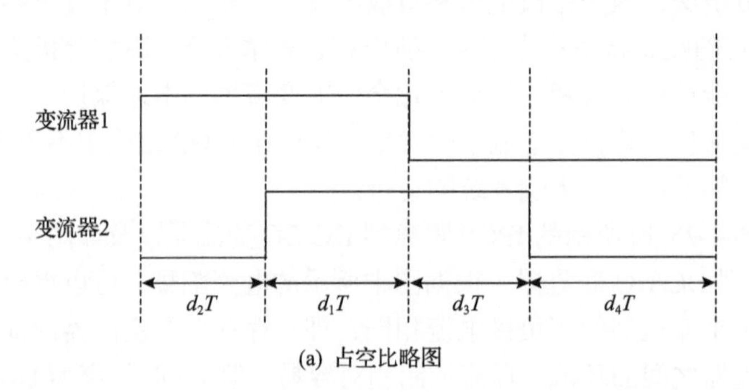

(a) 占空比略图

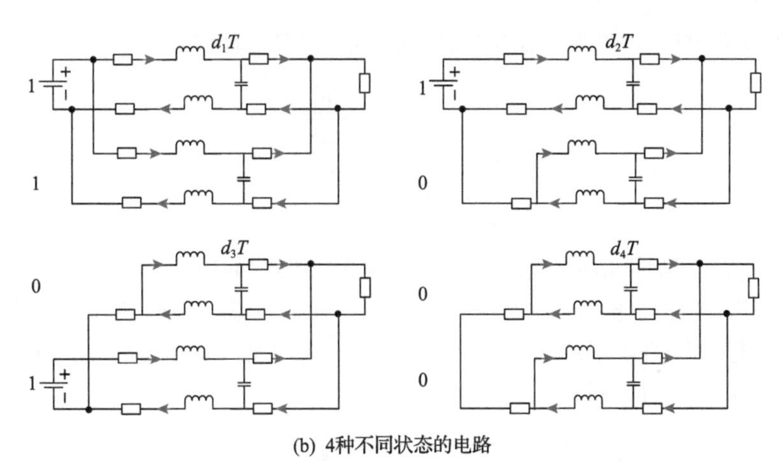

(b) 4种不同状态的电路

图 4-26　两台 IPOP Buck 型 DC/DC 变流器运行图

对于两台 ISOP Buck 型 DC/DC 变流器而言，考虑到正负极电流相同，并结合图 4-24(b)，可推导出其开关周期平均模型：

$$\begin{cases}(d_1+d_2)i_1\left(R_{i1}^{+}+R_{i1}^{-}\right)+\left(L_1^{+}+L_1^{-}\right)\dfrac{\mathrm{d}i_1}{\mathrm{d}t}+v_{o1}=\left(d_1+d_2\right)v_{dc}\\ v_{o1}-i_{o1}\left(R_{o1}^{+}+R_{o1}^{-}\right)-\left(i_{o1}+i_{o2}\right)R=0\\ (d_1+d_3)i_2\left(R_{i2}^{+}+R_{i2}^{-}\right)+\left(L_2^{+}+L_2^{-}\right)\dfrac{\mathrm{d}i_2}{\mathrm{d}t}+v_{o2}=\left(d_1+d_3\right)v_{dc}\\ v_{o2}-i_{o2}\left(R_{o2}^{+}+R_{o2}^{-}\right)-\left(i_{o1}+i_{o2}\right)R=0\\ i_{o1}=i_1-C_1\dfrac{\mathrm{d}v_{o1}}{\mathrm{d}t},i_{o2}=i_2-C_2\dfrac{\mathrm{d}v_{o2}}{\mathrm{d}t}\end{cases} \tag{4-29}$$

比较式(4-28)和式(4-29)可以发现，IPOP Buck 型 DC/DC 变流器的模型要复杂很多。进一步观察可以看到，对于 ISOP Buck 型 DC/DC 变流器而言，其正负极电路参数可以结合在一起考虑，其等效作用等同于正负极电路参数之和，如 $R_{ik}^{+}+R_{ik}^{-}$、$R_{ok}^{+}+R_{ok}^{-}$ 以及 $L_k^{+}+L_k^{-}$ 等。而对于 IPOP Buck 型 DC/DC 变流器来说，必须将正负极分开来分析，显著地增加了 IPOP Buck 型 DC/DC 变流器模型的阶数。此外，从式(4-28)中可以看到，由于点 N_1 和 N_2 的电势钳制，系统将多出一个约束方程，即式(4-28)最后一个等式。

4.3.2　DC/DC 变流器的环流分析

基于建立的 IPOP Buck 型 DC/DC 变流器的精确数学模型，可以定量地分析相关参数对系统环流的影响，并据此揭示环流的产生机理。

根据图 4-24(a)，可得到输出电流 i_{ok}^{+}、i_{ok}^{-} 的表达式：

$$\begin{cases} i_{ok}^{+} = i_{k}^{+} - C_k \dfrac{\mathrm{d}v_{ok}}{\mathrm{d}t} \\ i_{ok}^{-} = i_{k}^{-} - C_k \dfrac{\mathrm{d}v_{ok}}{\mathrm{d}t} \end{cases} \tag{4-30}$$

其中，$k=1,2$ 代表不同的变流器。结合式(4-28)和式(4-30)，令微分项为 0，就可以得出稳态时的输出电流，并可以进一步得出系统环流。图 4-27 显示了系统环流随着输入、输出线路电阻的变化而变化的情况，其中整个系统运行在开环状态下，相关额定参数如表 4-5 所示。

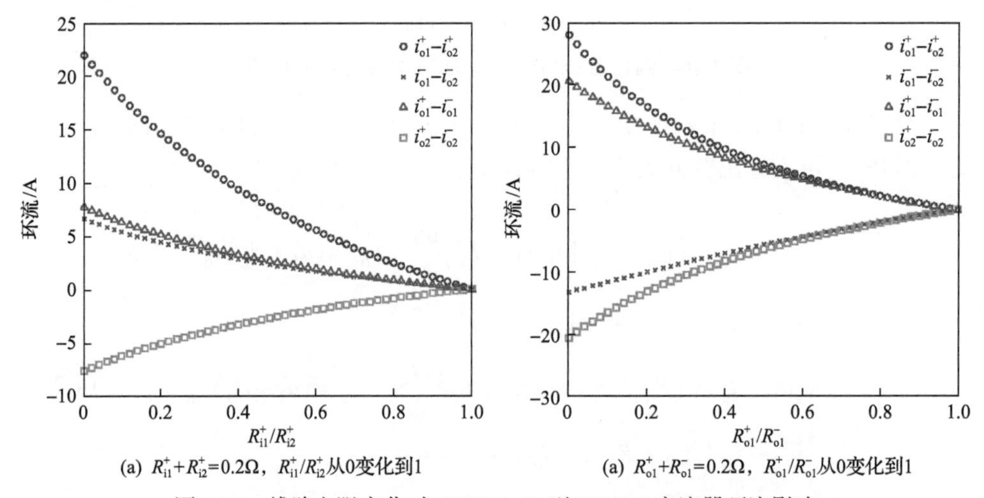

(a) $R_{i1}^{+}+R_{i2}^{+}=0.2\Omega$，$R_{i1}^{+}/R_{i2}^{+}$从0变化到1　　(a) $R_{o1}^{+}+R_{o1}^{-}=0.2\Omega$，$R_{o1}^{+}/R_{o1}^{-}$从0变化到1

图 4-27　线路电阻变化对 IPOP Buck 型 DC/DC 变流器环流影响

表 4-5　IPOP Buck 型 DC/DC 变流器相关参数

参数	数值
V_{dc}, R	1000V, 4Ω
d_1, d_2, d_3, d_4	0.25, 0.25, 0.25, 0.25
L_1^{+}, L_1^{-}, L_2^{+}, L_2^{-}	1.0mH, 1.0mH, 1.0mH, 1.0mH
C_1, C_2	4mF, 4mF
$R_{i1}^{-}, R_{i1}^{+}, R_{i2}^{-}, R_{i2}^{+}$	0.01Ω, 0.01Ω, 0.01Ω, 0.01Ω
$R_{o1}^{-}, R_{o1}^{+}, R_{o2}^{-}, R_{o2}^{+}$	0.01Ω, 0.01Ω, 0.01Ω, 0.01Ω

图 4-27(a)显示了输入线路电阻变化对系统环流的影响，其中 $R_{i1}^{+}+R_{i2}^{+}=0.2\Omega$，但 R_{i1}^{+}/R_{i2}^{+} 从 0 变化到 1，其他参数和表 4-5 保持一致。相对应地，图 4-27(b)显示

了输出线路电阻变化对系统环流的影响，其中 $R_{o1}^{+}+R_{o1}^{-}=0.2\Omega$，但 R_{o1}^{+}/R_{o1}^{-} 从 0 变化到 1，其他参数也和表 4-5 保持一致。从图中结果来看，IPOP Buck 型 DC/DC 变流器中出现了多种类型的环流，包括单个变流器内部的环流，如 $i_{o1}^{+}-i_{o1}^{-}$ 和 $i_{o2}^{+}-i_{o2}^{-}$，多个变流器之间的环流，如 $i_{o1}^{+}-i_{o2}^{+}$ 和 $i_{o1}^{-}-i_{o2}^{-}$。特别值得注意的是，即使保证 $R_{i1}^{+}+R_{i1}^{-}=R_{i2}^{+}+R_{i2}^{-}$ 以及 $R_{o1}^{+}+R_{o1}^{-}=R_{o2}^{+}+R_{o2}^{-}$，即两变流器之间的输入线路电阻之和相同、输出线路电阻之和相同，系统中仍然存在着环流，如图 4-27(b)所示。但对于 ISOP Buck 型 DC/DC 变流器来说，在这种情况下系统中不会存在环流。

由图 4-27 可知，输入、输出线路电阻的不匹配包括正负极线路的不匹配以及变流器间线路不匹配是系统环流形成的主要原因，对系统环流有显著影响。

对于其他典型的 IPOP 非隔离型 DC/DC 变流器如 IPOP Boost 型 DC/DC 变流器、IPOP 双向 DC/DC 变流器等，类似的环流现象也会出现，运用本节所提及的分析方法可以类似地对这些 IPOP 非隔离型 DC/DC 变流器进行分析。

接下来分析如图 4-24(a)所示的传统 Buck 型 DC/DC 变流器拓扑结构本身对环流的影响，重点揭示传统的 Buck 型 DC/DC 变流器拓扑无法抑制 IPOP 结构中出现的多种类型环流。下面通过反证法来说明该问题。

在稳态下，假设存在占空比使得系统所有的环流得到抑制，即 $i_{o1}^{+}=i_{o1}^{-}=i_{o2}^{+}=i_{o2}^{-}$，不妨令 $i_{o1}^{+}=i_{o1}^{-}=i_{o2}^{+}=i_{o2}^{-}=I$，同时考虑到稳态下正负极电感电流分别等于正负极输出电流，即 $i_{k}^{+}=i_{ok}^{+}$、$i_{k}^{-}=i_{ok}^{-}$（$k=1,2$）以及占空比满足 $d_1+d_2+d_3+d_4=1$，可以得到下列稳态方程：

$$
\begin{cases}
\left[(d_1+d_2)\left(R_{i1}^{+}+R_{i1}^{-}\right)+R_{o1}^{+}+R_{o1}^{-}+2R\right]I=(d_1+d_2)v_{dc} \\
\left[(d_1+d_3)\left(R_{i2}^{+}+R_{i2}^{-}\right)+R_{o2}^{+}+R_{o2}^{-}+2R\right]I=(d_1+d_3)v_{dc} \\
R_{o1}^{-}+(d_1+d_2)R_{i1}^{-}=R_{o2}^{-}+(d_1+d_3)R_{i2}^{-}
\end{cases}
\tag{4-31}
$$

式(4-31)中虽然有四个未知数，但是只有两个有效的独立变量，即 d_1+d_2 和 d_1+d_3，而且拥有三个约束方程。因此，式(4-31)是无解的，除非满足以下条件：

$$
\frac{R_{o1}^{+}+R_{o1}^{-}+2R}{v_{dc}/I-\left(R_{i1}^{+}+R_{i1}^{-}\right)}R_{i1}^{-}+R_{o1}^{-}=\frac{R_{o2}^{+}+R_{o2}^{-}+2R}{v_{dc}/I-\left(R_{i2}^{+}+R_{i2}^{-}\right)}R_{i2}^{-}+R_{o2}^{-}
\tag{4-32}
$$

很显然，式(4-32)并不能总是成立，因为电流 I 是任意的。综上，假设式(4-32)不成立，亦即传统拓扑结构的 Buck 型 DC/DC 变流器无法消除 IPOP 结构中出现的所有类型环流。

事实上，对于传统 Buck 型 DC/DC 变流器拓扑而言，只有一个调制自由度，但是 IPOP 结构中却存在着多种类型的环流，对其进行抑制是一个多目标控制问题。因此传统拓扑结构的 Buck 型 DC/DC 变流器有它自身的局限性，没有能力去抑制 IPOP 结构中出现的所有类型的环流。

类似地，其他典型的 IPOP 非隔离型 DC/DC 变流器如 IPOP Boost 型 DC/DC 变流器、IPOP 双向 DC/DC 变流器等也只有一个调制自由度。所以，它们均没有能力去抑制 IPOP 结构中出现的所有类型的环流。

4.3.3　基于改进拓扑的两自由度环流抑制策略

前面通过分析 IPOP Buck 型 DC/DC 变流器的环流，阐明了其形成机理，并证明传统 Buck 型 DC/DC 变流器拓扑无法完全抑制掉系统中出现的各种环流。因此，本节将介绍基于改进拓扑的两自由度环流抑制策略来对 IPOP Buck 型 DC/DC 变流器中各种类型的环流进行完全抑制。

如 4.3.2 节所分析，传统拓扑结构的 Buck 型 DC/DC 变流器由于只有一个调制自由度，所以无法抑制 IPOP 结构中出现的多种类型环流。基于这一点，可以从提高调制自由度的角度来对传统 Buck 型 DC/DC 变流器拓扑进行改进。图 4-28 展示了一种具有两个调制自由度的改进拓扑结构的 Buck 型 DC/DC 变流器。相比于图 4-24 中的传统 Buck 型 DC/DC 变流器拓扑，可以发现一个额外的功率管 S_{k2}（k 代表不同的变流器）插入负极，除此之外没有其他的变化。因此，可以保留下传统 Buck 型 DC/DC 变流器的优点，如高功率密度、高效率等；同时，又可以以最少数量的开关管来克服传统 Buck 型 DC/DC 变流器调制自由度少的缺点。两个功率管 S_{k1} 和 S_{k2} 根据不同的控制目标，彼此独立工作。调制自由度的增加使得抑制 IPOP 结构中所有类型的环流成为可能。

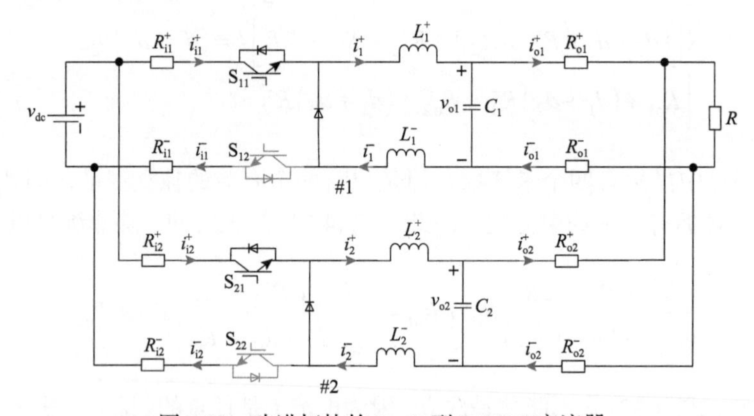

图 4-28　改进拓扑的 Buck 型 DC/DC 变流器

对于如图 4-28 所示的两台 IPOP 改进拓扑的 Buck 型 DC/DC 变流器，根据如图 4-29(a)所示的功率管开关状态，一共有 16 种状态的电路，如图 4-29(b)所示，运用前面所提的基于开关状态组合的建模方法，两台 IPOP 改进拓扑的 Buck 型 DC/DC 变流器的精确开关周期平均模型可推导出来：

$$
\begin{cases}
L_1^+\dfrac{\mathrm{d}i_1^+}{\mathrm{d}t}+L_1^-\dfrac{\mathrm{d}i_1^-}{\mathrm{d}t}+d_{11}\left(R_{i1}^+i_1^++R_{i1}^-i_1^-\right)+v_{o1}=d_{11}v_{dc}\\
\left(i_1^+-C_1\dfrac{\mathrm{d}v_{o1}}{\mathrm{d}t}\right)R_{o1}^++\left(i_1^--C_1\dfrac{\mathrm{d}v_{o1}}{\mathrm{d}t}\right)R_{o1}^-+\left(i_1^+-C_1\dfrac{\mathrm{d}v_{o1}}{\mathrm{d}t}+i_2^+-C_2\dfrac{\mathrm{d}v_{o2}}{\mathrm{d}t}\right)R=v_{o1}\\
L_2^+\dfrac{\mathrm{d}i_2^+}{\mathrm{d}t}+L_2^-\dfrac{\mathrm{d}i_2^-}{\mathrm{d}t}+d_{21}\left(R_{i2}^+i_2^++R_{i2}^-i_2^-\right)+v_{o2}=d_{21}v_{dc}\\
\left(i_2^+-C_2\dfrac{\mathrm{d}v_{o2}}{\mathrm{d}t}\right)R_{o2}^++\left(i_2^--C_2\dfrac{\mathrm{d}v_{o2}}{\mathrm{d}t}\right)R_{o2}^-+\left(i_1^+-C_1\dfrac{\mathrm{d}v_{o1}}{\mathrm{d}t}+i_2^+-C_2\dfrac{\mathrm{d}v_{o2}}{\mathrm{d}t}\right)R=v_{o2}\\
i_1^++i_2^+=i_1^-+i_2^-\\
\left(1-d_{14}-d_{24}+d_{s16}\right)\left[L_1^-\dfrac{\mathrm{d}i_1^-}{\mathrm{d}t}+\left(i_1^--C_1\dfrac{\mathrm{d}v_{o1}}{\mathrm{d}t}\right)R_{o1}^-\right]+\left[\left(d_{11}+d_{13}-d_{s4}-d_{s12}\right)R_{i1}^-+\left(d_{12}-d_{s8}\right)R_{i1}^+\right]i_1^-\\
-\left[\left(d_{12}-d_{s8}\right)R_{i1}^++\left(d_{13}-d_{s12}\right)R_{i1}^-\right]i_1^-+\left(d_{12}-d_{s8}\right)v_{dc}=\left(1-d_{14}-d_{24}+d_{s16}\right)\left[L_2^-\dfrac{\mathrm{d}i_2^-}{\mathrm{d}t}+\left(i_2^--C_2\dfrac{\mathrm{d}v_{o2}}{\mathrm{d}t}\right)R_{o2}^-\right]\\
+\left[\left(d_{21}+d_{23}-d_{s13}-d_{s15}\right)R_{i2}^-+\left(d_{22}-d_{s14}\right)R_{i2}^+\right]i_2^--\left[\left(d_{22}-d_{s14}\right)R_{i2}^++\left(d_{23}-d_{s15}\right)R_{i2}^-\right]i_2^-+\left(d_{22}-d_{s14}\right)v_{dc}
\end{cases}
\tag{4-33}
$$

其中，d_{k1}、d_{k2}、d_{k3} 和 d_{k4}（$k=1,2$）如图 4-29(a)所示；d_{sj}（$j=1,\cdots,16$）为图 4-29(b)中第 j 个状态的持续时间比例。

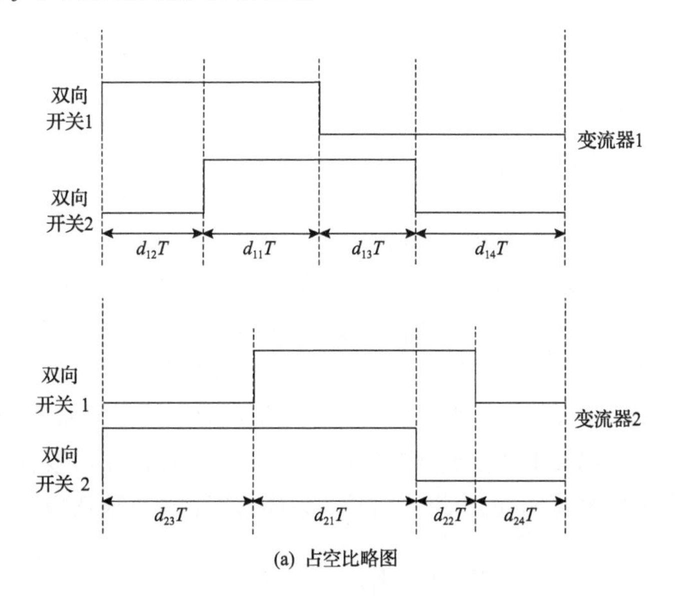

(a) 占空比略图

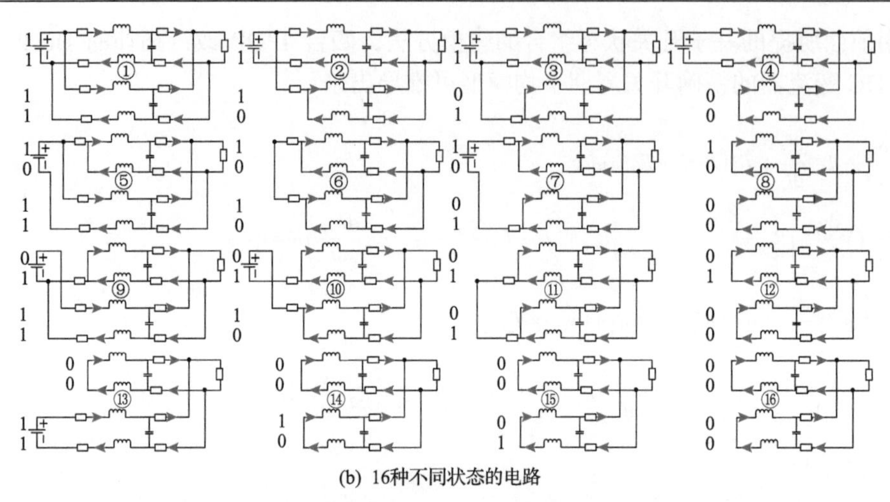

(b) 16种不同状态的电路

图 4-29　两台 IPOP 改进拓扑的 Buck 型 DC/DC 变流器运行图

接下来，将检验改进拓扑的 Buck 型 DC/DC 变流器是否能有效抑制 IPOP 结构中所有类型的环流。假设在稳态下，存在占空比能够抑制所有的环流并令 $i_{o1}^{+}=i_{o1}^{-}=i_{o2}^{+}=i_{o2}^{-}=I$，同时考虑到稳态下 $i_{k}^{+}=i_{ok}^{+}$ 以及 $i_{k}^{-}=i_{ok}^{-}$，通过式(4-33)，可以得到下列稳态方程：

$$
\begin{cases}
\left[d_{11}\left(R_{i1}^{+}+R_{i1}^{-}\right)+\left(R_{o1}^{+}+R_{o1}^{-}+2R\right)\right]I=d_{11}v_{dc} \\
\left[d_{21}\left(R_{i2}^{+}+R_{i2}^{-}\right)+\left(R_{o2}^{+}+R_{o2}^{-}+2R\right)\right]I=d_{21}v_{dc} \\
\quad\left[\left(d_{11}-d_{s4}\right)R_{i1}^{-}+\left(1-d_{14}-d_{24}+d_{s16}\right)R_{o1}^{-}\right]I+\left(d_{12}-d_{s8}\right)v_{dc} \\
=\left[\left(d_{21}-d_{s13}\right)R_{i2}^{-}+\left(1-d_{14}-d_{24}+d_{s16}\right)R_{o2}^{-}\right]I+\left(d_{22}-d_{s14}\right)v_{dc}
\end{cases}
\tag{4-34}
$$

观察式(4-34)可以得到：方程中独立变量的个数超过了约束方程的个数，因此式(4-34)总是有解的，即改进拓扑的 Buck 型 DC/DC 变流器能够提供更多的调制自由度，进而能够抑制 IPOP 结构中出现的多种类型环流。

现已证明改进拓扑的 Buck 型 DC/DC 变流器能够抑制 IPOP 结构中出现的所有类型环流，接下来将介绍一种两自由度环流抑制算法，具体如图 4-30 所示。

整个控制策略由两个自由度构成，不同的自由度控制策略调制不同的开关管。第一自由度控制主要是通过平衡不同变流器间的负极电流来消除单个变流器内部的环流。将 Buck 型 DC/DC 变流器内部的环流 $i_{k}^{+}-i_{k}^{-}$ $(=i_{ok}^{+}-i_{ok}^{-})$ 反馈到 PI 控制器来产生调节负极功率管 S_{k2} 的占空比信号。具体的控制律可表达为

$$
d_{k}^{-}=1+\left(k_{1P}+\frac{k_{1I}}{s}\right)\left(i_{k}^{+}-i_{k}^{-}\right)
\tag{4-35}
$$

其中，$k=1,2$ 代表不同的改进拓扑的 Buck 型 DC/DC 变流器；d_k^- 用来调节 S_{k2}；k_{1P} 为比例系数；k_{1I} 为积分系数。通过式(4-35)可以看到，负极电流 i_k^- 越大，负极功率管 S_{k2} 的正向导通时间就越短，阻断了 i_k^- 的流向路径，那么 i_k^- 会相应地减小。当 i_k^- 等于或者小于 i_k^+ 时，负极功率管 S_{k2} 保持正向导通，让从其他变流器挤压出来的负极电流流入进来，那么 i_k^- 会相应地增加。事实上，第一自由度控制充分利用了如图 4-31 所示的两个运行状态。

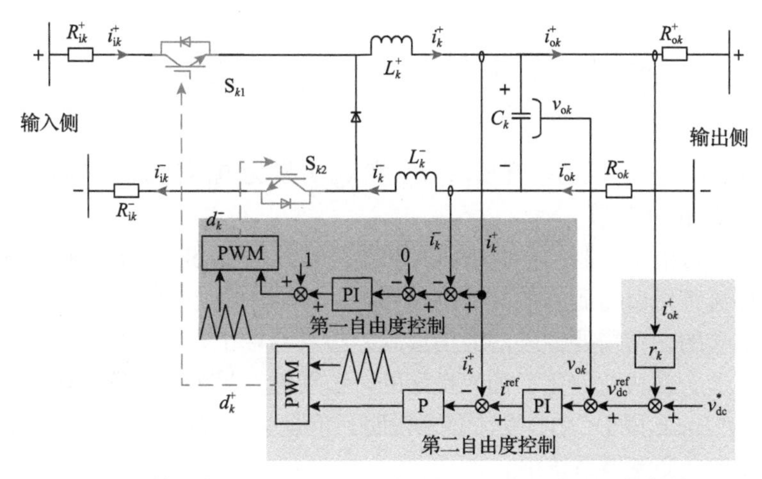

图 4-30　第 k 台 Buck 型 DC/DC 变流器的两自由度环流抑制算法

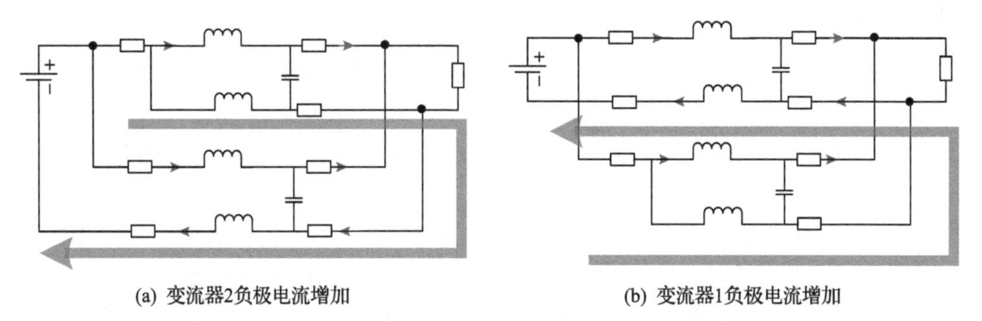

(a) 变流器2负极电流增加　(b) 变流器1负极电流增加

图 4-31　电流平衡原理图

在第一自由度控制之后，单个变流器内部的环流得到了有效的抑制，即 $i_k^+=i_k^-$ 或者 $i_{ok}^+=i_{ok}^-$。在此基础之上，第二自由度控制被用来消除多个变流器之间的环流，其主要由下垂控制构成，调节正极功率管 S_{k1}。具体来讲，外环是下垂环，用来实现多个变流器之间的电流或者功率均担，这样可以消除多个变流器之间的环流；内环是典型的电压/电流双环控制，用来实现电压的准确跟踪控制。对应的外环控制律可以表达为

$$v_{\mathrm{dc}k}^{\mathrm{ref}} = v_{\mathrm{dc}}^{*} - r_k \cdot i_{\mathrm{o}k}^{+} \tag{4-36}$$

其中，$k=1,2$ 代表不同的改进拓扑的 Buck 型 DC/DC 变流器；$v_{\mathrm{dc}k}^{\mathrm{ref}}$ 为传递给内环的参考电压；v_{dc}^{*} 为额定的输出电压；r_k 为下垂系数，决定最终的电流分担比；$i_{\mathrm{o}k}^{+}$ 为正极输出电流。

内环中电压控制通过 PI 控制器来实现，可准确跟踪参考电压。电流控制器是比例控制器，用来增加系统阻尼，提升稳定性。详细的控制律为

$$i_k^{\mathrm{ref}} = \left(k_{v\mathrm{P}} + \frac{k_{v\mathrm{I}}}{s}\right)\left(v_{\mathrm{dc}k}^{\mathrm{ref}} - v_{\mathrm{o}k}\right),\ \ d_k^{+} = k_{i\mathrm{P}}\left(i_k^{\mathrm{ref}} - i_k^{+}\right) \tag{4-37}$$

其中，d_k^{+} 用来调节正极功率管 S_{k1}；$k_{v\mathrm{P}}$ 和 $k_{i\mathrm{P}}$ 分别为电压比例系数和电流比例系数；$k_{v\mathrm{I}}$ 为电压积分系数。

将这两个自由度控制结合起来，IPOP 改进拓扑的 Buck 型 DC/DC 变流器中所有类型的环流都可以得到有效的抑制。而且，本节中介绍的改进拓扑及其控制策略都是分散式的，不需要额外的通信设施，很容易在工程实践中实现。因此，该解决方案很适合模块化应用，拥有良好的可扩展性。另外，尽管该解决方案是通过两台 IPOP Buck 型 DC/DC 变流器来说明，但是它可以推广到 $N(N>2)$ 台 IPOP Buck 型 DC/DC 变流器系统中。

4.3.4 环流抑制策略扩展

4.3.1～4.3.3 节详细地介绍了 IPOP Buck 型 DC/DC 变流器的环流分析及其抑制策略，为进一步得到 IPOP Boost 型 DC/DC 变流器和 IPOP 双向 DC/DC 变流器的环流抑制策略，接下来进一步对基于改进拓扑的两自由度环流抑制策略进行扩展。

对于 Boost 型 DC/DC 变流器，传统的拓扑只有一个调制自由度，无法抑制住 IPOP 结构中出现的多种类型环流。因此，根据本节介绍的解决思路，同样可以对 Boost 型 DC/DC 变流器拓扑进行改进，如图 4-32(a)所示。在改进的拓扑中，在负极插入一个功率管 S_{k2}（$k=1,2$ 代表不同的变流器），通过调节 S_{k2} 的占空比，不同变流器的负极电流会被平衡，从而抑制住单个变流器内部的环流。和双向 DC/DC 变流器不同，在 Boost 型 DC/DC 变流器中需要额外地增加一个续流二极管为电感在 S_{k2} 关断期间提供续流通道。改进拓扑后的 Boost 型 DC/DC 变流器有两个调制自由度，因此有能力去抑制 IPOP 结构中出现的多种类型的环流。

基于改进拓扑的 Boost 型 DC/DC 变流器，其相应的两自由度环流抑制算法如图 4-32(b)所示。整个抑制策略由两个自由度控制组成，第一自由度控制通过调节

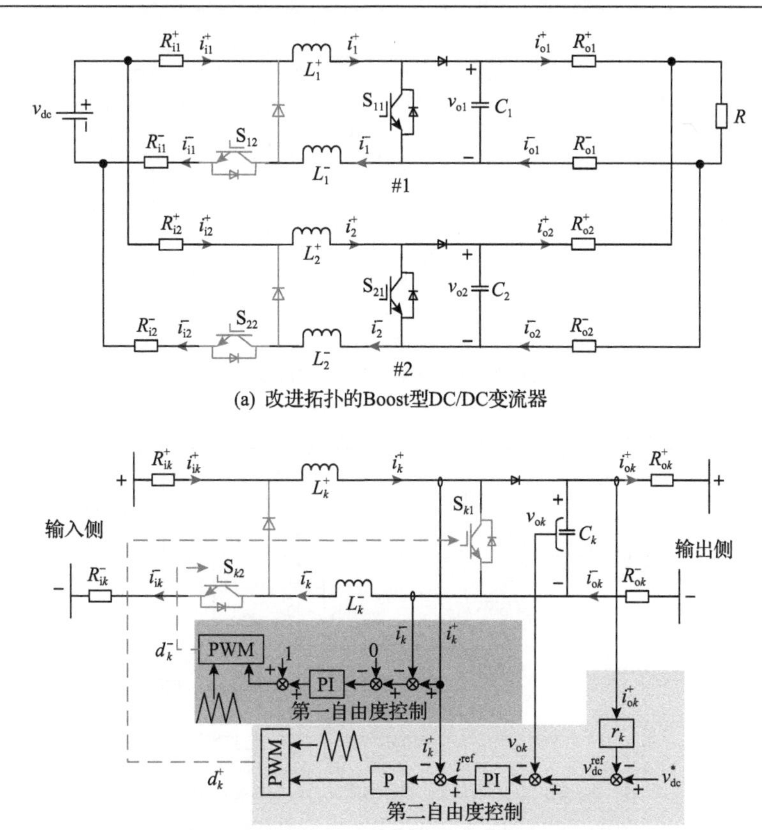

(a) 改进拓扑的Boost型DC/DC变流器

(b) 第k台Boost型DC/DC变流器的两自由度环流抑制算法

图 4-32　IPOP Boost 型 DC/DC 变流器的环流抑制

功率管S_{k2}抑制单个变流器内部的环流。在此基础上，基于下垂的第二自由度控制通过调节功率管S_{k1}来实现多个变流器间的电流均分，从而抑制住多个变流器之间的环流。经过这两个自由度控制的结合，IPOP Boost 型 DC/DC 变流器中出现的所有类型环流都能被有效地抑制。

类似地，传统的IPOP双向DC/DC变流器只有一个调制自由度，无法抑制IPOP结构中出现的多种类型环流。因此，将前面所提的方法扩展到 IPOP 双向 DC/DC 变流器中，特别是当功率流正向流动时(从输入侧到输出侧)，双向 DC/DC 变流器和单向 Buck 型 DC/DC 变流器是完全等效的，其建模、分析、结论可完全移植过来。也正是基于这个原因，在 4.3.5 节的实验验证中许多双向 DC/DC 变流器中的问题都可以通过 Buck 型 DC/DC 变流器体现出来。图 4-33(a)展示了改进拓扑的双向 DC/DC 变流器，其中最主要的变化是在负极插入一个双向开关。图 4-33(b)展示了相应的两自由度环流抑制策略，原理和 Buck 型 DC/DC 变流器是类似的，所以在这里不再赘述。

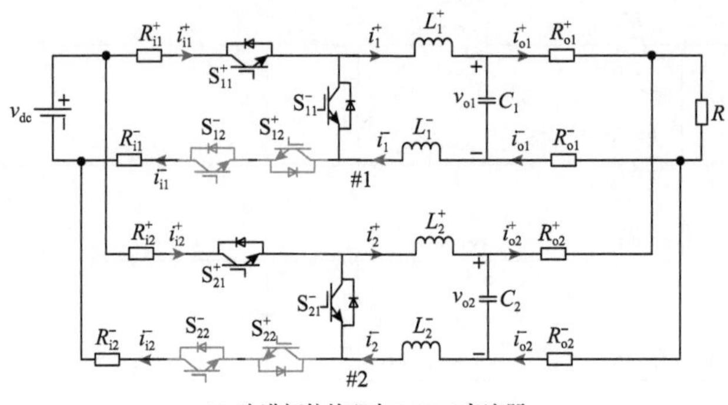

(a) 改进拓扑的双向DC/DC变流器

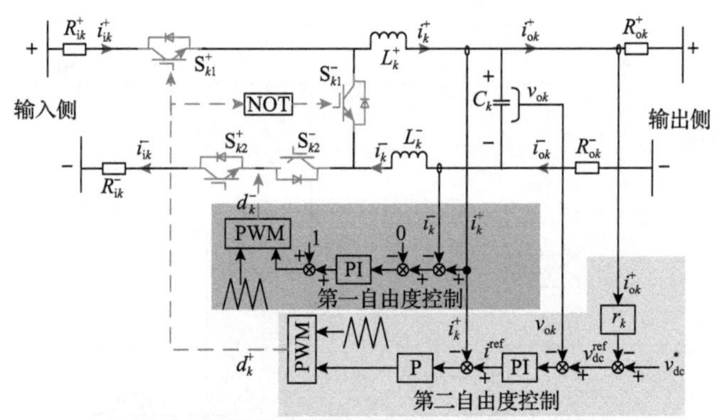

(b) 第k台IPOP双向DC/DC变流器的两自由度环流抑制算法

图 4-33 IPOP 双向 DC/DC 变流器的环流抑制

4.3.5 硬件在环实验

为验证前面 DC/DC 变流器环流分析与抑制方法的有效性，本节进行了相应的硬件在环实验。所测试的系统如图 4-34 所示，所用的硬件在环实验平台如图 4-11 所示，已在 4.1.3 节中详细叙述，这里不再赘述。

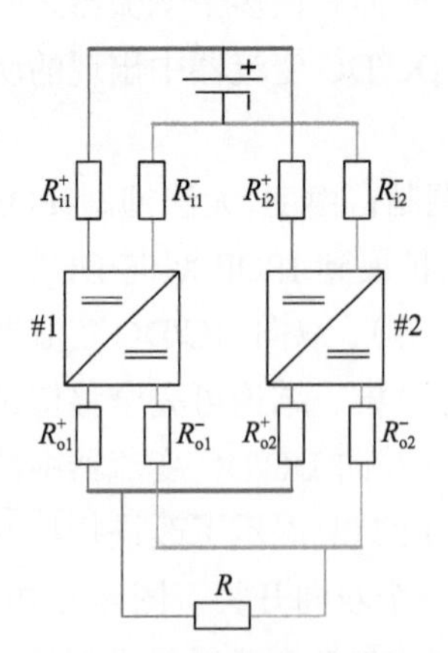

图 4-34 实验用 IPOP 非隔离型 DC/DC 变流器系统

所测试的系统中含有两台 IPOP 非隔离型 DC/DC 变流器，协同地为阻性负荷提供功率，其中非隔离型 DC/DC 变流器可按照需求改变其拓扑，实现降压或者升压的功能。在该系统上进行详细的实验分析后，DC/DC 变流器的数量增加到 3 台，以测试所提方法的可扩展性。由于 Buck 型 DC/DC 变流器和双向 DC/DC 变流器之间的高度相似性，彼此之间的许多结论都是互通的，为减少重复，先对 Buck 型 DC/DC 变流器进行比较详细的实验分析，再对 Boost 型 DC/DC 变流器和双向 DC/DC 变流器进行相应的补充实验，以验证所提方法的适用范围。

如图 4-34 所示，所测试的 IPOP 改进拓扑的 Buck 型 DC/DC 变流器系统详细的拓扑结构如图 4-28 所示。其电气参数如下：输入电压为 1000V，额定的输出电压为 500V，阻性负荷 R=5Ω；LC 滤波器为 $L_1^+ = L_1^- = L_2^+ = L_2^- = 1\text{mH}$，$C_1 = C_2 = 5\text{mF}$；输入线路电阻为 $R_{i1}^+ = R_{i1}^- = R_{i2}^+ = R_{i2}^- = 10\text{m}\Omega$，输出线路电阻为 $R_{o1}^+ = 5\text{m}\Omega, R_{o1}^- = 10\text{m}\Omega, R_{o2}^+ = 20\text{m}\Omega, R_{o2}^- = 10\text{m}\Omega$。其他控制参数如表 4-6 所示。

表 4-6　IPOP Buck 型 DC/DC 变流器实验参数

参数		数值
第二自由度控制	下垂控制器	$v_{dc}^* = 500\text{ V}$，$r_1 = r_2 = 0.4\Omega$
	电压控制器	$k_{vP} = 1\text{A/V}$，$k_{vI} = 100\text{A/(V·s)}$
	电流控制器	$k_{iP} = 0.012\text{V/A}$
第一自由度控制	电流控制器	$k_{1P} = 0.001\text{V/A}$，$k_{1I} = 0.1\text{V/(V·s)}$

图 4-35 展示了 IPOP 改进拓扑的 Buck 型 DC/DC 变流器在不同自由度控制下的系统动态。图 4-35(a)展示了两台 IPOP 改进拓扑的 Buck 型 DC/DC 变流器的输出电流。在使能抑制策略前，输出电流为 $i_{o1}^+ \approx 76\text{A}$，$i_{o1}^- \approx 56\text{A}$，$i_{o2}^+ \approx 28\text{A}$，$i_{o2}^- \approx 48\text{A}$，即单个变流器内部的环流和多个变流器之间的环流均很明显。在第一自由度控制使能之后，每台变流器的正极电流和负极电流都变得相同，意味着单个变流器内部的环流得到了抑制。进一步，在第二自由度控制使能之后，所有的输出电流都变得相同，意味着多个变流器之间的环流也得到了抑制。但是由于第二自由度控制是基于下垂控制的，输出线路电阻将会影响电流分担的准确性，特别是在大电流情形下，分担差显得更明显。所以，当负荷增加一倍时，两台 IPOP 改进拓扑的 Buck 型 DC/DC 变流器的输出电流出现了大约 4A 的差值。然而，相比于之前的巨大环流，这个误差是可以接受的。通过图中不同控制下系统的不同响应，可

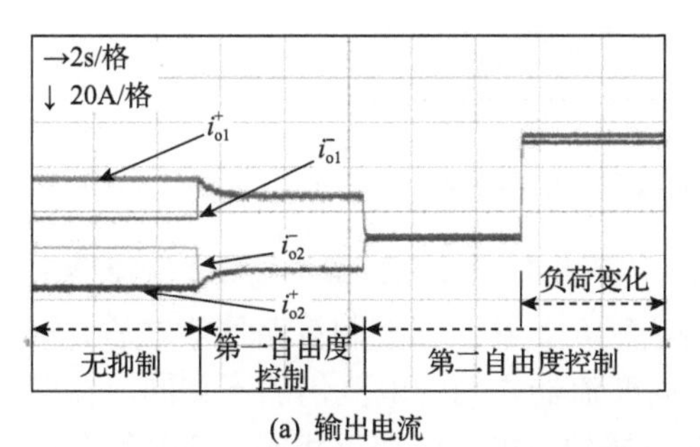

(a) 输出电流

(b) 输出母线电压

图 4-35　IPOP 改进拓扑的 Buck 型 DC/DC 变流器响应

以发现两个自由度控制彼此之间是相互解耦的，能够独立工作。因此可以根据实际的环流抑制需求，选择不同自由度的控制策略进行抑制。

图 4-35(b)展示了输出母线电压。可以看到在基于下垂控制的第二自由度控制使能之前，输出母线电压能够保持在额定值 500V。在基于下垂控制的第二自由度控制使能以后，输出母线电压有轻微的跌落，随着负荷的进一步增加，输出母线电压也进一步降低，但是维持在允许的变化范围之内。造成电压降落的原因是下垂控制是通过输出电流增加时线性降低输出母线电压来实现电流均担。

由图 4-35 可以得到：通过基于改进拓扑的两自由度环流抑制策略，IPOP Buck 型 DC/DC 变流器中的所有类型的环流都得到了有效抑制。

另外，本节对改进拓扑的 Buck 型 DC/DC 变流器和传统拓扑的 Buck 型 DC/DC 变流器做了相关的对比实验，充分展示了改进拓扑的 Buck 型 DC/DC 变流器的优点。IPOP 传统拓扑的 Buck 型 DC/DC 变流器的详细拓扑结构如图 4-24(a)所示，图 4-36 展示了 IPOP 传统拓扑的 Buck 型 DC/DC 变流器的系统动态，同时 ISOP Buck 型 DC/DC 变流器和 IPOP Buck 型 DC/DC 变流器的区别也在图中进行了展示。

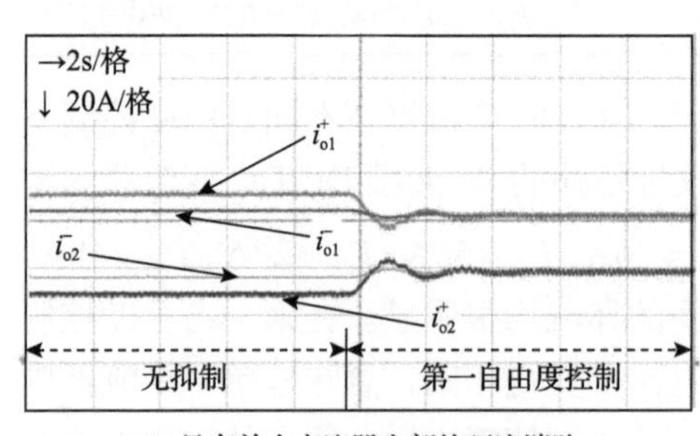

(a) 只有单个变流器内部的环流消除

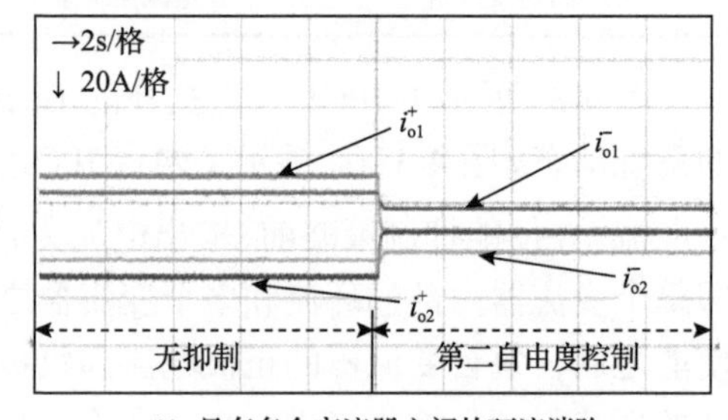

(b) 只有多个变流器之间的环流消除

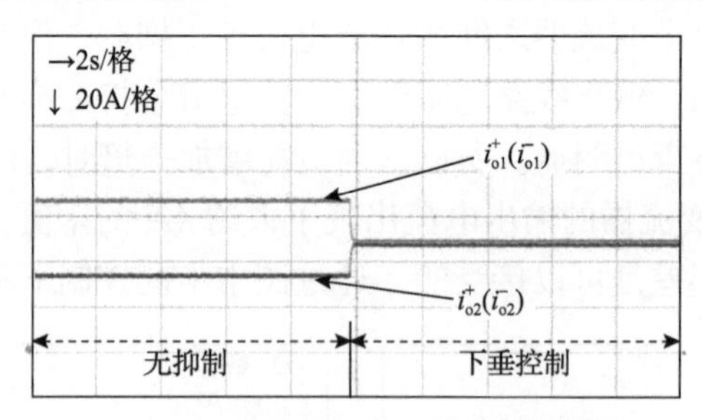

(c) ISOP Buck型DC/DC变流器下垂控制效果

图 4-36　IPOP 传统拓扑的 Buck 型 DC/DC 变流器响应

由于只有一个调制自由度，对于 IPOP 传统拓扑的 Buck 型 DC/DC 变流器来讲，只有一种类型的环流能够被抑制。在图 4-36(a)中，在控制策略使能之后，每台变流器的正负极电流变得相同，但是不同变流器之间的电流仍然不相同。在图 4-36(b)中，在控制策略使能之后，两台变流器的正极电流变得相同，但是每台变流器的正负极电流仍然不相同。所以可以看出传统拓扑的 Buck 型 DC/DC 变流器只能抑制 IPOP 结构中单个变流器内部的环流或者多个变流器之间的环流，但不能同时抑制这两种类型的环流，这与前述的理论分析是相符的。

图 4-36(c)中展示了两台 ISOP Buck 型 DC/DC 变流器的输出电流情况，ISOP Buck 型 DC/DC 变流器是基于传统拓扑结构的，如图 4-24(b)所示，其详细的电气和控制参数与 IPOP Buck 型 DC/DC 变流器保持一致。从图 4-36(c)中可以看出，ISOP Buck 型 DC/DC 变流器没有单个变流器内部的环流，只有多个变流器之间的环流，因此其环流抑制要比 IPOP Buck 型 DC/DC 变流器容易许多，在下垂控制使能之后系统中的环流得到了有效抑制。对于 ISOP 结构，即使只有一个调制自由度的传统拓扑的 Buck 型 DC/DC 变流器也可以基于下垂控制去完全抑制住系统中出现的环流。这也意味着 IPOP 非隔离型变流器和 ISOP 非隔离型变流器之间有着本质的差异。因此，一些运用于 ISOP 非隔离型变流器的成熟控制方法，如下垂控制等，不能再直接应用于 IPOP 非隔离型变流器。

前面相关的理论分析和推导都是基于两台 IPOP Buck 型 DC/DC 变流器的，所得出结论还可以推广到 $N(N>2)$ 台 IPOP Buck 型 DC/DC 变流器。图 4-37 展示了基于改进拓扑的两自由度环流抑制策略运用到三台 IPOP 改进拓扑的 Buck 型 DC/DC 变流器的控制效果。第三台 Buck 型 DC/DC 变流器的参数如下：$R_{i3}^{+}=R_{i3}^{-}=10\text{m}\Omega$，$L_3^{+}=L_3^{-}=1\text{mH}$，$C_3=4\text{mF}$，$R_{o3}^{+}=5\text{m}\Omega$，$R_{o3}^{-}=15\text{m}\Omega$，其他参数和变流器 1、2 是相同的。

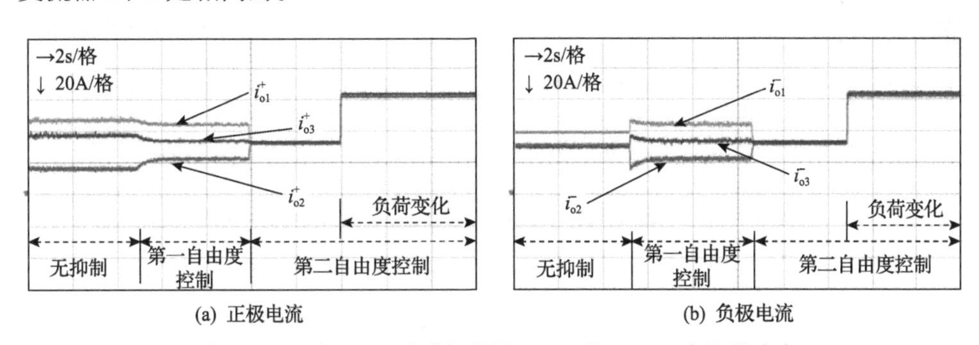

图 4-37　三台 IPOP 改进拓扑的 Buck 型 DC/DC 变流器响应

图 4-37(a)展示了三台变流器的正极输出电流，图 4-37(b)展示了三台变流器的负极输出电流。在控制策略使能之前，可以看到 $i_{o1}^{+}\approx 48\text{A}$，$i_{o2}^{+}\approx 16\text{A}$，$i_{o3}^{+}\approx 38\text{A}$，$i_{o1}^{-}\approx 40\text{A}$，$i_{o2}^{-}\approx 32\text{A}$，$i_{o3}^{-}\approx 30\text{A}$，即单个变流器内部的环流和多个变流器之间的环流都很明显。在第一自由度控制使能之后，$i_{o1}^{+}=i_{o1}^{-}\approx 44\text{A}$，$i_{o2}^{+}=i_{o2}^{-}\approx 24\text{A}$，$i_{o3}^{+}=i_{o3}^{-}\approx 34\text{A}$，每台变流器的正负极电流都变得相等，所以单个变流器内部的环流得到了有效抑制。进一步地，在第二自由度控制使能之后，所有的输出电流都

变得相同，多个变流器之间的环流也得了抑制。而且所提的抑制方法是具有鲁棒性的，对负荷的变化不敏感。如图 4-37 所示，当负荷增加一倍时，环流仍然能得到有效的抑制。

综上所述，基于改进拓扑的两自由度环流抑制策略是完全分散式的，具有可扩展性，可以运用到 $N(N>2)$ 台 IPOP Buck 型 DC/DC 变流器系统中，非常适合模块化应用。

为展现基于改进拓扑的两自由度环流抑制策略的适用性，对其他类型的 DC/DC 变流器也进行了验证。图 4-38 展示了 IPOP 改进拓扑的 Boost 型 DC/DC 变流器在不同自由度控制下的系统响应。IPOP 改进拓扑的 Boost 型 DC/DC 变流器的详细拓扑如图 4-32(a)所示，对应的两自由度控制策略如图 4-32(b)所示。其电气参数如下：输入电压为 500V，额定的输出电压为 800V，阻性负荷 R=5Ω；LC 滤波器为 $L_1^+=L_1^-=L_2^+=L_2^-=1\text{mH}$，$C_1=C_2=5\text{mF}$；输入线路电阻为 $R_{i1}^+=R_{i1}^-=R_{i2}^+=R_{i2}^-=10\text{m}\Omega$，输出线路电阻为 $R_{o1}^+=5\text{m}\Omega$，$R_{o1}^-=10\text{m}\Omega$，$R_{o2}^+=20\text{m}\Omega$，$R_{o2}^-=10\text{m}\Omega$。其他控制参数如表 4-7 所示。

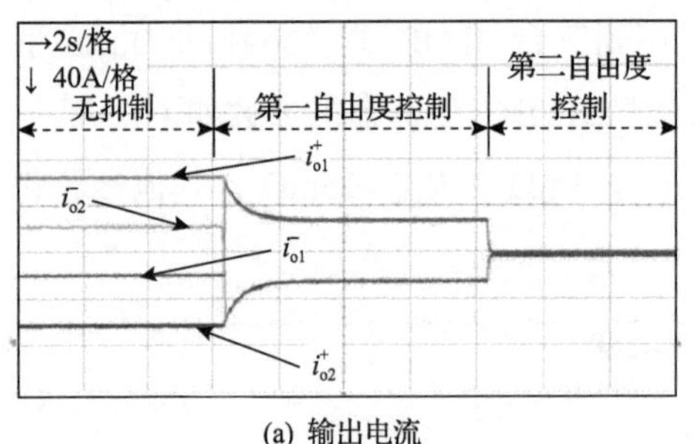

(a) 输出电流

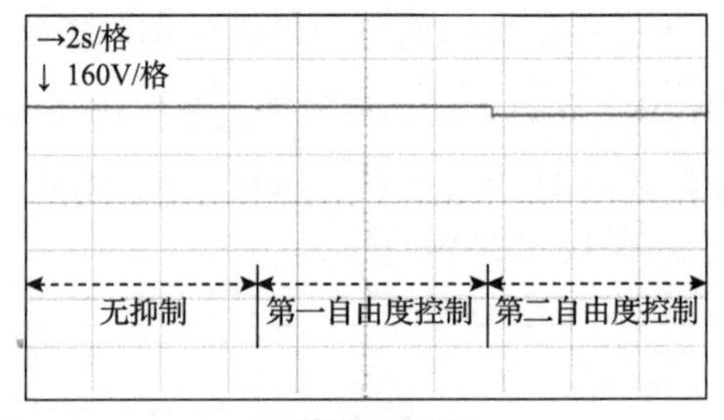

(b) 输出母线电压

图 4-38　IPOP 改进拓扑的 Boost 型 DC/DC 变流器响应

表 4-7　IPOP 改进拓扑的 Boost 型 DC/DC 变流器实验参数

参数		数值
第二自由度控制	下垂控制器	$v_{dc}^*=800\text{V}$，$r_1=r_2=0.4\Omega$
	电压控制器	$k_{vP}=0.8\text{A/V}$，$k_{vI}=150\text{A/(V·s)}$
	电流控制器	$k_{iP}=0.02\text{V/A}$
第一自由度控制	电流控制器	$k_{1P}=0.002\text{V/A}$，$k_{1I}=0.2\text{V/(A·s)}$

图 4-38(a)展示了两台 IPOP 改进拓扑的 Boost 型 DC/DC 变流器的输出电流。在控制策略使能之前，可以看到单个变流器内部的环流和多个变流器之间的环流都非常明显，和 IPOP 双向 DC/DC 变流器的情况类似。在第一自由度控制使能之后，每台变流器的正负极电流都变得相同，意味着单台变流器内部的环流被消除。

进一步地，在第二自由度控制使能之后，所有的输出电流都变得相同，即多个变流器之间的环流也被消除。

图 4-38(b)展示了输出母线电压。可以看到第一自由度控制对输出母线电压没有影响，输出母线电压可以维持在 800V。但是基于下垂控制的第二自由度控制使能之后，输出母线电压有轻微的下跌。

通过图 4-38 可以得出：基于改进拓扑的两自由度控制策略可以应用到 IPOP 改进拓扑的 Boost 型 DC/DC 变流器中，可以有效地抑制住 IPOP 改进拓扑的 Boost 型 DC/DC 变流器中出现的各种类型的环流。

图 4-39 展示了 IPOP 改进拓扑的双向 DC/DC 变流器在不同自由度控制下的系统响应。IPOP 改进拓扑的双向 DC/DC 变流器的详细拓扑如图 4-33(a)所示，对应的两自由度控制策略如图 4-33(b)所示。其电气参数如下：输入电压为 1000V，额定的输出电压为 600V，阻性负荷 R=5Ω；LC 滤波器为 $L_1^+ = L_1^- = L_2^+ = L_2^- = 1\text{mH}$，$C_1 = C_2 = 5\text{mF}$；输入线路电阻为 $R_{i1}^+ = R_{i1}^- = R_{i2}^+ = R_{i2}^- = 10\text{m}\Omega$，输出线路电阻为 $R_{o1}^+ = 5\text{m}\Omega$，$R_{o1}^- = 10\text{m}\Omega$，$R_{o2}^+ = 20\text{m}\Omega$，$R_{o2}^- = 10\text{m}\Omega$。其他控制参数如表 4-8 所示。

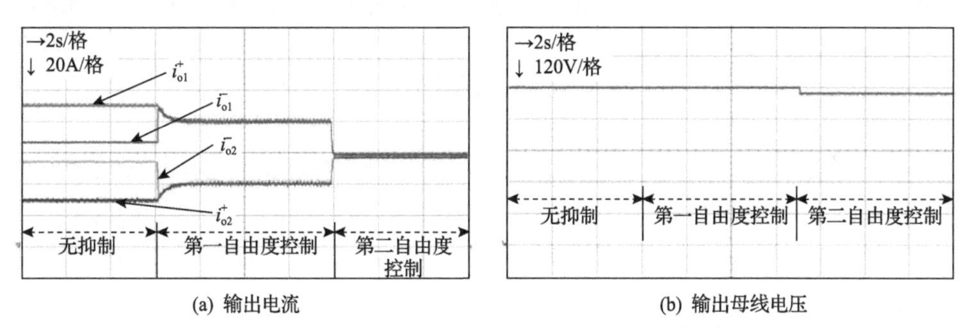

(a) 输出电流　　(b) 输出母线电压

图 4-39 IPOP 改进拓扑的双向 DC/DC 变流器响应

表 4-8 IPOP 改进拓扑的双向 DC/DC 变流器实验参数

参数		数值
第二自由度控制	下垂控制器	$v_{dc}^* = 600\text{V}$，$r_1 = r_2 = 0.4\Omega$
	电压控制器	$k_{vP} = 0.9\text{A/V}$，$k_{vI} = 120\text{A/(V·s)}$
	电流控制器	$k_{iP} = 0.01\text{V/A}$
第一自由度控制	电流控制器	$k_{1P} = 0.009\text{V/A}$，$k_{1I} = 0.1\text{V/(A·s)}$

图 4-39(a)展示了两台 IPOP 改进拓扑的双向 DC/DC 变流器的输出电流。类似于 IPOP Buck 型 DC/DC 变流器，在控制策略使能之前，IPOP 改进拓扑的双向 DC/DC 变流器中单个变流器内部的环流和多个变流器之间的环流都很明显。这会

给多子网型交直流混合微电网中双向 DC/DC 变流器的稳定运行带来较大的影响。特别是单个变流器内部的环流造成了端口退化，由于正负极电流不等，无法选择正极电流还是负极电流进行功率计算，甚至无法有效定义"功率"概念，这会影响功率计量等常规操作。在第一自由度控制和第二自由度控制先后使能后，单个变流器内部的环流、多个变流器之间的环流也先后得到了有效抑制。此处需要强调的是，基于改进拓扑的两自由度控制是完全解耦的，可以彼此独立地工作。因此在多子网型交直流混合微电网中，可以根据实际环流的具体情形，有目的地选择不同的控制方式。

图 4-39(b)展示了输出母线电压。在第二自由度控制使能之前，输出母线电压可以维持在 600V，在第二自由度控制使能之后，输出母线电压出现了轻微的跌落，具体原因和 IPOP 改进拓扑的 Buck 型 DC/DC 变流器中的情况是类似的，在此不再赘述。

图 4-39 充分地说明了基于改进拓扑的两自由度环流抑制策略可运用到多子网型交直流混合微电网中，能够有效地抑制住双向 DC/DC 变流器中出现的各种类型的复杂环流。同时结合图 4-35、图 4-38 和图 4-39，基于改进拓扑的两自由度环流抑制策略拥有较强的适用性，可成体系地推广到其他 IPOP 非隔离型 DC/DC 变流器。

4.4 直流微电网源荷储分散式自治控制

图 4-40 展示了以光伏为主导的直流微电网典型拓扑结构。在并网状态下，直流母线电压由大电网通过双向功率变流器(BPC)来进行维持。此时光伏可运行在 MPPT 模式，以提高可再生能源的利用率。在孤岛模式下，直流母线电压由储能

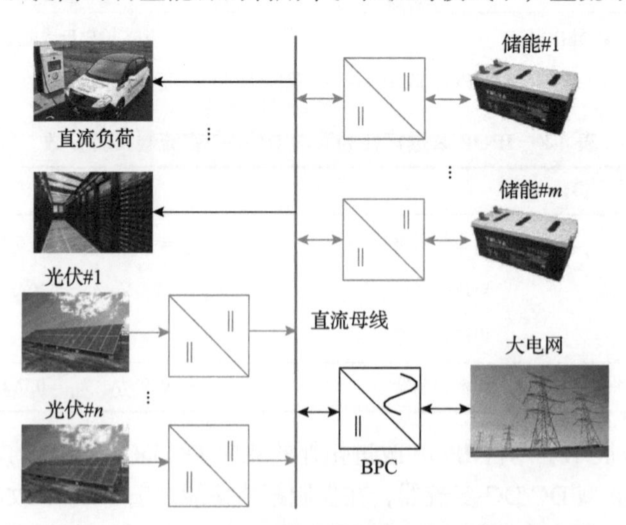

图 4-40 以光伏为主导的直流微电网典型拓扑结构

来维持。相比于大电网，储能的输出功率和总的容量都有限，因此孤岛状态下的直流微电网容易出现直流母线电压波动大以及储能过充、过流等不利情况，使系统进入异常运行状态，这会影响对光伏等可再生能源的高效利用。为保证孤岛状态下直流微电网的稳定运行，源荷储之间的功率协调是必需的。因此，孤岛状态下的直流微电网的稳定运行控制更具挑战性，这也是本节的重点研究内容。

以分散式的方式实现源荷储之间的功率协调运行，既可以保证经济层面的低投资又可以提升功率调节的快速性，保证功率的实时平衡。分布式电源、储能和负荷分布在直流微电网中的各个位置，为实现它们之间的分散式协同控制，本节以直流母线电压信号为基础，将它们联系起来。如图 4-41 所示，将直流母线电压正常的运行区间分为了低压(LV)区间和高压(HV)区间。以储能为核心，在其高 SOC 或者高充电功率的情况下，储能主动调节直流母线电压进入 HV 区间(电压高于 v_H，v_H 为 HV 区间和 LV 区间的临界值)，在该区间内，光伏主动限功率运行，阻性负荷被动增加功耗；在储能在低 SOC 或者高放电功率的情况下，储能主动调节直流母线电压进入 LV 区间(电压低于 v_H)，在该区间内，光伏以 MPPT 模式输出功率，阻性负荷被动降低功耗。通过这样的方式，可以实现直流微电网中的源荷储分散式自治控制策略。

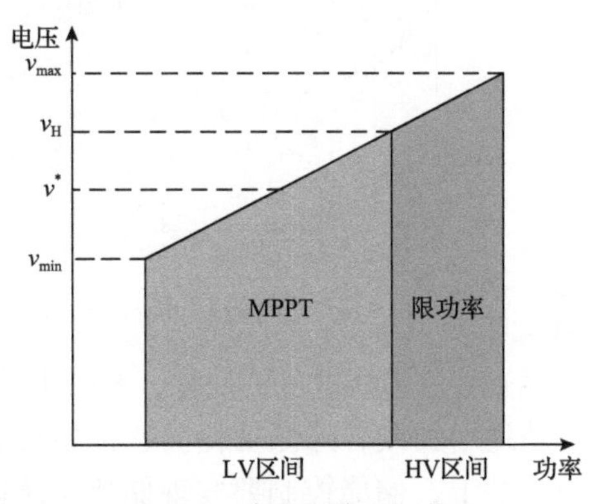

图 4-41　直流母线电压分区

4.4.1　SOC 自平衡控制

如图 4-42 所示，储能主要由电池和 Boost 型 DC/DC 变流器两部分组成。Boost 型 DC/DC 变流器的滤波电容为 C_s，滤波电感及其寄生电阻为 L_s 和 R_s；储能的输出电压为 v_{dc}，输出电流为 i_{dc}；线路电阻为 R_{line}，直流母线电压为 v_b。

整个控制策略分为两部分，内环是电压/电流双环控制，主要用来实现准确的电压跟踪。基于 PI 控制器的电压控制能够使得输出电压 v_{dc} 准确地跟踪其参考值 v_{dc}^{ref}，基于比例控制器的电流控制主要用来增加阻尼，提升系统稳定性。

外环主要由所提的 SOC 自平衡控制构成，实现以下控制目标：①不同储能间的 SOC 需要平衡，不能使得某台储能被过分使用；②当所有储能的 SOC 都达到平衡时，各个储能之间应当按照各自的输出能力来分担系统功率或者电流；③当所有储能的整体 SOC 过高(过低)或者充电功率过高(放电功率过高)时，储能应该主动地调节直流母线电压进入 HV 区间(LV 区间)，以让光伏等分布式电

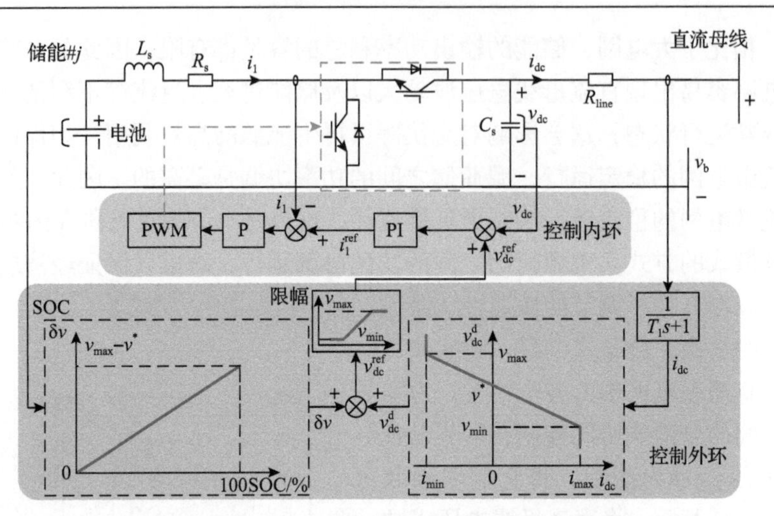

图 4-42　针对第 j 台储能的 SOC 自平衡控制策略

源感知直流母线电压的变化，及时主动地降低(升高)输出功率，同时让阻性负荷被动地增加或者降低功耗。这样使得源荷储之间的功率保持匹配，减轻储能压力。综上，储能控制要实现储能系统内部的协调以及储能系统和源、荷系统之间的协调。

根据图 4-42，针对第 j 台储能，可以得到其 SOC 自平衡控制策略的具体控制律：

$$v_{\mathrm{dc},j}^{\mathrm{ref}} = v_{\mathrm{dc},j}^{\mathrm{d}} + \delta v_j = \left(v^* - r_{\mathrm{d},j} \cdot i_{\mathrm{dc},j}\right) + r_{\delta,j} \cdot \mathrm{SOC}_j \tag{4-38}$$

其中，j 代表第 j 台储能；$v_{\mathrm{dc},j}^{\mathrm{ref}}$ 为传递给内环的输出电压参考值，经过限幅环节控制，$v_{\mathrm{dc},j}^{\mathrm{ref}}$ 被钳制在直流母线电压允许的变化范围之内，即 $v_{\mathrm{dc},j}^{\mathrm{ref}} \in [v_{\min}, v_{\max}]$；$v_{\mathrm{dc},j}^{\mathrm{d}}$ 和 δv_j 分别为传统下垂控制和 SOC 控制的输出；v^* 为额定的直流母线电压；$r_{\mathrm{d},j}$ 和 $r_{\delta,j}$ 分别为下垂控制中的下垂系数和 SOC 控制中的上升系数；$i_{\mathrm{dc},j}$ 为储能的输出电流，其经过低通滤波器 $1/(T_1 s+1)$ (T_1 为滤波时间常数)滤波后反馈到下垂控制中，防止电流变化太快导致电压不稳。由式(4-38)可以看出，在 SOC 自平衡控制策略中，储能的输出电压由输出电流和 SOC 共同决定。

根据库仑计量法(Coulomb counting method)，储能的 SOC 可按式(4-39)来计算：

$$\mathrm{SOC}_j = \mathrm{SOC}_j \big|_{t=0} - \frac{1}{\mathrm{CS}_j} \int i_{\mathrm{dc},j} \mathrm{d}t \tag{4-39}$$

其中，$\mathrm{SOC}_j \big|_{t=0}$ 为第 j 台储能初始时刻的 SOC；CS_j 为第 j 台储能的容量。

下垂系数 $r_{\mathrm{d},j}$ 根据储能的输出调节能力来设定，具体表达式为

$$r_{\mathrm{d},j}=\frac{v_{\max}-v_{\min}}{i_{\max,j}-i_{\min,j}} \tag{4-40}$$

其中，$i_{\max,j}$ 为第 j 台储能的最大输出电流，即最大放电电流；$i_{\min,j}$ 为第 j 台储能的最小输出电流，即最小充电电流；$v_{\max}$ 和 $v_{\min}$ 分别为直流母线电压允许的最大值和最小值。

上升系数 $r_{\delta,j}$ 设置为

$$r_{\delta,j}=\frac{v_{\max}-v^{*}}{100} \tag{4-41}$$

由式(4-41)可知，所有储能的上升系数 $r_{\delta,j}$ 都相同。

忽略输出线路电阻上的电压降，各个储能输出端的电压可看作近似相等。将内环看作“1”，即 $v_{\mathrm{dc},j}=v_{\mathrm{dc},j}^{\mathrm{ref}}$，结合式(4-38)，可以得到

$$r_{\delta,j}\cdot \mathrm{SOC}_j-r_{\mathrm{d},j}\cdot i_{\mathrm{dc},j}=r_{\delta,i}\cdot \mathrm{SOC}_i-r_{\mathrm{d},i}\cdot i_{\mathrm{dc},i} \tag{4-42}$$

其中，i、j 代表不同的储能。

由式(4-42)可得，若不同储能的 SOC 不均衡，则高 SOC 的储能会增加输出电流即增加放电电流或者降低充电电流，而低 SOC 的储能会减小输出电流即降低放电电流或者增加充电电流，只有这样式(4-42)才能保持成立。这是直接由式(4-42)从纯粹的数学层面得到的结论，另外也可以从物理层面来加以解释。事实上，储能输出电流的变化由其输出电压来调节，输出电压越高则输出电流越大。根据式(4-38)和图 4-42，在所提的 SOC 自平衡控制作用下，SOC 高的储能会产生比较高的输出电压，进而输出电流大；而 SOC 低的储能会产生比较低的输出电压，进而输出电流小。经过这样的调节，不同储能的 SOC 最终会达到平衡，达到了第一个控制目标，其平衡过程如图 4-43 所示。

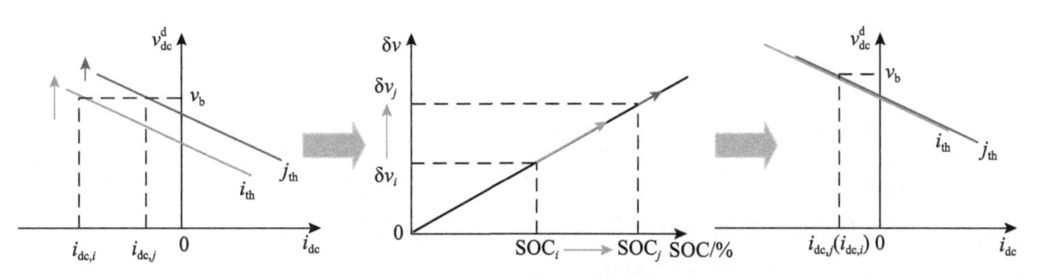

图 4-43　SOC 平衡过程

i_{th}、j_{th}-下垂特性曲线

当所有储能的 SOC 都达到平衡后（即不同储能的 SOC 都相同），结合式(4-41)，可以得到所提控制策略中 SOC 控制部分所产生的$\delta v_j = r_{\delta,j} \cdot \mathrm{SOC}_j$在不同的储能中都相同。因此，SOC 自平衡控制退化为传统的下垂控制，即

$$v_{\mathrm{dc},j}^{\mathrm{ref}} = \left(v^* + \delta v_j\right) - r_{\mathrm{d},j} \cdot i_{\mathrm{dc},j} \tag{4-43}$$

在传统下垂控制的作用下，多个储能之间可以根据彼此的下垂系数$r_{\mathrm{d},j}$来分担系统功率。而$r_{\mathrm{d},j}$是根据储能各自的输出能力来设置的，所以在所有储能的 SOC 都达到平衡后，各个储能之间可以按照各自的输出能力来分担系统功率，即第二个控制目标也已达到。另外，通过式(4-42)，也可以从纯粹的数学表达式上得到该结论。图 4-43 展示了在下垂系数相同的情况下，两台储能的最终电流分担情况。

对于储能系统而言，过充或者过流都会导致其故障停机。因此在辐照度充足、光伏全额出力的情形下，储能应该主动地调整直流母线电压进入 HV 区间，即使得直流母线电压高于v_{H}。这样做有两方面的目的：首先，当光伏感知直流母线电压的升高后主动退出 MPPT 模式，进入限功率模式，降低输出功率，其详细的控制将在 4.4.2 节介绍；其次，随着直流母线电压的升高，阻性负荷的功耗会被动地增加。通过源、荷两方面的调控，可显著地减轻储能压力。类似地，在辐照度不足、负荷功耗过大的情形下，储能应该主动地调整直流母线电压进入 LV 区间，即使得直流母线电压低于v_{H}，让光伏重新回到 MPPT 模式，增加输出功率，同时让阻性负荷被动降低功耗，以此来减轻储能的压力，即实现了第三个控制目标。

但是在 HV 区间，有两个极端情况需要考虑：①高 SOC 但是零充电电流；②高充电电流但是零 SOC。这两种极端情况分别对应着储能过充和过流两种故障，如果这两种情况下直流母线电压能够进入 HV 区间，则其他情况下储能都能够有效地避免过充和过流。下面来说明储能在这两种极端情况下，其控制策略依旧是有效的。

对于情况①，假设最坏情况即$\mathrm{SOC}_j = 100\%$，根据式(4-38)和式(4-41)，可得到储能的输出电压参考值为

$$v_{\mathrm{dc},j}^{\mathrm{ref}} = v_{\mathrm{dc},j}^{\mathrm{d}} + \delta v_j = v^* + v_{\max} - v^* = v_{\max} > v_{\mathrm{H}} \tag{4-44}$$

这意味着在最坏情况下，储能能够使得直流母线电压进入 HV 区间，使得光伏降功率运行，事实上结合 4.4.2 节对光伏的控制描述可知，在直流母线电压为$v_{\max}$时，光伏的输出功率为 0，即不会再让储能吸收功率。

对于情况②，假设最坏情况即$i_{\mathrm{dc},j} = i_{\min,j}$（$i_{\min,j} < 0$），达到最大充电电流，根据式(4-38)和式(4-40)，可得到储能的输出电压参考值为

$$v_{\mathrm{dc},j}^{\mathrm{ref}} = v_{\mathrm{dc},j}^{\mathrm{d}} + \delta v_j = v_{\max} > v_{\mathrm{H}} \tag{4-45}$$

这意味着在最坏情况下，储能也能够使得直流母线电压进入 HV 区间，使得光伏降功率运行，减小储能的充电电流负担。

从式(4-44)和式(4-45)可以看到，当储能处于过充状态或者过流状态时，在 SOC 自平衡控制作用下，系统直流母线电压都能进入 HV 区间，光伏能够及时主动地减小其输出功率，阻性负荷能够及时被动地增加其功耗，共同作用，维持储能 SOC 和输出电流在正常区间。

4.4.2　功率自适应控制

4.4.1 节详细地介绍了对储能的控制，本节将介绍对光伏的控制。图 4-44 呈现了光伏的拓扑结构和功率自适应控制策略。光伏面板通过 Buck-Boost 型 DC/DC 变流器连接到直流母线，滤波电容为 C_{f} ，滤波电感为 L_{f} ；光伏侧的电容为 C_{pv} ，光伏电压为 v_{pv} ；输出电压和输出电流分别为 v_{o} 和 i_{o} ，输出线路电阻为 R_{line} ，直流母线电压为 v_{b} 。

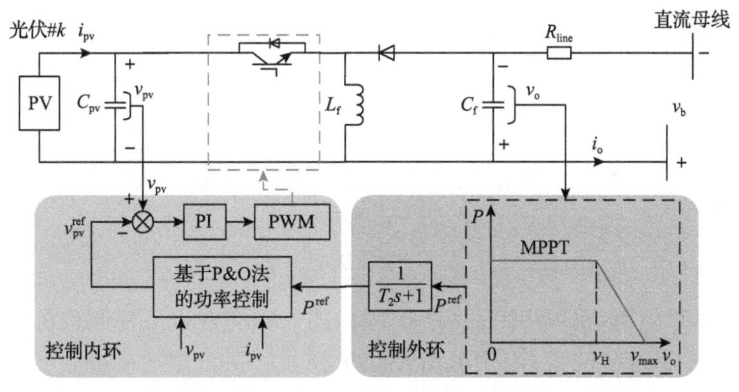

图 4-44　针对第 k 台光伏的拓扑结构和功率自适应控制

功率自适应控制也由两部分组成。内环是功率/电压双环控制，其中功率环是基于扰动观察(P&O)法的恒功率控制，其主要控制逻辑在 2.1.1 节中已有介绍。为叙述方便，将其主要功能和详细的控制流程在图 4-45 中呈现出来。由于光伏的间歇性和不确定性，其输出功率并不能总是跟踪其参考值。当参考功率 P^{ref} 大于光伏的最大功率(MP)时，光伏按照最大功率输出，如 P_1^{ref} 时只能输出最大功率，运行在 P_1 点；当参考功率 P^{ref} 小于光伏的最大功率时，光伏按照 P^{ref} 输出，如 P_2^{ref} 时则可以实现准确的跟踪，运行在 $P_{2\mathrm{a}}$ 或者 $P_{2\mathrm{b}}$ 点。电压环则是基于 PI 控制器的光伏电压控制，使得光伏电压能准确地跟踪由功率环所产生的光伏电压参考值 $v_{\mathrm{pv}}^{\mathrm{ref}}$ ，进而实现准确的功率输出。

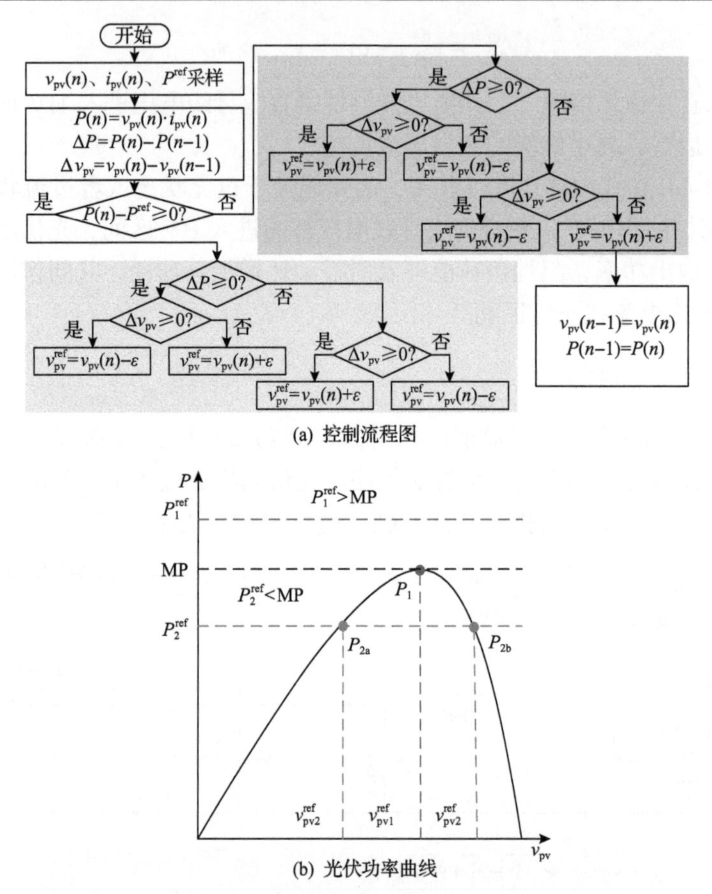

(a) 控制流程图

(b) 光伏功率曲线

图 4-45　基于 P&O 法的恒功率控制

外环主要是由所提的功率自适应控制构成，以完成以下控制目标：①当直流母线电压处于 HV 区间时，光伏退出 MPPT 模式，进入限功率模式，并根据各自容量的大小合理地降低输出功率。但当直流母线电压处于 LV 区间时，光伏要及时返回到 MPPT 模式，增加输出功率；②限功率模式和 MPPT 模式之间要平滑切换，减小对系统的冲击，提高供电质量。

如图 4-44 所示，光伏功率自适应控制的具体控制律为

$$P_k^{\mathrm{ref}}=\begin{cases}P_k^*, & v_{\mathrm{o},k}<v_{\mathrm{H}}\\ r_{\mathrm{pv},k}\left(v_{\max}-v_{\mathrm{o},k}\right), & v_{\mathrm{H}}\leqslant v_{\mathrm{o},k}<v_{\max}\\ 0, & v_{\mathrm{o},k}\geqslant v_{\max}\end{cases}\tag{4-46}$$

其中，k 代表第 k 台光伏；P_k^{ref} 为传递给内环的光伏输出功率参考值，其经过低通滤波器$1/(T_2 s+1)$（T_2 为滤波时间常数）滤波后传递给内环；P_k^* 为光伏可能的最

大输出功率，和 Buck-Boost 型 DC/DC 变流器的额定功率相同；$r_{\mathrm{pv},k}$ 为光伏限功率控制的调节系数；$v_{\max}$ 为直流母线电压的最大值；$v_{\mathrm{o},k}$ 为输出电压，与直流母线电压近似相等。

低通滤波器 $1/(T_2 s+1)$ 可以避免光伏的输出功率参考值在某些突变情况下(如负荷突变等)发生剧烈跳变，进而降低光伏输出功率波动对直流微电网系统稳定性的影响。

调节系数 $r_{\mathrm{pv},k}$ 设置为

$$r_{\mathrm{pv},k}=\frac{P_k^*}{v_{\max}-v_{\mathrm{H}}} \tag{4-47}$$

如果忽略输出线路电阻的电压降，则有 $v_{\mathrm{o},k}\approx v_{\mathrm{b}}$。再结合式(4-46)和式(4-47)可以得到在 HV 区间，不同的光伏可以按照自身容量的大小来调整输出功率。

同时从式(4-46)可以看出，在 MPPT 模式和限功率模式之间，光伏的控制及其输出功率参考值是平滑变化的，没有控制回路的切换以及控制指令的突变。因此，对光伏功率自适应控制的两个控制目标可完全实现。

在 HV 区间，储能即将处于过充或者过流状态，在所提的光伏功率自适应控制下，光伏会降低其输出功率。特别是随着储能 SOC 的不断增高，光伏的输出功率会不断地减小直到储能的充电电流为 0。此时，所有储能的 SOC 也将达到平衡状态。因此，忽略线路电阻以及结合式(4-38)，可以得到下列平衡方程：

$$P_{\mathrm{Load}}=\sum_{k=1}^{n}\frac{P_k^*}{v_{\max}-v_{\mathrm{H}}}\left(v_{\max}-v^*-r_{\delta,j}\cdot \mathrm{SOC}_j\right) \tag{4-48}$$

其中，P_{Load} 为总的负荷功率；n 为所有光伏的数量；$\mathrm{SOC}_1=\cdots=\mathrm{SOC}_j=\cdots=\mathrm{SOC}_m$，$m$ 为所有储能的数量。

式(4-48)意味着如果储能整体的 SOC 都很高，那么负荷的功耗完全由光伏来提供，整个变化过程如图 4-46 所示。同时，稳态 SOC 和 v_{H} 相关。v_{H} 越高，则 SOC 越高；v_{H} 越低，则 SOC 越低。

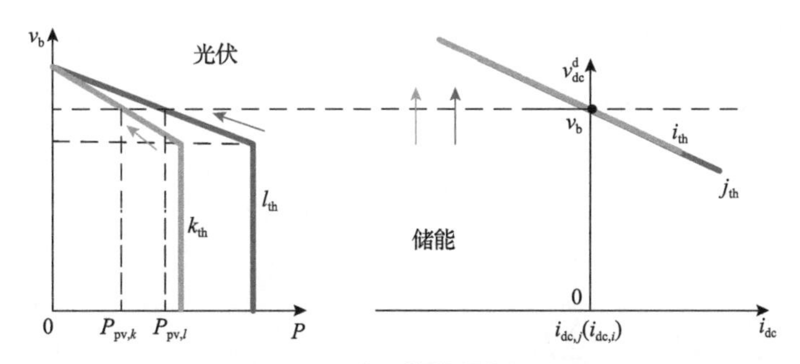

图 4-46　光伏和储能的协调过程

4.4.3 稳定性分析

本节主要研究源-储-荷协同控制的稳定性，确定关键参数的变化范围。为了简化分析，对直流微电网系统进行适当预处理，着重强调光伏和储能之间的交互作用。将所有的储能都合并成一个新的组合储能，将所有的光伏合并成一个新的组合光伏，将所有的负荷合并成一个新的组合负荷，整个直流微电网系统简化后如图 4-47 所示，图中也忽略了线路电阻。此外，本节主要研究 HV 区间的系统稳定性，此区间中各设备的控制相对复杂，是整个运行区间中比较薄弱的环节，相比而言其他运行区间的分析则相对较简单。

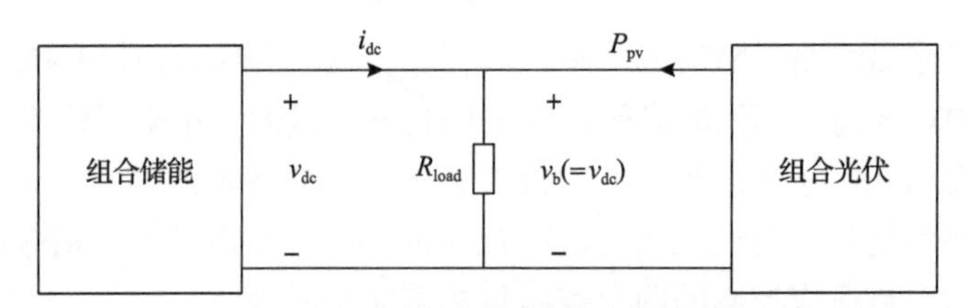

图 4-47 简化后的直流微电网系统

光伏、储能等的外环控制和内环控制的时间尺度相差较大，系统的主导极点主要受到较慢的外环的影响。因此，在分析中将内环看作“1”，即 $v_{dc} = v_{dc}^{ref}$，$P_{pv} = P^{ref}$。

基于上述简化，组合储能的外特性为

$$v_{dc} = v_{dc}^{d} + \delta v = \left(v^{*} - \frac{r_d}{T_1 s + 1} i_{dc} \right) + r_{\delta} \cdot \text{SOC} \tag{4-49}$$

其中，$i_{dc} = \sum_{j=1}^{m} i_{dc,j}$；$1/r_d = \sum_{j=1}^{m} 1/r_{d,j}$；$\text{SOC} = \text{SOC}|_{t=0} - 1/\text{CS}\int i_{dc}\text{d}t$，$\text{CS} = \sum_{j=1}^{m}\text{CS}_j$，$\text{SOC}|_{t=0} = \sum_{j=1}^{m}\text{CS}_j \cdot \text{SOC}_j|_{t=0} / \text{CS}$；$r_{\delta} = r_{\delta,j}$。

组合光伏的外特性为

$$P_{pv} = -\frac{r_{pv}}{T_2 s + 1}(v_{dc} - v_{max}) \tag{4-50}$$

其中，$P_{pv} = \sum_{k=1}^{n} P_{pv,k}$；$r_{pv} = \sum_{k=1}^{n} r_{pv,k}$。

组合负荷的外特性为

$$\frac{1}{R_{\mathrm{load}}}=\sum_{i=1}^{l}\frac{1}{R_{\mathrm{load},i}} \tag{4-51}$$

其中，l 为所有负荷的数量。

结合图 4-47、式(4-49)～式(4-51)，并令 $x_1=i_{\mathrm{dc}}/(T_1 s+1)$、$x_2=\mathrm{SOC}$、$x_3=P_{\mathrm{pv}}$，则整个系统的状态空间模型为

$$\begin{cases} T_1\dot{x}_1=-\left(1+\dfrac{r_{\mathrm{d}}}{R_{\mathrm{load}}}\right)x_1+\dfrac{r_\delta}{R_{\mathrm{load}}}x_2-\dfrac{x_3}{v^*-r_{\mathrm{d}}x_1+r_\delta x_2}+\dfrac{v^*}{R_{\mathrm{load}}} \\ \dot{x}_2=\dfrac{r_{\mathrm{d}}}{\mathrm{CS}\cdot R_{\mathrm{load}}}x_1-\dfrac{r_\delta}{\mathrm{CS}\cdot R_{\mathrm{load}}}x_2+\dfrac{1}{\mathrm{CS}}\cdot\dfrac{x_3}{v^*-r_{\mathrm{d}}x_1+r_\delta x_2}-\dfrac{v^*}{\mathrm{CS}\cdot R_{\mathrm{load}}} \\ T_2\dot{x}_3=r_{\mathrm{pv}}r_{\mathrm{d}}x_1-r_{\mathrm{pv}}r_\delta x_2-x_3+r_{\mathrm{pv}}\left(v_{\max}-v^*\right) \end{cases} \tag{4-52}$$

对于式(4-52)所示的非线性系统，其详细的稳定性分析是比较困难的，而且很难获得比较深刻的结论。因此可在式(4-52)的平衡点附近对其进行小信号线性化，分析其小信号稳定性。式(4-52)的小信号模型为

$$\begin{cases} \Delta\dot{x}_1=-\left(\dfrac{1}{T_1}+\dfrac{r_{\mathrm{d}}}{T_1R_{\mathrm{load}}}+\dfrac{r_{\mathrm{d}}x_{3\mathrm{e}}}{T_1D^2}\right)\Delta x_1+\left(\dfrac{r_\delta}{T_1R_{\mathrm{load}}}+\dfrac{r_\delta x_{3\mathrm{e}}}{T_1D^2}\right)\Delta x_2-\dfrac{1}{T_1D}\Delta x_3 \\ \Delta\dot{x}_2=\left(\dfrac{r_{\mathrm{d}}}{\mathrm{CS}\cdot R_{\mathrm{load}}}+\dfrac{r_{\mathrm{d}}x_{3\mathrm{e}}}{\mathrm{CS}\cdot D^2}\right)\Delta x_1-\left(\dfrac{r_\delta}{\mathrm{CS}\cdot R_{\mathrm{load}}}+\dfrac{r_\delta x_{3\mathrm{e}}}{\mathrm{CS}\cdot D^2}\right)\Delta x_2+\dfrac{1}{\mathrm{CS}\cdot D}\Delta x_3 \\ \Delta\dot{x}_3=\dfrac{r_{\mathrm{pv}}r_{\mathrm{d}}}{T_2}\Delta x_1-\dfrac{r_{\mathrm{pv}}r_\delta}{T_2}\Delta x_2-\dfrac{1}{T_2}\Delta x_3 \end{cases} \tag{4-53}$$

其中，$D=v^*-r_{\mathrm{d}}x_{1\mathrm{e}}+r_\delta x_{2\mathrm{e}}$，即直流母线电压的稳态值；$x_{1\mathrm{e}}$、$x_{2\mathrm{e}}$ 和 $x_{3\mathrm{e}}$ 为相应状态变量的稳态值。选择 D 为已知变量，则其他稳态值为

$$\begin{cases} x_{1\mathrm{e}}=r_{\mathrm{pv}}+\left(D/R_{\mathrm{load}}\right)-\left(r_{\mathrm{pv}}v_{\max}/D\right) \\ x_{2\mathrm{e}}=\left(D+r_{\mathrm{d}}x_{1\mathrm{e}}-v^*\right)/r_\delta \\ x_{3\mathrm{e}}=r_{\mathrm{pv}}\left(v_{\max}-D\right) \end{cases} \tag{4-54}$$

根据图 4-47 所展示的直流微电网系统以及表 4-9、表 4-10 中的储能和光伏参数，从式(4-53)可以得到直流微电网系统主导极点随相应控制参数的变化而变化的情况，如图 4-48 所示。

表 4-9　直流微电网中储能参数

储能参数	数值
L_s, C_s	1.0mH, 5.0mF
$[I_{min}, I_{max}]$	[−300A, 300A]
CS	36000C
初始 SOC	$SOC_1\|_{t=0}=50\%$，$SOC_2\|_{t=0}=60\%$
外环控制器	$r_d = 0.2\Omega$，$T_1 = 10ms$ $r_\delta = 0.6V$
内环控制器	PI: $k_P = 1A/V$, $k_I = 100A/(V\cdot s)$ P: $k_P = 0.1V/A$

表 4-10　直流微电网中光伏参数

光伏参数	数值
C_{pv}, L_f, C_f	5.0mF, 3.0mH, 8mF
容量	#1：50kW, #2：100kW, #3：200kW
v_H	640V
外环控制器	$r_{pv3} = 2r_{pv2} = 4r_{pv1} = 10kW/V$ $T_2 = 20ms$
内环控制器	PI: $k_P = 0.01$, $k_I = 0.05s^{-1}$ ε=0.01V

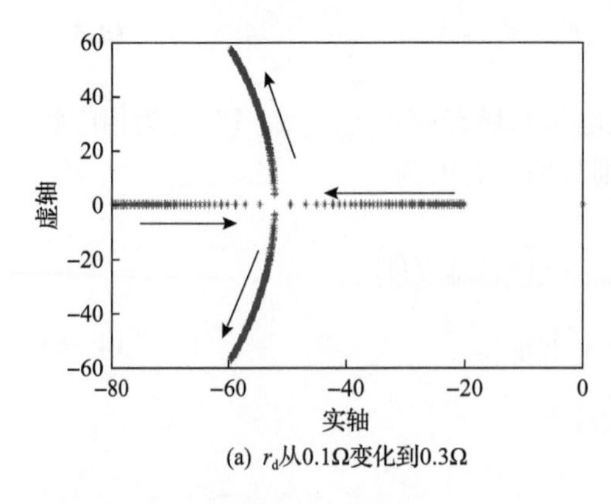

(a) r_d从0.1Ω变化到0.3Ω

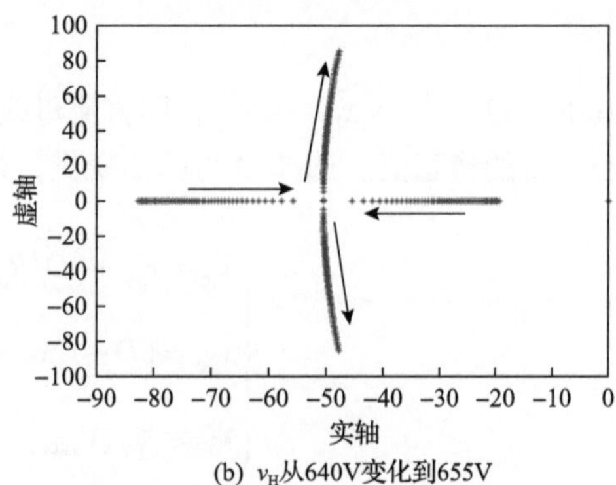

(b) v_H从640V变化到655V

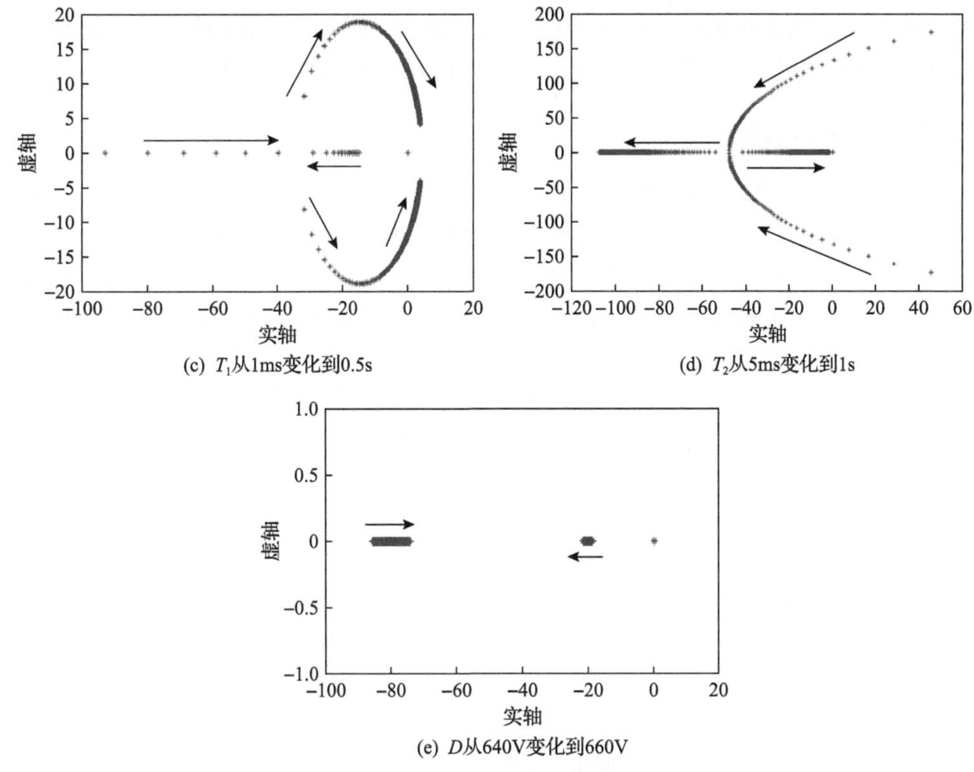

(c) T_1从1ms变化到0.5s

(d) T_2从5ms变化到1s

(e) D从640V变化到660V

图 4-48　直流微电网系统主导极点变化图

图 4-48(a)和(b)呈现了直流微电网系统主导极点随储能下垂系数r_d和 HV 区间阈值v_H的变化而变化的情况，其中r_d从 0.1Ω 变化到 0.3Ω，v_H从 640V 变化到 655V(会改变光伏功率控制中的调节系数r_{pv}，如式(4-47)所示)。可以看到，尽管这两个参数大范围地变化，但是系统仍然能保持稳定。这说明系统稳定性对这两个参数不敏感，可在较宽松的条件下设计这两个参数的具体数值。

图 4-48(c)和(d)呈现了直流微电网系统主导极点随储能功率控制中的滤波时间常数T_1和光伏功率控制中的滤波时间常数T_2的变化而变化的情况，其中T_1从 1ms 变化到 0.5s，T_2从 5ms 变化到 1s。可以看到，当T_1较大或者T_2较小时，直流微电网系统变得不稳定。这说明储能功率控制中要对电流的变化做出及时的反应，迅速调整输出电压，否则系统会由于功率不平衡而引起失稳。同样地，对于光伏功率控制而言，其输出功率不能变化太大，否则容易造成系统功率波动，使得直流微电网失稳。因此，在对这两个参数进行具体的数值设计时，条件要相对严格，因为它们对系统稳定性的影响较大。

图 4-48(e)呈现了D即直流母线电压稳态值(会影响系统运行点，如式(4-54)所示)变化时，直流微电网系统主导极点的变化情况，其中D从 640V 变化到 660V。

可以看到，在直流母线电压稳态值的变化范围内，所提的源-储-荷协同控制在所设计的参数下能使得系统保持稳定运行，且具有较大的稳定裕度。

4.4.4 硬件在环实验

为验证源-储-荷协同控制对孤岛状态下的直流微电网功率控制的有效性，本节进行了相关的硬件在环实验。实验所用的直流微电网系统如图 4-49 所示，该直流微电网运行在孤岛状态下，含有三台光伏、两台储能以及一个阻性负荷。所用的硬件在环实验平台如图 4-11 所示，已在 4.1.3 节中详细叙述，这里不再赘述。

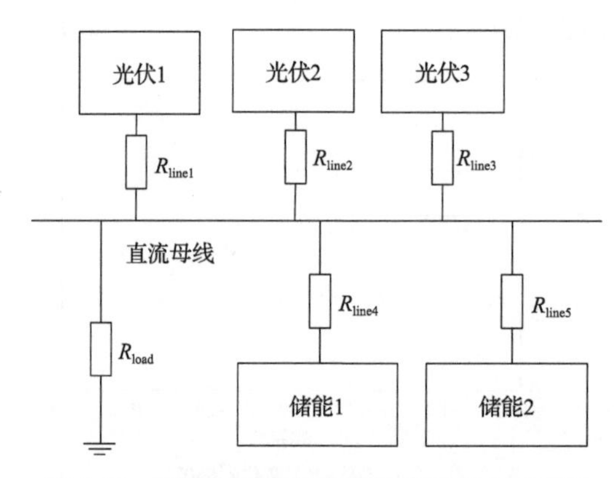

图 4-49 实验用孤岛状态下的直流微电网系统

额定的直流母线电压 v^* 为 600V，直流母线电压的允许变化范围为 [540V,660V]；三台光伏和直流母线之间的线路电阻为 $R_{line1}=R_{line2}=R_{line3}=2m\Omega$，两台储能和直流母线之间的线路电阻为 $R_{line4}=R_{line5}=1m\Omega$；直流负荷为 $R_{load}=1.8\Omega$；三台光伏之间的容量比为 1∶2∶4，两台储能之间功率输出能力以及总体容量都相同；其他参数如表 4-9 和表 4-10 所示。

图 4-50 呈现了在源-储-荷协同控制下直流微电网的动态响应结果。在 0～100s 期间，辐照度从 $200W/m^2$ 增加到 $1000W/m^2$；然后辐照度保持不变，在 200s 的时候，发生负荷突变，负荷增加了 100kW。在 250s 的时候，负荷又恢复到原来水平；在 300～400s 期间，辐照度从 $1000W/m^2$ 又下降到 $200W/m^2$；在 420s 时，整个实验结束。

图 4-50(a)展示了辐照度的详细变化情况。

图 4-50(b)展现了直流母线电压 v_b 的变化情况。从图中可以看到，随着储能充电电流和 SOC 的增长，直流母线电压不断地上升直到系统进入 HV 区间即 $v_b > v_H$。在 HV 区间，光伏开始限制自身的出力，储能充电电流开始下降，SOC 上升减缓。在稳态下，储能的充电电流变为 0，负荷的功率完全由光伏提供，直流母线电压保持不变。当负荷在 200s 和 250s 发生突变时，直流母线电压有闪变，

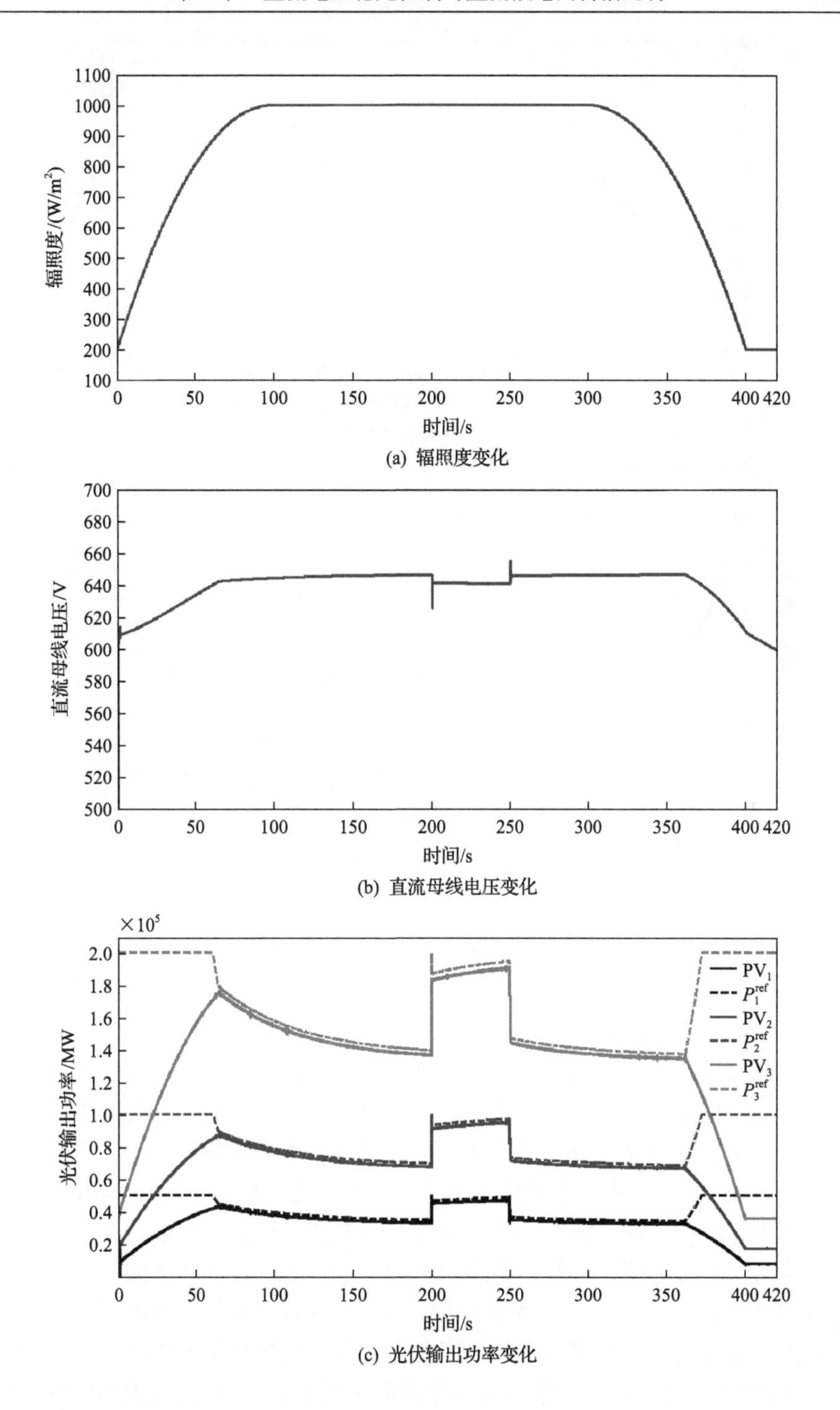

(a) 辐照度变化

(b) 直流母线电压变化

(c) 光伏输出功率变化

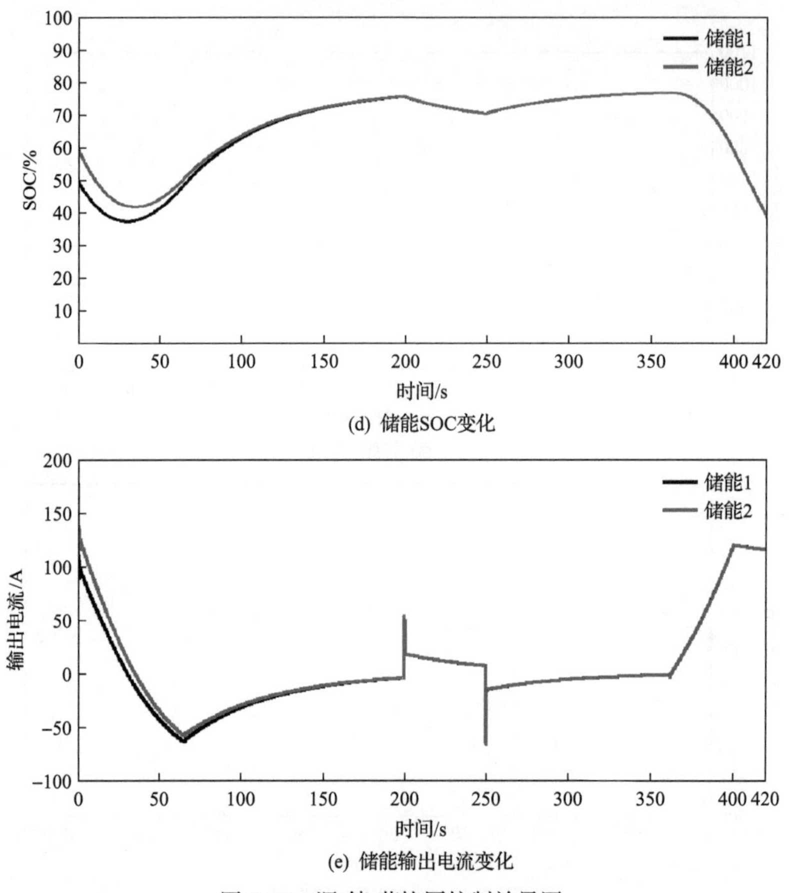

(d) 储能SOC变化

(e) 储能输出电流变化

图 4-50　源-储-荷协同控制效果图

但是仍然能够维持在允许的范围[540V,660V]之内。同时，在负荷增加后的稳态中，直流母线电压被维持在一个更低的水平。在350s之后，随着辐照度的减少，直流母线电压也开始降低。

图4-50(c)展示了在所提功率自适应控制下光伏输出功率的变化,图中呈现出了由光伏功率自适应控制外环所产生的功率参考值和光伏的实际输出功率。首先，内环的恒功率控制策略能够很好地实现它的功能。在辐照度不足(在 50s 之前和350s 之后)并且参考功率大于光伏的最大功率时，光伏能够运行在 MPPT 模式，尽可能地为直流微电网系统提供功率支撑。当辐照度充足的时候，光伏能够准确地跟踪输出功率参考值，调整它们的输出功率。其次，在 HV 区间，随着直流母线电压的上升，光伏的输出功率参考值在外环功率自适应控制下不断地下降。而且三台光伏的输出功率参考值根据它们各自的容量按比例地变化即 1∶2∶4。同时，在 HV 区间，光伏的出力能够很好地跟随系统负荷的变化，如图中 200～250s 期间的实验结果所示。当系统返回到 LV 区间时，光伏的输出功率参考值又变成

光伏可能的最大功率值，光伏重新回到 MPPT 模式。

图 4-50(d)呈现出了储能 SOC 的变化情况。首先，从图中可以看出，两台储能的 SOC 可以在所提的 SOC 自平衡控制作用下实现很好的均衡。在开始时，$SOC_1|_{t=0}$=50%，$SOC_2|_{t=0}$=60%，两者并不平衡，在所提控制策略的作用下，无论是在充电状态还是在放电状态，两台储能 SOC 之间的差值都不断缩小，最终两者实现了平衡。其次，当整体 SOC 变得比较高时，储能的输出电压能够主动地提升，进而使得直流母线电压也随之升高，如图 4-50(b)所示。直流母线电压的升高能够被光伏感知到，从而主动地调整其输出功率，如图 4-50(c)所示。同时直流母线电压的升高能够增加阻性负荷的功耗，从而进一步地平衡系统功率。通过源主动调节和荷被动调节，储能的压力能够减小，避免过充或者过流的危险。所以即使在辐照度强烈期间，储能的 SOC 也能够维持在 70%～80%，不会再继续增加。

图 4-50(e)展现出了储能输出电流的变化情况。在开始时，由于两台储能之间 SOC 的差异，两台储能的输出电流不相同。在放电阶段，储能 2 的放电电流要大于储能 1 的放电电流，使得储能 2 的 SOC 能够比储能 1 的 SOC 下降得更多；在充电阶段，储能 1 的充电电流要大于储能 2 的充电电流，使得储能 1 的 SOC 能够比储能 2 的 SOC 上升得更多。通过这种方式，两台储能的 SOC 最终能够平衡，如图 4-50(d)所示。在两台储能的 SOC 达到平衡之后，它们的输出电流变得相同，即两台储能之间实现了电流均分。在 HV 区间，当储能的 SOC 较高时，所提的源-储-荷协同控制使得储能不再吸收能量，即储能的输出电流为 0，维持住储能 SOC 让其不再增长，如图 4-50(d)所示。此外，当负荷发生突变的时候，储能作为电压源，能够及时地补充系统功率缺额，如图 4-50 中 200s 和 250s 时刻所示。

通过图 4-50 中的实验结果可以看出，源-储-荷协同控制拥有良好的功率调控效果，能够有效地维持直流微电网的稳定运行。

图 4-51 呈现出了 HV 区间阈值 v_H 和储能 SOC 之间的相互关系。从图中可以

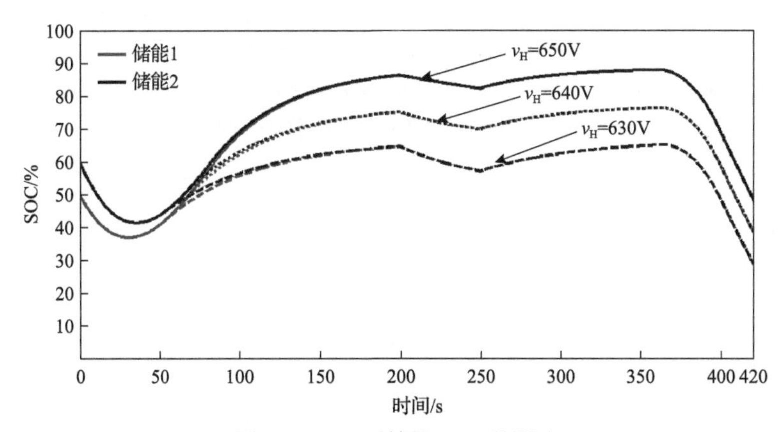

图 4-51　v_H 对储能 SOC 的影响

看到随着 v_H 的增加，储能 SOC 在 HV 区间时的稳态值也不断升高，这和前述理论分析能够很好地符合。同时，可以依据这个关系，通过设置 v_H 值来调节储能 SOC 的变化范围。

参考文献

[1] Barrado J A, Aroudi A E, Valderrama-Blavi H, et al. Analysis of a self-oscillating bidirectional dc-dc converter in battery energy storage applications[J]. IEEE Transactions on Power Delivery, 2012, 27(3): 1292-1300.

[2] Li H, Wang S H, Lv J M, et al. Stability analysis of the shunt regulator with nonlinear controller in PCU based on describing function method[J]. IEEE Transactions on Industrial Electronics, 2017, 64(3): 2044-2053.

[3] 张绍和, 韩肖清, 张海荣. 用描述函数法分析多机电力系统静态稳定的一种方法[J]. 中国电机工程学报, 1995, 15(6): 369-374.

[4] Villalva M G, Gazoli J R, Filho E R. Comprehensive approach to modeling and simulation of photovoltaic arrays[J]. IEEE Transactions on Power Electronics, 2009, 24(5): 1198-1208.

[5] Dong D, Wen B, Boroyevich D, et al. Analysis of phase-locked loop low-frequency stability in three-phase grid-connected power converters considering impedance interactions[J]. IEEE Transactions on Industrial Electronics, 2015, 62(1): 310-321.

[6] Wen B, Boroyevich D, Burgos R, et al. Analysis of D-Q small-signal impedance of grid-tied inverters[J]. IEEE Transactions on Power Electronics, 2016, 31(1): 675-687.

[7] Fang J Y, Li X Q, Li H C, et al. Stability improvement for three-phase grid-connected converters through impedance reshaping in quadrature-axis[J]. IEEE Transactions on Power Electronics, 2018, 33(10): 8365-8375.

[8] Davari M, Mohamed Y A R I. Robust vector control of a very weak-grid-connected voltage-source converter considering the phase-locked loop dynamics[J]. IEEE Transactions on Power Electronics, 2017, 32(2): 977-994.

[9] Huang Y H, Yuan X M, Hu J B, et al. Modeling of VSC connected to weak grid for stability analysis of DC-link voltage control[J]. IEEE Journal of Emerging and Selected Topics in Power Electronics, 2015, 3(4): 1193-1204.

[10] Huang Y H, Yuan X M, Hu J B, et al. DC-bus voltage control stability affected by AC-bus voltage control in VSCs connected to weak AC grids[J]. IEEE Journal of Emerging and Selected Topics in Power Electronics, 2016, 4(2): 445-458.

[11] Harnefors L, Wang X F, Yepes A G, et al. Passivity-based stability assessment of grid-connected VSCs—an overview[J]. IEEE Journal of Emerging and Selected Topics in Power Electronics, 2016, 4(1): 116-125.

[12] Wang X F, Blaabjerg F, Loh P C. Passivity-based stability analysis and damping injection for multiparalleled VSCs with *LCL* filters[J]. IEEE Transactions on Power Electronics, 2017, 32(11): 8922-8935.

第 5 章　直流配电新型互联变流器

5.1　直流配电拓扑与互联变流器及其控制模式

5.1.1　交直流互联双向 AC/DC 变流器及其控制方法

当交直流混合配电网中的有功潮流从直流子网流向交流子网时，直流电压下降，交流频率上升；当有功潮流从交流子网流向直流子网时，直流电压上升，交流频率下降。所以，交流频率和直流电压呈现出高度依赖的关系，同时交流频率和直流电压可以表征各自子网功率的盈亏。

根据交直流子网间的功率耦合机制，可以通过控制交流频率和直流电压的相对变化，让互联变流器转移适当的功率，实现交直流子网之间的相互协调运行，达到网-网协同控制的目的。

首先介绍交直流混合配电网互联关键设备——三相 AC/DC 变流器的拓扑结构。在本节所研究的交直流混合配电网中，三相 AC/DC 变流器的拓扑结构如图 5-1 所示，交流侧电感滤波器为 L，其寄生电阻为 R，输入电流为 $i_{a,b,c}$，交流母线电压为 $v_{a,b,c}$；直流侧电容滤波器为 C，输出电压为 v_{dc}，输出电流为 i_{dc}。

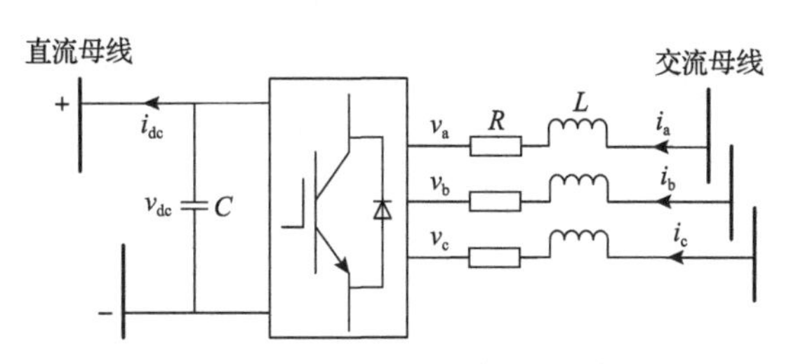

图 5-1　三相 AC/DC 变流器拓扑结构

交直流混合配电网中的网-网协同控制主要通过互联变流器来实现，所以控制策略主要在该设备上实施。针对互联变流器的控制主要分为两部分，内环主要实现对输出电压 v_{dc} 的控制以及抑制 IPOP 互联变流器中单个变流器内部的环流；外环则主要由直流下垂以及本节所提的基于交流频率和直流电压反馈的功率协同控制构成，用来实现功率管理，包括子网间的功率互动以及多个互联变流器之间的功率均担。

这里介绍内环控制。由图 5-1 及 dq0 三轴建模方法，可得到互联变流器的数学模型：

$$\begin{cases} L\dfrac{\mathrm{d}i_{\mathrm{d}}}{\mathrm{d}t}=-R\cdot i_{\mathrm{d}}+\omega L\cdot i_{\mathrm{q}}+\left(V-v_{\mathrm{d}}\right) \\ L\dfrac{\mathrm{d}i_{\mathrm{q}}}{\mathrm{d}t}=-R\cdot i_{\mathrm{q}}-\omega L\cdot i_{\mathrm{d}}-v_{\mathrm{q}} \\ L\dfrac{\mathrm{d}i_{0}}{\mathrm{d}t}=-R\cdot i_{0}+v_{\mathrm{c0}}-v_{0} \\ \dfrac{1}{2}C\dfrac{\mathrm{d}v_{\mathrm{dc}}^{2}}{\mathrm{d}t}=\dfrac{3}{2}V\cdot i_{\mathrm{d}}-P_{\mathrm{dc}} \end{cases} \tag{5-1}$$

其中，V 为交流母线电压 $v_{\mathrm{a,b,c}}$ 的幅值；ω 为交流系统额定的角频率；P_{dc} 为直流侧输出功率；v_{c0} 为交流公共点在零序通道的等效电压，其和各个互联变流器内部的环流(即零序环流)都有关。

基于式(5-1)以及 dq0 三轴控制，可以形成 IPOP 三相 AC/DC 变流器的内环控制，如图 5-2 所示。d 轴通道主要由直流电压控制和交流电流控制两部分组成。直流电压控制基于 PI 控制器，即 $G_{\mathrm{IV}}(s)=K_{\mathrm{IVP}}+K_{\mathrm{IVI}}/s$，通过控制 v_{dc}^{2}，来间接使得 v_{dc} 准确地跟随 $v_{\mathrm{dc}}^{\mathrm{ref}}$。这样，直流电压平方的反馈使得直流电压控制实现了线性化，提升了内环控制的性能。交流电流控制也主要基于 PI 控制器，即 $G_{\mathrm{II}}(s)=K_{\mathrm{IIP}}+K_{\mathrm{III}}/s$，使得有功电流 i_{d} 能够准确地跟随由电压控制产生的电流参考值 $i_{\mathrm{d}}^{\mathrm{ref}}$。同时，通过插入相应的 q 轴补偿项，实现了 dq 轴的完全解耦控制。

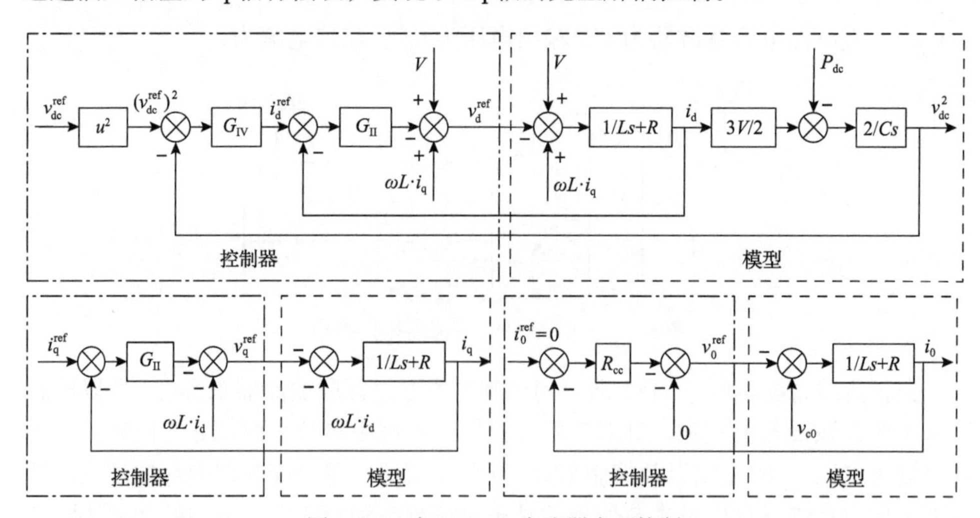

图 5-2　三相 AC/DC 变流器内环控制

q 轴通道主要由交流电流控制构成，通过基于 PI 的电流控制器使得 q 轴电流 i_{q} 准确地跟踪其参考值 $i_{\mathrm{q}}^{\mathrm{ref}}$。同时，通过插入相应的 d 轴补偿项，实现了 dq 轴的完全解耦控制。

0 轴通道由比例控制器来起到虚拟电阻 R_{cc} 的作用，提升 0 轴通道的阻尼，抑制系统的零序环流，即单个变流器内部的环流。

下面介绍外环控制。外环控制主要用来实现功率管理，包括子网间的功率互动以及多个互联变流器之间的功率均担，其具体的控制策略如图 5-3 所示。其中直流下垂控制主要用来实现多个互联变流器间的功率均担，其具体的控制律为

$$v_{\mathrm{dc},k}^{\mathrm{ref}} = \left(V_{\mathrm{dc}}^{*} - \delta V\right) - r_k\left(i_{\mathrm{dc},k} - I_{\mathrm{dc},k}^{*}\right) \tag{5-2}$$

式中，k 代表第 k 台互联变流器；r_k、$i_{\mathrm{dc},k}$、$I_{\mathrm{dc},k}^{*}$、V_{dc}^{*} 和 $v_{\mathrm{dc},k}^{\mathrm{ref}}$ 分别为直流下垂系数、直流输出电流、额定的直流输出电流、额定的直流母线电压以及传递给内环的直流电压参考值；δV 为基于交流频率和直流电压反馈的功率协同控制的输出。

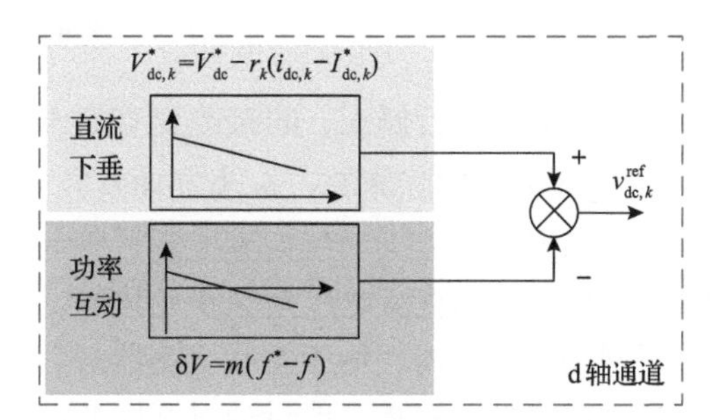

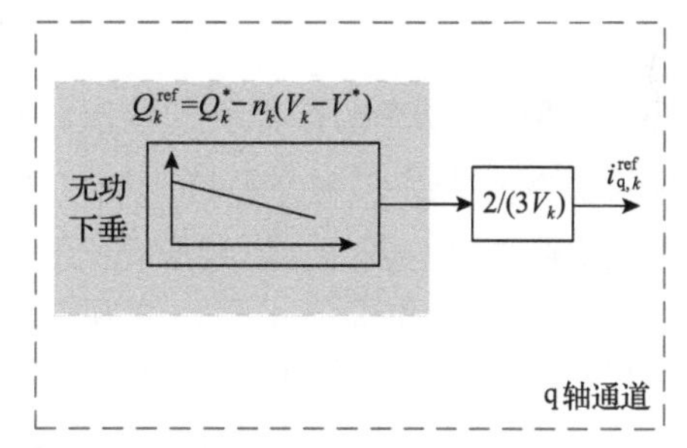

图 5-3　针对第 k 台互联变流器的外环控制

由于 δV 在所有的互联变流器中都是相同的，所以 $V_{\mathrm{dc}}^{*} - \delta V$ 在所有互联变流器中都是相同的。那么，式(5-2)所示的控制律可以被认为是典型的直流下垂控制。因此，多个互联变流器之间能够根据直流下垂系数 r_k 实现功率分担。

对于无功控制而言，为减小交流子网内储能系统承担无功的压力，充分发挥互联变流器的作用，在互联变流器的外环控制中也引入了无功下垂控制，如图 5-3 所示。其具体的控制律为

$$Q_k^{\mathrm{ref}} = Q_k^{*} - n_k\left(V_k - V^{*}\right) \tag{5-3}$$

式中，k 代表第 k 台互联变流器；Q_k^{*}、n_k、V_k、V^{*} 和 Q_k^{ref} 分别为额定的无功参考值、无功下垂系数、交流母线电压实际幅值、交流母线电压额定值以及无功参考值。其中 Q_k^{ref} 经过转换式 $i_{\mathrm{q},k}^{\mathrm{ref}} = 2Q_k^{\mathrm{ref}}/(3V_k)$ 转化为无功电流参考值 $i_{\mathrm{q},k}^{\mathrm{ref}}$ 传递给内环。这样，经过无功下垂的作用，互联变流器可以分担一部分无功，减轻储能承担无功的压力。同时多个互联变流器之间可以根据无功下垂系数 n_k 来实现无功分担。

通过式(5-2)和式(5-3)所示的有功控制和无功控制，多个变流器之间的功率

分担功能能够很好地实现。或者从环流抑制的角度来说，结合内环的 0 轴控制，多个 IPOP 互联变流器之间的环流和单个互联变流器内部的环流都得到了有效的抑制。

外环功率管理中另外一个关键点是交直流子网间的功率互动。无论是交流子网出现功率波动还是直流子网出现功率波动，两个子网都应该互相支撑，协同地分担该功率波动。本节研究的交直流混合配电网中互联变流器要为直流子网提供电压支撑，以电压控制为主，不方便直接调控其输出功率，所以通过改变其输出电压来间接地调控其输出功率，即直流电压升高，则向直流子网转移的功率变大；直流电压下降，则向直流子网转移的功率变小。综上，所得到基于交流频率和直流电压反馈的功率协同控制如图 5-3 所示，其具体的控制律为

$$\delta V = m(f^* - f) \tag{5-4}$$

其中，δV 为功率协同控制的输出，对直流母线电压进行修正，间接改变直流子网的功率水平；f^* 和 f 分别为交流子网的额定频率和实际频率；m 为互动系数，决定交换功率的多少，影响最终交直流子网的稳定状态。

由式(5-2)和式(5-4)可以直观地看出，交流频率和直流电压是同步变化的，即两子网的功率变化也是同步的。当直流子网功率增加时，由于互联变流器对其提供电压支撑，交流子网系统运行频率会自动地降低，将更多能量通过互联变流器传递到直流子网，对直流子网进行支撑。同样地，当交流子网功率增加而导致交流频率下降时，通过所提基于交流频率和直流电压反馈的功率协同控制，会使得直流子网的直流电压降低，将多出的能量传递到交流子网，对其进行支撑，也即两子网之间能够互济互助、相互支撑，在子网之间的层面上，实现了网-网协调的目的。此外，交流频率和直流电压都可以通过互联变流器进行本地采集，不需要通信系统的辅助，可以实现完全分散式的控制。

另外，互动系数 m 对功率协同控制有显著的影响，将交流频率和直流电压两个异质量联系起来，直接决定两子网的相互协调程度。因此，对于参数 m 的设计显得格外重要。下面对其参数设计进行详细的介绍。

首先，考虑子网自身的特征。如果两个子网的容量不匹配，其中一个的容量明显大于另一个的容量，则在进行功率协同控制时较弱一侧的贡献是非常有限的，因此较强的一侧应该吸收或者释放更多的功率。除此之外，某些负荷对交流频率或者直流电压等电气参数比较敏感，我们称之为关键负荷。那么，关键负荷占比较大的子网要保证较高的供电质量，不应该较剧烈地改变其电气参数，即容量小且关键负荷占比高的子网应该以相对较小的幅度来改变其交流频率或者直流电压。

其次，交流频率和直流电压是两个异质量，由于量纲不一样，不方便控制。因此，要对它们进行正则化处理。

结合以上这两点，希望式(5-5)成立：

$$\left(\frac{P_{dc}^{sum}}{P^{sum}}\right)^{-1}\cdot\frac{P_{dc}^{cri}}{P_{dc}^{sum}}\cdot\frac{\delta V}{V_{dc}^{max}-V_{dc}^{min}}=\left(\frac{P_{ac}^{sum}}{P^{sum}}\right)^{-1}\cdot\frac{P_{ac}^{cri}}{P_{ac}^{sum}}\cdot\frac{f^{*}-f}{f^{max}-f^{min}} \tag{5-5}$$

其中，P_{ac}^{sum} 和 P_{dc}^{sum} 分别为交流子网和直流子网的总容量；$P^{sum}=P_{ac}^{sum}+P_{dc}^{sum}$ 为交直流混合配电网的总容量；P_{ac}^{cri} 和 P_{dc}^{cri} 分别为交流子网中关键负荷的容量和直流子网中关键负荷的容量；V_{dc}^{max} 和 V_{dc}^{min} 为直流母线电压的最大值和最小值；f^{max} 和 f^{min} 为交流母线频率的最大值和最小值。根据式(5-5)，互动系数 m 可以设置为

$$m=\left(\frac{P_{ac}^{sum}}{P^{sum}}\right)^{-1}\frac{P_{ac}^{cri}}{P_{ac}^{sum}}\left(V_{dc}^{max}-V_{dc}^{min}\right)\Bigg/\left[\left(\frac{P_{dc}^{sum}}{P^{sum}}\right)^{-1}\frac{P_{dc}^{cri}}{P_{dc}^{sum}}\left(f^{max}-f^{min}\right)\right] \tag{5-6}$$

5.1.2　直流互联双向 DC/DC 变流器及其控制方法

直流配电网在接入分布式可再生能源后会在中低压配电网之间产生双向潮流，此时必须采用双向 DC/DC 变流器实现中低压的互联。一种可能的直流互联双向 DC/DC 变流器结构如图 5-4 所示。当中压母线到低压母线的潮流为正向时，开关管 S_1 作为主功率管，开关管 S_2 作为续流管。当中压母线到低压母线的潮流为负向时，开关管 S_2 作为主功率管，开关管 S_1 作为续流管。开关管 S_1 和 S_2 间功能的对称性可以实现中低压直流母线互联时的潮流双向流动。

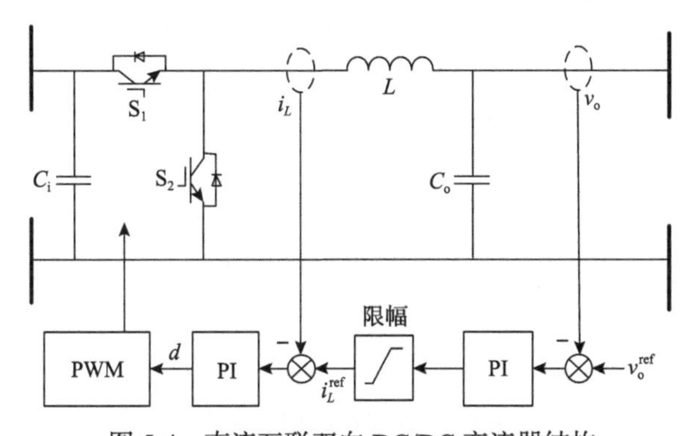

图 5-4　直流互联双向 DC/DC 变流器结构

在控制策略方面，直流互联双向 DC/DC 变流器可以采用经典的电压外环电流内环级联的双环控制结构。其中，电流内环参考值与电感电流做差并经 PI 控制器补偿后得到 PWM 调制器的占空比 d，实现电感电流的控制；电压外环参考值与低压直流母线电压做差后经 PI 控制器补偿后得到电流内环的参考值，实现低压直

流母线电压的控制。电流内环的参考值可以进行一定的限幅，保证直流互联双向DC/DC变流器在故障工况下的输出电流不会超过其电流能力。

上述直流互联双向DC/DC变流器能实现中低压配电网间的简单互联，但也存在较多的局限性。首先，其采用双向 Buck 拓扑结构，该拓扑结构能实现的功率水平和电压增益是较为有限的；其次，其无法实现中低压直流母线间的电气隔离；最后，其采用低压直流母线电压控制作为主要控制策略，该策略只能实现中压直流母线对低压直流母线的电压支撑，无法实现低压直流母线对中压直流母线的电压支撑，降低了直流互联配电网的灵活性。

考虑到上述因素，有必要研究直流配电网新型直流互联设备，以全面提升直流配电网直流互联能力。

5.2　基于恒变比控制的新型DC/DC直流变压器

5.2.1　DC/DC直流变压器拓扑结构及其变比建模

本章中采用DABC来构建新型恒变比电力电子直流变压器，其具有电气隔离、功率双向流动、功率密度高等特点，此外，为了模型的简洁性，本章的DABC采用了传统的单移相(single phase shift，SPS)调制策略[1]。DABC的结构如图5-5所示。C_1和C_2是变换器输入输出端口电容，T是变比为$n:1$、漏感为L_k的高频隔离变压器，S_1、S_2、S_3和S_4是初级全桥的开关管，S_5、S_6、S_7和S_8是次级全桥的开关管。在DABC的SPS调制策略中，所有的开关管工作在50%占空比下并产生两个方波电压v_{AB}和v_{CD}。通过调节v_{AB}超前v_{CD}的移相角φ，DABC就可以控制其传输的功率。

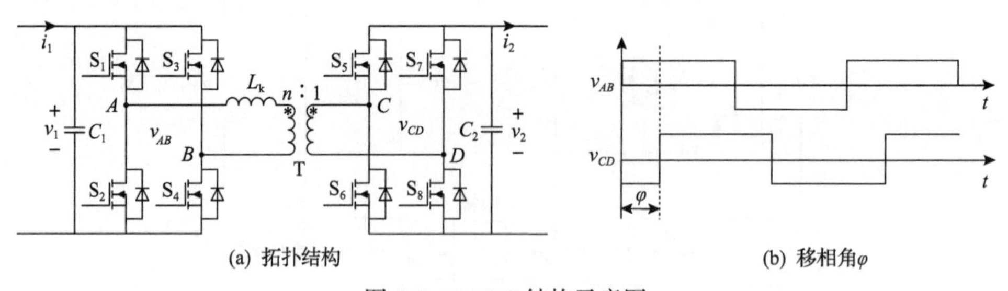

(a) 拓扑结构　　(b) 移相角φ

图5-5　DABC结构示意图

在忽略所有损耗时，一个开关周期中从DABC初级全桥传输到次级全桥的平均有功功率可以通过式(5-7)计算[2]：

$$P_\text{T}=\frac{nv_1v_2\varphi(\pi-|\varphi|)}{\pi X} \tag{5-7}$$

其中，$X=2\pi f_s$，f_s 为开关周期；v_1 和 v_2 为输入输出端口电压。

基于式(5-7)，SPS 调制型 DABC 的平均模型可以用图 5-6 来表示。

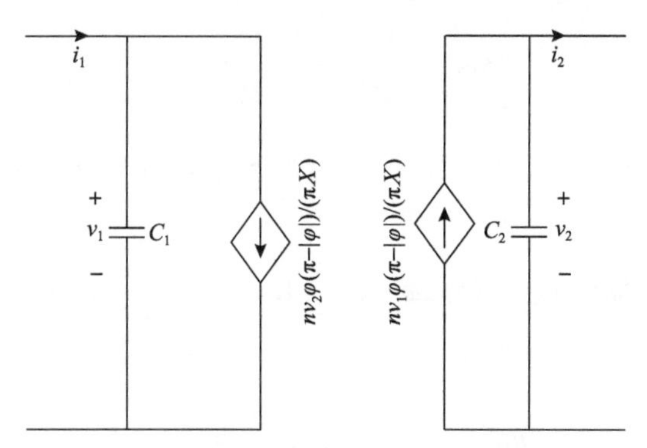

图 5-6　SPS 调制型 DABC 的平均模型

定义 DABC 的变比为

$$m=\frac{v_2}{v_1} \tag{5-8}$$

为了控制 SPS 调制型 DABC 的变比 m，需要先建立引入变比 m 的 DABC 动态模型。通过观察式(5-8)，可以发现变比 m 同时依赖于输入输出电压 v_1 和 v_2，所以应首先研究 v_1 和 v_2 的动态特性。v_1 的动态模型可以表示为

$$C_1\frac{\mathrm{d}v_1}{\mathrm{d}t}=i_1-\frac{nv_2\varphi(\pi-|\varphi|)}{\pi X} \tag{5-9}$$

其中，i_1 为输入端口电流。

如式(5-9)所示，v_1 的动态模型是非线性的，导致直接分析系统较为困难，因此采用经典控制理论中的线性化处理方法，将式(5-9)在稳态工作点 A(V_{1A}，V_{2A}，$\varPhi_A$)处进行线性化，线性化后的频域模型可以表示为

$$sC_1\Delta v_1=\Delta i_1-\frac{n\varPhi_A\left(\pi-\left|\varPhi_A\right|\right)}{\pi X}\Delta v_2-\frac{nV_{2A}\left(\pi-2\left|\varPhi_A\right|\right)}{\pi X}\Delta\varphi \tag{5-10}$$

其中，s 为拉普拉斯算子；带前缀“Δ”的变量表示相应物理量的小信号分量；带下标“A”的变量表示相应物理量在指定工作点 A 处的稳态分量。

类似地，v_2 的小信号线性化频域模型可以表示为

$$sC_2\Delta v_2=-\Delta i_2+\frac{n\varPhi_A\left(\pi-\left|\varPhi_A\right|\right)}{\pi X}\Delta v_1+\frac{nV_{1A}\left(\pi-2\left|\varPhi_A\right|\right)}{\pi X}\Delta\varphi \tag{5-11}$$

其中，Δi_2 为端口输出电流 i_2 的小信号分量。

再次考虑式(5-8)表示的 DABC 变比动态模型，其可以线性化为

$$\Delta m = -\frac{V_{2A}}{V_{1A}^2}\Delta v_1 + \frac{V_{1A}}{V_{1A}^2}\Delta v_2 \tag{5-12}$$

联立式(5-10)～式(5-12)，可以得到如下的 DABC 小信号线性化变比动态模型：

$$\Delta m = G_{m\_\varphi}(s)\Delta\varphi + G_{m\_i_1}(s)\Delta i_1 + G_{m\_i_2}(s)\Delta i_2 \tag{5-13}$$

其中

$$G_{m\_\varphi}(s) = \frac{nX}{G_L(s)}\left(C_1V_{1A}^2 + C_2V_{2A}^2\right)\pi\left(\pi - 2\left|\Phi_A\right|\right)s$$

$$G_{m\_i_1}(s) = \frac{-\pi X}{G_L(s)}\left(\pi XC_2V_{2A}s - n\pi V_{1A}\Phi_A + nV_{1A}\Phi_A\left|\Phi_A\right|\right)$$

$$G_{m\_i_2}(s) = \frac{-\pi X}{G_L(s)}\left(\pi XC_1V_{1A}s + n\pi V_{2A}\Phi_A - nV_{2A}\Phi_A\left|\Phi_A\right|\right)$$

$$G_L(s) = V_{1A}^2\left(\pi^2X^2C_1C_2s^2 + n^2\Phi_A^2\left(\pi - \left|\Phi_A\right|\right)^2\right)$$

5.2.2　基于恒变比控制的 DC/DC 变流器控制方法

式(5-13)是一个引入 DABC 变比的小信号线性化模型，其有一个输入变量 $\Delta\varphi$，两个扰动输入量 Δi_1 和 Δi_2，以及一个系统输出量 Δm。对于此系统，可以采用一个 PI 闭环控制器调节 φ 来使得 DABC 的变比 m 无静差地跟踪给定的参考变比 M^{ref}。系统的控制框图如图 5-7 所示。参考变比 M^{ref} 和 DABC 的输出变比 m 之间的偏差被传入 PI 控制器 $G_{\text{PI}}(s) = K_{\text{P}} + K_{\text{I}}/s$，并计算得到 PI 控制器的输出 φ_{PI}。然后 φ_{PI} 被传入 SPS 调制器来产生 DABC 的移相角 φ。注意 $\mathrm{e}^{-T_{\text{D}}s}$ 项用来对 SPS 调制器的传输延迟效应进行建模，其中 T_{D} 为延迟时间[3]。

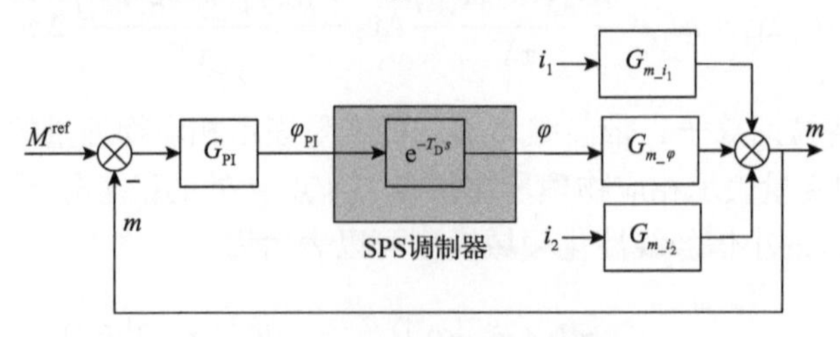

图 5-7　DABC 变比控制框图

上述基于 PI 控制器的 DABC 变比控制方法可以总结为

$$\varphi=\left(M^{\text{ref}}-\frac{v_2}{v_1}\right)G_{\text{PI}}(s)\mathrm{e}^{-T_{\text{D}}s} \tag{5-14}$$

上述的 PI 控制器已经可以使得 DABC 在稳态下跟踪参考变比 M^{ref}，但是实际运行时系统的动态特性可能较差。例如，文献[3]已经指出单个电压环控制的 DABC 由于一个低频极点的存在具有较慢的输出电流动态响应。为了增强 DABC 在电压控制模式下的输出电流动态响应，文献[4]提出了一种通过前馈补偿来削弱输出电流负面影响的方法，但是这种方法只适用于 DABC 输出接恒定阻性负载的情况。文献[3]改进了前述前馈补偿方法，使其不依赖于特定的负载电阻。该方法的主要思路是通过测量到的输出电流 i_2 来估计出稳态移相角 $\varPhi_A$，并用估计到的 $\varPhi_A$ 来补偿 PI 控制器的输出。考虑到 DABC 采用变比控制模式时，其输出电流 i_2 和输入电流 i_1 都会对系统动态有影响，所以本章用 i_1 和 i_2 同时对稳态移相角 $\varPhi_A$ 进行估计。为了增强 DABC 在变比控制模式下的输出电流动态响应，可以通过测量到的输出电流 i_2 和输入电流 i_1 来估计出稳态移相角 $\varPhi_A$，并用估计到的 $\varPhi_A$ 来补偿 PI 控制器的输出。

为了估计 $\varPhi_A$，需要先对 DABC 的稳态特性进行研究。考虑到图 5-6 所示的 DABC 平均模型，其中的功率平衡关系可以用式(5-15)来表示：

$$V_{1A}I_{1A}=\frac{nV_{1A}V_{2A}\varPhi_A\left(\pi-|\varPhi_A|\right)}{\pi X}=V_{2A}I_{2A} \tag{5-15}$$

其中，I_{1A} 和 I_{2A} 为 i_1 和 i_2 在工作点 A 处的稳态分量。

一般地，对于 SPS 调制型 DABC，其可行的移相范围为$(-\pi，\pi)$，而且在这个范围内存在两个稳态移相角 $\varPhi_A$ 与同一个 DABC 传输功率相对应。当稳态移相角 $\varPhi_A\in(\pi/2,\pi)$ 时，DABC 传输功率与稳态移相角为 $\pi-\varPhi_A$ 时相同。类似地，当稳态移相角 $\varPhi_A\in(-\pi,-\pi/2)$ 时，DABC 传输功率与稳态移相角为 $-\pi-\varPhi_A$ 时相同。进一步地，DABC 的最大功率传输点在稳态移相角 $\varPhi_A=\pm\pi/2$ 处取得。换而言之，当 $|\varPhi_A|>\pi/2$ 时，DABC 不会传输更多的有功功率，反而会因为高频变压器以及开关管的均方根(root mean square, RMS)电流的增加而降低转换效率。因此，DABC 最适合的稳态移相角范围是$(-\pi/2,\pi/2)$[5]。

基于上述分析，本节假设 DABC 的稳态移相角总是满足 $-\pi/2<\varPhi_A<\pi/2$，然后根据式(5-15)，$\varPhi_A$ 可以通过式(5-16)计算得到：

$$\begin{aligned}\varPhi_A&=f_1\left(V_{1A},I_{1A},V_{2A},I_{2A}\right)\\&=-\operatorname{sgn}\left(V_{1A}I_{1A}+V_{2A}I_{2A}\right)\frac{\sqrt{n\pi V_{1A}V_{2A}}\sqrt{n\pi V_{1A}V_{2A}-2X\left|V_{1A}I_{1A}+V_{2A}I_{2A}\right|}-n\pi V_{1A}V_{2A}}{4nV_{1A}V_{2A}}\end{aligned} \tag{5-16}$$

因为Φ_A是关于V_{1A}、I_{1A}、V_{2A}、I_{2A}的函数，为了估计Φ_A，可以首先对V_{1A}、I_{1A}、V_{2A}、I_{2A}进行估计。现在以I_{1A}为例论述如何对其进行估计。由于I_{1A}是输入电流i_1的稳态分量，而i_1可以通过电流传感器测量得到，因此可以通过一个低通滤波器来估计I_{1A}。I_{1A}的估计式可以表示为

$$\hat{I}_{1A} = G_{\mathrm{F}}(s)i_1 = \frac{1}{T_{\mathrm{F}}s+1}i_1 \tag{5-17}$$

其中，$\hat{I}_{1A}$为I_{1A}的估计值；T_{F}为低通滤波器的时间常数。

采用类似的方法，可以得到V_{1A}、V_{2A}、I_{2A}的估计值$\hat{V}_{1A}$、$\hat{V}_{2A}$、$\hat{I}_{2A}$，那么Φ_A的估计值可以表示为

$$\hat{\Phi}_A = f_1\left(\hat{V}_{1A}, \hat{I}_{1A}, \hat{V}_{2A}, \hat{I}_{2A}\right) \tag{5-18}$$

其中，$\hat{\Phi}_A$为Φ_A的估计值；函数f_1与式(5-16)中的相同。

得到$\hat{\Phi}_A$后，就可以用其对 PI 控制器进行前馈补偿来提高 DABC 的动态响应。带前馈补偿的 DABC 变比控制框图如图 5-8 所示，其可以总结为

$$\varphi = \left[\left(M^{\mathrm{ref}} - \frac{v_2}{v_1}\right)G_{\mathrm{PI}}(s) + \hat{\Phi}_A\right]\mathrm{e}^{-T_{\mathrm{D}}s} \tag{5-19}$$

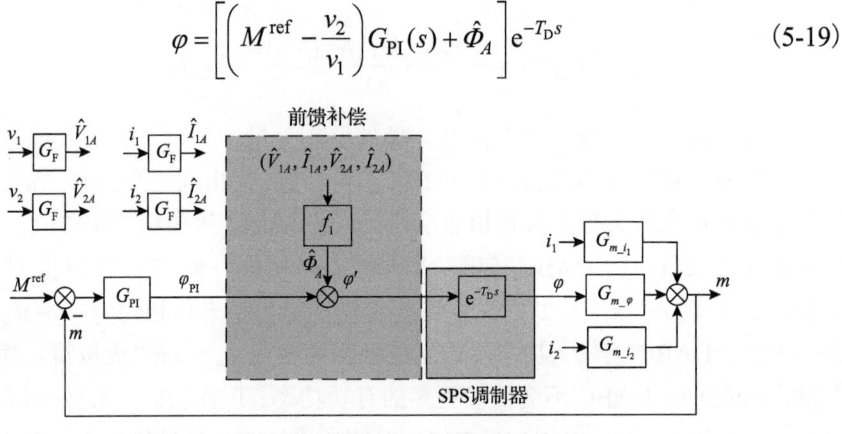

图 5-8　带前馈补偿的 DABC 变比控制框图

需要注意的是，上述的前馈补偿不会改变闭环控制回路的极点，所以其不会使系统的动态特性恶化[6]。此外，前馈补偿器的每一个输入端口都配置有低通滤波器，所以电压/电流传感器的高频采样噪声也不会对控制器造成干扰。

观察式(5-19)中的变比控制方法可以发现其仅需要 DABC 本地的电气信息，是一种完全分散式的控制方法。通过该变比控制方法，DABC 可以在不同的工况下跟踪一个参考变比M^{ref}，从而工作在恒定变比模式。对于这样一个变比控制的 DABC，存在两个典型的工作子模式：正向电压支撑模式(FVSM)和反向电压支撑

模式(BVSM)。由于变比控制 DABC 始终采用同一个变比控制器，其可以实现 FVSM 和 BVSM 两个模式之间的无缝转换，这意味着其具备双向电压支撑能力，可以用于构建一个恒变比电力电子直流变压器。

5.2.3　基于恒变比 DC/DC 理想变压器的分散式直流组网典型运行模式

本章中的恒变比电力电子直流变压器是用 5.2.2 节的分散式变比控制 DABC 来构建的，可以用于实现直流配电网中的中低压电压等级转换，其典型的应用场景如表 5-1 所示。应用场景 1 为中压母线支撑低压母线电压，该场景下中压母线电压由中压侧电压源支撑，低压母线电压由中压母线通过恒变比电力电子直流变压器支撑。此时恒变比电力电子直流变压器工作于 FVSM 模式，其控制方式为分散式变比控制。应用场景 2 为低压母线支撑中压母线电压，该场景下低压母线电压由低压侧电压源支撑，中压母线电压由低压母线通过恒变比电力电子直流变压器支撑。此时恒变比电力电子直流变压器工作于 BVSM 模式，其控制方式为分散式变比控制。应用场景 3 为中低压母线电压相互支撑，该场景中正常工况下中压侧电压源支撑中压母线电压，中压母线通过工作于 FVSM 模式的恒变比电力电子直流变压器支撑低压母线电压；当中压侧电压源因故障退出运行时，低压侧下垂控制型储能系统无缝支撑低压母线电压，同时恒变比电力电子直流变压器无缝转换为 BVSM 模式，继而低压母线可以支撑中压母线电压。应用场景 4 为中低压储能系统正则化分散式功率协同，该场景下中低压两侧同时配置下垂控制型储能系统以提高系统可靠性。如果将中压侧储能视作一个中压侧电压源，则恒变比电力电子直流变压器可被视作工作于 FVSM 模式，其使得中压侧储能系统可以同时对中压母线和低压母线进行电压支撑。如果将低压侧储能视作一个低压侧电压源，则恒变比电力电子直流变压器可被视作工作于 BVSM 模式，其使得低压侧储能系统可以同时对低压母线和中压母线进行电压支撑。整体来看，恒变比电力电子直流变压器可以被视作工作于 FVSM 和 BVSM 共存模式。此时中低压储能系统间需要有功率协同分担策略，而恒变比电力电子直流变压器恒定变比的特性为设计出一种简洁的中低压储能系统正则化分散式功率协同策略提供了可能。

表 5-1　恒变比电力电子直流变压器典型应用场景

场景序号	场景名称	恒变比电力电子直流变压器工作模式	恒变比电力电子直流变压器控制方式
场景 1	中压母线支撑低压母线电压	FVSM	分散式变比控制
场景 2	低压母线支撑中压母线电压	BVSM	
场景 3	中低压母线电压相互支撑	FVSM 和 BVSM 相互切换	
场景 4	中低压储能系统正则化分散式功率协同	FVSM 和 BVSM 共存	

总之，本章的恒变比电力电子直流变压器适用于多种不同的场景，且其控制策略统一为分散式变比控制，该策略具有简洁、无切换、适应性强等特点。上述四个应用场景中的场景 1 和场景 2 相对简单，对其不再赘述，本节将对应用场景 3——中低压母线电压相互支撑和应用场景 4——中低压储能系统正则化分散式功率协同进行详细阐述和分析，以体现所提恒变比电力电子直流变压器的优势。

1. 中低压母线电压相互支撑应用场景分析

图 5-9 展示了所提恒变比电力电子直流变压器的中低压母线电压相互支撑应用。在此应用中，恒变比电力电子直流变压器被接入直流配电网并实现了中压母线和低压母线间的电压等级转换。其中，无源负荷接入了各自所需的直流母线，间歇式 DG，如光伏、风机等也接入相应直流母线并工作在 MPPT 模式。储能系统(energy storage system，ESS)通过一个下垂控制型双向 DC/DC 变流器(bidirectional DC/DC converter，BDDC)接入了低压直流母线来提供紧急电压支撑。由于本书聚焦于直流配电网的研究，所以输电网从中压母线的视角被简化为一个恒变比直流电压源 V_g。

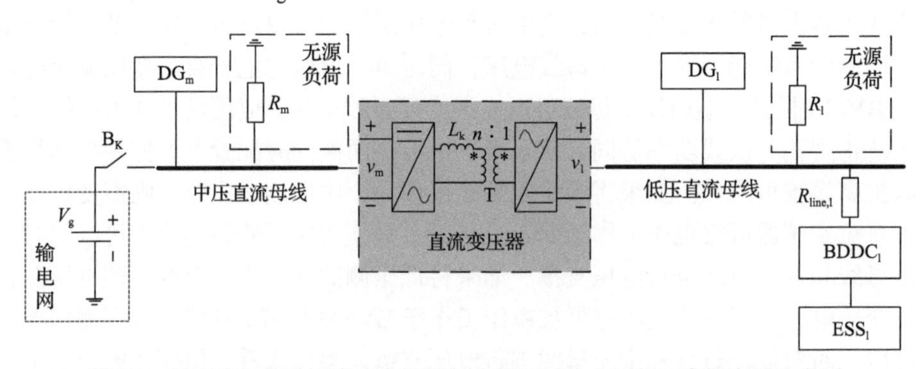

图 5-9　恒变比电力电子直流变压器的中低压母线电压相互支撑应用示意图

在正常工况下，输电网为中压母线提供电压支撑，继而中压母线通过恒变比电力电子直流变压器为低压母线提供电压支撑，这意味着恒变比电力电子直流变压器工作在正向电压支撑模式。如果输电网因为故障退出运行，储能系统将为低压母线提供电压支撑，继而低压母线通过恒变比电力电子直流变压器为中压母线提供电压支撑，这意味着恒变比电力电子直流变压器工作在反向电压支撑模式。如果故障清除后输电网重新接入，恒变比电力电子直流变压器又会返回到正向电压支撑模式。

在上述应用中，恒变比电力电子直流变压器的正向电压支撑模式和反向电压支撑模式出现在不同的时刻，而且两种模式之间是无缝切换的，这意味着所提的恒变比电力电子直流变压器可以实现中低压母线电压间的相互支撑。这种母线电压相互支撑特性的重要意义是可以使得直流母线电压在不同工况下始终保持在允许的波动范围内。下面对这种应用的中压母线和低压母线的电压特性进行详细的分析。

在正常工况下，忽略线阻抗的影响，输电网近似于一个恒变比电压源并把中压母线电压 v_{m} 支撑到额定值 V_{m}^*，然后中压母线通过恒变比电力电子直流变压器把低压母线电压 v_{l} 支撑到额定值 V_{l}^*。这两个额定母线电压值间的关系可以表示为

$$V_{\mathrm{l}}^* = M^{\mathrm{ref}} V_{\mathrm{m}}^* \tag{5-20}$$

在输电网故障工况下，储能系统会紧急支撑母线电压。如图 5-10 所示，假设储能系统通过一个采用 $P_{\mathrm{dc}} - v_{\mathrm{dc}}^2$ 下垂控制的 Boost 型 BDDC 来支撑母线电压。在 $P_{\mathrm{dc}} - v_{\mathrm{dc}}^2$ 下垂控制下，BDDC 的输出电压特性可以表示为

$$v_{\mathrm{dc,l}}^2 = V_{\mathrm{l}}^{*2} - r_{\mathrm{l}} P_{\mathrm{dc,l}} \tag{5-21}$$

其中，$P_{\mathrm{dc,l}}$、$v_{\mathrm{dc,l}}$、r_{l} 分别为 BDDC 的输出功率、输出电压、下垂系数。

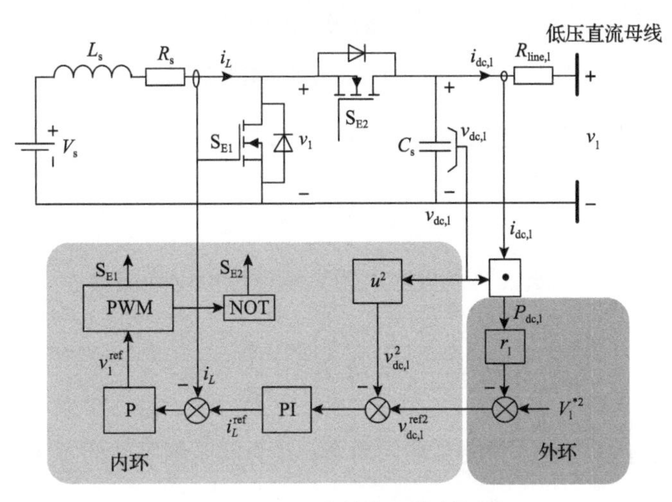

图 5-10　ESS 的结构和控制框图

结合图 5-10 和式(5-21)，可以得到如下关系：

$$P_{\mathrm{dc,l}} = v_{\mathrm{dc,l}} i_{\mathrm{dc,l}} = \frac{V_{\mathrm{l}}^{*2} - r_{\mathrm{l}} P_{\mathrm{dc,l}} - v_{\mathrm{dc,l}} v_{\mathrm{l}}}{R_{\mathrm{line,l}}} \tag{5-22}$$

也即

$$v_{\mathrm{dc,l}} v_{\mathrm{l}} = V_{\mathrm{l}}^{*2} - (r_{\mathrm{l}} + R_{\mathrm{line,l}}) P_{\mathrm{dc,l}} \tag{5-23}$$

其中，$R_{\text{line,l}}$ 为储能系统输出端口和低压母线间的线阻抗。

对比式(5-21)和式(5-23)，如果存在 $r_1 \gg R_{\text{line,l}}$，储能系统输出电压 $v_{\text{dc,l}}$ 将会与低压母线电压 v_1 近似相等，那么低压母线电压特性可以近似表示为

$$v_1^2 = V_1^{*2} - r_1 P_{\text{dc,l}} \tag{5-24}$$

通过本节所提的变比控制方法，所提恒变比电力电子直流变压器可以被视作具有理想变比 1：M^{ref}。而工作于 MPPT 模式的分布式电源可以在短时间尺度内被视作吸收负功率的恒功率负荷，这样，如图 5-11 所示，低压母线的负载特性可以用 CPL、无源负荷(PL)和恒变比电力电子直流变压器的组合来表示。

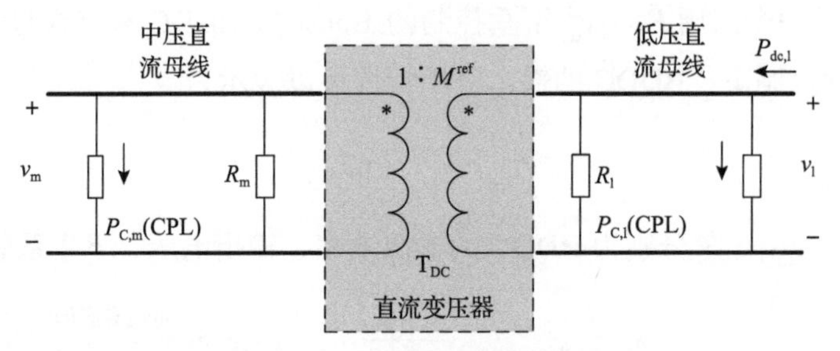

图 5-11　低压母线的负载特性

恒变比电力电子直流变压器的变比特性可以表示为

$$v_1 = M^{\text{ref}} v_{\text{m}} \tag{5-25}$$

考虑到功率平衡关系，直流母线上的负载特性可以描述为

$$P_{\text{dc,l}} = f_3\left(v_1, R, P_{\text{C}}\right) = \frac{v_1^2}{R} + P_{\text{C}} \tag{5-26}$$

其中，P_{C} 为所有恒功率负荷的总输入功率；R 为低压侧等效的总无源负荷：

$$\begin{gathered}
P_{\text{C}} = P_{\text{C,m}} + P_{\text{C,l}} \\
R = \left[\left(M^{\text{ref}}\right)^2 R_{\text{m}}\right] \| R_1 = \frac{\left(M^{\text{ref}}\right)^2 R_{\text{m}} R_1}{\left(M^{\text{ref}}\right)^2 R_{\text{m}} + R_1}
\end{gathered} \tag{5-27}$$

其中，$P_{\text{C,l}}$ 和 $P_{\text{C,m}}$ 分别为低压侧和中压侧恒功率负荷的输入功率；R_1 和 R_{m} 分别为低压侧和中压侧无源负荷。

联立式(5-24)和式(5-26)，低压母线电压特性可以描述为

$$v_1^2 = f_4\left(r_1, R, P_C\right) = \frac{V_1^{*2} - r_1 P_C}{1 + r_1 R^{-1}} \tag{5-28}$$

通过式(5-28)可以看到v_1^2依赖于参考变比M^{ref}、下垂系数r_1、低压侧等效总无源负荷R和所有恒功率负荷总输入功率P_C。

如前所述，在输电网故障工况下，直流配电网最重要的任务就是要将母线电压维持在允许的波动范围以内。通常来说，下垂控制可以用作故障情况下的紧急电压支撑策略，其主要思想是在系统设计阶段确定R和P_C的可变范围，据此选择合适的下垂系数r_1，使得系统在运行阶段能够将母线电压维持在允许的波动范围内。本章为了简化问题，使恒变比电力电子直流变压器工作于恒定变比模式，意味着参考变比M^{ref}为恒定值，此时下垂系数r_1的选取方法可以推导得到。

分析式(5-28)的形式，可以发现v_1^2与R呈正相关关系，而其与P_C呈负相关关系。假设在所有可能工况下R的可变范围是($R_{\min}, R_{\max}$)，P_C的可变范围是($P_{C,\min}, P_{C,\max}$)。这样，选取特定的r_1后，v_1^2和v_m^2的可变范围可用式(5-29)计算：

$$\begin{cases} \left(V_{1,\min}^2, V_{1,\max}^2\right) = \left(f_4\left(r_1, R_{\min}, P_{C,\max}\right), f_4\left(r_1, R_{\max}, P_{C,\min}\right)\right) \\ \left(V_{m,\min}^2, V_{m,\max}^2\right) = \left(V_{1,\min}^2 \Big/ \left(M^{\text{ref}}\right)^2, V_{1,\max}^2 \Big/ \left(M^{\text{ref}}\right)^2\right) \end{cases} \tag{5-29}$$

可以发现r_1的值影响着v_1^2的变化范围，所以v_1^2和r_1之间的关系应该进一步研究。再次考虑式(5-28)，v_1^2关于r_1的偏导数可以表示为

$$\frac{\partial v_1^2}{\partial r_1} = \frac{\partial f_4}{\partial r_1}\left(r_1, R, P_C\right) = -\frac{V_1^{*2} R^{-1} + P_C}{\left(1 + r_1 R^{-1}\right)^2} = -\frac{f_3\left(V_1^{*2}, R, P_C\right)}{\left(1 + r_1 R^{-1}\right)^2} \tag{5-30}$$

其中，f_3与式(5-26)中的相同。

由于$\partial v_1^2/\partial r_1$的符号依赖于$R$和$P_C$的变化范围，$r_1$的选择策略应该分情况讨论。假设$v_1^2$的允许波动范围是$\left(V_{1-}^{*2}, V_{1+}^{*2}\right)$，那么$r_1$的选取方法可以分为以下三种情况。

情况 1：本情况中$\partial v_1^2/\partial r_1 > 0$总是能得到满足，即存在$f_3\left(V_1^{*2}, R_{\max}, P_{C,\min}\right) < f_3\left(V_1^{*2}, R_{\min}, P_{C,\max}\right) < 0$。如图 5-12(a)所示，如果将式(5-26)中关于R和P_C变化的负载特性曲线和式(5-24)中的下垂特性曲线绘制在同一个坐标系中，那么负载特性曲线和下垂特性曲线的每一个交点就是系统一个可行的工作点。从图 5-12(a)中可以看到，本情况中v_1^2总是大于V_1^{*2}。此外，随着r_1减小，$V_{1,\min}^2$和$V_{1,\max}^2$都会减小并且越来越靠近V_1^{*2}。因此，为了使得v_1^2始终维持在允许的波动范围内，r_1的

选取方法可以表示为

$$r_1 = \left\{ r_1 \mid f_4\left(r_1, R_{\max}, P_{\mathrm{C,min}}\right) = V_{1+}^{*2} \right\} \tag{5-31}$$

式(5-31)的文字解释是 r_1 选取为使得条件 $f_4\left(r_1, R_{\max}, P_{\mathrm{C,min}}\right) = V_{1+}^{*2}$ 满足的值。

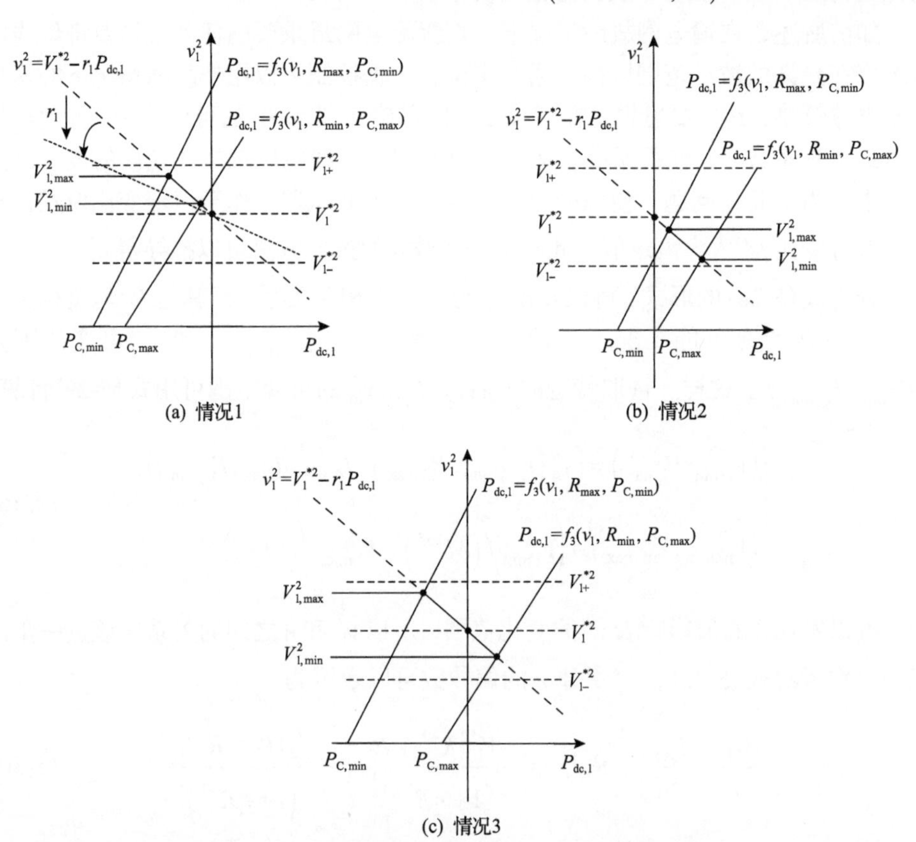

(a) 情况1　(b) 情况2　(c) 情况3

图 5-12　下垂系数在不同情况下的选择策略示意图

情况 2：本情况中 $\partial v_1^2 / \partial r_1 < 0$ 总是得到满足，即存在 $0 < f_3\left(V_1^{*2}, R_{\max}, P_{\mathrm{C,min}}\right) < f_3\left(V_1^{*2}, R_{\min}, P_{\mathrm{C,max}}\right)$。这种情况的分析过程与情况 1 类似，此处不再赘述而是直接给出结论。如图 5-12(b)所示，r_1 的选取方法可以表示为

$$r_1 = \left\{ r_1 \mid f_4\left(r_1, R_{\min}, P_{\mathrm{C,max}}\right) = V_{1-}^{*2} \right\} \tag{5-32}$$

情况 3：本情况中有 $f_3\left(V_1^{*2}, R_{\max}, P_{\mathrm{C,min}}\right) < 0 < f_3\left(V_1^{*2}, R_{\min}, P_{\mathrm{C,max}}\right)$，即存在 $V_{1,\max}^2 > V_1^{*2} > V_{1,\min}^2$。如图 5-12(c)所示，随着 r_1 减小，$V_{1,\min}^2$ 增大而 $V_{1,\max}^2$ 减小，但

是它们都越来越靠近V_1^{*2}。为了使v_1^2始终维持在允许的波动范围内，r_1的选取方法可以表示为

$$r_1 = \min\left(\left(r_1 \mid f_4\left(r_1, R_{\max}, P_{\mathrm{C,min}}\right) = V_{1+}^{*2}\right), \left(r_1 \mid f_4\left(r_1, R_{\min}, P_{\mathrm{C,max}}\right) = V_{1-}^{*2}\right)\right) \quad (5\text{-}33)$$

2. 中低压储能系统正则化分散式功率协同应用场景分析

图 5-13 展示了所提恒变比电力电子直流变压器的中低压储能系统正则化分散式功率协同应用。在本应用中，一个额外的储能系统被接入中压直流母线。在输电网故障工况下，中压侧和低压侧的储能系统可以相互协作并共同支撑母线电压。基于所提恒变比电力电子直流变压器的双向电压支撑能力，如果两侧储能系统中有任意一个发生故障，那剩余的那个储能系统仍然可以同时对中压母线和低压母线进行电压支撑，提高了系统的可靠性。在这种情况下，处于不同母线上的储能系统间的分散式功率协同需要得到实现。实际上，得益于本节所提的通过恒变比 DABC 构建的恒变比电力电子直流变压器来实现不同母线互联的思路，中压侧的储能系统可以被正则化到低压侧，继而可以用简洁的方式来实现储能间的分散式功率协同。

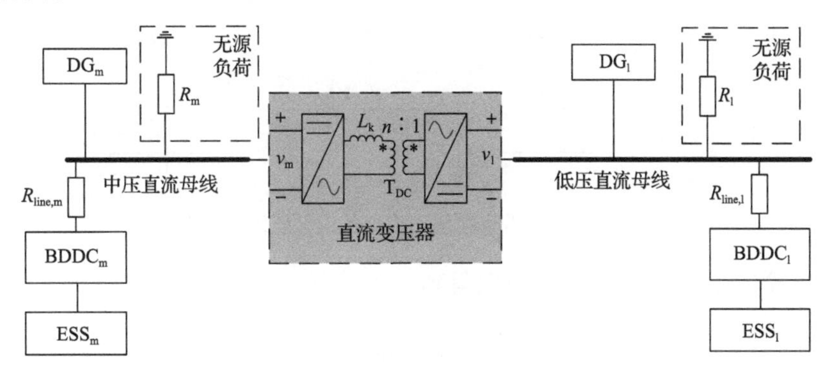

图 5-13 恒变比电力电子直流变压器的中低压储能系统正则化分散式功率协同应用示意图

类似于低压侧储能系统，中压侧储能系统也通过一个$P_{\mathrm{dc}} - v_{\mathrm{dc}}^2$下垂控制的 Boost 型 BDDC 接入母线，那么该 BDDC 的输出电压特性可以表示为

$$v_{\mathrm{dc,m}}^2 = V_{\mathrm{m}}^{*2} - r_{\mathrm{m}} P_{\mathrm{dc,m}} \quad (5\text{-}34)$$

其中，$P_{\mathrm{dc,m}}$、$v_{\mathrm{dc,m}}$和r_{m}分别为中压侧 BDDC 的输出功率、输出电压和下垂系数。

类似于低压侧 BDDC 的分析，如果$r_{\mathrm{m}} \gg R_{\mathrm{line,m}}$，$v_{\mathrm{dc,m}}$会近似等于中压母线电压$v_{\mathrm{m}}$。那么中压母线电压特性可以表示为

$$v_{\mathrm{m}}^2 = V_{\mathrm{m}}^{*2} - r_{\mathrm{m}} P_{\mathrm{dc,m}} \quad (5\text{-}35)$$

联立式(5-20)、式(5-25)和式(5-35)，低压母线电压特性可以表示为

$$v_1^2 = V_1^{*2} - r_m' P_{dc,m} \tag{5-36}$$

其中

$$r_m' = \left(M^{ref}\right)^2 r_m \tag{5-37}$$

分析式(5-36)的形式，可以发现中压侧一个 $P_{dc} - v_{dc}^2$ 下垂控制型储能系统可以正则化到低压侧。中压侧储能系统的正则化过程如图 5-14 所示，其正则化后输出仍然呈 $P_{dc} - v_{dc}^2$ 下垂特性。并且 $P_{dc,m}$、V_1^*、和 r_m' 分别是正则化到低压侧的输出功率、额定输出电压和下垂系数。

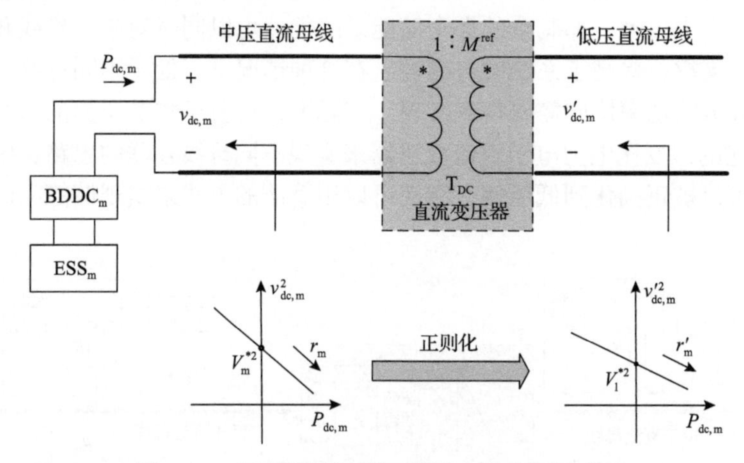

图 5-14　中压侧储能系统正则化至低压侧示意图

联立式(5-24)和式(5-36)，可以得到

$$\frac{P_{dc,1}}{P_{dc,m}} = \frac{r_m'}{r_1} \tag{5-38}$$

由式(5-38)可知，当恒变比电力电子直流变压器始终工作于参考变比 M^{ref} 时，中压侧和低压侧储能系统功率分担比例取决于 r_m' 和 r_1。换而言之，通过选择合适的 r_m' 和 r_1，位于不同直流母线上的储能系统间的分散式功率协同即可得到实现。

3. 硬件在环实验

为了进一步评估所提恒变比电力电子直流变压器的性能，本小节将其应用于如图 5-15 所示的直流配电网中并进行了深入的硬件在环(hardware in loop，HIL)测试研究。该直流配电网包含一条中压母线和一条低压母线，同时恒变比电力电子直流变压器实现两条母线间的电压等级转换。同时网络中还包括接入各自所需

母线的两个无源负荷、两台分布式电源和两个储能系统。网络中还配置了两个恒变比直流电压源 V_{g1} 和 V_{g2}。V_{g1} 代表输电网，而 V_{g2} 用来验证恒变比电力电子直流变压器的 BVSM 模式。网络中所有的设备都可以通过断路器连接至母线或从母线脱离，以此来进行不同工况下的硬件在环实验。硬件在环实验平台结构如图 4-11 所示，功率电路被建模在实时仿真器 RT-LAB 中，而控制算法被编程在 TMS320F28335 DSP 中，RT-LAB 把功率电路中的电气信号通过模拟通道传给 DSP，而 DSP 把计算得到的 PWM 信号通过数字通道传递给 RT-LAB，形成一个硬件在环回路。

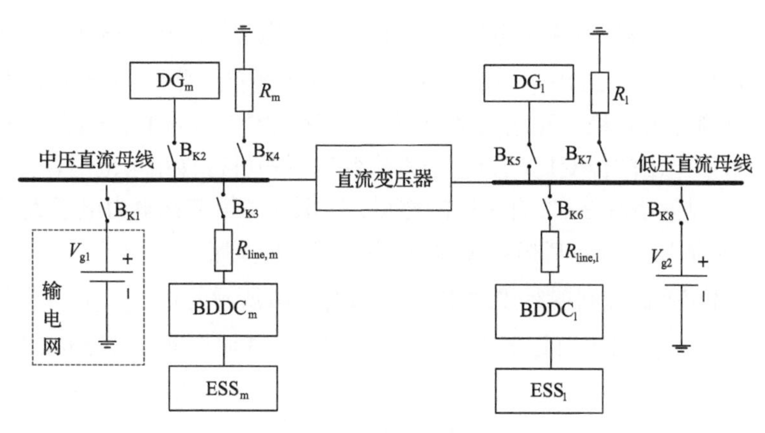

图 5-15　直流配电网结构

1) 恒变比电力电子直流变压器变比控制器参数设计

在本节研究的直流配电网中，中压母线的额定电压是 1000V，低压母线的额定电压是 200V，恒变比电力电子直流变压器的电气参数如表 5-2 所示。

表 5-2　恒变比电力电子直流变压器电气参数

参数	数值
输入输出电容	$C_1 = 2\text{mF}$ $C_2 = 50\text{mF}$
高频变压器匝比和漏感	$n:1 = 9:2$ $L_k = 4.38\text{mH}$
开关频率	$f_s = 500\text{Hz}$
SPS 调制器传输延迟时间	$T_D = 2\text{ms}$
低通滤波器时间常数	$T_F = 15.9\text{ms}$

在已知恒变比电力电子直流变压器电气参数的前提下，变比控制器参数会决

定系统的稳定性和动态特性，因此需要对其进行精心设计。根据图 5-8 所示的变比控制框图，系统的开环传递函数 $H(s)$ 可以表示为

$$H(s) = G_{\mathrm{PI}}(s)G_{m\_\varphi}(s)\mathrm{e}^{-T_{\mathrm{D}}s} \tag{5-39}$$

需要注意的是，在稳态时，图 5-8 中前馈补偿器的输出可以被视作常数。因此，$H(s)$ 并没有包含该前馈补偿器。此外，根据式(5-13)，$G_{m\_\varphi}(s)$ 依赖于恒变比电力电子直流变压器的稳态工作点 $A(V_{1A},V_{2A},|\varPhi_A|)$。考虑到母线电压会被设计在较窄的波动范围之内，在控制器设计过程中，认为稳态中压母线电压 V_{1A} 在所有工作点总是近似等于其额定电压 V_{m}^*=1000V，而稳态低压母线电压 V_{2A} 总是近似等于其额定电压 $V_1^* = 200\mathrm{V}$ 。恒变比电力电子直流变压器的额定功率被设计为 ±50kW，这意味着其稳态移相角 $\varPhi_A$ 的典型变化范围为[−5π/12,5π/12]。该范围包含在 5.2.2 节所给出的恒变比电力电子直流变压器的可行移相角范围 (−π/2,π/2) 之中，并且离边界值 $\varPhi_A = \pm\pi/2$ 有一定的裕量，这保证了恒变比电力电子直流变压器在某一特定传输功率时与其相对应的稳态移相角 $\varPhi_A$ 是唯一的。

为了设计出变比控制器参数，可以画出如图 5-16 所示的 $G_{m\_\varphi}(s)\mathrm{e}^{-T_{\mathrm{D}}s}$ 关于 $|\varPhi_A|$ 变化的伯德图。从图中可以看到，当 $|\varPhi_A|$ 从 0 增加至额定值 5π/12 时，系统

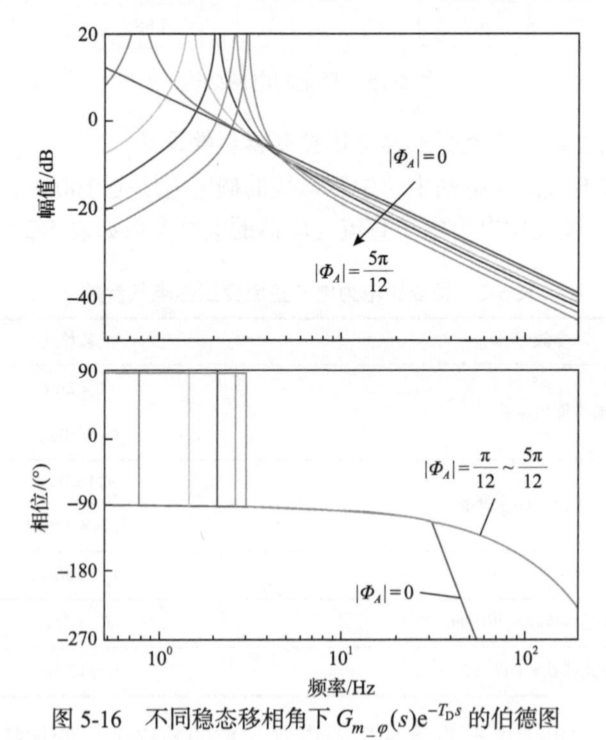

图 5-16　不同稳态移相角下 $G_{m\_\varphi}(s)\mathrm{e}^{-T_{\mathrm{D}}s}$ 的伯德图

的幅值裕度在增加。因此，为了保证系统在所有工作点的稳定性，应该选择$|\varPhi_A|=0$作为稳态工作点来设计出一套相对保守的变比控制器参数。如果$|\varPhi_A|=0$，系统的变比控制器参数可以表示为

$$H_{\varPhi_A=0}(s)=\left(K_{\mathrm{P}}+\frac{K_{\mathrm{I}}}{s}\right)\frac{K_A}{s}\mathrm{e}^{-T_{\mathrm{D}}s} \tag{5-40}$$

其中

$$K_A=\frac{n\left(C_1V_{1A}^2+V_{2A}^2\right)}{XC_1C_2V_{1A}^2} \tag{5-41}$$

可以发现$H_{\varPhi_A=0}(s)$包含一个 PI 控制器、一个一阶系统和一个纯延时环节。对于这样一种系统，为了保证系统在幅值穿越频率ω_{C}处保有φ_{m}的相角裕度，ω_{C}可以通过式(5-24)计算：

$$\omega_{\mathrm{C}}=\frac{\pi/2-\varphi_{\mathrm{m}}}{T_{\mathrm{D}}} \tag{5-42}$$

而 PI 控制器参数计算式为

$$\begin{cases}K_{\mathrm{P}}=\omega_{\mathrm{C}}/K_A\\K_{\mathrm{I}}=\omega_{\mathrm{C}}K_{\mathrm{P}}/10\end{cases} \tag{5-43}$$

本章设计相角裕度φ_{m}为$\pi/3$，那么$K_{\mathrm{P}}=19.99$且$K_{\mathrm{I}}=523.4$。在这套参数下，可以绘制出如图 5-17 所示的系统开环传递函数$H(s)$关于$|\varPhi_A|$变化的伯德图。可以发现$|\varPhi_A|=0$时的相角裕度$\varphi_{\mathrm{m}}=\pi/3$可以保证，而且当$|\varPhi_A|$增加时，系统的稳定性不断增强。

2)恒变比电力电子直流变压器 FVSM 模式验证

为了验证恒变比电力电子直流变压器在所提变比控制方法下的 FVSM 运行模式，令如图 5-15 所示的直流配电网的所有断路器中只有$\mathrm{B_{K1}}$和$\mathrm{B_{K7}}$是闭合的，意味着恒变比电压源V_{g1}接入了中压母线，无源负荷R_1接入了低压母线，而恒变比电力电子直流变压器实现了中压和低压间的电压等级转换，该工况拓扑图如图 5-18 所示。在这种工况下，中压母线电压支撑低压母线电压，对应了恒变比电力电子直流变压器的 FVSM 模式。V_{g1}的输出电压为 1000V，R_1会被设置为不同的值来验证恒变比电力电子直流变压器在不同负载条件下的动态响应情况。

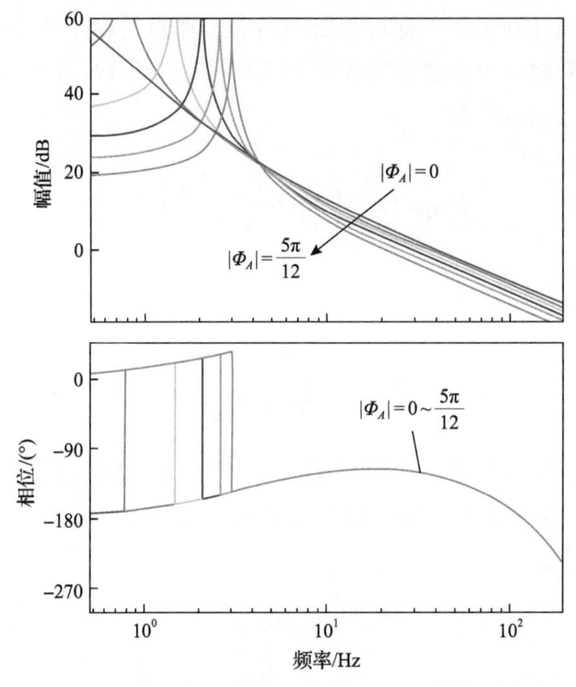

图 5-17　不同稳态移相角下系统的开环传递函数伯德图

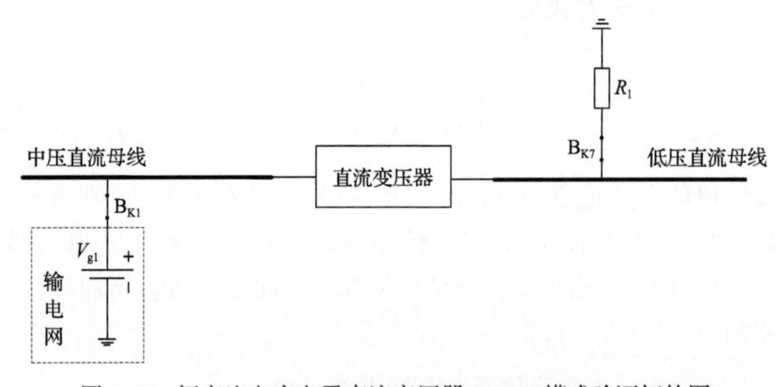

图 5-18　恒变比电力电子直流变压器 FVSM 模式验证拓扑图

图 5-19 展示了恒变比电力电子直流变压器在 FVSM 模式下参考变比 M^{ref} 阶跃变化时的动态响应。其中，图 5-19(a)展示了当 R_1 为 0.8Ω 时的波形。波形中中压母线电压 v_{m} 始终保持在 1003.8V。在阶段Ⅰ，参考变比 M^{ref} 被设置为额定值 0.2，而波形中低压母线电压 v_1 为 200.3V，意味着实际变比 m 被控制到了 0.1995，近似跟踪了参考变比 M^{ref} 。在阶段Ⅱ，参考变比 M^{ref} 阶跃变化至 0.18，而波形中低压母线电压 v_1 为 179.7V，意味着实际变比 m 被控制到了 0.1790，近似等于参考变比 M^{ref} 。波形中的 v_{CD} 是恒变比电力电子直流变压器次级全桥的方波电压，

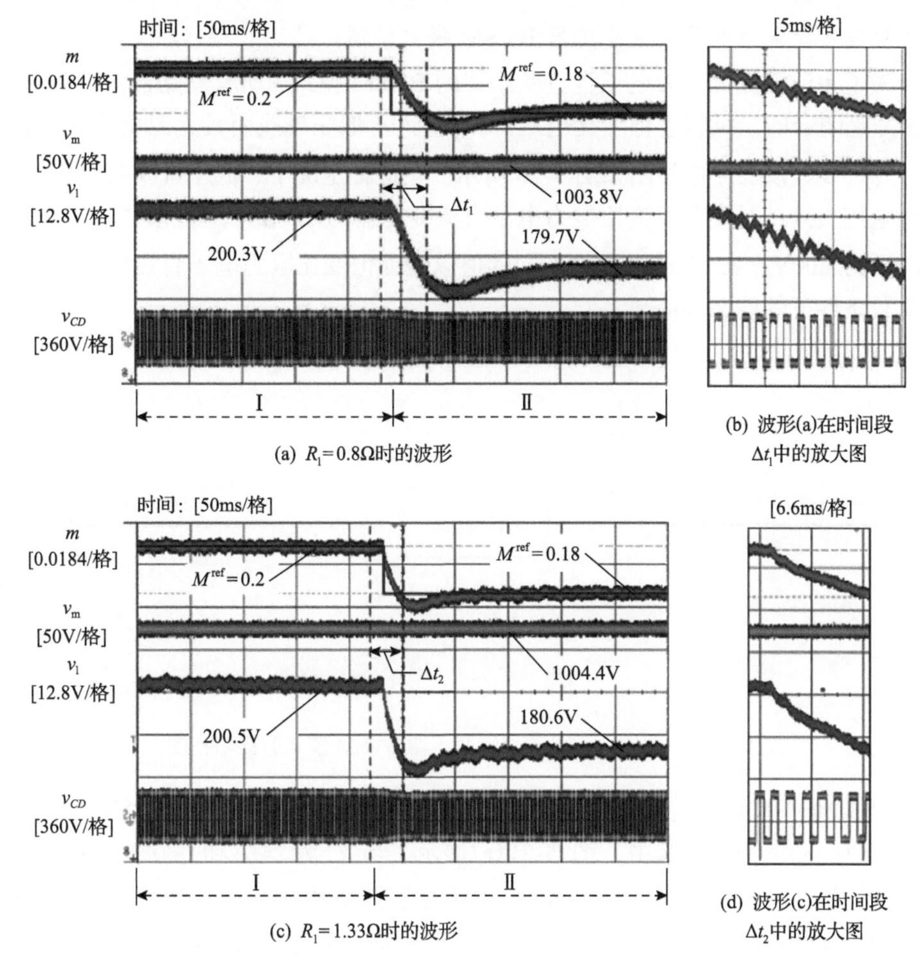

(a) $R_l=0.8\Omega$时的波形

(b) 波形(a)在时间段Δt_1中的放大图

(c) $R_l=1.33\Omega$时的波形

(d) 波形(c)在时间段Δt_2中的放大图

图 5-19　FVSM 模式恒变比电力电子直流变压器对参考变比阶跃变化的动态响应

根据图 5-19(b)所示的Δt_1时间段内的放大波形可以看出，恒变比电力电子直流变压器工作在额定开关频率 500Hz。

图 5-19(c)中的实验与图 5-19(a)中的类似，不同之处是R_l被设置到了1.33Ω，意味着恒变比电力电子直流变压器负载变轻而且其稳态移相角的绝对值$|\Phi_A|$变小了。从波形中可以看到，恒变比电力电子直流变压器的实际变比 m 仍然能跟踪参考变比M^{ref}。然而，与图 5-19(a)中的实验相比，在相同的参考变比阶跃下，本实验中实际变比 m 的动态响应更快，而系统稳定性变弱，与 1)中的理论分析相符。

上述实验结果表明所提的恒变比电力电子直流变压器能工作在 FVSM 模式，使得中压母线对低压母线进行电压支撑。

3) 恒变比电力电子直流变压器 BVSM 模式验证

为了验证恒变比电力电子直流变压器的 BVSM 模式，所有断路器中只有 B_{K4} 和 B_{K8} 是闭合的，意味着恒变比电压源 V_{g2} 接入了低压母线而且无源负荷 R_m 接入了中压母线，该工况拓扑图如图 5-20 所示。在这种工况下，低压母线对中压母线进行电压支撑，对应着恒变比电力电子直流变压器的 BVSM 运行模式。V_{g2} 的输出电压为 200V，R_m 会被设置为不同的值以验证恒变比电力电子直流变压器在不同负载条件下的动态响应。

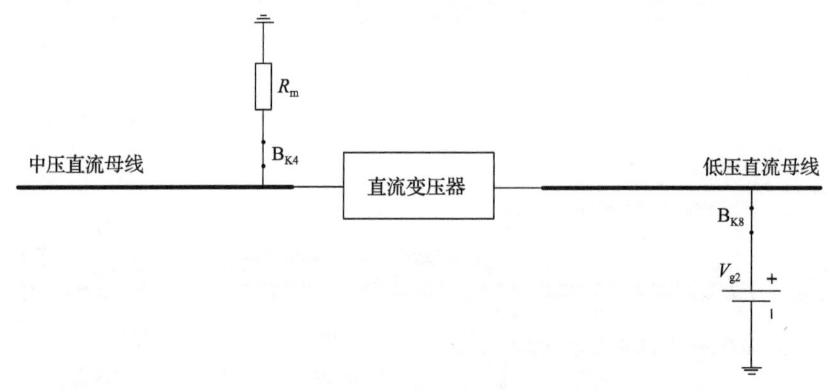

图 5-20 恒变比电力电子直流变压器 BVSM 模式验证拓扑图

图 5-21 展示了恒变比电力电子直流变压器在 BVSM 模式下参考变比 M^{ref} 阶跃变化时的动态响应。其中，图 5-21(a)展示了当 R_m 为 24.2Ω 时的波形。波形中低压母线电压 v_l 始终保持在 200.6V。在阶段Ⅰ，参考变比 M^{ref} 被设置为额定值 0.2，而波形中中压母线电压 v_m 为 1007.0V，意味着实际变比 m 被控制到了 0.1992，近似跟踪了参考变比 M^{ref}。在阶段Ⅱ，参考变比 M^{ref} 阶跃变化至 0.18，而波形中中压母线电压 v_m 为 1114.4V，意味着实际变比 m 被控制到了 0.1801，近似等于参考变比 M^{ref}。波形中的 v_{AB} 是恒变比电力电子直流变压器初级全桥的方波电压，根据图 5-21(b)所示的 Δt_3 时间段内的放大波形可以看出，恒变比电力电子直流变压器工作在额定开关频率 500Hz。

图 5-21(c)中的实验与图 5-21(a)中的类似，不同之处是 R_m 被设置为 33.3Ω，意味着恒变比电力电子直流变压器的稳态移相角的绝对值 $|\Phi_A|$ 变小了。从波形中可以看到，与图 5-21(a)中的实验相比，在相同的参考变比阶跃下，本实验中实际变比 m 的动态响应更快，而系统稳定性变弱，与 1)中的理论分析相符。

上述实验结果表明所提的恒变比电力电子直流变压器能工作在 BVSM 模式，使得低压母线对中压母线进行电压支撑。

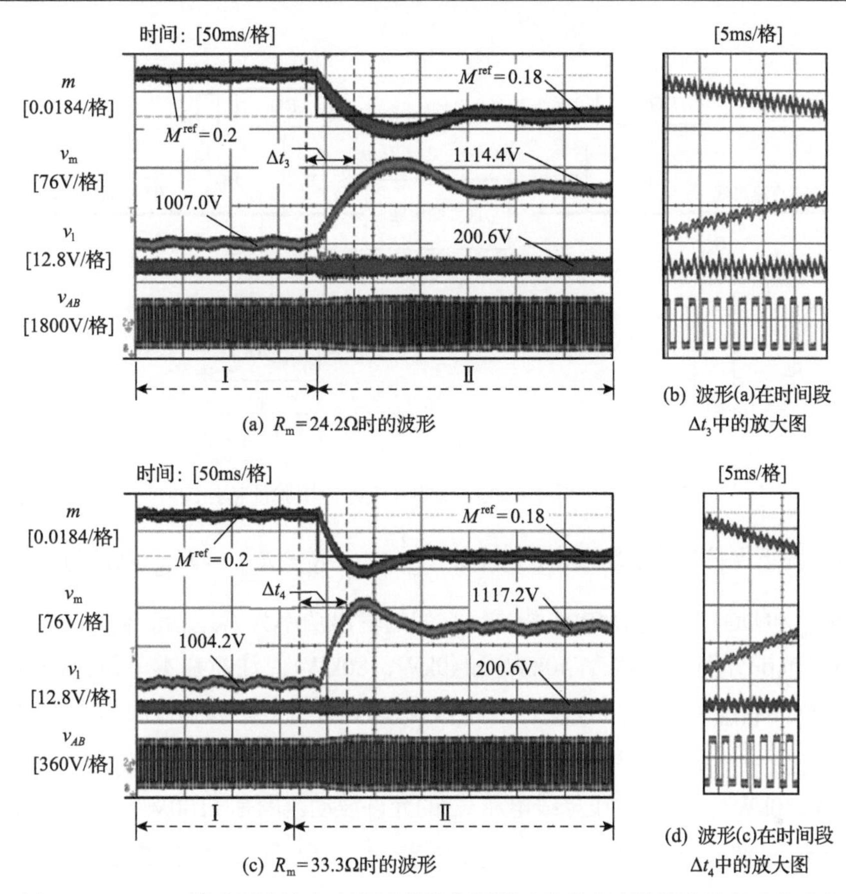

(a) $R_m=24.2\Omega$时的波形

(b) 波形(a)在时间段Δt_3中的放大图

(c) $R_m=33.3\Omega$时的波形

(d) 波形(c)在时间段Δt_4中的放大图

图 5-21　BVSM 模式恒变比电力电子直流变压器对参考变比阶跃变化的动态响应

4) 中低压母线电压相互支撑应用验证

为了验证所提恒变比电力电子直流变压器的中低压母线电压相互支撑应用，断路器B_{K2}、B_{K4}、B_{K5}、B_{K6}和B_{K7}总是闭合，断路器B_{K3}和B_{K8}总是打开，该工况拓扑图如图 5-22 所示。其中V_{g1}用来模拟输电网，当断路器B_{K1}闭合时，直流配电网工作于正常工况。当断路器B_{K1}打开时，模拟输电网故障退出运行工况。恒变比电力电子直流变压器始终运行于参考变比$M^{ref}=0.2$的状态，低压储能系统运行于下垂控制模式，中低压分布式电源运行于恒功率控制模式。

如 5.2.3 节第 1 部分所述，在本应用中，由于正常工况下输电网和恒变比电力电子直流变压器可以将母线电压支撑到额定值，所以本应用的关键任务是在输电网故障工况下将母线电压维持在允许波动的范围内。为了实现这个目标，需要在系统设计阶段确定低压侧等效总无源负荷R和总恒功率负荷P_C的波动范围，并据此选择合适的储能系统下垂系数r_l。为了简化问题，假设$R_m=33.3\Omega$和$R_l=1.33\Omega$

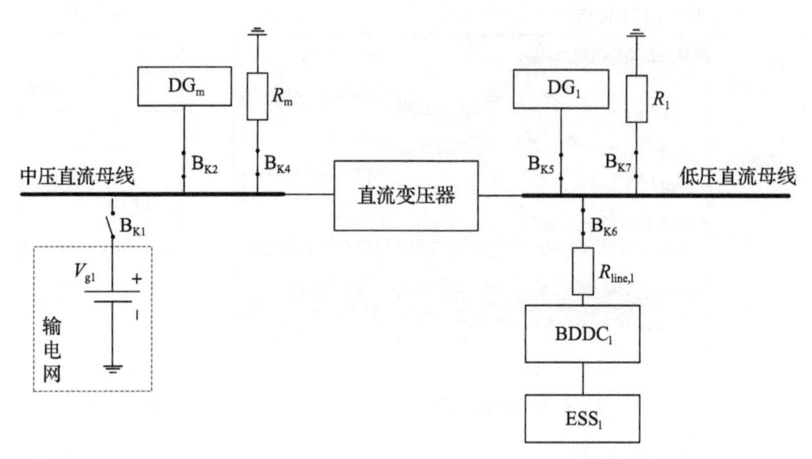

图 5-22 中低压母线电压相互支撑应用验证拓扑图

在所有工况下保持恒定，意味着 $R=\left(\left(M^{\text{ref}}\right)^2 R_{\text{m}}\right)//R_{\text{l}}=R_{\min}=R_{\max}$ 总是为 0.665Ω。假设 DG_{m} 和 DG_{l} 工作于 MPPT 模式，它们的输出功率为 $P_{\text{DG,m}}$ 和 $P_{\text{DG,l}}$，且它们允许的波动范围分别为(0kW，40kW)和(0kW，80kW)。注意在本节研究的直流配电网中存在 $P_{\text{DG,m}}=-P_{\text{C,m}}$ 和 $P_{\text{DG,l}}=-P_{\text{C,l}}$，因此，所有 DG 的总输出功率为 $P_{\text{DGs}}=P_{\text{DG,m}}+P_{\text{DG,l}}=-\left(P_{\text{C,m}}+P_{\text{C,l}}\right)=-P_{\text{C}}$。这样，$P_{\text{C}}$ 的允许波动范围是 $\left(P_{\text{C,min}},\ P_{\text{C,max}}\right)=$ (–120kW，0kW)。假设中压母线电压 v_{m} 的允许波动范围是 $\pm 100\text{V}$，而低压母线电压 v_{l} 的允许波动范围是 $\pm 20\text{V}$，意味着 v_{l}^2 的允许波动范围是 $\left(V_{\text{l}-}^{*2},V_{\text{l}+}^{*2}\right)=\left(32400\text{V}^2,48400\text{V}^2\right)$。在上述条件下，根据 5.2.3 节第 1 部分给出的下垂系数 r_{l} 的选取方法，可以得到 $f_3\left(V_{\text{l}}^{*2},R_{\max},P_{\text{C,min}}\right)=\left(200^2/0.665-120000\right)<0<f_3\left(V_{\text{l}}^{*2},R_{\min},P_{\text{C,max}}\right)=200^2/0.665$，说明这属于该下垂系数选取方法中的情况 3。这样，r_{l} 应被选取为 $r_{\text{l}}=\min\left(\left(r_{\text{l}}\middle|\left(200^2+120000r_{\text{l}}\right)\middle/\left(1+0.665^{-1}r_{\text{l}}\right)=48400\right),\left(r_{\text{l}}\middle|200^2\middle/\left(1+0.665^{-1}r_{\text{l}}\right)=32400\right)\right)=0.156\text{V}^2/\text{W}$。然后，根据式(5-29)，在输电网故障工况下，低压母线电压 v_{l} 的理论波动范围是 $\left(V_{\text{l,min}},V_{\text{l,max}}\right)=$(180V, 218V)，而中压母线电压 v_{m} 的理论波动范围是 $\left(V_{\text{m,min}},V_{\text{m,max}}\right)=$(900V，1090V)。低压侧储能系统 ESS_{l} 的具体参数如表 5-3 所示。

图 5-23 展示了所提恒变比电力电子直流变压器提供的相互电压支撑能力。在波形展示的所有工况中，恒变比电力电子直流变压器变比 m 始终被控制到参考变比 $M^{\text{ref}}=0.2$。在阶段 I，断路器 B_{K1} 闭合，意味着直流配电网工作于正常工况。

表 5-3　低压侧储能系统参数

参数		数值
电气参数	电池电压	$V_s = 100V$
	感性滤波器	$L_s = 0.1mH, R_s = 1m\Omega$
	容性滤波器	$C_s = 50mF$
	线阻抗	$R_{line,l} = 0.333m\Omega$
控制器参数	下垂控制器	$V_{dc,l}^* = 200V$
		$r_l = 0.156V^2/W$
	电压控制器(PI)	$K_P = 0.05, K_I = 2.5$
	电流控制器(P)	$K_P = 10$

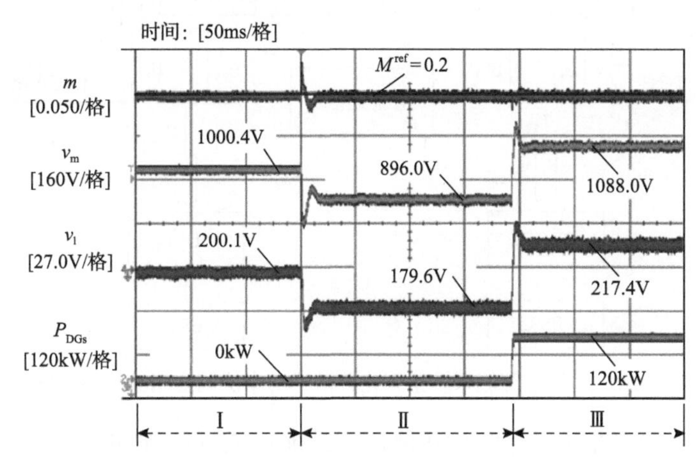

图 5-23　不同工况下中低压母线电压相互支撑应用的波形

阶段Ⅰ，输电网与配电网互联；阶段Ⅱ，输电网退出运行；阶段Ⅲ，DG 的输出功率增加

在本工况中，所有 DG 的总输出功率 P_{DGs} 是 0kW。V_{g1} 将中压母线电压 v_m 支撑到 1000.4V，而恒变比电力电子直流变压器工作于 FVSM 模式并将低压母线电压 v_l 支撑到 200.1V，所有母线电压都被近似支撑到了其额定电压。在阶段Ⅱ，断路器 B_{K1} 打开，随后 V_{g1} 退出网络，表明直流配电网进入了输电网故障工况。在本工况中，低压侧储能系统 ESS_l 通过下垂控制方式来支撑低压母线电压，同时恒变比电力电子直流变压器无缝转换至 BVSM 模式并支撑中压母线电压。如图 5-23 所示，中压母线电压 v_m 是 896.0V，而低压母线电压 v_l 是 179.6V，分别近似达到它们的理论下限 $V_{m,min} = 900V$ 和 $V_{l,min} = 180V$。在阶段Ⅲ，所有 DG 的输出功率 P_{DG} 阶跃增加到了 120kW。如图 5-23 所示，中压母线电压 v_m 是 1088.0V，而低压母线电压 v_l

是 217.4V，分别近似达到了它们的理论上限 $V_{\mathrm{m,max}}=1090\mathrm{V}$ 和 $V_{\mathrm{l,max}}=218\mathrm{V}$ 。

上述实验结果表明所提恒变比电力电子直流变压器可以有效实现直流配电网中低压母线电压的相互支撑。

5) 中低压储能系统正则化分散式功率协同应用验证

为了验证所提恒变比电力电子直流变压器的中低压储能系统正则化分散式功率协同应用，断路器 B_{K2}、B_{K3}、B_{K4}、B_{K5}、B_{K6} 和 B_{K7} 保持闭合，而断路器 B_{K1} 和 B_{K8} 保持断开，该工况拓扑图如图 5-24 所示。在本工况中，分别位于中压侧和低压侧的两个下垂控制型储能系统共同支撑母线电压，因此它们的输出功率应该得到协同。本工况的恒变比电力电子直流变压器始终运行于恒定变比为 $M^{\mathrm{ref}}=0.2$ 的状态，中低压分布式电源运行于恒功率控制模式。

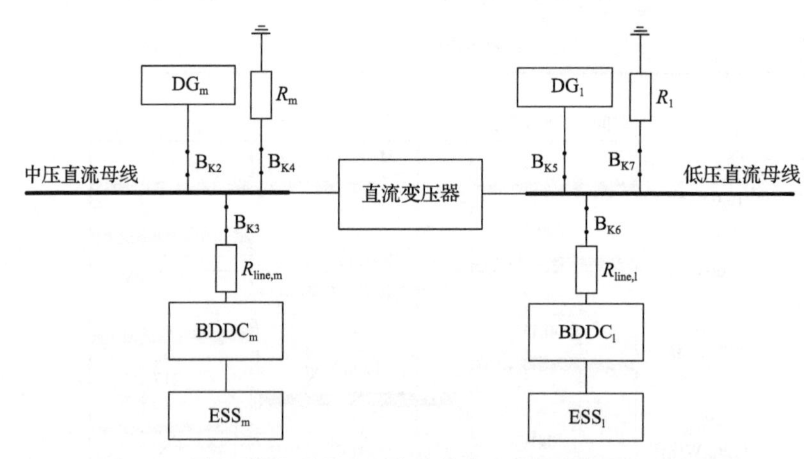

图 5-24　中低压储能系统正则化分散式功率协同应用验证拓扑图

如 5.2.3 节第 2 部分所述，中压侧储能系统 $\mathrm{ESS_m}$ 可以被正则化至低压则，并且正则化后等效的下垂系数为 r'_{m}。假设中压侧的储能系统 $\mathrm{ESS_m}$ 和低压侧储能系统 $\mathrm{ESS_l}$ 之间的功率分担比被设计为 1∶2，那么根据式(5-38)，r'_{m} 应被设置为 $0.312\mathrm{V^2/W}$ 。根据式(5-37)，$\mathrm{ESS_m}$ 的下垂系数应被设置为 $r_{\mathrm{m}}=7.80\mathrm{V^2/W}$ 。中压侧储能系统 $\mathrm{ESS_m}$ 的详细参数如表 5-4 所示。

图 5-25 展示了中低压储能系统正则化分散式功率协同应用在不同工况下的波形。在阶段Ⅰ，所有 DG 的总输出功率 P_{DGs} 是 0kW。在阶段Ⅱ，所有 DG 的总输出功率 P_{DGs} 阶跃增加至 120kW。

图 5-25(a)展示了两个储能系统的输出功率变化波形。在阶段 I，$\mathrm{ESS_m}$ 的输出功率是 15.51kW，而 $\mathrm{ESS_l}$ 的输出功率是 32.00kW。在阶段Ⅱ，DG 出力增加后，$\mathrm{ESS_m}$ 的输出功率变为–19.25kW，$\mathrm{ESS_l}$ 的输出功率变为–36.00kW。可以发现不同工况下 $\mathrm{ESS_m}$ 和 $\mathrm{ESS_l}$ 之间的输出功率分担比都近似等于设计值 1∶2。

表 5-4　中压侧储能系统参数

参数		数值
电气参数	电池电压	$V_s = 500\text{V}$
	感性滤波器	$L_s = 1\text{mH}, R_s = 20\text{m}\Omega$
	容性滤波器	$C_s = 10\text{mF}$
	线阻抗	$R_{\text{line,m}} = 16.7\text{m}\Omega$
控制器参数	下垂控制器	$V^*_{\text{dc,m}} = 200\text{V}, r_m = 7.80\text{V}^2/\text{W}$
	电压控制器(PI)	$K_P = 5\times10^{-5}, K_I = 2.5\times10^{-3}$
	电流控制器(P)	$K_P = 10$

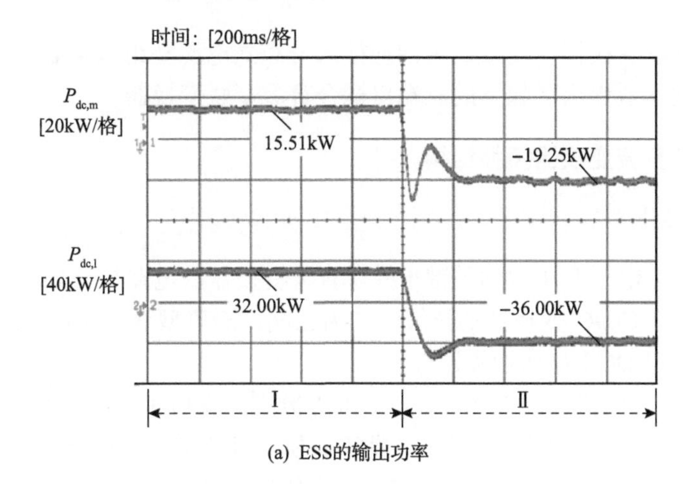

(a) ESS的输出功率

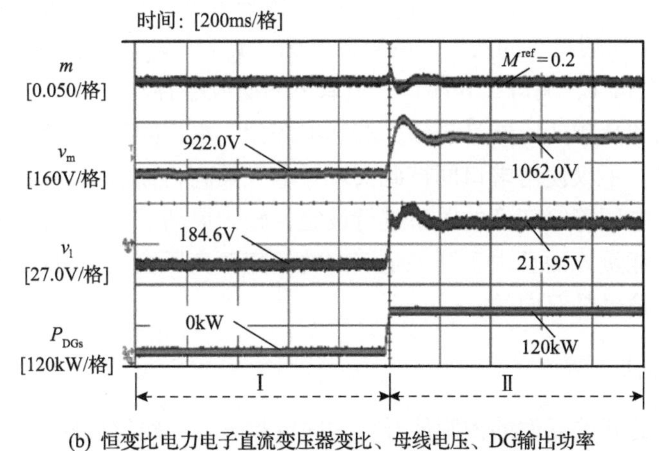

(b) 恒变比电力电子直流变压器变比、母线电压、DG输出功率

图 5-25　不同工况下中低压储能系统正则化分散式功率协同应用的波形

阶段 I，DG 停机；阶段 II，DG 输出功率增加

图 5-25(b) 中的第一个波形展示了恒变比电力电子直流变压器变比 m 的动态，可以发现 m 总是能跟随参考变比 $M^{\text{ref}} = 0.2$。图 5-25(b) 中的波形还展示了直流配电网中的母线电压动态。在阶段Ⅰ，中压母线和低压母线的电压分别为 922.0V 和 184.6V。在阶段Ⅱ，中压母线和低压母线的电压分别为 1062.0V 和 211.95V。可以发现母线电压始终被维持在允许波动范围内。

上述实验结果表明，基于所提的恒变比电力电子直流变压器，直流配电网中的中压侧和低压侧储能可以共同支撑母线电压，而且它们之间的正则化分散式功率协同可以得到实现。

5.3 多端口直流互联变换器

多端口互联变换器在高效、灵活地接入分布式电源及组网互联场景具有很好的优势，因此本节提出了如下的三端口耦合直流互联变换器。

5.3.1 多端口直流变换器拓扑结构

1. 电路拓扑

多端口电力电子变压器的关键子模块直流变换器的电路拓扑如图 5-26 所示，为隔离型双向 DC/DC 变换器的拓展，称为三端口隔离型双向 DC/DC 变换器(以下均简称三端口 DC/DC 变换器)[7]。

图 5-26 中，S_1 和 S_2、S_3 和 S_4、S_5 和 S_6 分别为端口 1、端口 2 和端口 3 的开关控制信号。$V_1 \sim V_3$ 分别为端口 1、端口 2 和端口 3 的直流电压，$i_1 \sim i_3$ 则是对应的负载电流。$L_1 \sim L_3$ 对应每个端口的功率传输电感，n_1 和 n_2 分别是端口 1 和端口 2、端口 1 和端口 3 的变压器的匝数之比，$v_{\text{ac1}} \sim v_{\text{ac3}}$ 为变压器两端电压值，$C_1 \sim C_3$ 则是端口 1、端口 2 和端口 3 负载侧的滤波电容。

全桥开关和高频变压器是该拓扑的基本部分。端口间通过高频变压器进行磁耦合传输能量，不仅使得端口间彼此实现了电气隔离，而且高频变压器的匝数比可以根据相应电压等级变换的关系进行设定，较为灵活。此外，高频变压器中的漏感能够传输能量。而且由于开关是双向的，高频变压器也是可以对称工作的，所以能量的传输也是双向的。

2. 工作特性

该变换器的开关器件的控制信号均为固定频率且占空比固定为 50%的方波。在全桥中，开关控制信号为上下管互补，对管相同，图 5-27 所示为端口 1 的开关控制信号 S_1 和 S_2，T_{s} 为开关周期。

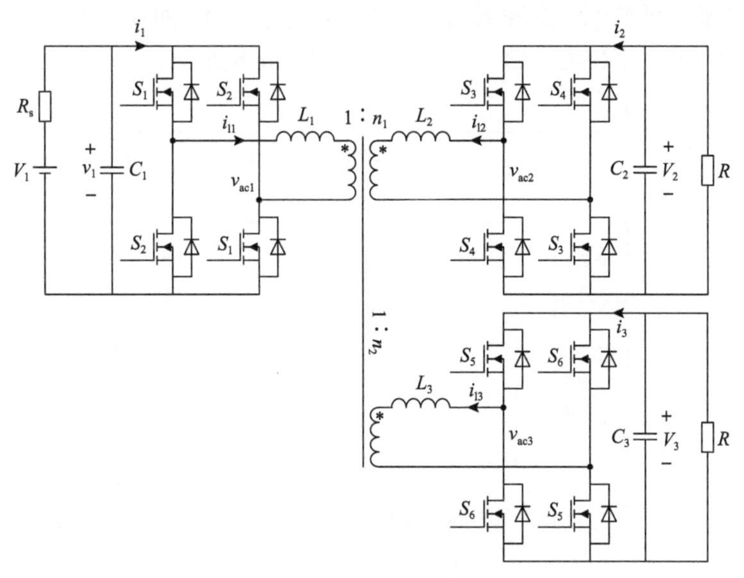

图 5-26　三端口 DC/DC 变换器拓扑

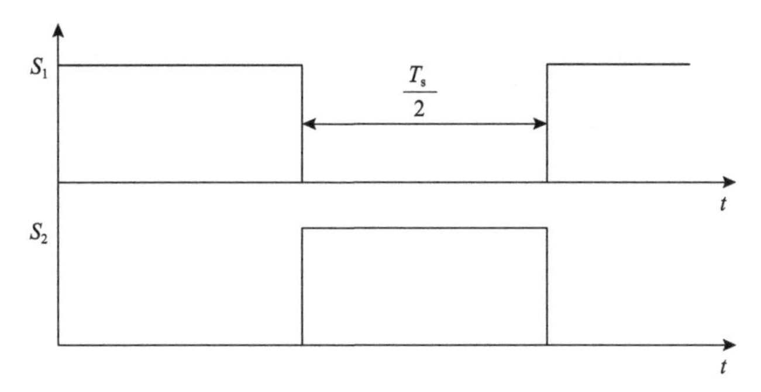

图 5-27　端口 1 开关控制信号图

每个端口的开关控制信号占空比相同，均为 50%。而为了实现端口间的功率传输，需引入移相角改变全桥间的相位差。取端口 2 滞后于端口 3 的相位角为移相角 1，即 φ_1，端口 3 滞后于端口 1 的相位角为移相角 2，即 φ_2，如图 5-28 所示。

因为每个端口的控制信号为方波，且每个端口的电压为直流电压，所以变压器两端的电压也是方波。因此，可将变压器侧部分电路拓扑等效成图 5-29 所示。

图 5-29，i_{l1}、i_{l2}、i_{l3} 为电感电流。利用变压器等效原理对图 5-29 所示等效电路进行等效，可得图 5-30 所示等效电路。

图 5-30 中，v_{ac1r}、v_{ac2r}、v_{ac3r} 分别表示为端口 1、端口 2 和端口 3 的变压器侧的方波电源折算到端口 1 变压器侧的等效方波电源。i_{l1r}、i_{l2r}、i_{l3r} 则表示三个

端口功率传输电感的电流折算到端口 1 的等效电感电流，对应着 L_{1r}、L_{2r}、L_{3r} 则表示三个端口的功率传输电感换算到端口 1 的等效电感。

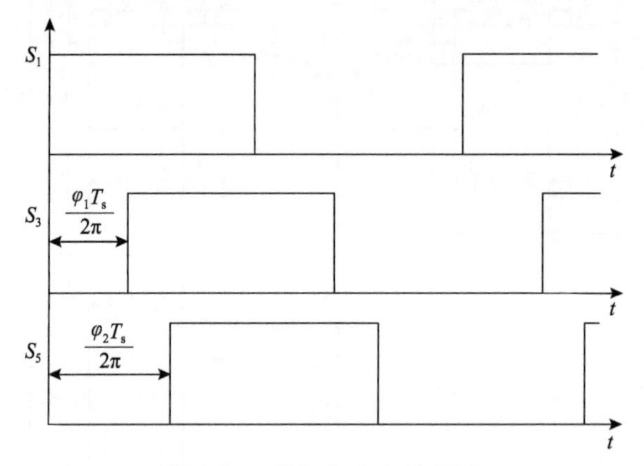

图 5-28　移相角定义示意图

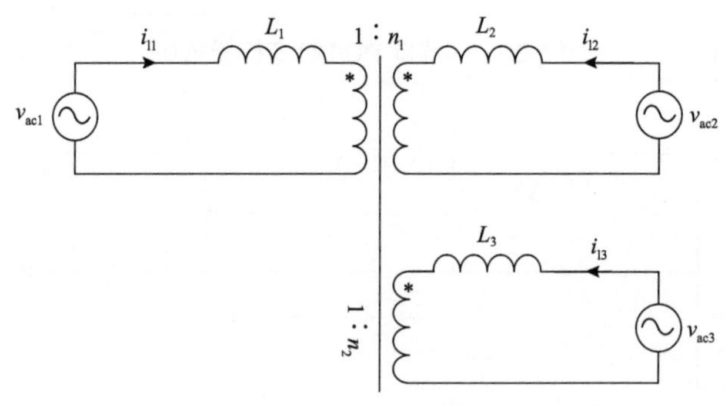

图 5-29　等效电路图

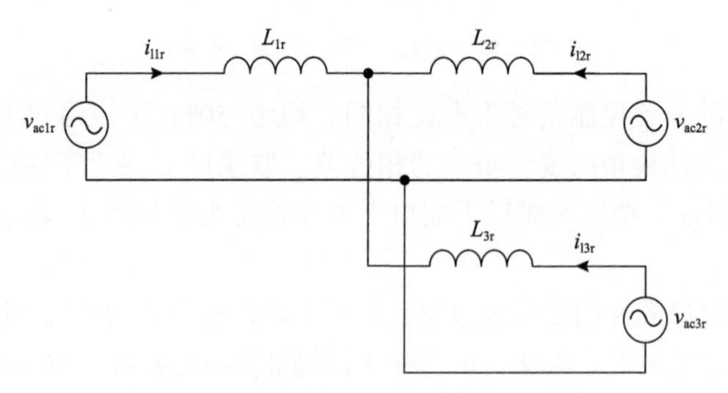

图 5-30　消除高频变压器后的等效电路图

3. 端口间的功率传输

为了推导三端口变换器端口间的功率传输特性，将图 5-30 的Y型电路转换为

△型等效电路，如图 5-31 所示。

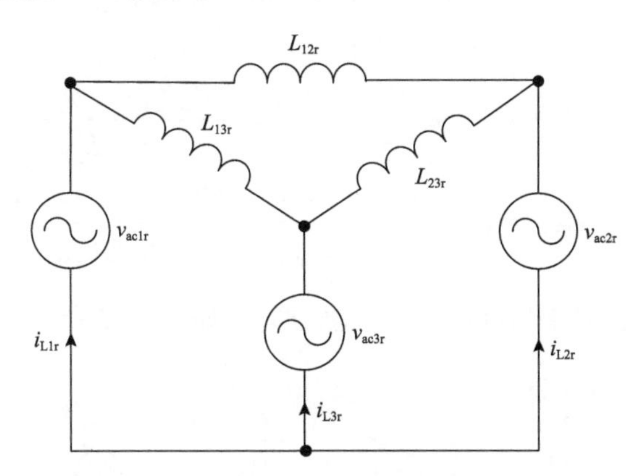

图 5-31　三端口 DC/DC 变换器△型等效电路

图 5-31 中，$L_{12r} \sim L_{23r}$ 则表示从Y型等效电路向△型电路进行等效转换而换算出的等效电感，定义为

$$\begin{cases} L_{12r} = L_{1r} + L_{2r} + \dfrac{L_{1r} \cdot L_{2r}}{L_{3r}} \\ L_{23r} = L_{2r} + L_{3r} + \dfrac{L_{2r} \cdot L_{3r}}{L_{1}} \\ L_{13r} = L_{1} + L_{3r} + \dfrac{L_{1} \cdot L_{3r}}{L_{2r}} \end{cases} \tag{5-44}$$

结合图 5-31，可得各个端口间的功率传输表达式为

$$\begin{cases} P_{12} = \dfrac{4V_{1r}V_{2r}\sin\varphi_1}{\pi^3 f_s L_{12r}} \\ P_{13} = \dfrac{4V_{1r}V_{3r}\sin\varphi_2}{\pi^3 f_s L_{13r}} \\ P_{23} = \dfrac{4V_{2r}V_{3r}\sin(\varphi_2 - \varphi_1)}{\pi^3 f_s L_{23r}} \end{cases} \tag{5-45}$$

其中，V_{1r}、V_{2r}、V_{3r} 为三个端口交流电源 V_{ac1}、V_{ac2}、V_{ac3} 的有效值；P_{12}、P_{13}、P_{23} 分别为端口 1 向端口 2 传输的功率、端口 1 向端口 3 传输的功率以及端口 2 向端口 3 传输的功率。同时，根据能量守恒定律，可得各个端口传输的功率 $P_1 \sim P_3$ 为

$$
\begin{cases}
P_1 = P_{12} + P_{13} = \dfrac{4V_{1r}V_{2r}\sin\varphi_1}{\pi^3 f_s L_{12r}} + \dfrac{4V_{1r}V_{3r}\sin\varphi_2}{\pi^3 f_s L_{13r}} \\
P_2 = -P_{12} + P_{23} = -\dfrac{4V_{1r}V_{2r}\sin\varphi_1}{\pi^3 f_s L_{12r}} + \dfrac{4V_{2r}V_{3r}\sin(\varphi_2 - \varphi_1)}{\pi^3 f_s L_{23r}} \\
P_3 = -P_{13} - P_{23} = -\dfrac{4V_{1r}V_{3r}\sin\varphi_2}{\pi^3 f_s L_{13r}} - \dfrac{4V_{2r}V_{3r}\sin(\varphi_2 - \varphi_1)}{\pi^3 f_s L_{23r}}
\end{cases}
\tag{5-46}
$$

因此，可总结出各端口间的功率传输方向，如图 5-32 所示。

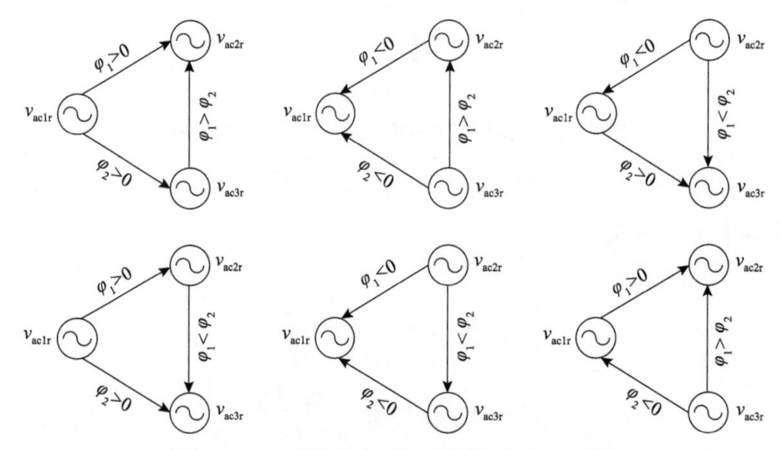

图 5-32　功率传输方向和移相角正负关系图

4. 仿真结果

在 MATLAB 下搭建 Simulink 仿真模型，测试电路的开环结果和理论分析是否一致，仿真的参数如表 5-5 所示。

表 5-5　三端口 DC/DC 变换器参数表

参数描述	具体数值
端口 1 输入电压 V_1	750V
端口 2 输出电压 V_2	650V
端口 3 输出电压 V_3	375V
高频变压器匝数比 n_1	650/750
高频变压器匝数比 n_2	375/750
端口 1 漏感 L_1	65.1μH
端口 2 漏感 L_2	48.9μH
端口 3 漏感 L_3	16.3μH
开关频率 f_s	20000Hz

根据上述参数进行仿真，由于此电路设计的额定工况为端口 1 向端口 2 和 3 分别传输 10kW 功率，额定移相角均为 $\pi/6$。因此取移相角 1 和 2 均为 $\pi/6$，为了方便，负载用阻性负荷代替。则可得端口交变电压和电流、电感电流的波形，如图 5-33 所示。

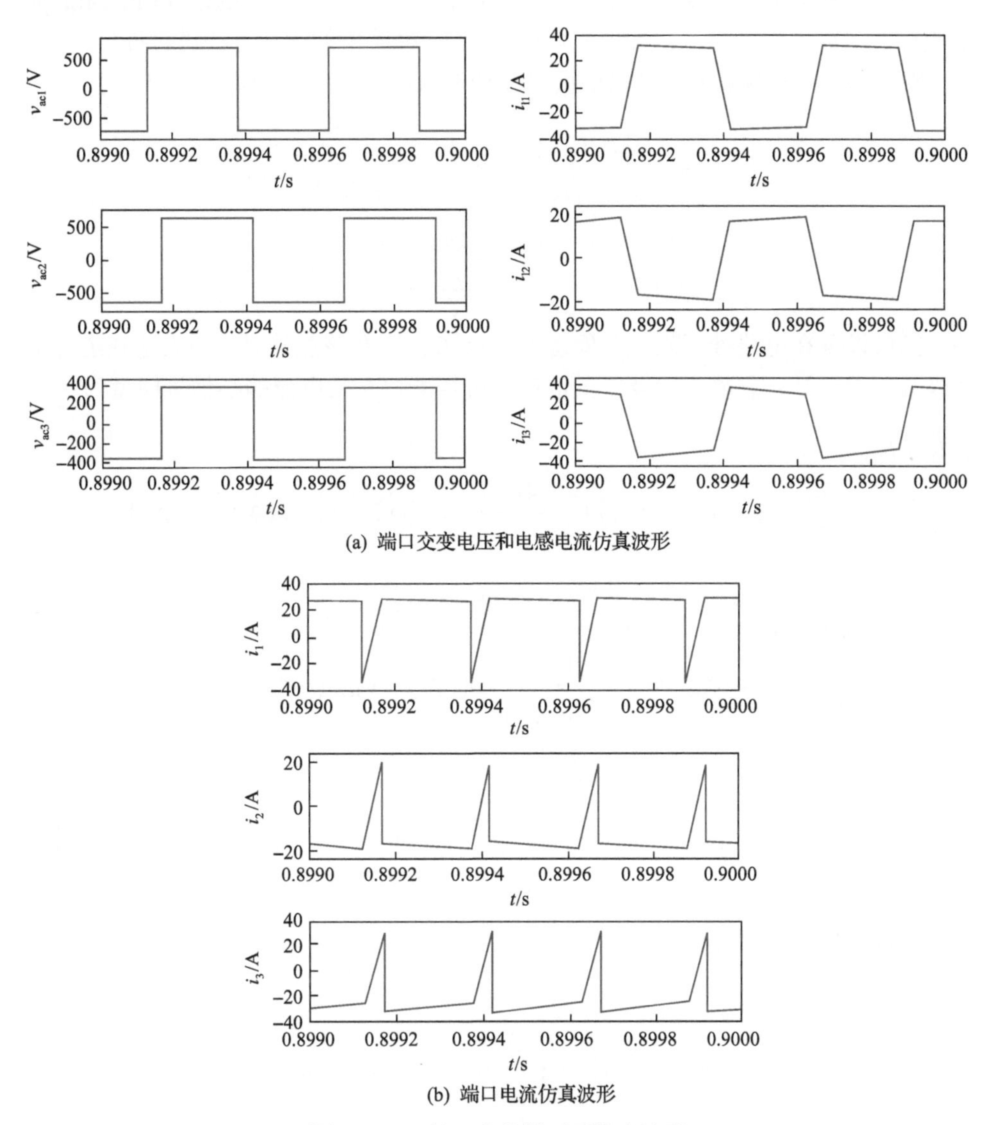

(a) 端口交变电压和电感电流仿真波形

(b) 端口电流仿真波形

图 5-33　三端口变换器开环仿真波形

其中，图 5-33(a)左侧为端口交变电压，从上到下依次为端口 1、2 和 3，右侧为端口 1、2 和 3 的电感电流。而图 5-33(b)则为端口 1、2 和 3 的电流。

5.3.2　多端口直流变换器控制方法

1. 小信号模型

由于电感电流的周期平均值为零，所以在进行小信号模型的建立时，无法运用状态空间平均法。因此，参考文献[8]可用一种简单的近似方法进行推导。

对端口 2，负载电流 i_2 可以根据功率和端口电压求得，即可得式(5-47)：

$$\begin{aligned} i_2 = \frac{P_2}{V_2} &= -\frac{4V_{1\mathrm{r}}V_{2\mathrm{r}}\sin\varphi_1}{\pi^3 f_\mathrm{s}L_{12\mathrm{r}}V_2} + \frac{4V_{2\mathrm{r}}V_{3\mathrm{r}}\sin(\varphi_2-\varphi_1)}{\pi^3 f_\mathrm{s}L_{23\mathrm{r}}V_2} \\ &= -\frac{4V_{1\mathrm{r}}\sin\varphi_1}{\pi^3 f_\mathrm{s}L_{12\mathrm{r}}n_1} + \frac{4V_{3\mathrm{r}}\sin(\varphi_2-\varphi_1)}{\pi^3 f_\mathrm{s}L_{23\mathrm{r}}n_1} \end{aligned} \tag{5-47}$$

则假设现在电路处于某一个稳态工作点 O，则在该点处对上述表达式进行泰勒级数一阶展开，忽略二阶及以上信息，可得端口 2 的电流的小信号模型为

$$\begin{aligned} i_2 &= I_{2O} + \Delta i_2 \\ &= -\frac{4V_{1\mathrm{r}}}{\pi^3 f_\mathrm{s}L_{12\mathrm{r}}n_1}\sin(\varphi_{1O}+\Delta\varphi_1) + \frac{4V_{3\mathrm{r}}}{\pi^3 f_\mathrm{s}L_{23\mathrm{r}}n_1}\sin\big(\varphi_{2O}-\varphi_{1O}+(\Delta\varphi_2-\Delta\varphi_1)\big) \\ &= -\frac{4V_{1\mathrm{r}}}{\pi^3 f_\mathrm{s}L_{12\mathrm{r}}n_1}\sin\varphi_{1O} + \frac{4V_{3\mathrm{r}}}{\pi^3 f_\mathrm{s}L_{23\mathrm{r}}n_1}\sin(\varphi_{2O}-\varphi_{1O}) \\ &\quad -\frac{4V_{1\mathrm{r}}}{\pi^3 f_\mathrm{s}L_{12\mathrm{r}}n_1}\cos\varphi_{1O}\Delta\varphi_1 + \frac{4V_{3\mathrm{r}}}{\pi^3 f_\mathrm{s}L_{23\mathrm{r}}n_1}\cos(\varphi_{2O}-\varphi_{1O})(\Delta\varphi_2-\Delta\varphi_1) \end{aligned} \tag{5-48}$$

同理，可得端口 3 的电流，可得

$$i_3 = \frac{P_3}{V_3} = -\frac{4V_{1\mathrm{r}}\sin\varphi_2}{\pi^3 f_\mathrm{s}L_{13\mathrm{r}}n_2} - \frac{4V_{2\mathrm{r}}\sin(\varphi_2-\varphi_1)}{\pi^3 f_\mathrm{s}L_{23\mathrm{r}}n_2} \tag{5-49}$$

进行泰勒展开同样可得

$$\begin{aligned} i_3 &= I_{3O} + \Delta i_3 \\ &= -\frac{4V_{1\mathrm{r}}}{\pi^3 f_\mathrm{s}L_{13\mathrm{r}}n_2}\sin(\varphi_{2O}+\Delta\varphi_2) - \frac{4V_{2\mathrm{r}}}{\pi^3 f_\mathrm{s}L_{23\mathrm{r}}n_2}\sin\big(\varphi_{2O}-\varphi_{1O}+(\Delta\varphi_2-\Delta\varphi_1)\big) \\ &= -\frac{4V_{1\mathrm{r}}}{\pi^3 f_\mathrm{s}L_{13\mathrm{r}}n_2}\sin\varphi_{2O} - \frac{4V_{2\mathrm{r}}}{\pi^3 f_\mathrm{s}L_{23\mathrm{r}}n_2}\sin(\varphi_{2O}-\varphi_{1O}) \\ &\quad -\frac{4V_{1\mathrm{r}}}{\pi^3 f_\mathrm{s}L_{13\mathrm{r}}n_2}\cos\varphi_{2O}\Delta\varphi_2 - \frac{4V_{2\mathrm{r}}}{\pi^3 f_\mathrm{s}L_{23\mathrm{r}}n_2}\cos(\varphi_{2O}-\varphi_{1O})(\Delta\varphi_2-\Delta\varphi_1) \end{aligned} \tag{5-50}$$

综上所述，为方便表达，将上述内容整理为

$$\begin{pmatrix}\Delta i_2\\\Delta i_3\end{pmatrix}=\begin{pmatrix}G_{11} & G_{12}\\G_{21} & G_{22}\end{pmatrix}\begin{pmatrix}\Delta\varphi_1\\\Delta\varphi_2\end{pmatrix}=G\begin{pmatrix}\Delta\varphi_1\\\Delta\varphi_2\end{pmatrix} \tag{5-51}$$

其中，各项系数为

$$\begin{cases}G_{11}=-\dfrac{4V_{1\mathrm{r}}}{\pi^3 f_{\mathrm{s}} n_1 L_{12\mathrm{r}}}\cos\varphi_{1O}-\dfrac{4V_{3\mathrm{r}}}{\pi^3 f_{\mathrm{s}} n_1 L_{23\mathrm{r}}}\cos(\varphi_{2O}-\varphi_{1O})\\ G_{12}=\dfrac{4V_{3\mathrm{r}}}{\pi^3 f_{\mathrm{s}} n_1 L_{23\mathrm{r}}}\cos(\varphi_{2O}-\varphi_{1O})\\ G_{21}=\dfrac{4V_{2\mathrm{r}}}{\pi^3 f_{\mathrm{s}} n_2 L_{23\mathrm{r}}}\cos(\varphi_{2O}-\varphi_{1O})\\ G_{22}=-\dfrac{4V_{1\mathrm{r}}}{\pi^3 f_{\mathrm{s}} n_2 L_{13\mathrm{r}}}\cos\varphi_{2O}-\dfrac{4V_{2\mathrm{r}}}{\pi^3 f_{\mathrm{s}} n_2 L_{23\mathrm{r}}}\cos(\varphi_{2O}-\varphi_{1O})\end{cases} \tag{5-52}$$

而在稳态工作点 O 的稳态工作电流为

$$\begin{cases}I_{2O}=-\dfrac{4V_{1\mathrm{r}}}{\pi^3 f_{\mathrm{s}} n_1 L_{12\mathrm{r}}}\sin\varphi_{1O}+\dfrac{4V_{3\mathrm{r}}}{\pi^3 f_{\mathrm{s}} n_1 L_{23\mathrm{r}}}\sin(\varphi_{2O}-\varphi_{1O})\\ I_{3O}=-\dfrac{4V_{1\mathrm{r}}}{\pi^3 f_{\mathrm{s}} n_2 L_{13\mathrm{r}}}\sin\varphi_{2O}-\dfrac{4V_{2\mathrm{r}}}{\pi^3 f_{\mathrm{s}} n_2 L_{23\mathrm{r}}}\sin(\varphi_{2O}-\varphi_{1O})\end{cases} \tag{5-53}$$

因此，要进行端口电压的控制，可将输出端口电路部分等效为电流源和电容串联的电路，可得端口电压关于移相角的小信号模型：

$$\begin{pmatrix}\Delta v_2\\\Delta v_3\end{pmatrix}=\begin{pmatrix}\dfrac{1}{sC_2} & 0\\0 & \dfrac{1}{sC_3}\end{pmatrix}\begin{pmatrix}\Delta i_2\\\Delta i_3\end{pmatrix}=\begin{pmatrix}\dfrac{1}{sC_2} & 0\\0 & \dfrac{1}{sC_3}\end{pmatrix}G\begin{pmatrix}\Delta\varphi_1\\\Delta\varphi_2\end{pmatrix} \tag{5-54}$$

综上所述，不难发现，针对每个稳态工作点，电路的小信号模型只包含常数项，因此在进行控制策略的设计时较为方便。

2. 单位阵解耦控制策略

根据电路的小信号模型，在进行端口电压控制的时候，可将端口 2 和 3 分别设计为电压环控制模式。观察电路的小信号模型，容易发现端口 2 的电压不仅和控制量 1 即移相角 1 相关，而且和控制量 2 即移相角 2 相关，端口 3 也是如此，即端口 2、3 间存在耦合。端口 2、3 的耦合本质上是由高频变压器引起的磁耦合。

该耦合不仅会降低各端口的电能质量，还会给控制器的设计带来难度。

因此，为便于设计控制回路和提高端口的电能质量，需要对系统进行解耦。常用的解耦方法有前馈解耦、对角解耦以及单位阵解耦等[9]。这些方法本质上都是将原始控制量通过组合变换为新的控制量，以保证新的控制量和输出间不存在耦合。

其中，单位阵解耦通过引入新控制量，不仅实现了完全解耦，还将系统的小信号模型归一化成单位阵，进一步方便了控制器的设计。因此，本节采用单位阵解耦方法进行系统解耦。对式(5-54)所描述的小信号模型，通过引入解耦网络 H，使得新控制量 φ_1' 和 φ_2' 和对应的两个输出端口电压的小信号模型为单位阵，解耦网络如图 5-34 所示。

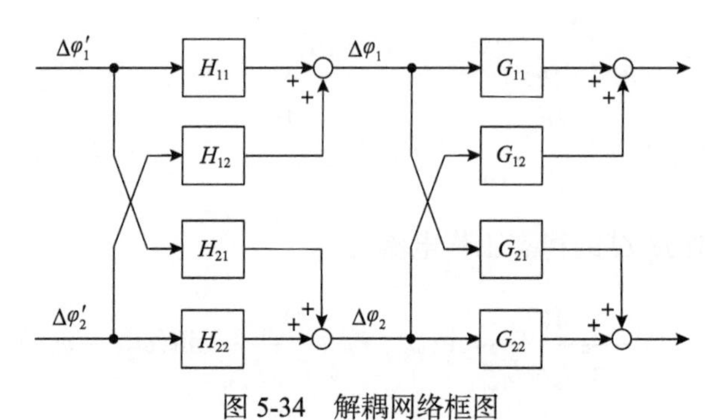

图 5-34 解耦网络框图

其中，解耦网络各项系数为

$$H = G^{-1} = \frac{1}{G_{11}G_{22} - G_{12}G_{21}}\begin{pmatrix} G_{22} & -G_{12} \\ -G_{21} & G_{11} \end{pmatrix} \tag{5-55}$$

引入新的控制量后，端口电压关于新控制量 φ_1' 和 φ_2' 的小信号模型为

$$\begin{pmatrix} \Delta v_2 \\ \Delta v_3 \end{pmatrix} = \begin{pmatrix} \dfrac{1}{sC_2} & 0 \\ 0 & \dfrac{1}{sC_3} \end{pmatrix}\begin{pmatrix} \Delta\varphi_1' \\ \Delta\varphi_2' \end{pmatrix} \tag{5-56}$$

即不存在耦合情况。但需注意的是，由于系统的小信号模型是基于某一稳态工作点展开得到的，因此在不同的稳态工作点，系统的小信号模型是不同的(由稳态点的移相角决定)，对应的解耦网络的参数也不同。因此，需要知道每个稳态工作点的稳态移相角才可以进行解耦。当控制器作用时，只能观察到暂态的移相角，由式(5-53)可以得出，稳态移相角和稳态电流相互对应，因此可以通过稳态电流得出稳态移相角。由于稳态电流同样无法直接得出，本节采用端口的电流的低频分

量进行替代。则经过单位阵解耦的控制框图如图 5-35 所示。

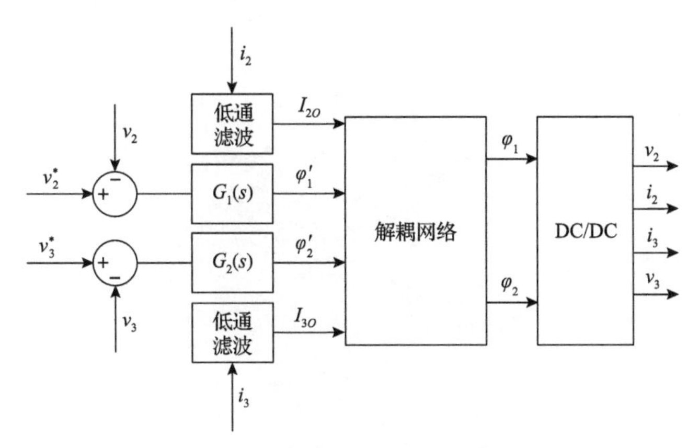

图 5-35　单位阵解耦控制系统框图

图 5-35 中，$G_1(s)$、$G_2(s)$ 分别为端口 2、3 控制回路的控制器的传递函数，均采用 PI 控制器，由于解耦后系统小信号模型为单位阵，所以控制器的参数设计等在此不再赘述。

3. 进行解耦控制策略时的移相角工作区域研究

在进行变换器的工作特性分析时，不难发现，端口间的传输功率和移相角在 $-\pi/2 \sim \pi/2$ 范围内呈现单调关系。这也就意味着对于双向 DC/DC 变换器，端口功率可以用移相角进行线性控制，因为端口间的传输功率体现在端口上便是端口功率，此时系统可被视为线性系统。所以，由二端口 DC/DC 变换器拓展到三端口 DC/DC 变换器时，一般默认将移相角范围限定在 $-\pi/2 \sim \pi/2$。但是，三端口 DC/DC 变换器由于端口 2、3 的耦合情况存在，端口功率和端口间传输功率不一致，因此端口功率在 $-\pi/2 \sim \pi/2$ 内并不是单调的。

而且，在某些稳态工作点，系统小信号模型的参数矩阵会变为奇异矩阵，此时所采用的解耦方法是无效的。因此，需要规避这些稳态工作点，将这些稳态工作点称为奇异稳态工作点。

1) 端口特性单调性

由式(5-46)可以确定，在对端口相关特性进行控制(如端口功率控制)时，需要根据不同电路参数选取移相角的范围，以保证端口特性和控制变量的单调性。例如，采用 5.3.1 节的电路参数，可得端口功率与移相角的关系图，如图 5-36 所示。

当端口特性和控制变量不是单调关系时，稳态电流和稳态移相角在电压控制模式下也不是一一对应的，这会造成解耦网络的二义性，使得解耦方法失效，如

图 5-37 所示。

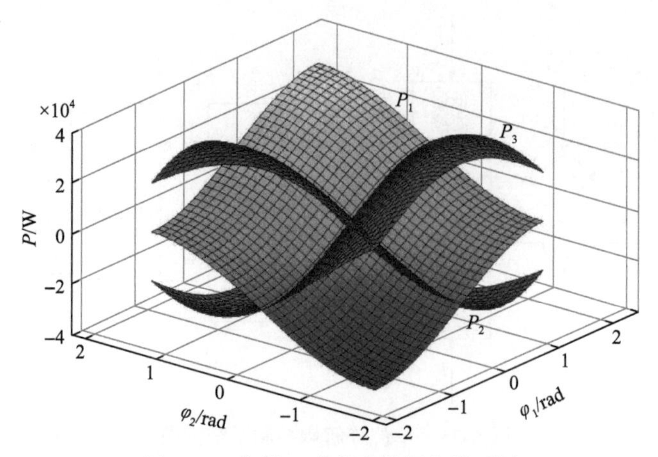

图 5-36　各端口功率和移相角关系图

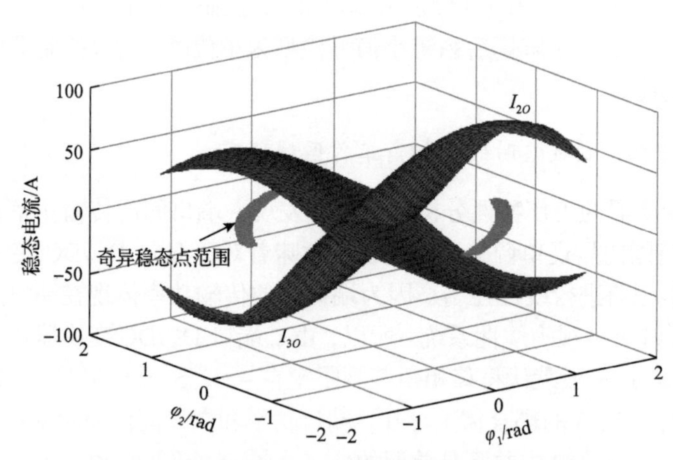

图 5-37　系统的稳态电流和稳态移相角的关系对应图

综上所述，端口间存在的耦合使得端口间传输功率不等同于端口功率，在使用线性控制器进行端口相关特性控制时，要选取端口功率单调的移相角范围。

2) 奇异稳态工作点

由于参数矩阵随稳态工作点的变化而变化，在某些状态下，系统的小信号参数矩阵为奇异矩阵。观察所有使得参数矩阵奇异的稳态工作点，将这些点称为奇异稳态工作点，简称为奇异稳态点。则奇异稳态点在如下条件下成立：

$$|G|=0 \tag{5-57}$$

由于系统解耦将系统新的控制变量与输出之间的关系变为单位阵，因此控制

器的设计较为简便，且控制参数不需要跟随稳态工作点而变化。这是$|G|$作为解耦矩阵分母进行归一化带来的好处。

为了解耦控制系统的简化，将模型参数设计为$L_{12r}=L_{23r}=L_{13r}$，因为L_{12r}只是影响功率传输的一个因素，这样不影响控制器的设计，而且可以简化解耦网络的分析。除此以外，为了更好地实现开关的零电压关断，将匝比尽量设置为端口电压控制目标之比，为简化分析，本节做此设置。因此，将式(5-57)进行展开并代入具体公式，可得

$$K_o\left[\cos\varphi_{1O}\cos\varphi_{2O}+\cos\varphi_{1O}\cos\left(\varphi_{2O}-\varphi_{1O}\right)+\cos\varphi_{2O}\cos\left(\varphi_{2O}-\varphi_{1O}\right)\right]=0 \quad (5\text{-}58)$$

其中，$K_o=64\cdot V_{1r}^2\big/\left(\pi^4\cdot n_1n_2\cdot L_{12r}^2\right)$，不为零，不考虑$V_{1r}$为 0 的情况，因为该时刻电路等同于不起作用。因此，可得奇异稳态点满足式(5-59)：

$$\cos\varphi_{1O}\cos\varphi_{2O}=-\cos\left(\varphi_{2O}-\varphi_{1O}\right)\left(\cos\varphi_{1O}+\cos\varphi_{2O}\right) \quad (5\text{-}59)$$

观察图 5-38，当移相角在如下轨迹及其附近的时候，系统的解耦矩阵的参数将会呈现无穷大的情形，使得控制器无法实现，因此需将其跳过。

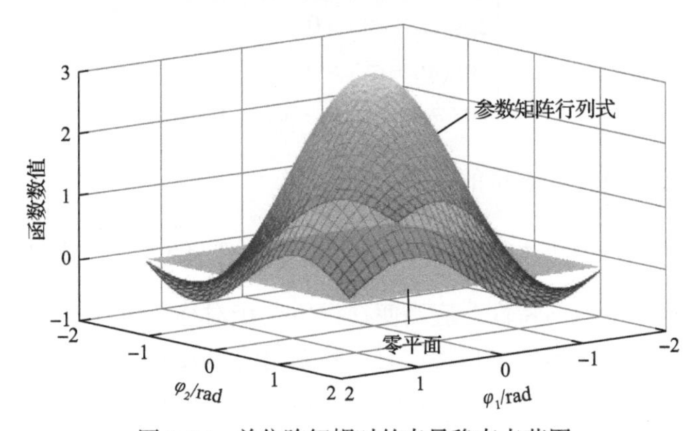

图 5-38　单位阵解耦时的奇异稳态点范围

3) 移相角最大有效范围

综合 1) 和 2) 的分析，在进行解耦控制时，既要避免奇异稳态点的出现，又要使系统工作在端口特性的单调区域。即需要满足如下必要条件：

$$\begin{cases}\dfrac{\partial P_2}{\partial\varphi_1}<0, & \dfrac{\partial P_2}{\partial\varphi_2}>0\\[2ex]\dfrac{\partial P_3}{\partial\varphi_1}>0, & \dfrac{\partial P_3}{\partial\varphi_2}<0\end{cases} \quad (5\text{-}60)$$

$$|G| \neq 0 \tag{5-61}$$

则根据端口功率的表达式，可以计算出使得端口功率单调的移相角范围为

$$\begin{cases} \dfrac{\partial P_2}{\partial \varphi_1} = -\dfrac{4V_{1r}V_{2r}\cos\varphi_1}{\pi^3 f_s L_{12r}} - \dfrac{4V_{2r}V_{3r}\cos(\varphi_2-\varphi_1)}{\pi^3 f_s L_{23r}} < 0 \\ \dfrac{\partial P_2}{\partial \varphi_2} = \dfrac{4V_{2r}V_{3r}\cos(\varphi_2-\varphi_1)}{\pi^3 f_s L_{23r}} > 0 \\ \dfrac{\partial P_3}{\partial \varphi_1} = \dfrac{4V_{2r}V_{3r}\cos(\varphi_2-\varphi_1)}{\pi^3 f_s L_{23r}} > 0 \\ \dfrac{\partial P_3}{\partial \varphi_2} = -\dfrac{4V_{1r}V_{3r}\cos\varphi_2}{\pi^3 f_s L_{13r}} - \dfrac{4V_{2r}V_{3r}\cos(\varphi_2-\varphi_1)}{\pi^3 f_s L_{23r}} < 0 \end{cases} \tag{5-62}$$

为简化分析，根据实际设计的参数进行计算，可得系统端口特性单调的范围如下：

$$\begin{cases} \cos\varphi_1 + \cos(\varphi_2-\varphi_1) > 0 \\ \cos(\varphi_2-\varphi_1) > 0 \\ \cos(\varphi_2-\varphi_1) > 0 \\ \cos\varphi_2 + \cos(\varphi_2-\varphi_1) > 0 \end{cases} \tag{5-63}$$

同时，不包含奇异稳态点的区域为

$$\cos\varphi_{1O}\cos\varphi_2 + \cos\varphi_1\cos(\varphi_2-\varphi_1) + \cos\varphi_2\cos(\varphi_2-\varphi_1) \neq 0 \tag{5-64}$$

为满足变换器的双向特性，应当使移相角在0°对称范围内变换，考虑到变换器响应的周期特性，不考虑端口特性时，移相角的最大范围为$-\pi \sim \pi$。

则联立式(5-63)和式(5-64)，在$-\pi \sim \pi$范围内，可确定移相角的最大有效工作范围，图5-39给出了上述表达式的边界。

进一步，可以得到移相角最大有效工作的范围，如图5-40所示。

根据图5-39，可以确定移相角的最大有效工作范围。不难发现，如果要跳过奇异稳态点，则根据图5-39范围进行设计的控制器将非常复杂且实用性很低。首先，控制变量的跳变会给系统带来不稳定性，引起振荡。其次，因为奇异稳态点的解析表达式无法给出，边界较难确定。最后，需要跳变过去的移相角区域对应的端口功率几乎不变，和跳变前区域的最大功率相差无几。

因此，为了方便控制器的设计，并在工作区域尽可能最大化的前提下，选取如下近似最大有效范围。

$$
\begin{cases}
-\left(\dfrac{\pi}{2}-\Delta\phi\right)<\varphi_2-\varphi_1<\left(\dfrac{\pi}{2}-\Delta\phi\right) \\
-\dfrac{\pi}{2}<\varphi_1,\varphi_2<\dfrac{\pi}{2}
\end{cases}
\tag{5-65}
$$

其中，$\Delta\phi$ 为保证系统稳定而留下的裕度，可根据实际情况设计，如本节取为 $\pi/50$，图 5-41 给出了具体范围。

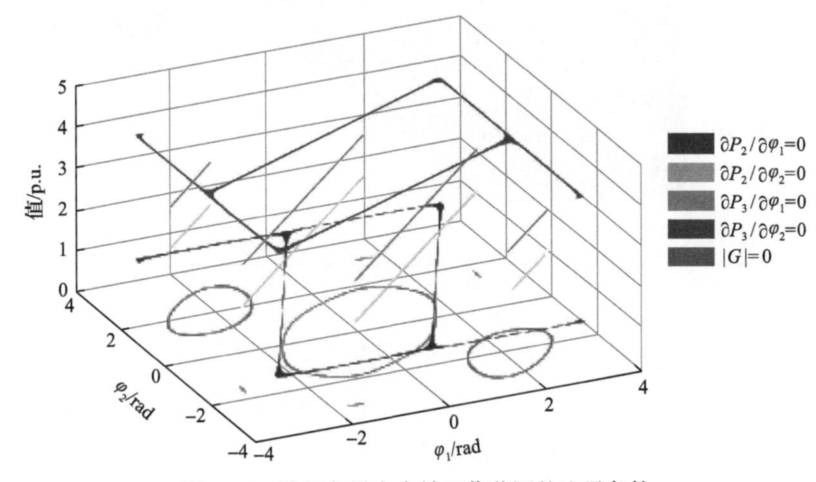

图 5-39　移相角最大有效工作范围的边界条件

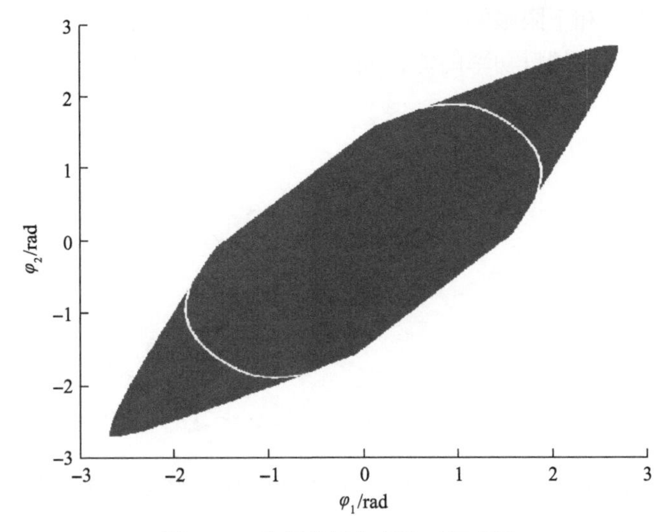

图 5-40　移相角最大有效工作范围

4) 范围限制策略研究

由 3) 所述，在式(5-65)对应范围内，均可以进行解耦控制，且解耦后的系统

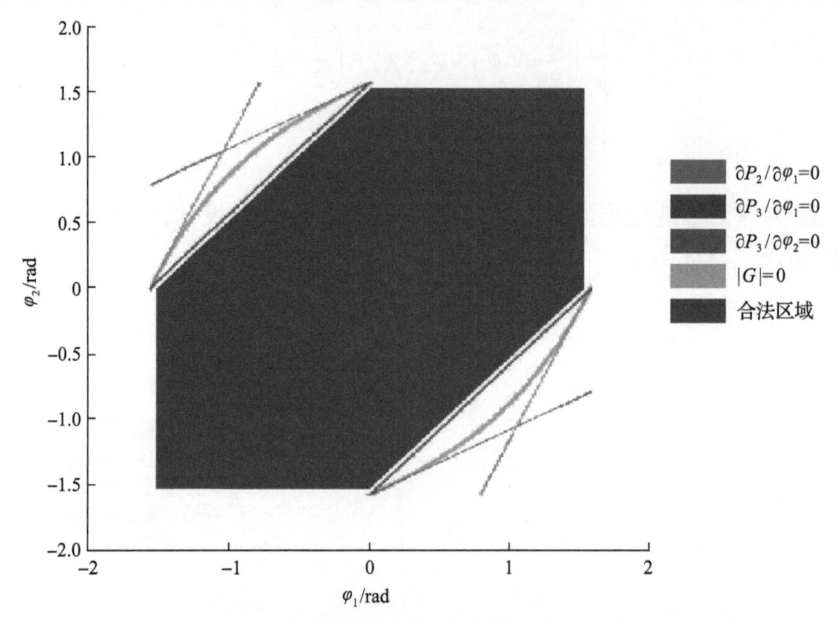

图 5-41　移相角的近似最大有效工作范围

模型为单位阵，可以保证系统的稳定性。但是，需要对移相角的工作范围进行一定的限制。下面给出如下两种范围限制方式。

(1)饱和式限制移相角的范围。当对移相角进行饱和式的限制，即对移相角 1 和 2 分别进行上限和下限限制，如将移相角范围限制在 $-\pi/4 \sim \pi/4$ 时，可得参数矩阵行列式的值以及端口功率的值，如图 5-42 和图 5-43 所示。

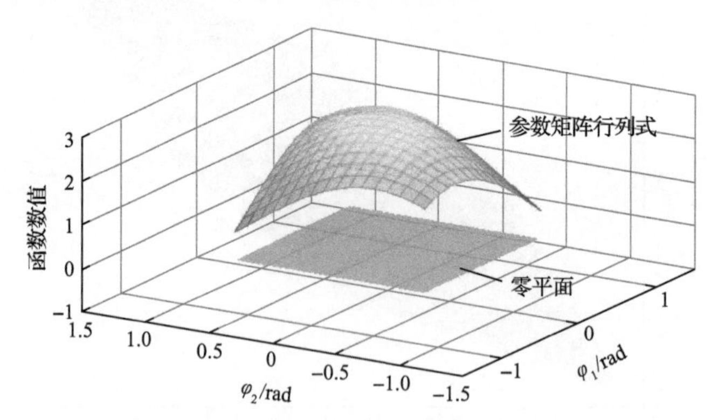

图 5-42　限制移相角范围后单位阵解耦时的奇异稳态点范围

(2)函数式限制移相角工作范围。当对移相角工作范围进行饱和式的限制时，对系统工作范围也会造成饱和式的限制。例如，观察图 5-36 与图 5-43 可得，端口的功率响应上限也被限制。由 5.3.2 节第 1 部分所建立的系统的数学模型可知，端口间的传输功率和移相角大小呈正相关，和功率传输电感呈负相关。当限制了

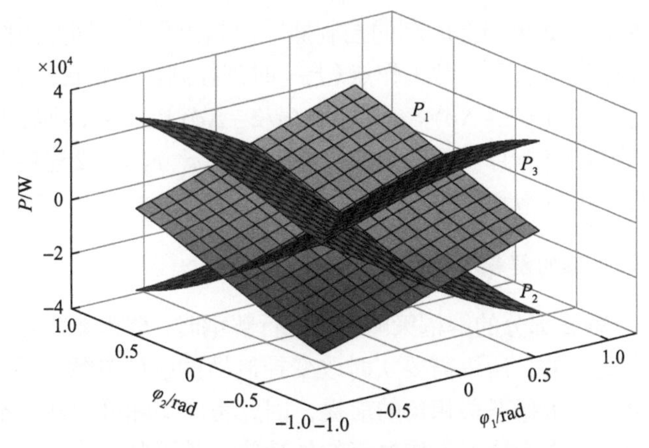

图 5-43　限制移相角范围后端口功率图

移相角的上限时，系统传输同样大小的功率时电路的传输电感需要更小。也就是说，需要感值更小、承受功率更大的电感，这会造成硬件器件成本的增加，且会给实际变换器带来风险。因此，本节采用式(5-64)所述的函数关系对移相角进行函数式的限制，最大化工作区域。

根据式(5-64)所述范围，在移相角靠近边界时，需要进行一定的限制。此处采取的限制策略是将控制器的输出锁定在边界线上。具体做法为每一时刻需要保存上一时刻控制器的输出，如果当前时刻控制器的输出超越了边界，为保证控制器的调整方向，在经过不同的边界时，要进行不同的限制，如图 5-44 所示。

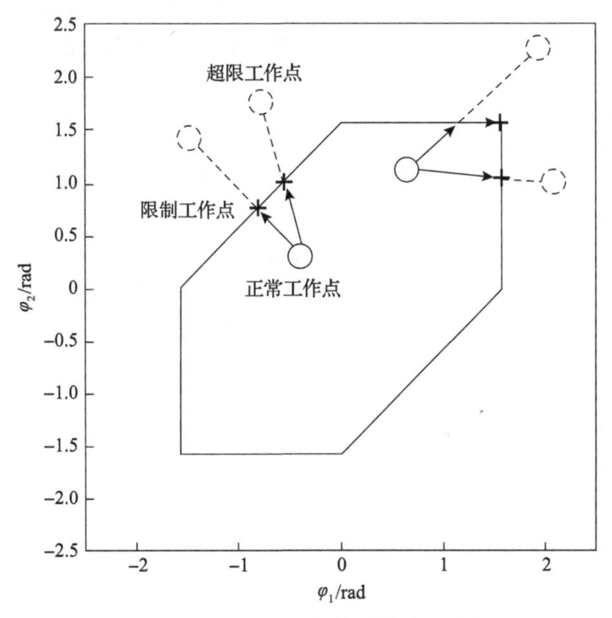

图 5-44　限制移相角控制策略示意图

如图 5-44 所示，如果当前时刻的控制器输出超出界外，即变为图中所示的超限工作点，取超限工作点和正常工作点(上一时刻控制器的输出)的连线与边界的交点。如果该交点在 $-(\pi/2-\Delta\phi)<\varphi_2-\varphi_1<(\pi/2-\Delta\phi)$ 边界上，则将此交点作为当前时刻的输出(限制工作点)。而如果交点在 $-\pi/2<\varphi_1,\varphi_2<\pi/2$ 边界上，则对控制器的两个输出分别进行饱和式的限制。

4. 基于神经网络的解耦控制策略研究

根据 5.3.2 节第 2 部分的解耦策略，在进行解耦时，解耦参数是根据电路工作状态而实时发生变化的，所以需要实时改变控制器的解耦参数。而由式(5-53)可得，稳态工作电流是求稳态移相角的前提，因此考虑实际可行性，本节采用负载直流电流的低频分量作为稳态工作电流的估计值。并以此为输入，求解稳态工作点的移相角。但是观察式(5-53)，这是一个超越方程组，无法求出其代数解。传统方法采用查表法进行近似。查表法较为简单、速度较快，但是精度有限，和表格的大小相互矛盾，且表格大小受端口电压、移相角范围以及分辨率等影响。随着输入维度的增加，表格会大小将呈指数倍增长，将会剧烈消耗控制器的内存，甚至不可实现。本节引入神经网络来替代表格，以更小的内存获取更高的维度和精度。

1)基于神经网络的解耦网络

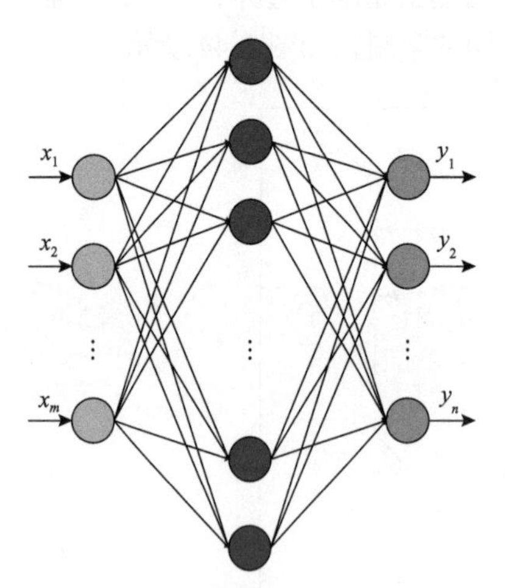

图 5-45　多层神经网络结构图

神经网络(neural network，NN)本质上是一个根据理论可拟合一些连续函数的复杂非线性函数，自然便可用来拟合稳态电流和稳态移相角的函数关系。神经网络和解析表达式不同，其需要训练数据训练得到正确参数。通常用随机梯度下降(stochastic gradient descent，SGD)更新参数，而误差反向传播(back propagation，BP)算法则是 SGD 算法实现的基础算法。一个 m 维输入 n 维输出的多层神经网络的结构如图 5-45 所示。

目标函数是神经网络的重要概念，对神经网络的学习至关重要。一般，目标函数可以设定为

$$C(\theta)=\frac{1}{R}\sum_{r=1}^{R}C^{r}(\theta) \tag{5-66}$$

其中，R 为训练样本的数目；θ 为参数 W 和 b 的集合；而 $C^{r}(\theta)$ 则为

$$C^r(\theta)=\left\|f\left(x^r;\theta\right)-\hat{y}^r\right\| \tag{5-67}$$

式中，x^r 和 $\hat{y}^r$ 为给定的标签数据。

因此，神经网络的训练是获取一组使得所有训练数据损失函数最小化的网络参数的过程，而寻找这个参数就需要根据 BP 算法求取梯度再依照 SGD 算法进行更新。由于 BP 算法和 SGD 算法较为成熟，因此这里不再赘述。

根据式(5-53)所示的关系，可以根据移相角的变化范围采样足够多的样本点，对应着各自的稳态电流值，即 x^r 和 $\hat{y}^r$ 分别对应着 I_O 和 φ_O，可得如下函数：

$$\varphi_O=f_{\mathrm{BP}}\left(I_O\right) \tag{5-68}$$

其中，$\varphi_O=\left(\varphi_{1O},\varphi_{2O}\right)$；$I_O=\left(I_{2O},I_{3O}\right)$；$f_{\mathrm{BP}}()$ 为神经网络所代表的函数。

此时，控制器中的解耦网络由表格变为拟合后的神经网络。

2) 仿真结果

首先，为保证解耦参数的精度，本节根据实际情况，将分辨率设为 0.001，可生成约 250 万组数据离线训练神经网络。同时，为进一步减小解耦网络在实际控制器如 DSP 中所占的存储空间，取神经网络每层的神经元数目分别为 2、5 和 2，隐含层激活函数为 sigmoid 函数，输出层为线性函数。训练后的网络均方根误差为 0.02%，误差曲线如图 5-46 所示。

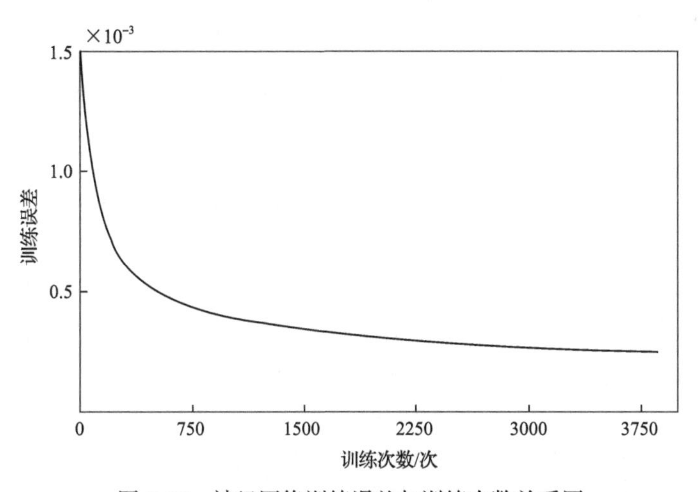

图 5-46　神经网络训练误差与训练次数关系图

随后，同样按照表 5-5 所示参数进行仿真，为简便分析和观察波形，连接阻性负载，且将端口 3 电压放大(600/375，即端口 3 输入电压为 375V，输出电压为 600V)进行观察，可得未进行解耦，直接采用电压环控制时，端口间的耦合情况，如图 5-47 所示。而通过基于神经网络的单位阵解耦后，仿真波形如图 5-48 所示。

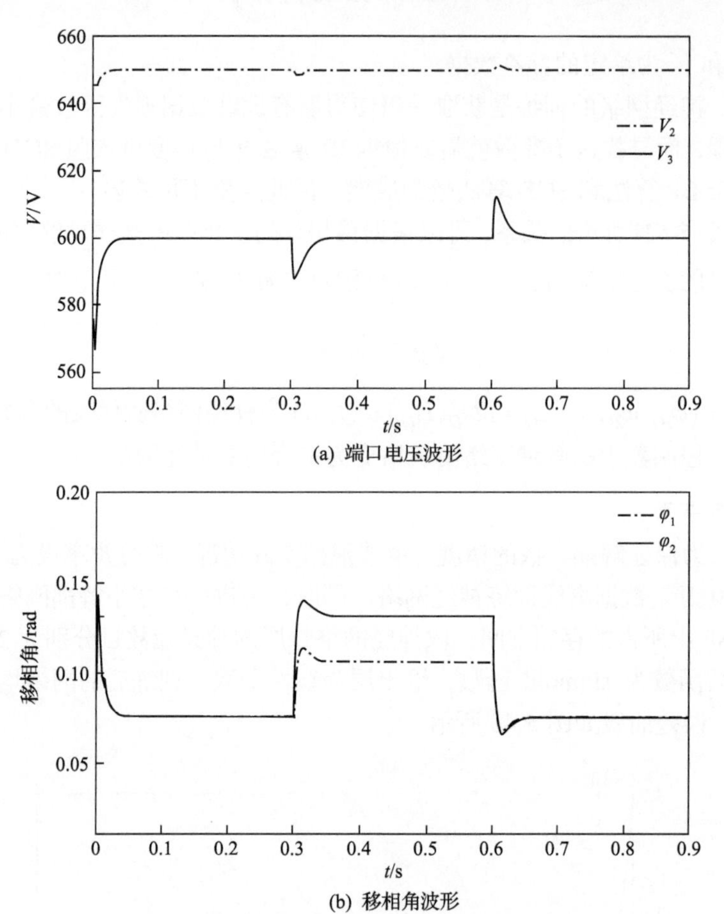

(a) 端口电压波形

(b) 移相角波形

图 5-47　未进行解耦时端口 3 负载突变仿真波形

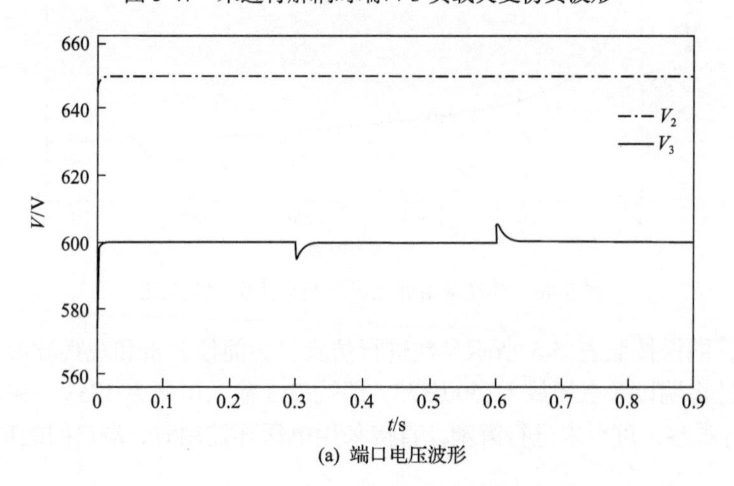

(a) 端口电压波形

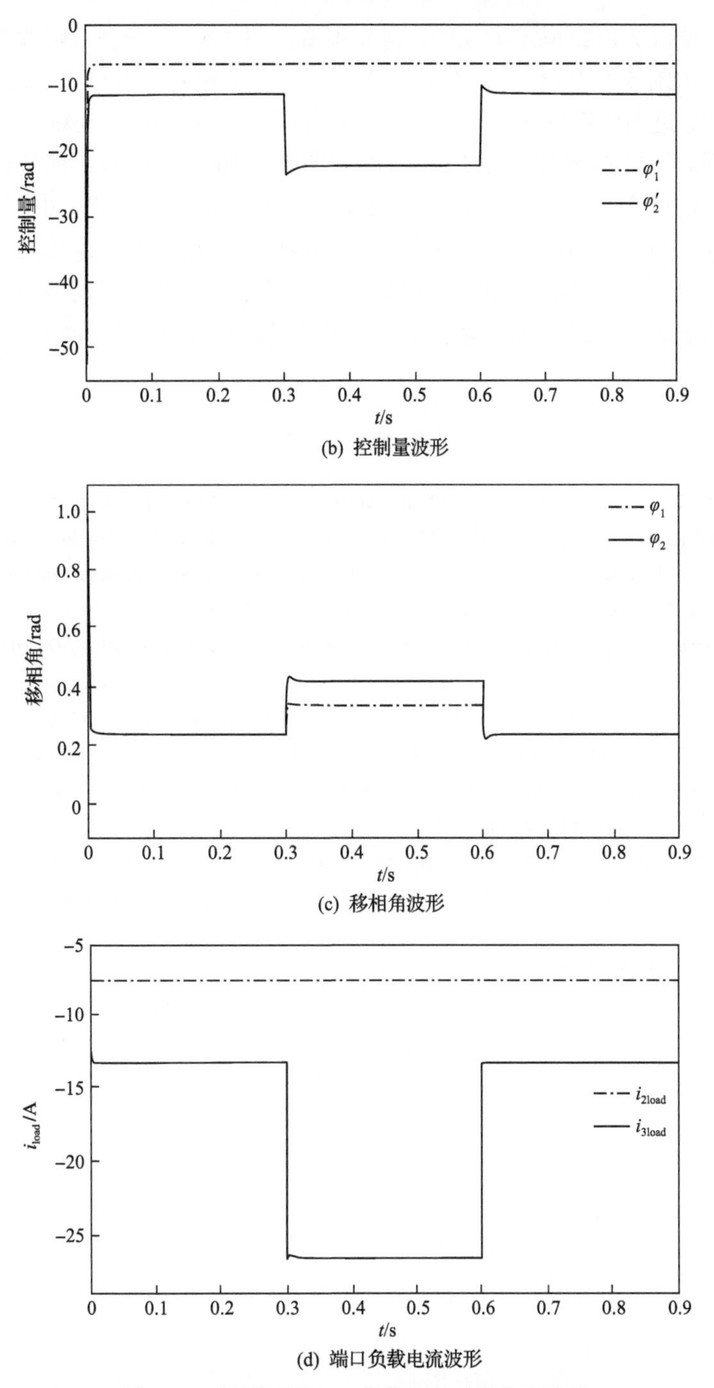

(b) 控制量波形

(c) 移相角波形

(d) 端口负载电流波形

图 5-48　解耦后端口 3 负载突变时的仿真波形

其中，在 0.3s 时，端口 3 的负载由 28Ω 突变为 14Ω，而在 0.6s 时，再由 14Ω

变为 28Ω，端口 2 负载恒定为 42Ω，保持不变。图 5-47 是未进行解耦时变换器的仿真结果。由图 5-47(a)可得，在端口 3 负载发生变化时，端口 2、3 的移相角都会发生变化，进而引起两个端口的电压也都发生了变化。而图 5-48 为采用本节方法进行解耦后的仿真波形。观察可得，根据图 5-48(b)，当端口 3 的负载发生变化时，引入的端口 2 新控制量 φ_2' 发生了改变，而 φ_1' 基本没有变化。由图 5-48(c)可知，由于解耦网络的作用，当端口 3 负载变化时，移相角 φ_1 和 φ_2 均随之变化，从而保持了 φ_1' 的恒定。如图 5-48(a)和图 5-48(d)所示，两个端口间的电压、电流未耦合，彼此成为两个独立的回路，证明了基于神经网络的解耦控制策略的可行性和有效性。

参 考 文 献

[1] Zhao B, Song Q, Liu W H, et al. Overview of dual-active-bridge isolated bidirectional DC-DC converter for high-frequency-link power-conversion system[J]. IEEE Transactions on Power Electronics, 2014, 29(8): 4091-4106.

[2] Krismer F, Kolar J W. Accurate small-signal model for the digital control of an automotive bidirectional dual active bridge[J]. IEEE Transactions on Power Electronics, 2009, 24(12): 2756-2768.

[3] Segaran D, Holmes D G, McGrath B P. Enhanced load step response for a bidirectional DC-DC converter[J]. IEEE Transactions on Power Electronics, 2013, 28(1): 371-379.

[4] Hua B, Mi C T, Wang C W, et al. The dynamic model and hybrid phase-shift control of a dual-active-bridge converter[C]. 2008 34th Annual Conference of IEEE Industrial Electronics, Orlando, 2008: 2840-2845.

[5] Krismer F, Kolar J W. Efficiency-optimized high-current dual active bridge converter for automotive applications[J]. IEEE Transactions on Industrial Electronics, 2012, 59(7): 2745-2760.

[6] Bai H, Nie Z L, Mi C C. Experimental comparison of traditional phase-shift, dual-phase-shift, and model-based control of isolated bidirectional DC-DC converters[J]. IEEE Transactions on Power Electronics, 2010, 25(6): 1444-1449.

[7] Zhao C H. Isolated three-port bidirectional DC-DC converter[D]. Swiss: Federal Institute of Technology Zurich, 2010.

[8] Kheraluwala M. High-power high-frequency DC to DC converters[D]. Washington, D.C.: University of Washington University, 1991.

[9] 马平, 杨金芳, 崔长春, 等. 解耦控制的现状及发展[J]. 控制工程, 2005(2): 97-100.

第6章　多电压等级直流配电网分散自治运行控制

6.1　多端及多电压等级直流配电网拓扑结构

本章所研究的多电压等级直流配电网结构如图6-1所示。该配电网中有N条

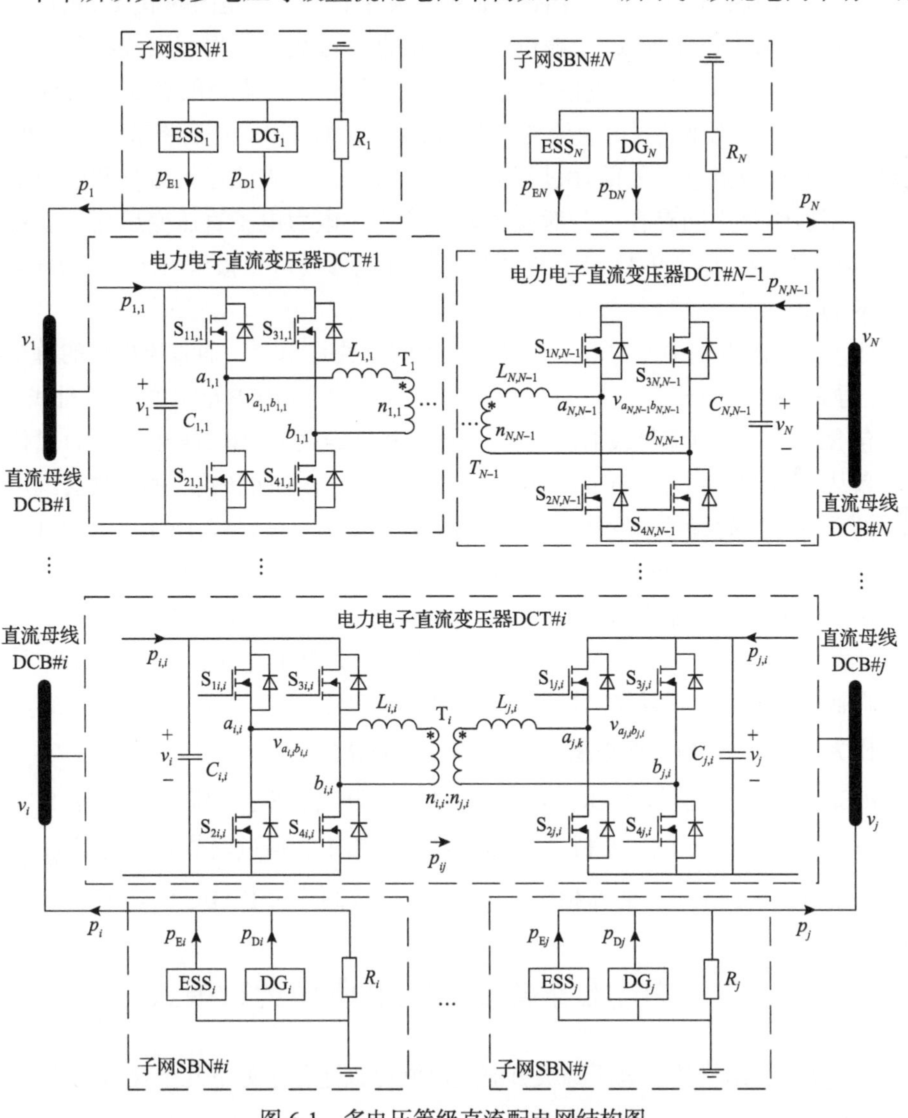

图6-1　多电压等级直流配电网结构图

直流母线(DC bus，DCB)，这些母线之间通过 N–1 个电力电子直流变压器(DC transformer，DCT)呈辐射状连接。每一条母线接入了一个与之对应的子网(sub-network，SBN)，每一个子网拥有自己的储能系统(ESS)、分布式电源(DG)和无源负荷。

对于这样一个辐射状直流配电网，选取一套恰当的关于直流母线和电力电子直流变压器的编号系统可以简化整个配电网的表达，本章选取的编号系统描述如下。

将整个直流配电网看作一个图(graph)，其中直流母线是图的节点(node)而直流变压器是图的连边(edge)。随机选取一条直流母线作为根节点并将其编号为DCB#N，并从该根节点出发沿着连边行走，将第一个遇到的直流母线编号为DCB#N–1，而将刚刚路过的直流变压器编号为DCT#N–1。然后将节点DCB#N–1设置为新的根节点并重复前述过程。通过这种方式，直流母线编号和电力电子直流变压器编号之间存在一一对应关系。这样，电力电子直流变压器可以被编号为 DCT#i(i=1,2,⋯,N–1)，而与之对应的直流母线可以被编号为 DCB#i(i=1,2,⋯,N–1)。

注意到该配电网中电力电子直流变压器的总数是 N–1，而直流母线的总个数是 N，导致DCB#i(i=1,2,⋯,N–1)只能代表从DCB#1到DCB#N–1的直流母线，而没有包含最后一条直流母线DCB#N。因此，额外定义DCB#k(k=1,2,⋯,N)以代表任一条从DCB#1到DCB#N的直流母线。此外，一个子网和其中的元件会继承其接入的直流母线的编号。例如，子网 SBN#k 接入了直流母线 DCB#k，并且其拥有储能系统ESS_k、分布式电源DG_k和无源负荷R_k。

对于电力电子直流变压器DCT#i，它会连接直流母线DCB#i和DCB#j，其中编号j满足$i<j$和$j\in\{2,3,\cdots,N\}$。在本章中，电力电子直流变压器 DCT#i 采用SPS调制型DABC，其具体结构如图6-1所示。其中，$C_{i,i}$和$C_{j,i}$是端口电容。T_i是变比为$n_{i,i}:n_{j,i}$而初、次级漏感为$L_{i,i}$和$L_{j,i}$的高频变压器。开关管$\mathrm{S}_{1i,i}$、$\mathrm{S}_{2i,i}$、$\mathrm{S}_{3i,i}$和$\mathrm{S}_{4i,i}$组成了直流母线DCB#i侧的全桥，而开关管$\mathrm{S}_{1j,i}$、$\mathrm{S}_{2j,i}$、$\mathrm{S}_{3j,i}$和$\mathrm{S}_{4j,i}$组成了直流母线DCB#j侧的全桥。在SPS调制策略中，通过调节方波电压$v_{a_{i,i}b_{i,i}}$超前另一个方波电压$v_{a_{j,i}b_{j,i}}$的移相角$\varphi_{i,j}$，就可以控制流过DABC的功率。

6.2 多电压等级直流配电典型运行模式

具备6.1节结构的多电压等级直流配电网可以运行于如下几个典型模式。

正常模式下，直流配电网的每个子网中的储能系统为每条直流母线提供电压支撑，而子网中的分布式电源运行于最大功率点跟踪模式以高效捕获可再生能源，直流变压器提供多电压等级间的能量通道，保持整个直流配电网的能量平衡。该模式下主要需要解决位于不同电压等级子网中的储能系统间的功率分担问题。

部分子网中储能系统因故障退出情况下，储能系统退出的子网内部的功率无法保证平衡，继而该子网的母线电压也无法得到稳定支撑。该模式下主要需要解决不同电压等级间的功率互济和电压支撑问题。

在某一电压等级直流配电网接入输电网时，输电网通常具有较大的功率平衡电压支撑能力。该模式下主要需要解决各级直流母线电压如何有效跟踪输电网电压以及各直流配电子网的储能系统如何应对输电网故障退出工况等问题。

在电压等级需要扩展的情况下，一方面需要解决如何保证已有直流配电网的控制模式不受影响的问题；另一方面需要解决新扩展的电压等级和已有的电压等级间的互济支撑问题。

6.3　基于恒变比直流变压器互联多电压等级直流配电网全局分散式控制方法

6.3.1　标幺值系统选取

在电力电子直流变压器 DCT#i 的一个开关周期中，如果忽略所有损耗，从直流母线 DCB#i 侧全桥传输到直流母线 DCB#j 侧全桥的平均有功功率可以用式(6-1)计算：

$$p_{ij} = \frac{v_i v_j \left(n_{i,i}/n_{j,i}\right)\varphi_{i,j}\left(\pi - \left|\varphi_{i,j}\right|\right)}{\pi\left(X_{i,i} + \left(n_{i,i}/n_{j,i}\right)^2 X_{j,i}\right)}, \quad -\frac{\pi}{2} < \varphi_{i,j} < \frac{\pi}{2} \tag{6-1}$$

其中，$X_{i,i} = 2\pi f_{si} L_{i,i}$；$X_{j,i} = 2\pi f_{si} L_{j,i}$，$f_{si}$ 是 DCT#i 的开关频率；v_i 和 v_j 为两个直流母线电压。

通过选取一个合适的标幺值系统，上述模型可以得到进一步简化。本章所选取的标幺值系统如下：

$$\begin{cases} \omega_{\mathrm{B}} t_{\mathrm{B}} = (2\pi\ \mathrm{rad}) \cdot f_{\mathrm{B}} t_{\mathrm{B}} = 1 \\ \dfrac{V_{i\mathrm{B}}}{n_{i,i}} = \dfrac{V_{j\mathrm{B}}}{n_{j,i}} \\ R_{i\mathrm{B}} = \dfrac{V_{i\mathrm{B}}}{I_{i\mathrm{B}}} = \dfrac{V_{i\mathrm{B}}^2}{P_{\mathrm{B}}} = X_{i\mathrm{B}} = \omega_{\mathrm{B}} L_{i\mathrm{B}} = \dfrac{1}{\omega_{\mathrm{B}} C_{i\mathrm{B}}} \\ R_{j\mathrm{B}} = \dfrac{V_{j\mathrm{B}}}{I_{j\mathrm{B}}} = \dfrac{V_{j\mathrm{B}}^2}{P_{\mathrm{B}}} = X_{j\mathrm{B}} = \omega_{\mathrm{B}} L_{j\mathrm{B}} = \dfrac{1}{\omega_{\mathrm{B}} C_{j\mathrm{B}}} \end{cases} \tag{6-2}$$

其中，下标“B”代表相应物理量的标幺值。换而言之，ω_{B}、t_{B}、f_{B}和P_{B}分别是角频率、时间、频率和功率的基值，$V_{i\mathrm{B}}$、$I_{i\mathrm{B}}$、$R_{i\mathrm{B}}$、$X_{i\mathrm{B}}$、$L_{i\mathrm{B}}$和$C_{i\mathrm{B}}$分别是直流母线DCB#i侧电压、电流、电阻、阻抗、电感和电容的基值，$V_{j\mathrm{B}}$、$I_{j\mathrm{B}}$、$R_{j\mathrm{B}}$、$X_{j\mathrm{B}}$、$L_{j\mathrm{B}}$和$C_{j\mathrm{B}}$分别是直流母线DCB#j侧电压、电流、电阻、阻抗、电感和电容的基值。

6.3.2 电力电子直流变压器标幺化建模和分散式控制

基于式(6-2)所描述的标幺值系统，可以得到式(6-1)的标幺值形式：

$$p_{ij*} = \frac{v_{i*} v_{j*} \varphi_{i,j} \left(\pi - \left|\varphi_{i,j}\right|\right)}{\pi\left(X_{i,i*} + X_{j,i*}\right)} \tag{6-3}$$

其中，下标“*”代表相应物理量的标幺值。

忽略直流母线电压在短时间尺度对DABC的SPS调制过程的影响，式(6-3)所描述的模型可以在其稳态工作点进行线性化，线性化后的模型可以表示为

$$\begin{cases} P_{ij*} = \dfrac{V_{i*} V_{j*} \Phi_{i,j} \left(\pi - \left|\Phi_{i,j}\right|\right)}{\pi\left(X_{i,i*} + X_{j,i*}\right)} \\ \Delta p_{ij*} = \dfrac{V_{i*} V_{j*} \left(\pi - 2\left|\Phi_{i,j}\right|\right)}{\pi\left(X_{i,i*} + X_{j,i*}\right)} \Delta\varphi_{i,j} \end{cases} \tag{6-4}$$

其中，大写变量P_{ij*}、V_{i*}、V_{j*}和$\Phi_{i,j}$表示相应物理量的稳态分量；带有前缀“Δ”的变量代表相应物理量的小信号分量。

可以发现式(6-4)所描述的电力电子直流变压器DCT#i的线性化功率传输模型由两部分组成：式(6-4)第一个公式所描述的稳态模型和式(6-4)第二个公式所描述的小信号模型。

为了建立电力电子直流变压器 DCT#i 的完整模型，其端口电容的动态也需要加以考虑。其端口电容 $C_{i,i}$ 的标幺化动态模型可以表示为

$$\frac{1}{2}C_{i,i*}\frac{\mathrm{d}v_{i*}^2}{\mathrm{d}t_*} = p_{i,i*} - p_{ij*} \tag{6-5}$$

其中，$p_{i,i*}$ 为直流母线 DCB#i 注入电力电子直流变压器 DCT#i 的标幺化功率。

结合式(6-4)，式(6-5)可以被线性化为

$$\begin{cases} P_{i,i*} = P_{ij*} \\ \dfrac{1}{2}C_{i,i*}s_*\Delta v_{i*}^2 = \Delta p_{i,i*} - \Delta p_{ij*} \end{cases} \tag{6-6}$$

其中，$s_* = s/\omega_{\mathrm{B}}$ 为标幺化的拉普拉斯算子。

类似地，端口电容 $C_{j,i}$ 的线性化模型可以表示为

$$\begin{cases} P_{j,i*} = -P_{ij*} \\ \dfrac{1}{2}C_{j,i*}s_*\Delta v_{j*}^2 = \Delta p_{j,i*} + \Delta p_{ij*} \end{cases} \tag{6-7}$$

其中，$p_{j,i*}$ 为 DCB#j 注入 DCT#i 的标幺化功率。

综合式(6-4)、式(6-6)和式(6-7)，将 $\Delta p_{i,i*}$ 和 $\Delta p_{j,i*}$ 视作扰动输入，可以得出从 $\Delta\varphi_{i,j}$ 到 Δv_{i*}^2 的传递函数为 $-2V_{i*}V_{j*}\left(\pi - 2\left|\Phi_{i,j}\right|\right)/\left[\pi C_{i,i*}s_*\left(X_{i,i*} + X_{j,i*}\right)\right]$，而从 $\Delta\varphi_{i,j}$ 到 Δv_{j*}^2 的传递函数为 $2V_{i*}V_{j*}\left(\pi - 2\left|\Phi_{i,j}\right|\right)/\left[\pi C_{j,i*}s_*\left(X_{i,i*} + X_{j,i*}\right)\right]$。这样，电力电子直流变压器 DCT#$i$ 可以采用如图 6-2 所示的 PI 控制器来进行控制。所提的 PI 控制器可以使得两个标幺化母线电压 v_{i*} 和 v_{j*} 在稳态时相等。此外，其只需要 v_{i*}^2 和 v_{j*}^2 的差值作为反馈量，而这两个物理量都是电力电子直流变压器 DCT#i 的本地信息。因此，这是一个完全分散式的控制方法。控制器的完整模型可以表示为

$$\begin{cases} \varphi_{i,j} = \left(K_{\mathrm{PT}i} + \dfrac{K_{\mathrm{IT}i}}{s_*}\right)\left(v_{i*}^2 - v_{j*}^2\right)G\left(T_{\mathrm{D}i*}s_*\right) \\ G\left(T_{\mathrm{D}i*}s_*\right) = \dfrac{1 - \dfrac{1}{2}T_{\mathrm{D}i*}s_* + \dfrac{1}{10}\left(T_{\mathrm{D}i*}s_*\right)^2 - \dfrac{1}{120}\left(T_{\mathrm{D}i*}s_*\right)^3}{1 + \dfrac{1}{2}T_{\mathrm{D}i*}s_* + \dfrac{1}{10}\left(T_{\mathrm{D}i*}s_*\right)^2 + \dfrac{1}{120}\left(T_{\mathrm{D}i*}s_*\right)^3} \end{cases} \tag{6-8}$$

其中，$G(T_{\mathrm{D}i*}s_*)$为一个3阶帕德(Pade)函数，用来近似建模一个具有标幺化延迟时间$T_{\mathrm{D}i*}$的SPS调制器[1]；$K_{\mathrm{PT}i}$和$K_{\mathrm{IT}i}$分别为PI控制器的比例系数和积分系数。

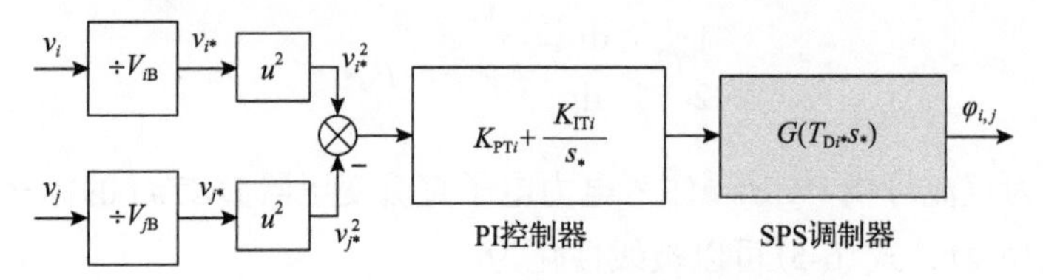

图 6-2 DCT#i的分散式标幺化控制框图

式(6-8)描述的模型也可以分解为一个稳态模型和一个小信号模型，其可以表示为

$$
\begin{cases}
0 = V_{i*}^2 - V_{j*}^2 \\
\Delta\varphi_{i,j} = \left(K_{\mathrm{PT}i} + \dfrac{K_{\mathrm{IT}i}}{s_*}\right)\left(\Delta v_{i*}^2 - \Delta v_{j*}^2\right) G\left(T_{\mathrm{D}i*}s_*\right)
\end{cases}
\tag{6-9}
$$

综合式(6-4)、式(6-6)、式(6-7)和式(6-9)，DCT#i的完整标幺化模型可以表示为

$$
\begin{cases}
\begin{cases}
0 = V_{i*}^2 - V_{j*}^2 \\
P_{i,i*} = P_{ij*} = \dfrac{V_{i*}V_{j*}\Phi_{i,j}\left(\pi - \left|\Phi_{i,j}\right|\right)}{\pi\left(X_{i,i*} + X_{j,i*}\right)} = -P_{j,i*}
\end{cases} \\
\begin{cases}
\dfrac{1}{2}C_{i,i*}s_*\Delta v_{i*}^2 = \Delta p_{i,i*} - \Delta p_{ij*} \\
\dfrac{1}{2}C_{j,i*}s_*\Delta v_{j*}^2 = \Delta p_{j,i*} + \Delta p_{ij*} \\
\Delta p_{ij*} = G_{p_{ij},v^2}\left(s_*\right)\left(\Delta v_{i*}^2 - \Delta v_{j*}^2\right)
\end{cases}
\end{cases}
\tag{6-10}
$$

其中

$$
G_{p_{ij},v^2}\left(s_*\right) = \frac{V_{i*}V_{j*}\left(\pi - 2\left|\Phi_{i,j}\right|\right)}{\pi\left(X_{i,i*} + X_{j,i*}\right)}\left(K_{\mathrm{PT}i} + \frac{K_{\mathrm{IT}i}}{s_*}\right)G\left(T_{\mathrm{D}i*}s_*\right)
\tag{6-11}
$$

6.3.3　多电压等级直流配电网储能系统及分布式电源标幺化建模和全局分散式控制

子网 SBN#k 的结构如图 6-3 所示，其包含三个部分：一个通过 $p_{\mathrm{E}k*}-v_{k*}^2$ 下垂控制型 Boost 双向变换器来支撑直流母线 DCB#k 电压的储能系统 ESS_k；一个代表光伏或风机的由功率控制型 Boost 双向变换器组成的分布式电源 DG_k，因其工作于最大功率点跟踪模式，可以在短时间尺度内被看作一个输出功率为 $p_{\mathrm{D}k*}$ 的恒功率电源；一个直连到直流母线 DCB#k 的无源负荷 R_{k*}。

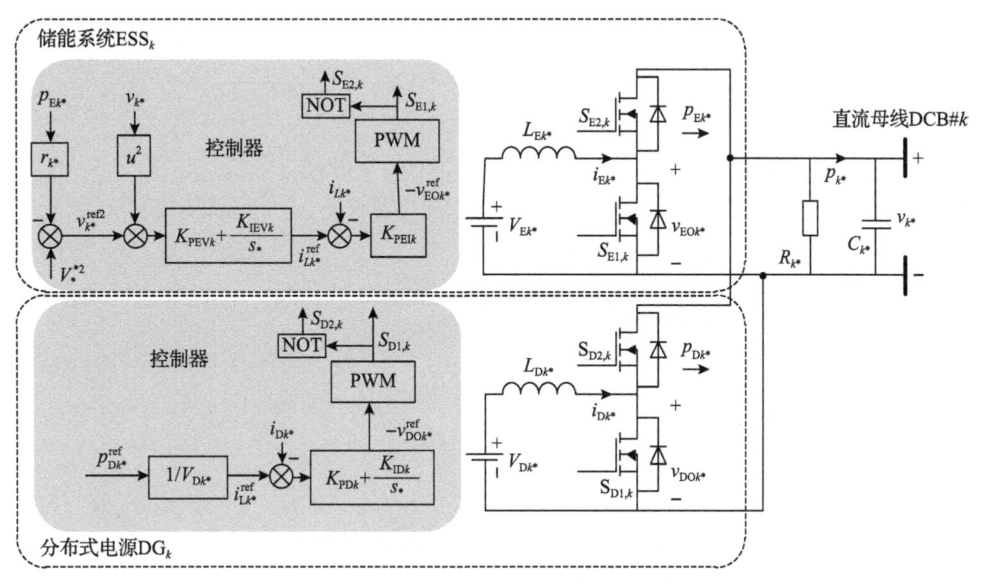

图 6-3　SBN#k 的结构及其分散式控制框图

在直流配电网的实际运行场景中，一个子网的结构可能比上述的 SBN#k 的结构更复杂，其可能包含多个储能系统、多个分布式电源和多个负荷。但由于本章主要研究不同子网间以及电力电子直流变压器和子网间的交互影响，为了简化系统模型及其分析，在上述的 SBN#k 结构中作了一些假设和预处理。首先，因为 SBN#k 中的储能系统采用下垂控制，多个储能可以根据它们的下垂系数来实现功率分担，因此它们可以被整合为一个具有等效下垂系数 r_{k*} 的储能系统 ESS_k [2,3]。其次，因为 SBN#k 中的分布式电源采用功率控制，它们可以被整合为一个输出功率为该子网中所有分布式电源功率之和的分布式电源 DG_k [4,5]。此外，一个具有实用性的子网通常还包含通过变换器接入的有源负荷，这些有源负荷通常被认为是恒功率负荷(CPL) [6]。为了近似建模这些恒功率负荷，功率控制型分布式电源 DG_k 采用了一个可以吸收功率的双向 Boost 变换器。当 DG_k 在功率控制模式下吸收恒定功率时，其可以呈现出恒功率负荷特性。

基于上述的子网结构和相应的假设条件，并忽略所有线路损耗，SBN#k 的动态可以表示为

$$
\begin{cases}
L_{\mathrm{E}k*}\dfrac{\mathrm{d}i_{\mathrm{E}k*}}{\mathrm{d}t_*}=V_{\mathrm{E}k*}-v_{\mathrm{EO}k*}\\
p_{\mathrm{E}k*}=V_{\mathrm{E}k*}i_{\mathrm{E}k*}\\
p_{\mathrm{E}k*}+p_{\mathrm{D}k*}-\dfrac{v_{k*}^2}{R_{k*}}=p_{k*}\\
\left(v_{k*}^{\mathrm{ref}}\right)^2=V_*^{*2}-r_{k*}p_{\mathrm{E}k*}\\
i_{\mathrm{E}k*}^{\mathrm{ref}}=\left(K_{\mathrm{PEV}k}+\dfrac{K_{\mathrm{IEV}k}}{s_*}\right)\left(\left(v_{k*}^{\mathrm{ref}}\right)^2-v_{k*}^2\right)\\
-v_{\mathrm{EO}k*}^{\mathrm{ref}}=K_{\mathrm{PEI}k}\left(i_{\mathrm{E}k*}^{\mathrm{ref}}-i_{\mathrm{E}k*}\right)\\
L_{\mathrm{D}k*}\dfrac{\mathrm{d}i_{\mathrm{D}k*}}{\mathrm{d}t_*}=V_{\mathrm{D}k*}-v_{\mathrm{DO}k*}\\
p_{\mathrm{D}k*}=V_{\mathrm{D}k*}i_{\mathrm{D}k*}\\
i_{\mathrm{D}k*}^{\mathrm{ref}}=\dfrac{p_{\mathrm{D}k*}^{\mathrm{ref}}}{V_{\mathrm{D}k*}}\\
-v_{\mathrm{DO}k*}^{\mathrm{ref}}=\left(K_{\mathrm{PD}k}+\dfrac{K_{\mathrm{ID}k}}{s_*}\right)\left(i_{\mathrm{D}k*}^{\mathrm{ref}}-i_{\mathrm{D}k*}\right)
\end{cases}
\tag{6-12}
$$

其中，$V_{\mathrm{E}k*}$、$L_{\mathrm{E}k*}$、$i_{\mathrm{E}k*}$、$v_{\mathrm{EO}k*}$和$p_{\mathrm{E}k*}$分别为ESS_k的电池电压、滤波电感、电感电流、开关管输出电压和输出功率；$V_{\mathrm{D}k*}$、$L_{\mathrm{D}k*}$、$i_{\mathrm{D}k*}$、$v_{\mathrm{DO}k*}$和$p_{\mathrm{D}k*}$分别为DG_k的输入电压、滤波电感、电感电流、开关管输出电压和输出功率；$v_{\mathrm{EO}k*}^{\mathrm{ref}}$和$v_{\mathrm{DO}k*}^{\mathrm{ref}}$分别为输入$\mathrm{ESS}_k$和$\mathrm{DG}_k$的 PWM 调制器的参考开关管输出电压；$i_{\mathrm{E}k*}^{\mathrm{ref}}$和$K_{\mathrm{PEI}k}$分别为$\mathrm{ESS}_k$电流环的参考值和比例系数；$v_{k*}^{\mathrm{ref}}$、$K_{\mathrm{PEV}k}$和$K_{\mathrm{IEV}k}$分别为$\mathrm{ESS}_k$电压环的参考值、比例系数和积分系数；$V_*^*$和$r_{k*}$分别为$\mathrm{ESS}_k$下垂环的额定电压和下垂系数；$i_{\mathrm{D}k*}^{\mathrm{ref}}$、$K_{\mathrm{PD}k}$和$K_{\mathrm{ID}k}$分别为$\mathrm{DG}_k$电流环的参考值、比例系数和积分系数；$p_{\mathrm{D}k*}^{\mathrm{ref}}$为$\mathrm{DG}_k$的参考输出功率；$p_{k*}$为 SBN#$k$ 的输出功率；R_{k*}为无源负荷的阻值；v_{k*}为 DCB#k 的母线电压。

忽略母线电压v_{k*}在短时间尺度内对 PWM 过程的影响，$v_{\mathrm{EO}k*}^{\mathrm{ref}}$会近似等于$v_{\mathrm{EO}k*}$且$v_{\mathrm{DO}k*}^{\mathrm{ref}}$会近似等于$v_{\mathrm{DO}k*}$，那么式(6-12)可以被线性化然后分解成如下所示的稳态模型和小信号模型：

$$
\begin{cases}
\begin{cases}
V_{k*}^2 = V_*^{*2} - r_{k*}P_{\mathrm{E}k*} \\
P_{\mathrm{E}k*} = -P_{\mathrm{D}k*} + P_{k*} + \dfrac{V_{k*}^2}{R_{k*}} \\
P_{\mathrm{D}k*} = P_{\mathrm{D}k*}^{\mathrm{ref}}
\end{cases} \\
\begin{cases}
\Delta p_{\mathrm{E}k*} + \Delta p_{\mathrm{D}k*} - \dfrac{\Delta v_{k*}^2}{R_{k*}} = \Delta p_{k*} \\
\Delta p_{\mathrm{E}k*} = G_{p_{\mathrm{E}k}, v_k^2}(s_*)\Delta v_{k*}^2 \\
\Delta p_{\mathrm{D}k*} = G_{p_{\mathrm{D}k}, p_{\mathrm{D}k}^{\mathrm{ref}}}(s_*)\Delta p_{\mathrm{D}k*}^{\mathrm{ref}}
\end{cases}
\end{cases}
\tag{6-13}
$$

其中

$$
\begin{aligned}
G_{p_{\mathrm{E}k}, v_k^2}(s_*) &= \frac{-V_{\mathrm{E}k*}K_{\mathrm{PEI}k}\left(K_{\mathrm{PEV}k}s_* + K_{\mathrm{IEV}k}\right)}{K_{\mathrm{IEV}k}K_{\mathrm{PEI}k}V_{\mathrm{E}k*}r_{k*} + \left(K_{\mathrm{PEV}k}V_{\mathrm{E}k*}r_{k*} + 1\right)K_{\mathrm{PEI}k}s_* + L_{\mathrm{E}k*}s_*^2} \\
G_{p_{\mathrm{D}k}, p_{\mathrm{D}k}^{\mathrm{ref}}}(s_*) &= \frac{K_{\mathrm{PD}k}s_* + K_{\mathrm{ID}k}}{L_{\mathrm{D}k*}s_*^2 + K_{\mathrm{PD}k}s_* + K_{\mathrm{ID}k}}
\end{aligned}
\tag{6-14}
$$

6.3.4　分散式标幺化一次控制方法整体结构

总结前面所述的多电压等级直流配电网系统结构、标幺化建模及分散式控制的详细论述，所提的多电压等级直流配电网分散式标幺化一次控制方法如图 6-4 所示。其中，储能系统采用分散式标幺化的 p - v^2 下垂控制来支撑母线电压和分担功率，分布式电源采用分散式标幺化功率控制来调节其注入母线的功率，而电力电子直流变压器采用分散式标幺化的电压平方差控制使得所有母线电压在标幺化视角下相等。

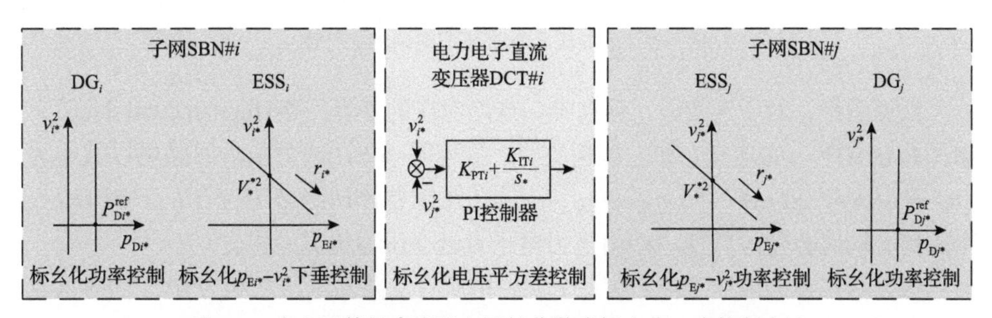

图 6-4　多电压等级直流配电网的分散式标幺化一次控制方法

目前为止，所提多电压等级直流配电网一次控制方法的系统结构、标幺化模型和分散式控制方法都已经给出，接下来需要对其可行性进行分析和验证。

6.4　系统稳定性分析

6.4.1　稳态分析

本节主要从稳态分析的角度对所提多电压等级直流配电网一次控制方法的可行性进行分析。

基于如图 6-1 所示的多电压等级直流配电网结构，考虑到所有直流母线之间是通过电力电子直流变压器进行辐射状连接的，所以该配电网的拓扑结构可以用如图 6-5 所示的连通图(connected graph)来表示。在图 6-5 中，直流母线和参考地组成了图的节点，分别记作 $n_k(k=1,2,\cdots,N)$ 和 n_0 。电力电子直流变压器和子网组成了图的支路(branch)。这些支路可以分成树支(twig)和连支(link)两类。树支由所有电力电子直流变压器和 SBN#N 组成，分别记作 $t_i(i=1,2,\cdots,N-1)$ 和 t_N 。连支由子网 SBN#1 到子网 SBN#N–1 组成，记作 $l_i(i=1,2,\cdots,N-1)$ 。

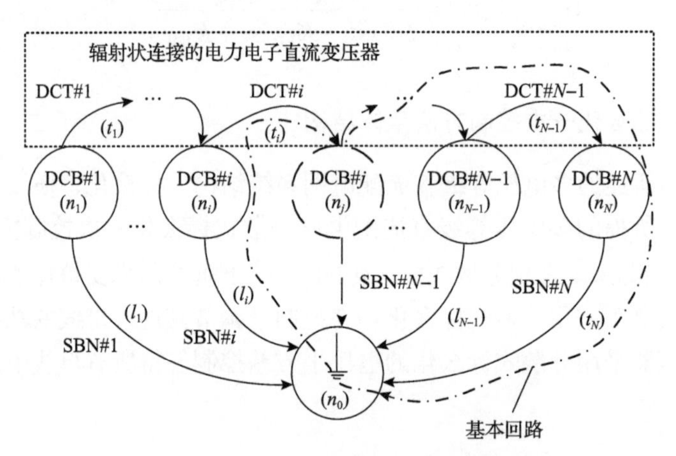

图 6-5　多电压等级直流配电网的拓扑图

根据图论，对于连支 l_i ，存在唯一与之对应的基本回路(fundamental loop)，该回路包含唯一的连支 l_i 和一些树支[7]。结合图 6-5，这个基本回路可以表示为 $\{n_0 \to l_i \to n_i \to t_i \to \cdots \to n_N \to t_N \to n_0\}$ ，意味着该回路必定包含 l_i 、 t_i 和 t_N 三个支路，同时会包含其他一些由电力电子直流变压器组成的树支。

根据基尔霍夫电压定律，在一个回路中所有支路的电压之和为 0V。同时该直流配电网中各支路稳态电压存在以下关系：

$$\begin{cases} V_{t_i*} = V_{i*} - V_{j*}, \quad i = 1,2,\cdots,N-1, j \in \{2,3,\cdots,N\} \\ V_{t_N*} = V_{N*} \\ V_{l_i*} = V_{i*}, \quad i = 1,2,\cdots,N-1 \end{cases} \tag{6-15}$$

其中，V_{t_i*}为树支t_i的电压；V_{t_N*}为树支t_N的电压；V_{l_i*}为连支l_i的电压。

可以发现t_i由电力电子直流变压器 DCT#i 构成，且由式(6-10)第一个公式可知其稳态电压满足$V_{i*}^2 - V_{j*}^2 = 0\text{V}^2$。考虑到 DCT#$i$ 的拓扑结构保证了$V_{i*} \geqslant 0$和$V_{j*} \geqslant 0$总是成立，那么在所提控制方法下$V_{t_i*} = V_{i*} - V_{j*} = 0\text{V}$也总是成立，意味着由电力电子直流变压器构成的树支的标幺化电压总是 0p.u.。

再次考虑上述的基本回路，其中只有l_i和t_N两条支路不属于由电力电子直流变压器构成的树支，意味着根据基尔霍夫电压定律总是存在$-V_{l_i*} + V_{t_N*} = 0$。因此，结合式(6-15)，总是有$V_{i*} = V_{N*}(i = 1,2,\cdots,N-1)$成立，表明所有直流母线的稳态标幺化电压是相等的。

综上，在所提多电压等级直流配电网一次控制方法下，所有直流母线在稳态时被控制到一个相同的标幺化电压，因此稳态时所有直流母线可以被聚合为同一条公共母线，此时多电压等级直流配电网可以被视作单电压等级单母线直流配电网，这将极大地简化直流配电网的系统分析和控制。

基于上述分析，所有直流母线稳态电压相同，那么位于不同母线上的储能系统可以被视作接入了同一条公共母线，此时储能系统间的功率分担将会简化。

考虑式(6-13)第一个公式中的储能系统稳态模型，忽略所有电力电子直流变压器和线路的损耗，所有储能系统间的功率分担关系可以表示为

$$r_{1*}P_{\text{E}1*} = r_{2*}P_{\text{E}2*} = \cdots = r_{k*}P_{\text{E}k*} = \cdots = r_{N*}P_{\text{E}N*} \tag{6-16}$$

式(6-16)可以整理为

$$P_{\text{E}1*} : P_{\text{E}2*} : \cdots : P_{\text{E}k*} : \cdots : P_{\text{E}N*} = \frac{1}{r_{1*}} : \frac{1}{r_{2*}} : \cdots : \frac{1}{r_{k*}} : \cdots : \frac{1}{r_{N*}} \tag{6-17}$$

式(6-17)表明储能系统间的功率分担比例是它们标幺化下垂系数的倒数之间的比例，意味着该方法可以实现多电压等级直流配电网中位于不同母线上的储能系统之间的分散式功率分担。

实际上，式(6-17)同时蕴含了所提多电压等级直流配电网一次控制方法的优势。首先，如果一个子网中的储能系统如ESS_1出现故障并退出运行，那么其对应的$r_{1*}P_{\text{E}1*}$项将不会出现在式(6-17)中，而其他子网中的储能系统仍然会按比例分担功率。其次，如果有新的带有储能系统ESS_{N+1}的子网 SBN#N+1 通过一个新的

电力电子直流变压器接入现有直流配电网，其对应的 $r_{(N+1)*}P_{\mathrm{E}(N+1)*}$ 项将会自然地加入式(6-16)，从而使得新加入的储能系统自动参与功率分担，这表明在所提控制方法下的多电压等级直流配电网可以很容易地扩展出更多的电压等级。最后，如果一个子网中的储能系统如 ESS_1 被一个恒压控制的直流输电网替代，则可等效为其下垂系数 r_{1*} 变为 0，此时其他储能系统将不再输出功率，这代表了直流输电网为直流配电网提供电能的情形，该情形展示了直流配电网在所提控制方法下对输电网的兼容性。

6.4.2　小信号稳定性分析

本节主要通过小信号稳定性分析方法对所提多电压等级直流配电网一次控制方法的可行性进行分析。由于一个直流配电网的小信号稳定性依赖于其具体的拓扑结构和运行工况，本节将通过如图 6-6 所示的一个具有四个电压等级的直流配

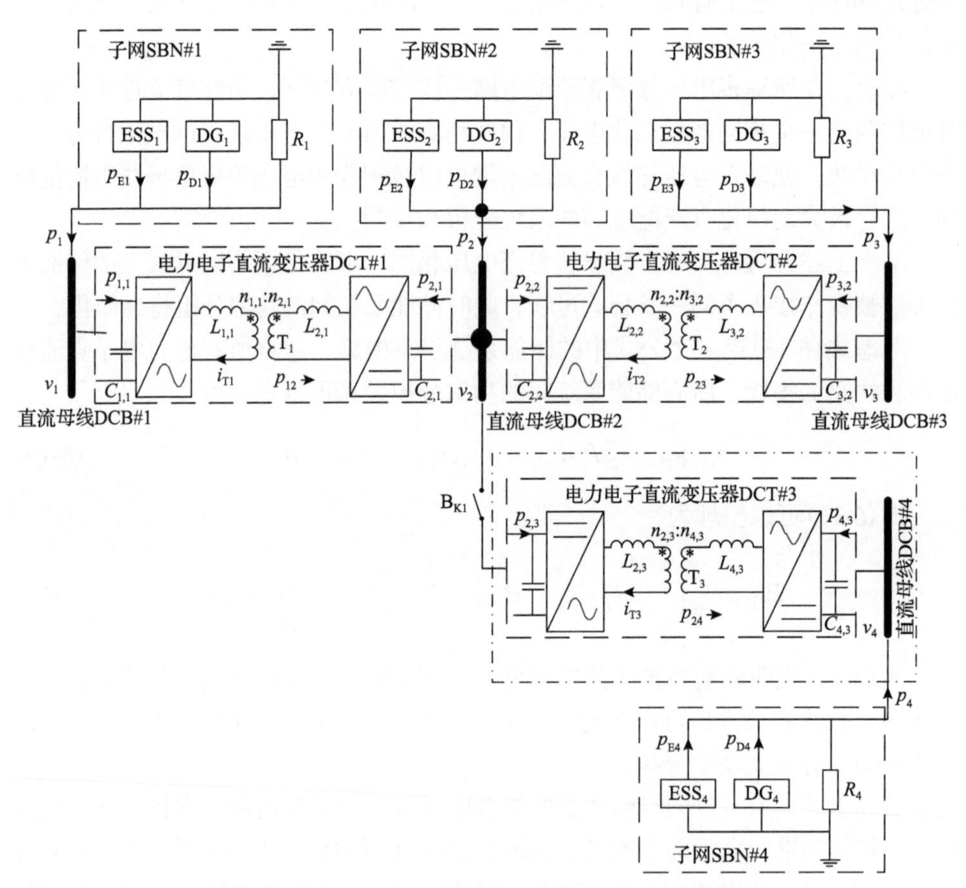

图 6-6　包含四个电压等级的直流配电网结构示意图

电网来进行示例性的小信号稳定性分析，此外，分析结果还会通过 6.5 节的硬件在环实验加以验证。

本节所采用的示例直流配电网具有四条母线，分别记作 DCB#1、DCB#2、DCB#3 和 DCB#4。四条直流母线直接通过三个电力电子直流变压器进行辐射状连接，这些电力电子直流变压器分别记作 DCT#1、DCT#2 和 DCT#3。每个子网接入了一条相应的直流母线，这些子网分别记作 SBN#1、SBN#2、SBN#3 和 SBN#4。每个子网拥有自己的储能系统、分布式电源和无源负荷，分别记作 ESS_k、DG_k 和 $R_k(k=1,2,3,4)$。

注意由 DCB#4、DCT#3 和 SBN#4 三个部分组成的第四个电压等级被用于验证直流配电网的电压等级扩展能力，其参数与由 DCB#1、DCT#1 和 SBN#1 组成的第一个电压等级完全相同。在多数工况中，电力电子直流变压器 DCT#2 和 DCT#3 之间的断路器 $\mathrm{B_{K1}}$ 是断开的，这意味着第四个电压等级不被计入直流配电网中。因此，第四个电压等级的参数描述和小信号分析将会省略。

接下来，本节将对示例多电压等级直流配电网的前三个电压等级进行小信号稳定性分析。在该直流配电网中，直流母线 DCB#1、DCB#2 和 DCB#3 的额定电压分别为 500V、1000V 和 200V，电力电子直流变压器的电气参数如表 6-1 所示。

表 6-1　DCT#1 和 DCT#2 的电气参数

参数	数值
输入输出电容	$C_{1,1}=8\mathrm{mF}$、$C_{2,1}=1\mathrm{mF}$ $C_{2,2}=1\mathrm{mF}$、$C_{3,2}=50\mathrm{mF}$
高频变压器匝比和漏感	$n_{1,1}:n_{2,1}=5:10$、$n_{2,2}:n_{3,2}=10:2$ $L_{1,1}=0.608\mathrm{mH}$、$L_{2,1}=2.43\mathrm{mH}$ $L_{2,2}=2.43\mathrm{mH}$、$L_{3,2}=0.097\mathrm{mH}$
SPS 调制器的开关频率和传输延迟	$f_{\mathrm{s1}}=f_{\mathrm{s2}}=500\mathrm{Hz}$ $T_{\mathrm{D1}}=T_{\mathrm{D2}}=2\mathrm{ms}$
电力电子变压器的容量	50kW

根据式(6-2)，在所给电力电子直流变压器电气参数下，可以选取如下所示的标幺值系统：

$$
\begin{cases}
\omega_{\mathrm{B}} t_{\mathrm{B}} = (2000\pi \mathrm{rad/s}) \cdot \left(\dfrac{1}{2000\pi} \mathrm{s/rad} \right) = 1 \\
(2\pi \mathrm{rad}) \cdot f_{\mathrm{B}} t_{\mathrm{B}} = (2\pi \mathrm{rad}) \cdot (1000\mathrm{Hz}) \cdot \left(\dfrac{1}{2000\pi} \mathrm{s/rad} \right) = 1 \\
\dfrac{V_{1\mathrm{B}}}{n_{1,1}} = \dfrac{500\mathrm{V}}{5} = \dfrac{V_{2\mathrm{B}}}{n_{2,1}} = \dfrac{1000\mathrm{V}}{10} = \dfrac{V_{3\mathrm{B}}}{n_{3,2}} = \dfrac{200\mathrm{V}}{2} \\
R_{1\mathrm{B}} = \dfrac{V_{1\mathrm{B}}}{I_{1\mathrm{B}}} = \dfrac{500\mathrm{V}}{100\mathrm{A}} = \dfrac{V_{1\mathrm{B}}^2}{P_{\mathrm{B}}} = \dfrac{(500\mathrm{V})^2}{50\mathrm{kW}} = X_{1\mathrm{B}} = \omega_{\mathrm{B}} L_{1\mathrm{B}} = \dfrac{1}{\omega_{\mathrm{B}} C_{1\mathrm{B}}} \\
R_{2\mathrm{B}} = \dfrac{V_{2\mathrm{B}}}{I_{2\mathrm{B}}} = \dfrac{1000\mathrm{V}}{50\mathrm{A}} = \dfrac{V_{2\mathrm{B}}^2}{P_{\mathrm{B}}} = \dfrac{(1000\mathrm{V})^2}{50\mathrm{kW}} = X_{2\mathrm{B}} = \omega_{\mathrm{B}} L_{2\mathrm{B}} = \dfrac{1}{\omega_{\mathrm{B}} C_{2\mathrm{B}}} \\
R_{3\mathrm{B}} = \dfrac{V_{3\mathrm{B}}}{I_{3\mathrm{B}}} = \dfrac{200\mathrm{V}}{250\mathrm{A}} = \dfrac{V_{3\mathrm{B}}^2}{P_{\mathrm{B}}} = \dfrac{(200\mathrm{V})^2}{50\mathrm{kW}} = X_{3\mathrm{B}} = \omega_{\mathrm{B}} L_{3\mathrm{B}} = \dfrac{1}{\omega_{\mathrm{B}} C_{3\mathrm{B}}}
\end{cases}
\tag{6-18}
$$

在所选标幺值系统下，所有子网的标幺化参数如表 6-2 所示。

表 6-2 SBN#1、SBN#2 和 SBN#3 的标幺化参数

	参数	数值
电气参数	储能系统电池电压	$V_{\mathrm{E1}*} = V_{\mathrm{E2}*} = V_{\mathrm{E3}*} = 0.5$
	分布式电源输入电压	$V_{\mathrm{D1}*} = V_{\mathrm{D2}*} = V_{\mathrm{D3}*} = 0.5$
	储能系统感性滤波器	$L_{\mathrm{E1}*} = 6.28$ 、 $L_{\mathrm{E2}*} = 25.1$ 、 $L_{\mathrm{E3}*} = 3.93$
	分布式电源感性滤波器	$L_{\mathrm{D1}*} = 6.28$ 、 $L_{\mathrm{D2}*} = 25.1$ 、 $L_{\mathrm{D3}*} = 3.93$
	无源负荷	$R_{1*} = 10$ 、 $R_{2*} = 10$ 、 $R_{3*} = 10/3$
	分布式电源额定输出功率	$P_{\mathrm{D1}*} = 0.375$ 、 $P_{\mathrm{D2}*} = 0.375$ 、 $P_{\mathrm{D3}*} = 0.75$
控制器参数	储能系统下垂控制器	$V_*^* = 1$
		$r_{1*} = 0.21$ 、 $r_{2*} = 0.42$ 、 $r_{3*} = 0.21$
	储能系统电压控制器(PI)	$K_{\mathrm{PEV1}} = 1$ 、 $K_{\mathrm{PEV2}} = 1$ 、 $K_{\mathrm{PEV3}} = 0.1$
		$K_{\mathrm{IEV1}} = 0.1$ 、 $K_{\mathrm{IEV2}} = 0.1$ 、 $K_{\mathrm{IEV3}} = 0.1$
	储能系统电流控制器(P)	$K_{\mathrm{PEI1}} = 100$ 、 $K_{\mathrm{PEI2}} = 100$ 、 $K_{\mathrm{PEI3}} = 100$
	分布式电源电流控制器(PI)	$K_{\mathrm{PD1}} = 1$ 、 $K_{\mathrm{PD2}} = 1$ 、 $K_{\mathrm{PD3}} = 1$
		$K_{\mathrm{ID1}} = 0.01$ 、 $K_{\mathrm{ID2}} = 0.01$ 、 $K_{\mathrm{ID3}} = 0.01$

由于 $p_{\mathrm{E}k*} - v_{k*}^2$ 下垂控制型储能系统的参数设计和稳定性分析方法可以参考文献[6]，此外，分布式电源采用了较为常见的功率控制，因此，本节中储能系统和分布式电源的参数都直接给出而不作详细讨论。至此，除了电力电子直流变压

器的控制参数，直流配电网中的所有参数都已经给出。因此下述系统小信号稳定性分析的一个重要目的就是指导电力电子直流变压器控制器参数设计。

基于如图 6-6 所示的示例多电压等级直流配电网结构，并结合功率平衡关系，可以得到

$$\begin{cases}\Delta p_{1,1*}=\Delta p_{1*}\\ \Delta p_{2,1*}+\Delta p_{2,2*}=\Delta p_{2*}\\ \Delta p_{3,2*}=\Delta p_{3*}\end{cases}\tag{6-19}$$

其中，Δp_{1*}、Δp_{2*}和Δp_{3*}为子网标幺化输出功率的小信号分量；$\Delta p_{1,1*}$、$\Delta p_{2,1*}$、$\Delta p_{2,2*}$和$\Delta p_{3,2*}$为电力电子直流变压器标幺化输出功率的小信号分量。

结合式(6-19)、式(6-10)第二组公式中的电力电子直流变压器小信号模型和式(6-13)第二组公式中的子网小信号模型，可以得到

$$\begin{cases}\dfrac{C_{1*}s_*\Delta v_{1*}^2}{2}=G_{p_{\mathrm{E1}},v_1^2}\left(s_*\right)\Delta v_{1*}^2-\dfrac{\Delta v_{1*}^2}{R_{1*}}+\Delta p_{\mathrm{D1}*}-\Delta p_{12*}\\ \dfrac{C_{2*}s_*\Delta v_{2*}^2}{2}=G_{p_{\mathrm{E2}},v_2^2}\left(s_*\right)\Delta v_{2*}^2-\dfrac{\Delta v_{2*}^2}{R_{2*}}+\Delta p_{\mathrm{D2}*}+\Delta p_{12*}-\Delta p_{23*}\\ \dfrac{C_{3*}s_*\Delta v_{3*}^2}{2}=G_{p_{\mathrm{E3}},v_3^2}\left(s_*\right)\Delta v_{3*}^2-\dfrac{\Delta v_{3*}^2}{R_{3*}}+\Delta p_{\mathrm{D3}*}+\Delta p_{23*}\\ \Delta p_{12*}=G_{p_{12},v^2}\left(s_*\right)\left(\Delta v_{1*}^2-\Delta v_{2*}^2\right)\\ \Delta p_{23*}=G_{p_{23},v^2}\left(s_*\right)\left(\Delta v_{2*}^2-\Delta v_{3*}^2\right)\\ \Delta p_{\mathrm{D}k*}=G_{p_{\mathrm{D}k},p_{\mathrm{D}k}^{\mathrm{ref}}}\left(s_*\right)\Delta p_{\mathrm{D}k*}^{\mathrm{ref}},\quad k=1,2,3\end{cases}\tag{6-20}$$

其中，Δv_{1*}、Δv_{2*}和Δv_{3*}为直流母线标幺化电压的小信号分量；$\Delta p_{\mathrm{D1}*}$、$\Delta p_{\mathrm{D2}*}$和$\Delta p_{\mathrm{D3}*}$为分布式电源标幺化输出功率的小信号分量；Δp_{12*}和Δp_{23*}为电力电子直流变压器标幺化传输功率的小信号分量；$C_{1*}=C_{1,1*}$、$C_{2*}=C_{2,1*}+C_{2,2*}$和$C_{3*}=C_{3,2*}$为等效的直流母线标幺化电容。

定义向量$\Delta x_*=\left[\Delta v_{1*}^2,\Delta v_{2*}^2,\Delta v_{3*}^2\right]^{\mathrm{T}}$、$\Delta p_{\mathrm{D}*}=\left[\Delta p_{\mathrm{D1}*}^{\mathrm{ref}},\Delta p_{\mathrm{D2}*}^{\mathrm{ref}},\Delta p_{\mathrm{D3}*}^{\mathrm{ref}}\right]^{\mathrm{T}}$和$\Delta p_{\mathrm{T}*}=\left[\Delta p_{12*},\Delta p_{23*}\right]^{\mathrm{T}}$，式(6-20)可以被整理为

$$\begin{cases}\Delta x_*=A\Delta p_{\mathrm{D}*}+B\Delta p_{\mathrm{T}*}\\ \Delta p_{\mathrm{T}*}=C\Delta x_*\end{cases}\tag{6-21}$$

其中

$$\begin{cases} A=\mathrm{diag}\left[G_{v_1^2,p_{\mathrm{D1}}^{\mathrm{ref}}}(s_*),G_{v_2^2,p_{\mathrm{D2}}^{\mathrm{ref}}}(s_*),G_{v_3^2,p_{\mathrm{D3}}^{\mathrm{ref}}}(s_*)\right] \\ B=\begin{bmatrix} -G_{v_1^2,p_{\mathrm{D1}}^{\mathrm{ref}}}(s_*) & 0 \\ G_{v_2^2,p_{\mathrm{D2}}^{\mathrm{ref}}}(s_*) & -G_{v_2^2,p_{\mathrm{D2}}^{\mathrm{ref}}}(s_*) \\ 0 & G_{v_3^2,p_{\mathrm{D3}}^{\mathrm{ref}}}(s_*) \end{bmatrix} \\ C=\begin{bmatrix} G_{p_{12},v^2}(s_*) & -G_{p_{12},v^2}(s_*) & 0 \\ 0 & G_{p_{23},v^2}(s_*) & -G_{p_{23},v^2}(s_*) \end{bmatrix} \\ G_{v_k^2,p_{\mathrm{D}k}^{\mathrm{ref}}}(s_*)=\dfrac{G_{p_{\mathrm{D}k},p_{\mathrm{D}k}^{\mathrm{ref}}}(s_*)}{\dfrac{C_{k*}s_*}{2}-G_{p_{\mathrm{E}k},v_k^2}(s_*)+R_{k*}^{-1}},\quad k=1,2,3 \end{cases} \tag{6-22}$$

这样，可以推导出整个示例直流配电网的小信号模型：

$$\Delta x_*=(I-BC)^{-1}A\Delta p_{\mathrm{D}*} \tag{6-23}$$

使用上述模型，可以对示例直流配电网在不同运行工况进行小信号稳定性分析。考虑到直流配电网的运行工况繁多，本节选取了两种典型工况进行小信号稳定性分析，而其他工况的稳定性则通过 6.5.1 节中的硬件在环实验来体现。

第一个选取的工况是 6.5.1 节中工况Ⅰ的阶段Ⅰ。在这个工况中，所有的储能系统正常工作并协作支撑母线电压，具体的工况描述可以参见 6.5.1 节。本节的小信号稳定性分析的重要目的是指导电力电子直流变压器控制器参数的设计。考虑到两个电力电子直流变压器具有相似的标幺化电气参数，它们的控制器也被设计为同一套参数，意味着它们具有相同的比例系数，即 $K_{\mathrm{PT1}}=K_{\mathrm{PT2}}$ 和相同的积分系数，即 $K_{\mathrm{IT1}}=K_{\mathrm{IT2}}$。

基于上述规则并结合式(6-23)中的小信号模型，比例系数 K_{PT1} 对系统动态的影响可以用图 6-7 来展示，其中有 $K_{\mathrm{IT1}}=0.01K_{\mathrm{PT1}}$。图 6-7(a)展示了当 K_{PT1} 以步长为 0.5 逐步从 0.5 增大到 20 时，从 $\Delta p_{\mathrm{D1}*}^{\mathrm{ref}}$ 到 Δv_{1*}^2 的传递函数的根轨迹。从图 6-7(a)中可以看到，随着 K_{PT1} 不断增大，低频极点 λ_{L} 的阻尼在增加，而高频极点 λ_{H} 的阻尼在减小。这个结论在图 6-7(b)中也得到了验证，该图展示了不同 K_{PT1} 下从 $\Delta p_{\mathrm{D1}*}^{\mathrm{ref}}$ 到 Δv_{1*}^2 的传递函数的阶跃响应。当 $K_{\mathrm{PT1}}=1$ 时，高频模态受到阻尼而低频模态受到激励；当 $K_{\mathrm{PT1}}=9$ 时，低频模态受到阻尼而高频模态受到激励；当 $K_{\mathrm{PT1}}=4$ 时，低频模态和高频模态同时受到了适当的阻尼，因此可选择 $K_{\mathrm{PT1}}=4$ 作为控制器参数，实现系统小信号稳定性和动态响应能力之间的折中。

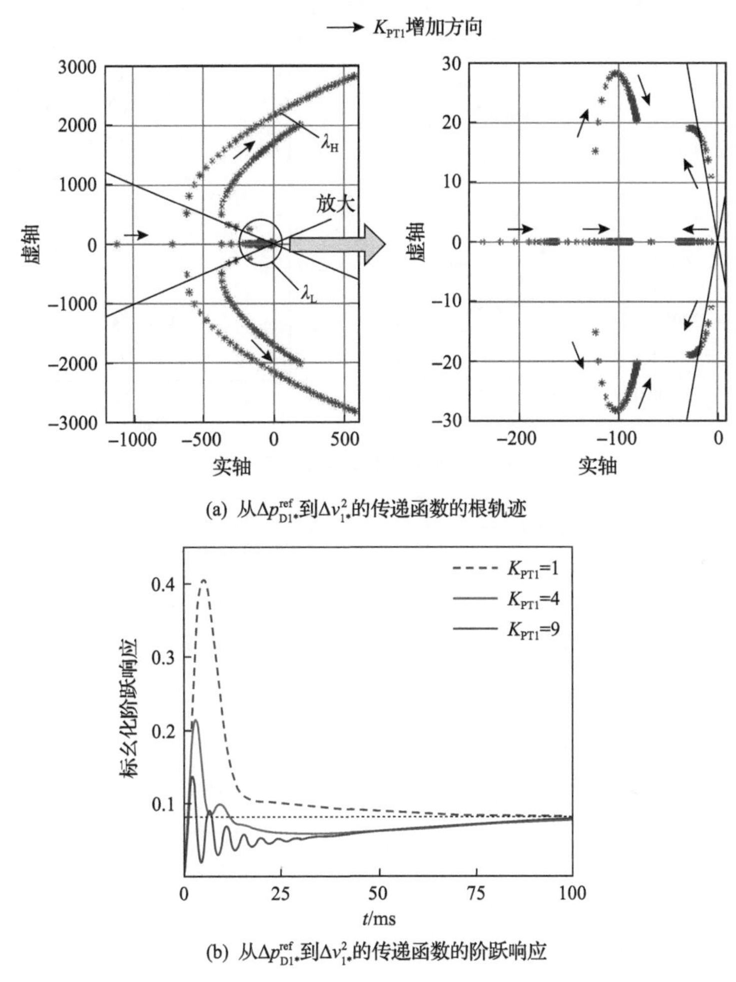

(a) 从Δp_{D1*}^{ref}到Δv_{1*}^2的传递函数的根轨迹

(b) 从Δp_{D1*}^{ref}到Δv_{1*}^2的传递函数的阶跃响应

图 6-7　工况 I 阶段 I 中的控制器参数对系统动态影响

选取的第二个工况是 6.5.1 节中工况Ⅱ的阶段Ⅱ。在本工况中，储能系统 ESS_3 退出运行，导致式(6-23)里 A 和 B 中的 $G_{p_{E3},v_3^2}(s_*)$ 项变为 0。这样，比例系数 K_{PT1} 对系统动态的影响可以用图 6-8 来展示，其中有 $K_{IT1}=0.01K_{PT1}$。图 6-8(a)展示了当 K_{PT1} 以步长为 0.5 逐步从 0.5 增大到 20 时，从 Δp_{D3*}^{ref} 到 Δv_{3*}^2 的传递函数的根轨迹。图 6-8(b)展示了不同 K_{PT1} 下从 Δp_{D3*}^{ref} 到 Δv_{3*}^2 的传递函数的阶跃响应。可以发现 K_{PT1} 对系统动态的影响与图 6-7 中类似。$K_{PT1}=4$ 仍然可以保证系统的小信号稳定性和动态响应能力。

上述分析展示了示例直流配电网在两种典型工况下的小信号稳定性，而系统其他工况的稳定性将通过 6.5 节中的硬件在环实验来验证。

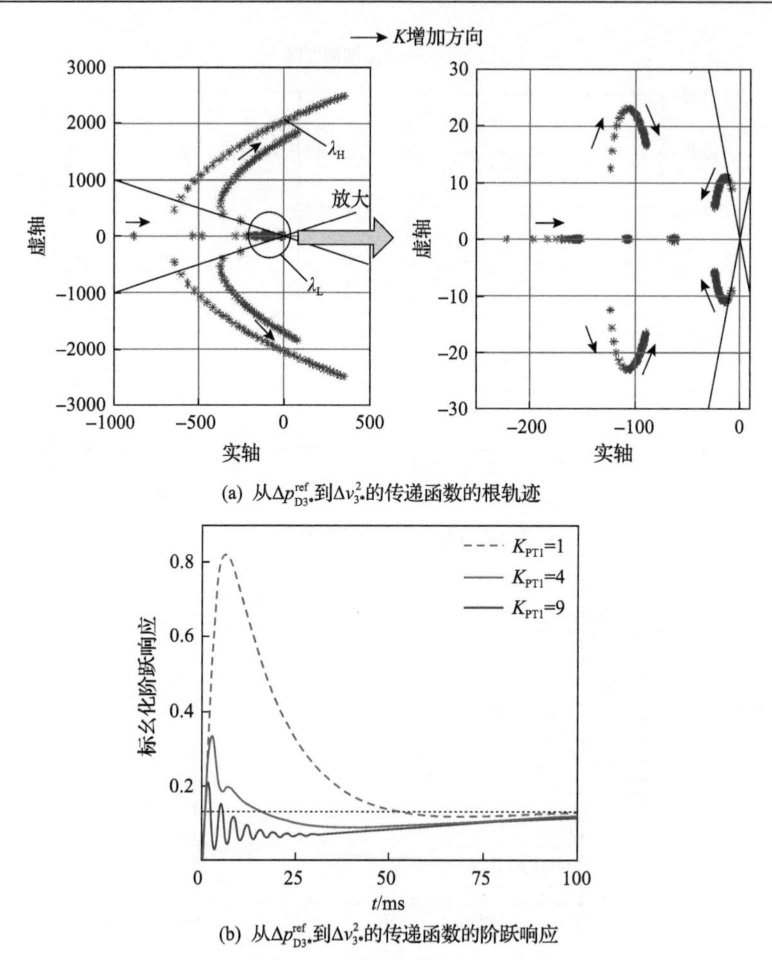

(a) 从Δp_{D3*}^{ref}到Δv_{3*}^2的传递函数的根轨迹

(b) 从Δp_{D3*}^{ref}到Δv_{3*}^2的传递函数的阶跃响应

图 6-8　工况Ⅱ阶段Ⅱ中的控制器参数对系统动态影响

6.5　典型运行场景与实验研究

本节主要通过硬件在环实验来验证所提多电压等级直流配电网一次控制方法的可行性，本节所测试的多电压等级直流配电网拓扑结构如图 6-9 所示，其结构与图 6-6 所示的结构基本相同，不同之处是在储能系统 ESS_2 和 ESS_3 的接入点配置了断路器 B_{K2} 和 B_{K3}，以测试部分储能系统退出运行的工况。

6.5.1　工况Ⅰ：正常工况

在本工况中，因为断路器 B_{K1} 断开，所以第四个电压等级不被计入直流配电网中。而前三个电压等级中的储能系统都正常运行并协作支撑母线电压。此工况中直流配电网的动态如图6-10所示。在阶段Ⅰ，分布式电源吸收功率以模拟恒功率负荷的特性，它们的输出功率分别为$P_{D1*}=-0.125$p.u.、$P_{D2*}=-0.125$p.u.和$P_{D3*}=-0.25$p.u.，因此总的分布式电源输出功率为$P_{DGs*}=P_{D1*}+P_{D2*}+P_{D3*}=-0.5$p.u.。在阶段Ⅱ，所有分布式电源输出额定功率，因此总的分布式电源输出功率P_{DGs*}增加到1.5p.u.。

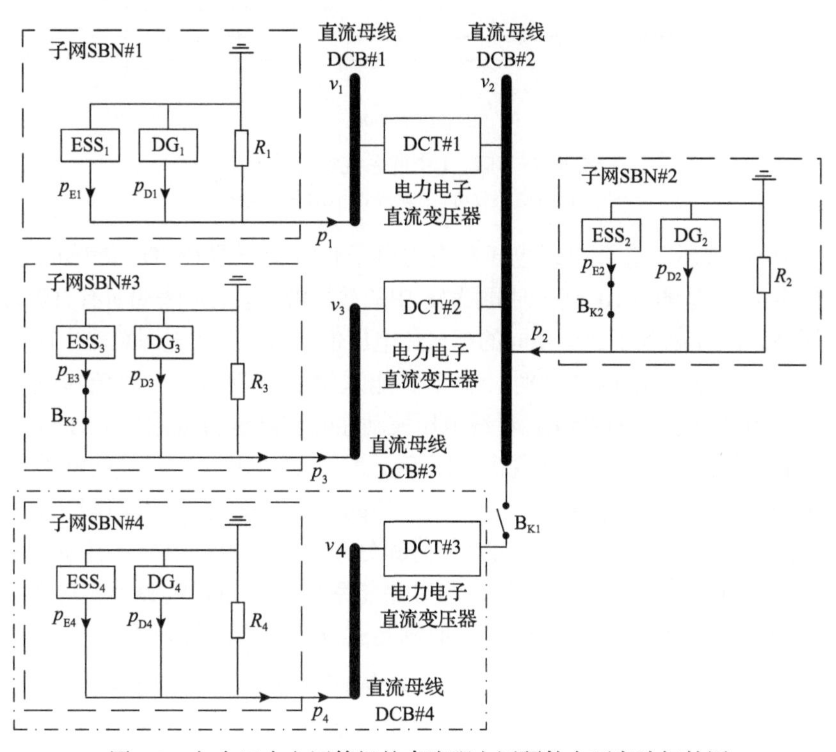

图6-9　包含四个电压等级的直流配电网硬件在环实验拓扑图

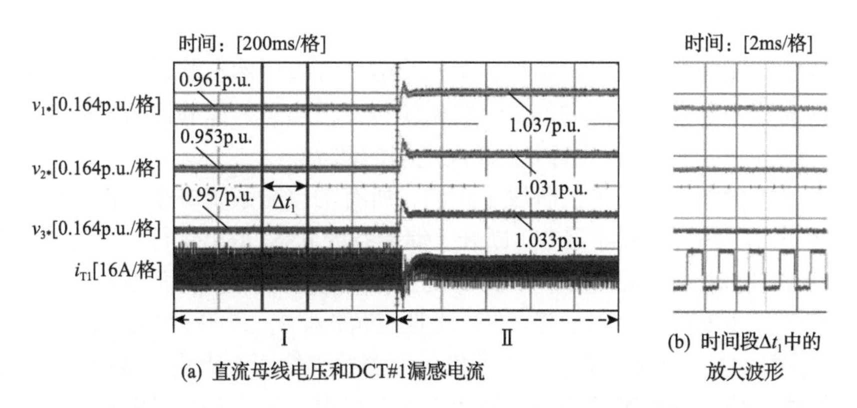

(a) 直流母线电压和DCT#1漏感电流　　(b) 时间段Δt_1中的放大波形

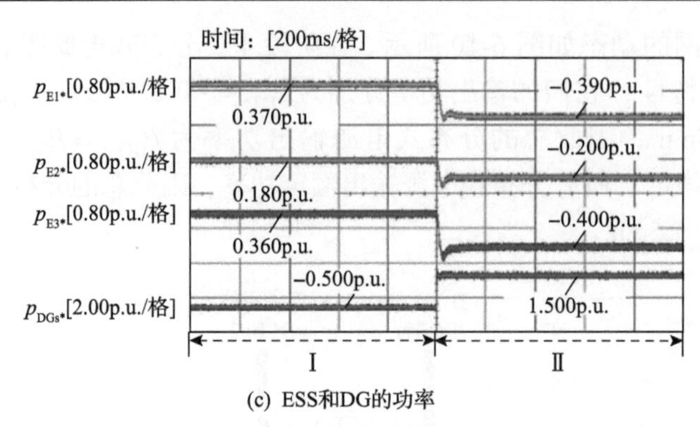

(c) ESS和DG的功率

图 6-10　工况Ⅰ中的系统实验波形

阶段Ⅰ，DG 吸收功率；阶段Ⅱ，DG 输出功率

图 6-10(a)展示了直流母线电压和电力电子直流变压器 DCT#1 漏感电流 i_{T1} 的动态。图 6-10(b)是图 6-10(a)在时间段 Δt_1 中的放大波形。波形表明所有直流母线在不同工况下都被控制到了近似相同的标幺化电压值。当分布式电源总输出功率 P_{DGs} 在(–0.5p.u, 1.5p.u)范围内波动时，由于储能系统的下垂特性，直流母线电压在(0.953p.u., 1.037p.u.)范围内波动，母线电压波动在额定电压 1p.u.附近 ±0.1 p.u.的范围内，意味着所提控制方法可以实现多电压等级直流配电网中所有母线的电压支撑。

图 6-10(c)展示了储能系统和分布式电源的输出功率动态。在阶段Ⅰ，分布式电源吸收功率，此时储能系统为无源负荷和分布式电源提供电能。在阶段Ⅱ，分布式电源将输出功率增加至额定值，此时储能系统从分布式电源吸收功率。所有储能系统之间的稳态功率分担比例近似满足式(6-17)给出的理论关系，即 $P_{E1*}:P_{E2*}:P_{E3*}=r_{1*}^{-1}:r_{2*}^{-1}:r_{3*}^{-1}=2:1:2$，这表明所提控制方法可以实现多电压等级直流配电网中位于不同母线上的储能系统间的功率分担。

6.5.2　工况Ⅱ：部分储能退出运行

在这个工况中，与工况Ⅰ类似，第四个电压等级仍然不被计入直流配电网。本工况中前三个电压等级中的部分储能系统将会退出运行以验证所提控制方法的可行性。图 6-11 展示了本工况中直流配电网的动态。

本工况阶段Ⅰ与工况Ⅰ的阶段Ⅰ相同，所有的储能系统协作分担功率，在此不再赘述。在阶段Ⅱ，断路器 B_{K3} 断开，储能系统 ESS_3 退出运行，之后储能系统 ESS_1 和 ESS_2 自动分担系统功率。ESS_3 的退出导致系统等效下垂系数增加，进一步导致直流母线电压的适当下降。在阶段Ⅲ，断路器 B_{K2} 断开，ESS_2 也退出运行，之后 ESS_1 可以独立地为系统中的负荷提供电源并支撑所有直流母线电压，展示了所提控制方法应对储能系统退出的能力。在阶段Ⅳ，所有分布式电源的输出功率增加，此时 ESS_1 从分布式电源吸收功率，由于 ESS_1 的下垂特性，直流母线电压

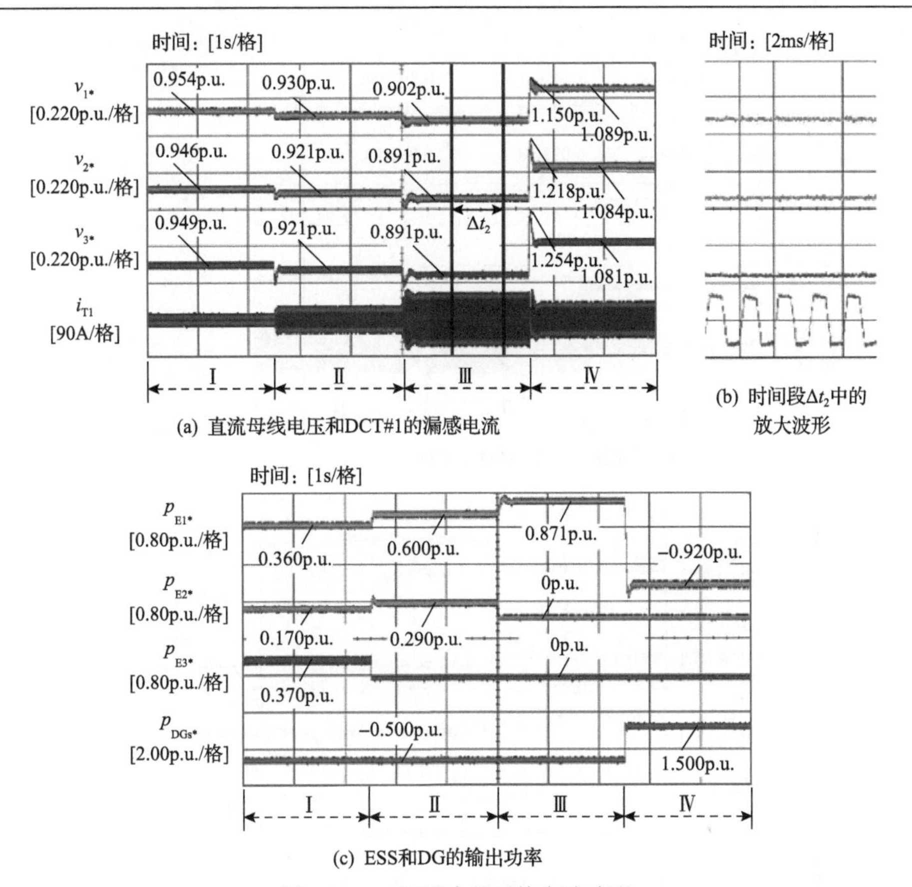

图 6-11　工况Ⅱ中的系统实验波形

阶段Ⅰ，常规运行；阶段Ⅱ，ESS_3 退出运行；阶段Ⅲ，ESS_2 退出运行；阶段Ⅳ，DG 输出功率增加

有适度的抬升。注意到分布式电源的功率突增会导致直流母线电压出现超调，该超调会使得三个直流母线电压分别达到 v_{1*} =1.150p.u.、v_{2*} =1.218p.u.和 v_{3*} = 1.254p.u.。因此，在实际的系统设计中，应该选择恰当的电气元件来匹配这样的电压应力。

6.5.3　工况Ⅲ：接入输电网

在这个工况中，仍然只有前三个电压等级被计入直流配电网中。而储能系统 ESS_1 的下垂系数 r_{1*} 会被设置为 0，意味着其会工作于恒压控制模式。通过这个方法，ESS_1 可以模拟一个输电网来支撑直流配电网的直流母线电压。图 6-12 展示了本工况中的系统动态。

本工况的阶段Ⅰ与工况Ⅰ的阶段Ⅰ相同，在此不再赘述。在阶段Ⅱ，储能系统 ESS_1 模拟输电网支撑母线电压并为直流配电网中的所有负荷提供电能，此时

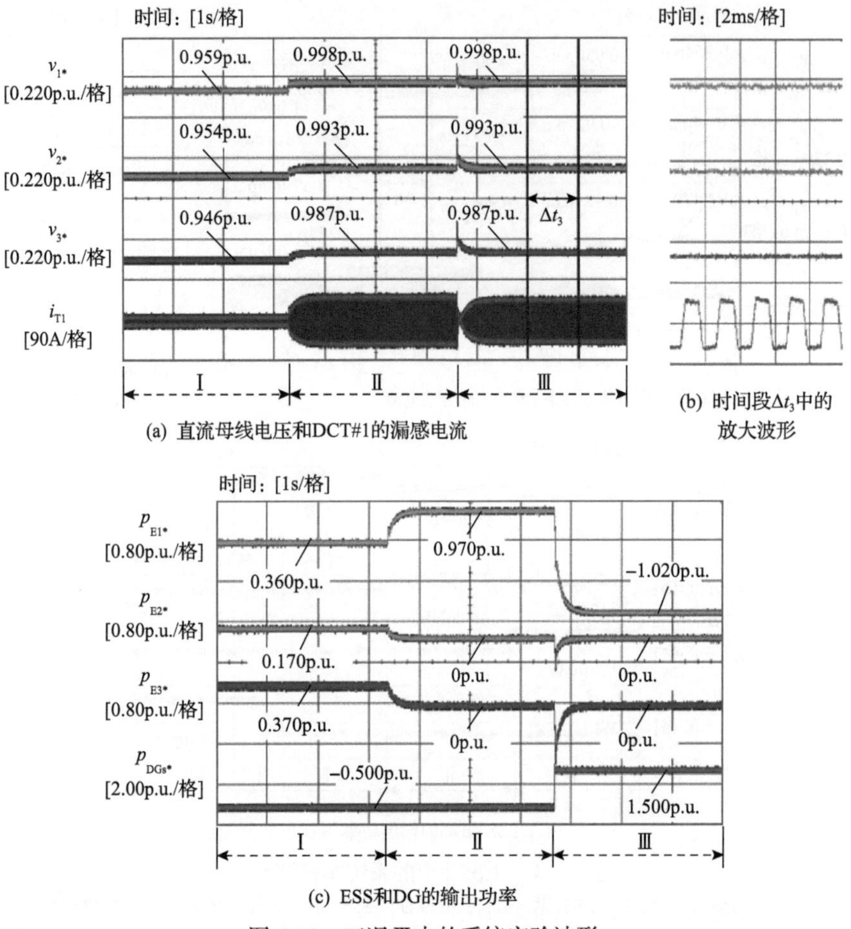

(a) 直流母线电压和DCT#1的漏感电流

(b) 时间段Δt_3中的放大波形

(c) ESS和DG的输出功率

图 6-12　工况Ⅲ中的系统实验波形

阶段Ⅰ，常规运行；阶段Ⅱ，输电网退出运行；阶段Ⅲ，DG 输出功率增加

ESS_2 和 ESS_3 会自动将它们的输出功率减少至 0p.u.。此外，所有直流母线电压都被近似支撑到了其额定值 1p.u。在阶段Ⅲ，所有分布式电源的输出功率增加，此时 ESS_1 从分布式电源吸收功率。因为 ESS_1 运行于恒压控制模式并模拟一个输电网，所以所有的直流母线电压仍然被近似维持到其额定值 1p.u.。

6.5.4　工况Ⅳ：电压等级扩展

在本工况中，第四个电压等级用于验证所提多电压等级直流配电网一次控制方法的电压等级扩展能力。图 6-13 展示了本工况中的系统动态。

在阶段Ⅰ，断路器 B_{K1} 断开，直流配电网中前三个电压等级的运行状态与工况Ⅰ中阶段Ⅰ相同。而在第四个电压等级中，电力电子直流变压器 DCT#3 停止运行，同时子网 SBN#4 正常运行。这样，前三个电压等级和第四个电压等级之间被

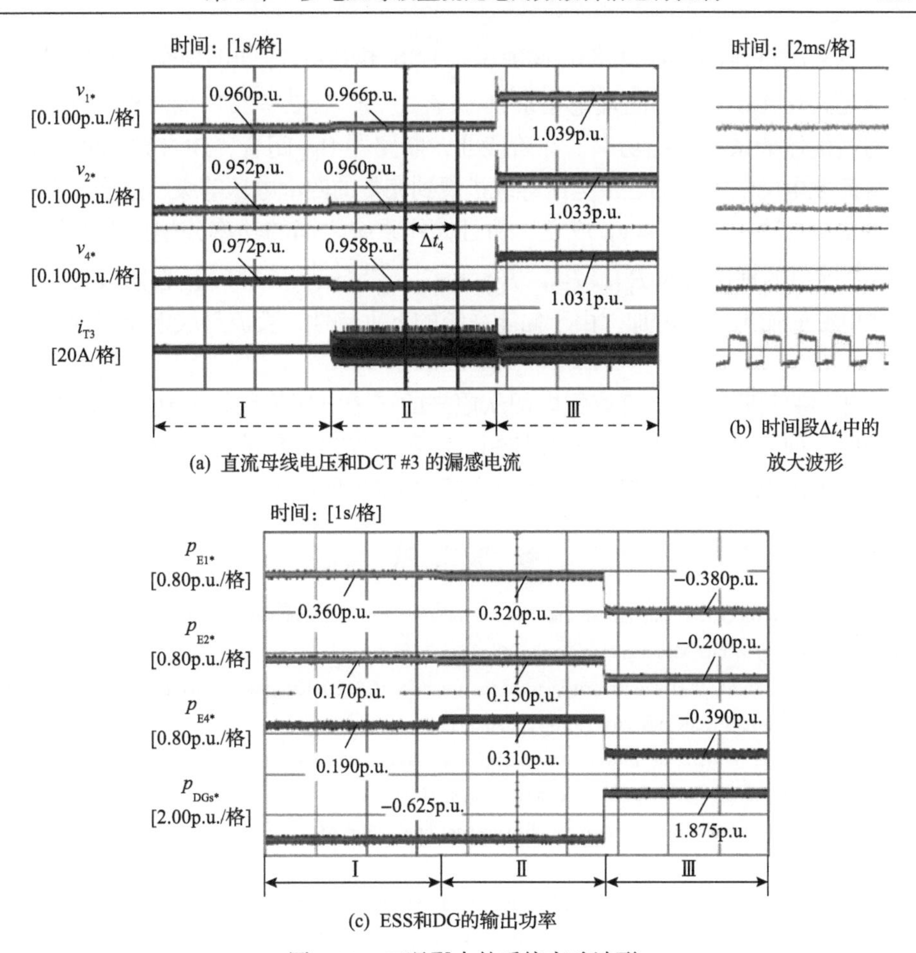

(a) 直流母线电压和DCT #3 的漏感电流

(b) 时间段Δt_4中的放大波形

(c) ESS和DG的输出功率

图 6-13　工况Ⅳ中的系统实验波形

阶段Ⅰ，断路器 B_{k1} 断开；阶段Ⅱ，断路器 B_{k1} 闭合；阶段Ⅲ，DG 输出功率增加

分开且各自独立运行。在阶段Ⅱ，断路器 B_{K1} 闭合且电力电子直流变压器 DCT#3 开始运行，意味着第四个电压等级被接入前三个电压等级。从另一个视角看，从本工况的阶段Ⅰ到阶段Ⅱ，直流配电网从原来的三个电压等级扩展到了完整的四个电压等级。在阶段Ⅲ，所有分布式电源的总输出功率 P_{DGs*} 从–0.625p.u.增加到了额定功率 1.875p.u.。注意，这里第四台分布式电源的输出功率 P_{D4*}也包含在 P_{DGs*} 中。

图 6-13(a)和图 6-13(c)分别展示了本工况中的直流母线电压、电力电子直流变压器 DCT#3 电感电流 i_{T3}、储能系统输出功率和总的分布式电源输出功率。图 6-13(b)是图 6-13(a)在时间段 Δt_4 中的放大波形。在阶段Ⅰ，断路器 B_{K1} 断开且 DCT#3 停止运行，因此 DCT#3 的电感电流保持在 0A。同时因为前三个电压等级和第四个电压等级被分离且各自独立运行，所以直流母线电压 $v_{1*} \approx v_{2*}$，而直流

母线电压 v_{4*} 与它们不同。此外，储能系统 ESS_1 和 ESS_2 之间的稳态功率分担比例近似满足式(6-17)所给出的理论关系 $P_{E1*}:P_{E2*}=r_{1*}^{-1}:r_{2*}^{-1}=2:1$，而 ESS_4 独立运行且不与其他储能系统分担功率。在阶段Ⅱ，断路器 B_{K1} 闭合，DCT#3 开始运行，因此直流配电网从原来的三个电压等级扩展到完整的四个电压等级。这样，在所提控制方法下，有 $v_{1*}\approx v_{2*}\approx v_{4*}$ 成立，而且储能系统之间的功率分担比例近似满足式(6-17)给出的理论关系 $P_{E1*}:P_{E2*}:P_{E4*}=r_{1*}^{-1}:r_{2*}^{-1}:r_{4*}^{-1}=2:1:2$。在阶段Ⅲ，所有分布式电源的输出功率增加，由于储能系统的下垂特性，直流母线电压出现了适当的抬升。

上述实验过程中，当直流配电网从原来的三个电压等级扩展到完整的四个电压等级时，前三个电压等级结构和控制方法不会发生任何改变，展示了所提多电压等级直流配电网一次控制方法良好的电压等级扩展能力。

参考文献

[1] Wu H J, Hui N, Heydt G T. The impact of time delay on robust control design in power systems[C]. 2002 IEEE Power Engineering Society Winter Meeting, New York: 2002: 1511-1516.

[2] Xia Y H, Wei W, Yu M, et al. Power management for a hybrid AC/DC microgrid with multiple subgrids[J]. IEEE Transactions on Power Electronics, 2017, 33(4): 3520-3533.

[3] Li X L, Guo L, Li Y W, et al. Flexible interlinking and coordinated power control of multiple DC microgrids clusters[J]. IEEE Transactions on Sustainable Energy, 2018, 9(2): 904-915.

[4] Eghtedarpour N, Farjah E. Power control and management in a hybrid AC/DC microgrid[J]. IEEE Transactions on Smart Grid, 2014, 5(3): 1494-1505.

[5] Wang P, Jin C, Zhu D X, et al. Distributed control for autonomous operation of a three-port AC/DC/DS hybrid microgrid[J]. IEEE Transactions on Industrial Electronics, 2015, 62(2): 1279-1290.

[6] Xia Y H, Wei W, Peng Y G, et al. Decentralized coordination control for parallel bidirectional power converters in a Grid-connected DC microgrid[J]. IEEE Transactions on Smart Grid, 2017, 9(6): 6850-6861.

[7] Balabanian N, Seshu S, Bickart T K. Electrical Network Theory[M]. New York: Wiley, 1969.

第 7 章　直流配电应用研究

7.1　三端口电力电子变压器研制

电力电子变压器一般是采用电力电子器件和高频变压器作为基本组成原件，并利用电力电子变换技术进行变压的器件，是直流配电领域的关键核心设备。和传统变压器相比，电力电子变压器具有体积小、交直流混合、电气隔离和可以进行电能质量调节等优点，但也存在可靠性低、成本高和技术仍不成熟等问题。由于具有高频变压器的 DC/DC 变换器也符合电力电子变压器的特点，因此在有些文章中其也会被称为直流电力电子变压器。但是直流电力电子变压器只可以连接直流负载。因此，现在常规意义上所说的电力电子变压器系统一般都只是将 DC/DC 变换器作为系统中间的隔离模块，而设计系统时会根据负载特性和实际调控需求进行交直流混合，提供不同类型的供电。

多端口变换器具有较多拓扑结构，如三端口 DC/DC 变换器、四端口 DC/DC 变换器等。随着变换器端口数量的增多，其功率密度将会大大提高，但是同时端口耦合复杂度将急剧加重，解耦难度也将随着耦合复杂度急剧增加，这给控制器的设计带来较大难题，进而影响变换器各端口的电能质量。

三端口 DC/DC 变换器作为最常见的多端口 DC/DC 变换器，虽然端口间亦存在耦合，但其端口间耦合复杂度相对较低，其解耦方法实际可行，值得研究。因此，本章对三端口 DC/DC 变换器进行了着重研究，并将其作为所设计多端口电力电子变压器的关键模块之一。三端口变换器一般可以分为非隔离型、部分隔离型和隔离型三种。由于电力电子变压器一般需要具有电气隔离性能，所以本章选取隔离型三端口变换器作为研究对象，可以较好地适应于大功率情形。

依托于国家重点研发计划项目(2017YFB0903300)，项目组研制出了对应的多端口电力电子变压器样机。本章介绍了样机的设计过程和研制成果，并针对效率进行了分析。此外，除了验证设计方案的可行性，研制样机时，还采用了碳化硅(SiC)材料的开关器件，以提高样机的效率。

7.1.1　三端口电力电子变压器的连接方式

本节所研究的多端口电力电子变压器由三端口 DC/DC 变换器和 DC/AC 变换器组成。作为基本模块，三端口 DC/DC 变换器已在 5.3 节中进行了具体的介绍和相关策略的研究，本节也将对 DC/AC 变换器中进行相关的研究。多端口电力电子变压器的连接方式如图 7-1 所示。

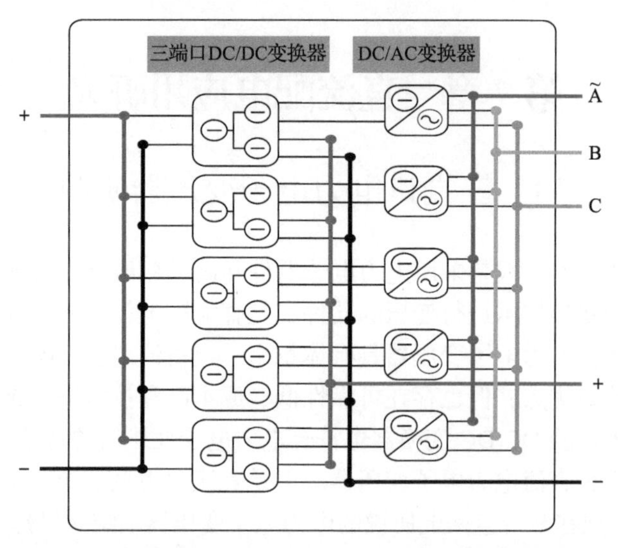

图 7-1　本章所采用的多端口电力电子变压器的连接方式示意图

本章设计的多端口电力电子变压器主要基于三端口 DC/DC 变换器和 DC/AC 变换器的串联，如图 7-1 所示，5 个三端口 DC/DC 变换器并联，5 个 DC/AC 变换器并联，每个三端口 DC/DC 变换器的端口 2 和 DC/AC 变换器串联，五组串联模块再并联组成电力电子变压器。端口 1 的直流进线侧可用于连接电源或负载。本章所设计的多端口电力电子变压器主要由端口 1 向端口 2、3 供电，所以端口 1 设计为直流电源，此处取 750V。750V 电源经由三端口 DC/DC 变换器分别转换为 650V、375V 两个不同电压等级的直流电源。650V 直流电经由 DC/AC 变换器转变为 380V 交流电用于连接交流分布式电源、负荷，而 375V 直流电则可直接连接直流分布式电源、负荷。其中，单个三端口 DC/DC 变换器的额定容量为 20kV·A，单个 DC/AC 变换器的额定容量为 10kV·A，而整机的额定容量为 100kV·A。

本章设计的 100kV·A 电力电子变压器样机用于连接 750V 直流配电网与交直流负荷，综合直流配电网系统电压、系统容量和应用需求、经济性等因素，而且为了使系统具有高适用性和高可靠性，主要参数设计如表 7-1 所示。

表 7-1　系统主要参数

参数	数值
直流端口 1 电压(正负母线电压差)	750V
直流端口 2 电压(正负母线电压差)	650V
直流端口 3 电压(正负母线电压差)	375V

续表

参数	数值
交流负荷侧电压(线电压有效值)	380V
系统额定容量	100kV·A
单个三端口 DC/DC 变换器额定容量	20kV·A
单个三相桥逆变器额定容量	25kV·A
整体额定工作效率	≥96.5%

7.1.2　三端口 DC/DC 变换器模块设计

三端口电力电子变压器的关键子模块直流变换器的电路拓扑如图 5-26 所示。

三端口移相全桥 DC/DC 变换器采用移相角控制。通过调节不同 H 桥调制出的方波电压之间的相位差，实现功率双向流动调节。

1. 三端口 DC/DC 变换器选型及参数设计

1) 高频变压器参数选取

三端口 DC/DC 变换器通过变压器磁链实现不同端口间的功率传递，因此高频变压器不仅起到电气隔离的作用，还可通过配置不同绕组间的匝数关系，实现端口电压的匹配。本章高频变压器变比选取为 750∶650∶375，以利于实现三端口 DC/DC 变换器软开关。

由于移相控制方式下三端口 DC/DC 变换器通过漏感进行端口间的能量传递，因此漏感的参数选取变得至关重要。类比于本书之前对 DAB 全桥电路的分析，在三主动桥(TAB)中三个全桥单元分别将各自端口的直流电压逆变为频率相同但相差一定相位角的高频交流方波电压，通过移相控制的方式，改变各桥式单元加载到变压器绕组的方波电压相位角，即可调节每个端口直流侧功率的大小和方向。

根据文献[1]，可知两端口之间输送功率大小为

$$
\begin{cases}
p_{12} = \dfrac{V_1 V_2'}{\omega_s L_{12}} \varphi_{12} \left(1 - \dfrac{|\varphi_{12}|}{\pi}\right) \\
p_{23} = \dfrac{V_2' V_3'}{\omega_s L_{23}} \varphi_{23} \left(1 - \dfrac{|\varphi_{23}|}{\pi}\right) \\
p_{13} = \dfrac{V_1 V_3'}{\omega_s L_{13}} \varphi_{13} \left(1 - \dfrac{|\varphi_{13}|}{\pi}\right)
\end{cases}
\tag{7-1}
$$

其中

$$
\begin{cases}
L_{12} = L_1 + L_2' + \dfrac{L_1 \cdot L_2'}{L_3'} \\
L_{23} = L_2' + L_3' + \dfrac{L_2' \cdot L_3'}{L_1} \\
L_{13} = L_1 + L_3' + \dfrac{L_1 \cdot L_3'}{L_2'}
\end{cases}
$$

式中，L_1、L_2'、L_3'分别为端口 1 漏感以及端口 2、3 折算到端口 1 的漏感。

选取的漏感既要能够将最大功率传输的移相角限制在π/2 以内；又要提供充足的裕量，使额定功率传输时的移相角不至于过小，以提高控制精度。

将已知条件高频变压器 $f_s = 20\text{kHz}$、$V_1 = V_2' = V_3' = 750\text{V}$ 代入式(7-1)，并设定传输额定容量 20kV·A 时，移相角 φ_{12}、φ_{13} 均为 $\pi/6$，以保证在充足裕量情况下提高控制精度。

代入式(7-1)可得

$$
\begin{cases}
L_{12} = L_1 + L_2' + \dfrac{L_1 \cdot L_2'}{L_3'} = 1.9531 \times 10^{-4}\,\text{H} \\
L_{13} = L_1 + L_3' + \dfrac{L_1 \cdot L_3'}{L_2'} = 1.9531 \times 10^{-4}\,\text{H}
\end{cases}
\tag{7-2}
$$

不妨设

$$
L_1 = L_2' = L_3' \tag{7-3}
$$

解得

$$
L_1 = L_2' = L_3' = 6.51 \times 10^{-5}\,\text{H} \Rightarrow
\begin{cases}
L_1 = 6.51 \times 10^{-5}\,\text{H} \\
L_2 = 4.89 \times 10^{-5}\,\text{H} \\
L_3 = 1.63 \times 10^{-5}\,\text{H}
\end{cases}
\tag{7-4}
$$

将求得的三个电感值分别作为端口 1、2、3 的漏感取值。

2) 移相全桥参数选取

移相全桥开关管采用 SiC 金属-氧化物-半导体场效应晶体管(MOSFET)。

3) 隔直电容参数选取

为了克服变压器因不平衡造成的偏磁，提高变压器抗不平衡的能力，在变压器的端口 1 串联耦合隔直电容。参考文献[2]，三端口隔直电容的参数可采用如下方法计算：

$$C = \frac{10^6}{4\pi^2 f_R^2 L_R} \tag{7-5}$$

其中，L_R 为变压器端口 2、3 折算到端口 1 的等效电感与端口 1 电感之和；f_R 为 L_R 与 C 组成的串联谐振电路的谐振频率。

为了使耦合电容线性，一般选 $f_R = 0.1f_s$，其中 $f_s = 20\text{kHz}$。

计算得到 $C = 146.6\mu\text{F}$，选取 $C = 150\mu\text{F}$ 作为隔直电容参数取值。

4) 直流母线电容参数选取

在电力电子变压器中，直流母线电容的主要作用是吸收纹波电流，使系统输出更加稳定。

5) Chopper 电路器件选型

Chopper 电路开关管选用 Si 绝缘栅双极型晶闸管(IGBT)。

2. 三相桥逆变器参数选取

1) 三相桥器件选择

三相桥臂开关管采用 SiC MOSFET。

2) *LCL* 滤波电路参数选取

参考文献[3]，*LCL* 滤波器的参数设计限制条件如下。

(1) *LCL* 滤波器总的电感所产生的阻抗压降小于正常额定工作情况下电网电压的 10%。

(2) 为了使 *LCL* 滤波器的谐振峰不出现在低频或高频段，所以设计 *LCL* 滤波器的谐振频率 $f_{\text{res}} = \frac{1}{2\pi}\sqrt{\frac{L_1 + L_2}{L_1 L_2 C_2}}$，设定为大于电网基波频率的 10 倍，小于开关频率的1/2，即 $10f_1 < f_{\text{res}} < f_{\text{sw}}/2$。

(3) 为了对开关频率纹波分量进行分流，以使高频分量尽可能多地从电容支路流过，设计时必须保证 $X_{C2} \ll X_{L2}$，其中 X_{C2} 和 X_{L2} 是开关频率下的阻抗值，在这里可以取 $X_{C2} = (1/10 \sim 1/5)X_{L2}$。$X_{C2}$ 取值太大，开关频率纹波高频分量从电容支路分流不够，使更多的高频谐波电流进入电网；X_{C2} 取值太小，滤波电容的取值就会变大，这样会导致更多的无功电流流入滤波电容，进而使逆变器输出电流增大，影响系统的损耗。此外，为了避免并网逆变器的功率因数的过度降低，一般滤波电容吸收的基波无功功率不能大于系统额定有功功率的 5%。由此可得

$$C_2 \leqslant \frac{\lambda P}{3 \times 2\pi f_1 E_{\text{m}}^2} \tag{7-6}$$

其中，P 为并网逆变器输出的额定有功功率；E_m 为电网相电压有效值；f_1 为电网基波频率；λ 为谐波电容吸收的基波无功功率占 P 的比例。

根据以上三条 *LCL* 滤波器参数选取原则，*LCL* 滤波器参数选取为

$$L_1 = 2\text{mH}，\ L_2 = 0.1\text{mH}，\ C_2 = 20\mu\text{F}$$

7.1.3　样机组成与结构

整个样机的组成及控制如图 7-2 所示，每个 DC/DC 模块由一个三端口高频变压器和三个 SiC 全桥构成，每个 DC/AC 模块由一个三相逆变桥和滤波电路构成。5 个 DC/DC 模块并联，5 个 DC/AC 模块并联，需均流控制，而 DC/DC 模块与 DC/AC 模块级联；高频变压器采用铁氧体磁芯，按照理论需要的功率传输电感值设计其漏感值。每个端口的直流母线上均配有 Chopper 过压保护电路。Chopper 开关管采用普通 Si IGBT，Chopper 电阻阻值按照 30%模块容量选取，但可选较小的额定功率，并通过软件限制 Chopper 投入时长。每个端口均包含基于模拟电路的快速过流检测模块，检测结果直接发往现场可编程门阵列(FPGA)，快速封锁脉冲，以实现模块的保护。每个端口的直流电容均配有软启动电路，主要由限流电阻和旁路接触器构成。

每个模块采用 DSP 和 FPGA 级联的工业级控制板，其中 FPGA 负责 PWM 信号的输出、故障快速检测以及故障发生时的 PWM 脉冲封锁等功能。此外，控制板设计 16 路 AD 采样通道，采样输入范围为–20～20V。PWM 信号主要由 DSP 产生，共 12 路，通过 FPGA 输出，而 FPGA 也可以自行配置端口生成所需的额外 PWM 信号，如 Chopper 驱动信号。DSP 的型号为 TMS320F28335，FPGA 的型号为 Spartan 6 XC6SLX16。控制板通过驱动板上的开关电源供电。此外，驱动板上的开关电源还会给驱动电路、风扇等供电，整个系统只从 750V 的直流端口获取电源。

整机的集成方案如图 7-3 所示。样机图片如图 7-4 所示。所有的模块集中在一个机柜中，方便装载和替换。采用风冷散热，风扇在每个模块内。此外，每个模块通过通信线路将每个时刻电路的状态，包括电压、电流、运行模式和故障信号等值上传至中央控制器，并在上位机中显示，还可以通过上位机设置开关机、运行模式以及控制参数等。

为了测试整个样机的系统效率特性，进行了正反向的全功率区间测试，获得了整机效率特性曲线，如图 7-5 所示。

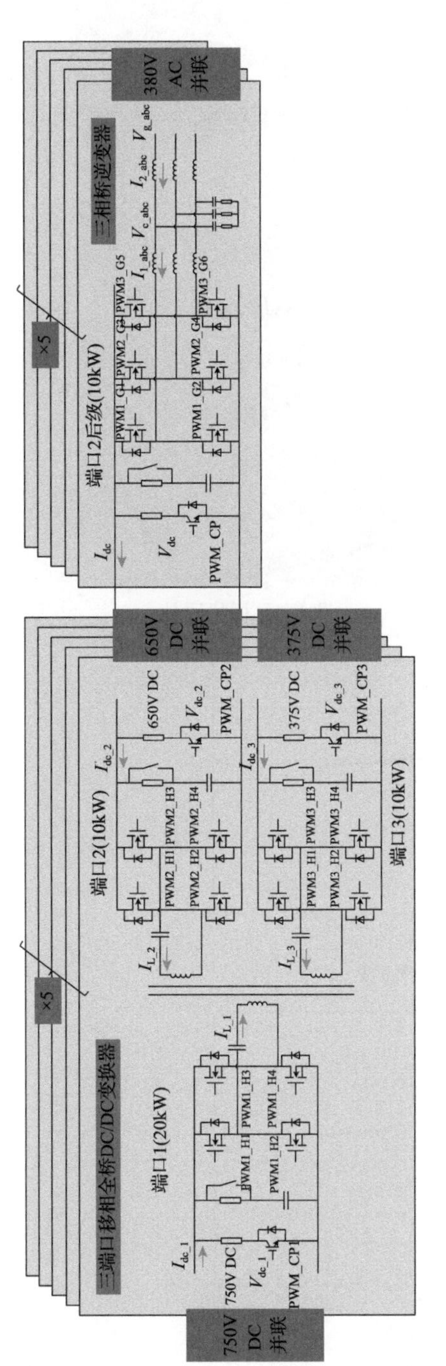

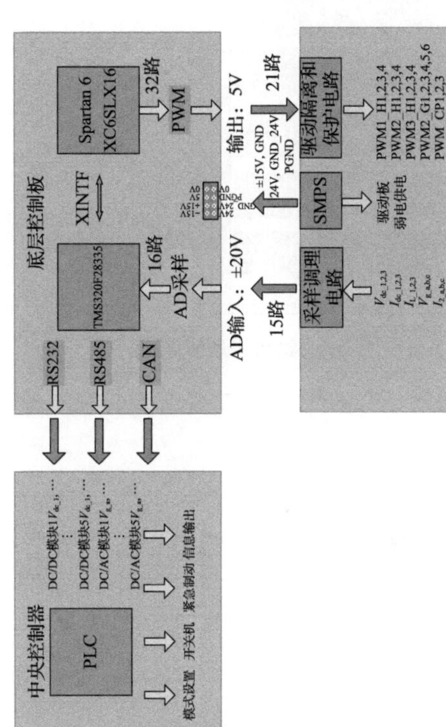

图7-2　整机组成以及控制示意图

可编程序逻辑控制器(programmable logic controller,PLC)

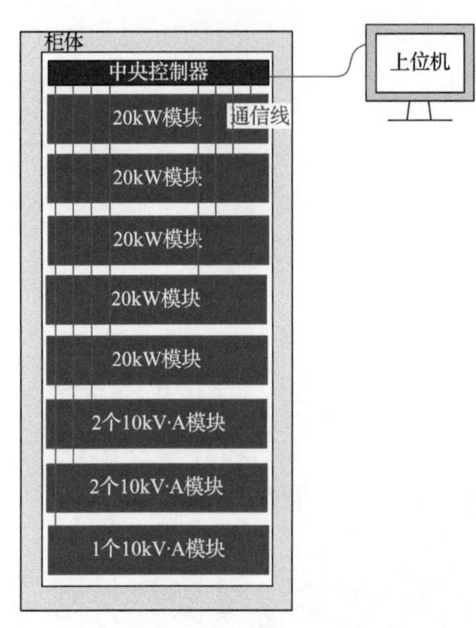

图 7-3　整机集成方案图

图 7-4　样机图片

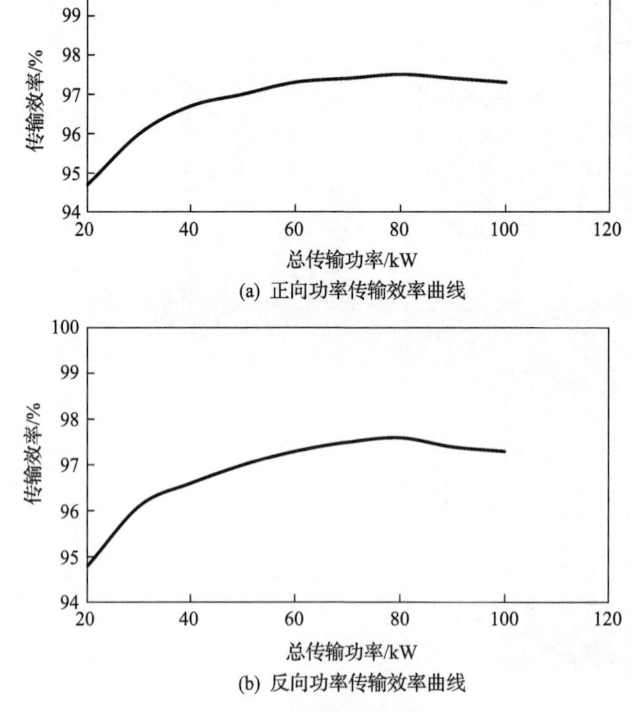

图 7-5　传输效率曲线

7.2　直流配电网实验系统

7.2.1　实物模拟实验平台搭建

现有电力系统仍然以交流为主导，因此直流配电应用基本上以嵌入式方式作为现有交流配电网的一个局部配电系统，形成了交直流混合的供电局面，其中最典型的拓扑是交直流混合微电网应用。交直流混合微电网包含了交流子网、直流子网及交直流互联变流器，各子网间可互换功率，系统能单独运行于孤岛或并网模式，可同时满足交流负载和直流负载的供电需求，且其中的电力电子变换环节少，能量损耗低[4]。根据微电网多源多储协调控制的实验研究需求，基于搭建系统化微电网的思想，结合配电网中分布式光伏大量接入的现状，本书作者团队自主开发出高密度光伏主导的交直流混合微电网实验平台。平台以智能功率模块(intelligent power module，IPM)为核心搭建双向逆变电路，连接起交直流母线、储能、光伏及负载，最大可仿真 10kW 功率等级的微电网系统。

1. 实验平台总体结构设计

平台设计分为三个层面：①以 IPM 逆变电路为主的包含交直流母线、互联变流器、储能、光伏及负载的底层；②以 DSP 控制器为主的中间层；③以个人计算机(PC)上位机为主的高级层。实验平台结构如图 7-6 所示。

底层利用电源设备模拟光伏、储能及大电网，利用功率电阻作为负载，各部分通过 IPM 电路连接到交直流母线上，考虑到交流接入时存在耦合问题，在接入点加入隔离变压器。底层设计实现了对混合微电网中发电、输电、用电过程的简单模拟，是实验平台的基础。

中间层的 DSP 控制器通过编程先实现对底层传感数据的模数转换(analog-to-digital converter，ADC)功能，后续完成数据计算处理功能、PWM 输出控制功能、电路保护功能及人机交互功能。为模拟电网多种运行场景，设计 RT-LAB 转接板，使控制器能与 RT-LAB 设备连接进行半实物仿真。

高级层的 PC 上位机通过仿真器与 DSP 控制器进行通信，在可视化环境下实现了即时下载功能、实时监控功能和数据交换记录功能。

平台三层次的结构设计相互独立，实验时无相互影响，故障排查方便快捷。各层服务研究的重点有所不同，底层服务于电路硬件研究，中间层服务于控制算法研究，高级层服务于应用开发研究。平台设计的目标是模拟出现实高密度光伏微电站的实际运行情况，开展对应实验工作。

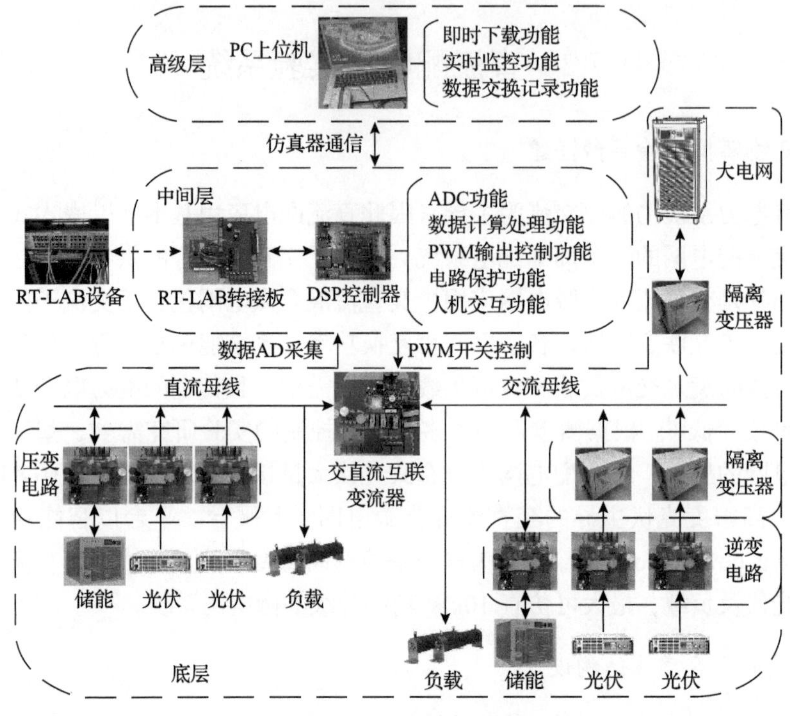

图 7-6　实验平台结构

2. 平台硬件设计

平台硬件设计主要为逆变电路主板设计、控制器主板设计和其他相关实验设备选型设计。

1) 逆变电路主板设计

逆变电路以三菱电机的 PM25RL1A120 型 IPM 为核心进行设计。主板通过传感信号输出端子将模拟量送至控制器，通过干扰隔离型光纤接口接收来自控制器的 PWM 控制信号，并将信号通过驱动电路驱动后送给 IPM。

主板设计上有三方面特点，首先，所有电感电容端子均为拔插式，可根据具体需求更换器件选值，闲置时可用导线短接，电路结构灵活多变。其次，主板可采集多个节点的电流电压值，能实现电路的电压控制、电流控制及频率控制，控制方法灵活多变。最后，根据交直流电路接入方向不同，主板可搭建直流型 Buck、Boost 电路，交流型整流、逆变电路，最大化拓扑功能。

2) 控制器主板设计

控制器主板在设计上分为核心板、转接板和检测板三个层次。

核心板的 DSP 最小系统电路是 DSP 芯片正常工作的基础。JTAG(joint test action group)电路提供了仿真器接口，使上位机可通过仿真器连接到控制器，实现电路控制变量更改、数据在线监控及程序烧录等功能。Flash 电路提供了高速外部存储，实现程序固化功能。核心板设计采用 DSP28335 型芯片，其内置 16 路 12 位精度 ADC 电路，直接对芯片编程即可实现 ADC 功能，无须另加 ADC 外设。

转接板上的跟随限幅电路能防止输入信号幅值越限。通用输入输出(general purpose input output，GPIO)驱动电路可驱动芯片 GPIO 口发出的信号，使其具备能量，控制灯、继电器等其他器件。转接板位于核心板与检测板之间，也起到插口转接的作用。

检测板上的信号采样电路用于采样传感器上传的模拟量并送到 DSP 芯片内。电源供电电路用于进行多级电压转换以满足控制板上全部芯片的供电需求。检测板还提供了 PWM 隔离型光纤输出接口和示波器信号观测接口，设计有指示灯、按键等人机交互器件。

3)其他相关实验设备选型设计

光伏电源选用德国 EA-PSI 9000 3U 系列 91500-30 型高效直流电源，其具有过压过流保护、过功率保护等功能。可模拟正弦波、矩形波及光伏曲线等多种函数。

储能电源选用瑞士瑞佳通 TopCon Quadro 可编程直流电源，可进行恒压、恒流、恒功率等多种输出。

大电网选用美国 Chroma61845 回收式电网模拟电源，其提供了电网并联的测试方案，包括四象限操作、能源回收及电压波形编辑功能，可设定三相电压电流的输入输出限值，满足交直流实验相关要求。

功率电阻选用 RXHG RX20 型大功率波纹线绕电阻，可选电阻功率范围为 10～10kW，可选阻值范围为 0.1～100kΩ。

3. 平台软件设计

平台软件主要为实验程序模块化设计，并利用代码调试器(code composer studio，CCS)进行实时实验。

1)实验程序设计

实验程序设计思路为数据采集—计算转换—控制算法—PWM 输出—保护与关机，具体划分为软硬件初始化、人机交互、数据采集处理、主控算法、输出及回馈保护五大模块，程序模块框图如图 7-7 所示。

软硬件初始化模块对 DSP 系统时钟、中断向量表、ADC 寄存器、PWM 寄存器及程序数据变量进行初始化。数据采集处理模块编写 AD 采集及数据转化程序，

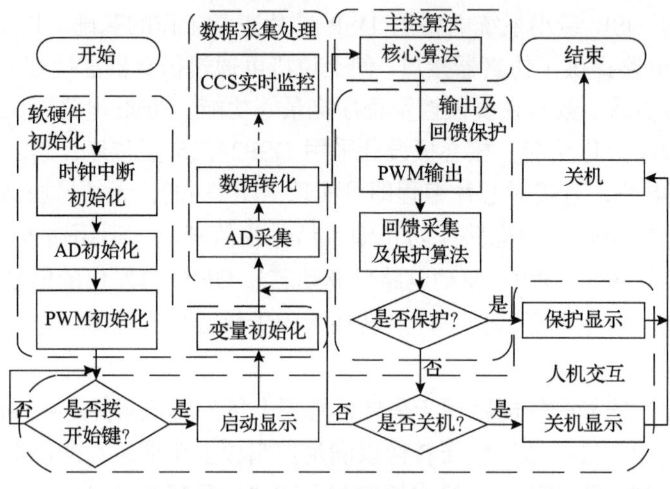

图 7-7　程序模块框图

对应实际值的转化数据能通过上位机 CCS 软件实时监控。主控算法模块编写核心控制算法。输出及回馈保护模块编写 PWM 输出及电路保护程序。人机交互模块编写状态显示灯及按键程序。

实验程序各模块均封装完整，进行不同实验只需要修改主控算法及模块参数，保证实验进行的高效性。

2）基于 CCS 的实时实验技术

平台的上位机通过 XDS100V3 型仿真器连接到控制器，在 CCS6.0 开发环境下具备即时下载、程序烧录等功能，可通过软件修改芯片寄存器变量，当前全部运行变量能在 CCS 上观测记录，数据可实时绘图展示。该技术保证了实验的实时性，也为后续利用实验数据做进一步科研开发提供基础。

4. 实验平台实物及应用

搭建的实际实验平台如图 7-8 所示。

本实验平台提供了多节点光伏、储能接入，涵盖的研究范围包括并网及孤岛情况下的多储能均流控制研究、多储能多光伏协调控制研究、母线电压频率波动控制研究、互联变流器功率控制研究及多端配电网稳定性研究等，未来将完善新增多储能 SOC 平衡控制研究、风光储一体化协调控制研究及多级互联变流器间协调控制研究。此外，平台底层电路由实物器件搭建，可以对启停机冲击、并网冲击、瞬时过流过压、弱电信号干扰、耦合干扰、电路保护及滤波器设计等问题进行理论研究和实验验证，最大化贴合实际。

为模拟仿真混合微电网更多样的运行环境，平台可拓展连接至 RT-LAB 半实物仿真设备进行数字实物混合仿真研究，包括混合微电网的大功率稳定性控制研

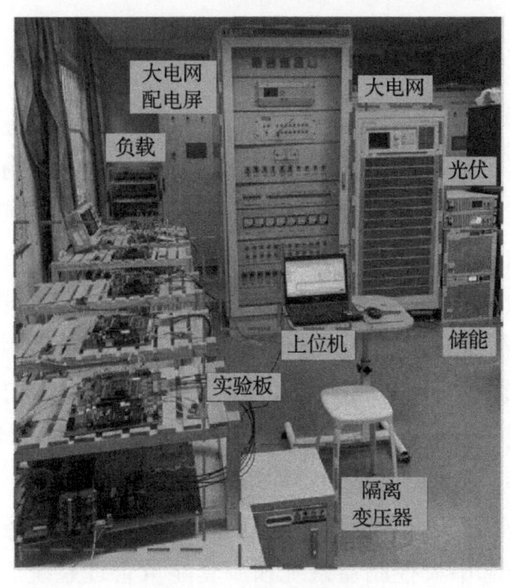

图 7-8　实际实验平台

究、潮流计算研究及多能互补控制研究等。利用数字电路进行实物电路实验前的预仿真提供理论验证及参数参考，平台实验后的新结果又可对比指导理论方法及模型建立，两者相辅相成，为微电网科学研究提供有力支撑。

RT-LAB 半实物仿真实验是一种在数字回路中加入部分实物进行混合仿真的实验。将仿真回路在软件上搭建后载入 RT-LAB 设备，设备可将回路上所需电压电流信息以模拟量形式输出，再利用外部实物控制器采集输出信息并进行算法计算，最后回送 PWM 调制波给 RT-LAB 完成对设计电路的控制。

平台可单独将控制器接上 RT-LAB 转接板与 RT-LAB 设备通信，进行数字实物混合仿真实验，模拟多种电网运行场景，拓展连接如图 7-9 所示。

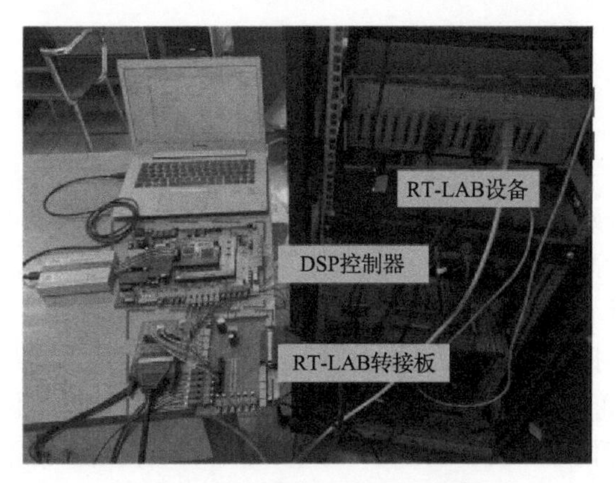

图 7-9　拓展化 RT-LAB 连接

7.2.2 零碳新能源交直流混合实验系统

7.2.1 节的实验平台为相关科研和教学提供了一个算法的验证平台，但是其与实际系统还是有一定的差距，因此为了更直接有效地模拟实际系统运行，结合零碳排放概念，本书作者团队搭建了浙江大学零碳排放新能源实验系统，以实际的运行展示相关研究和成果。

系统组成(图 7-10)单元介绍如下：①56kWp 分布式光伏电源，一部分交流接入，一部分改直流接入；②配置 86kW·h 储能锂电池，充放电瞬时最大功率为 70kW；③一台 TP-3 自动气象站，可监测当前环境的辐照度、风速、风向、湿度和温度；④一台全天空成像仪，可拍摄当前云图；⑤一台 20kV·A 的负载箱；⑥一台 20kW 交流电解水制氢设备，最大产氢速率为 $4m^3/h$；⑦9kW 燃料电池系统；⑧10kW 直流电解水制氢系统一套；⑨直流侧 10kW·h 储能；⑩一台服务器；⑪ 自主研发一台光伏监控终端，一套中央控制器系统和一套能量管理系统。

控制系统由三层集中式控制组成。底层所有电气设备经由自主研发的智能监测终端与中间层的中央控制器(MGCC)组成局域网，各监控终端通过以太网用户数据协议(UDP)与 MGCC 通信。MGCC 通过以太网 UDP 与服务器通信，服务器上运行自主研发的能量管理系统。服务器与各设备间无直接通信，同时服务器通过传输控制协议/互联网协议(TCP/IP)栈建立 Redis 实时数据库，用于连接人机界面。

整个系统运行控制与动态模拟监控软件界面如图 7-11 所示。

整个系统可以模拟实验直流供电、交直流混合供电等多种场景。而且通过可再生能源光伏发电，结合电解水制氢储能和储能锂电池以及燃料电池发电，实现长短期的储能，以及零碳排放的实验室的独立供电运行。

7.3 直流配电发展思考

直流配电在可再生能源接入和消纳方面具有天然的效率和成本优势，因此在目前新型电力系统建设过程中具有很重要的地位，除了具有供电半径大、线路造价低、供电可靠性高等优点，还可以解决经济快速发展造成的城市配电网线路走廊紧张、供电容量不足、谐波干扰等问题。

但是从应用和推广角度，我国直流配电网的发展还有以下几个方面问题。

(1)标准不完善。2008 年以来，国内相关单位对直流配电网展开了研究。但我国直流配电系统仍处于起步阶段，相关的标准和规范包括直流供电电压等级、直流配电设备、接入及并网标准等仍然不够完善。

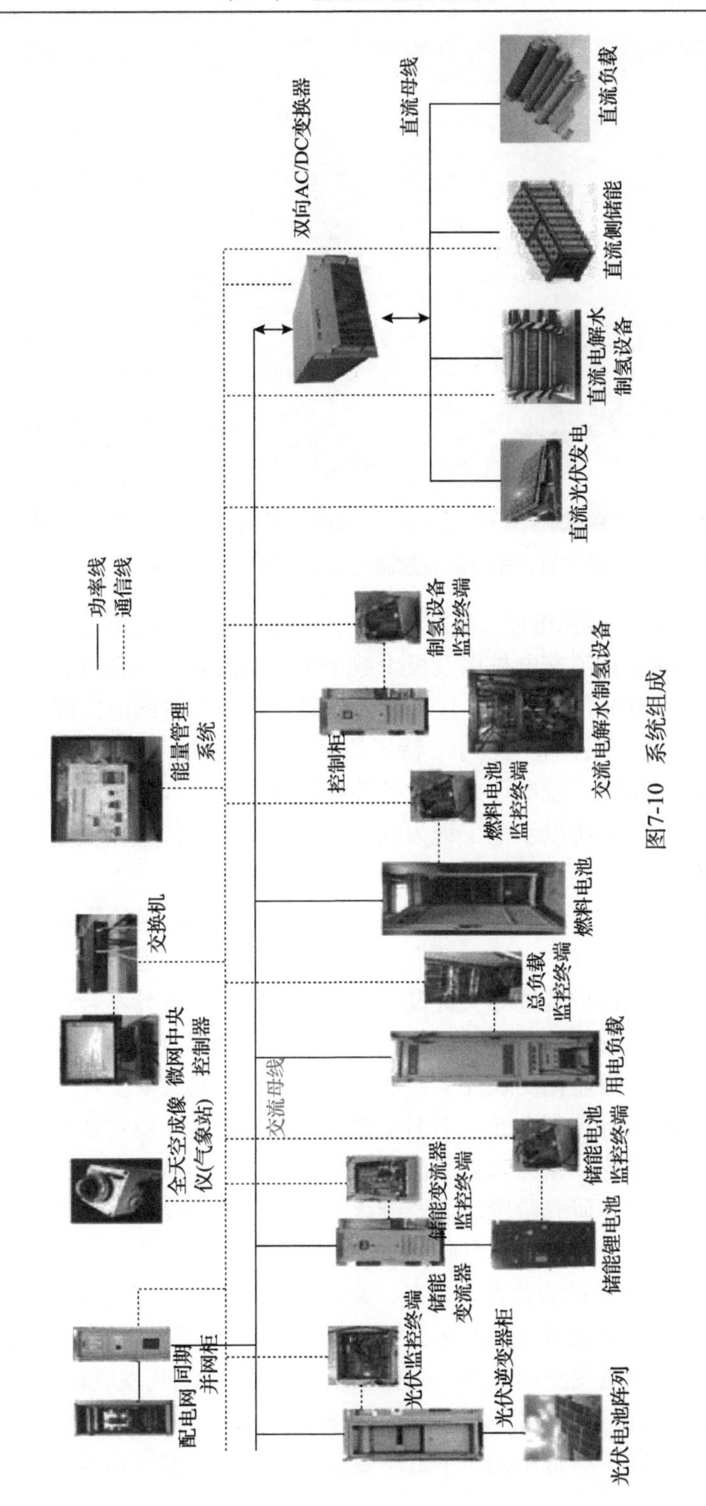
功率线
通信线
配电网
同期并网柜
全天空成像仪(气象站)
微网中央控制器
交换机
能量管理系统
双向AC/DC变换器
直流母线
直流负载
直流侧储能
直流电解水制氢设备
直流光伏发电
制氢设备监控终端
控制柜
交流电解水制氢设备
燃料电池监控终端
燃料电池
总负载监控终端
用电负载
交流母线
储能电池监控终端
储能变流器监控终端
储能变流器
储能锂电池
光伏监控终端
光伏逆变器柜
光伏电池阵列

图7-10　系统组成

图 7-11　系统运行控制与动态模拟监控软件界面

(2) 直流负荷发展速度慢，范围不够广。目前主要的大功率直流负荷基本上是直流充电桩。除了直流充电桩以及极少数个别改造的直流负荷外，其他典型的工业和民用大功率直流负荷很少，这极大地阻碍了直流配电网的发展。

(3) 应用类型局限，范围较小。特定领域的直流配电，包括舰船配电系统、城轨铁路交通供电系统、发电厂二次设备等特种直流系统开展应用较早，也比较成熟。目前直流配电系统以示范工程为主，实际建设为用户直接供电和推广到商业应用的仍然较少。

(4) 关键技术研究还需完善。目前国内对于直流配电网的研究仍处于起步阶段，直流配电系统的规划设计、调度运行、经济分析等问题有待深入研究，配电系统的一次设备、保护装置等关键设备还存在造价高、设计不合理等问题，未能达到商业化要求。系统的运行控制仍然处于探索和完善阶段。另外，相关应用还局限于示范工程，商业化实践几乎还是空白，许多研究成果没有得到检验。

在直流配电运行控制方面，本书主要从系统的建模、稳定性分析和自治控制角度开展了相关研究，作为未来直流配电系统的有益尝试和参考。但是直流配电仍然处于不断发展和研究阶段。需要继续开展相关核心设备、运行控制等关键技术攻关和研究示范。未来的重点研究方向包括：

(1) 成熟、低成本的直流配电设备。关键设备的研发和应用对直流配电系统的发展尤为重要，主要包括直流变压器、换流器、直流断路器、直流传感器、直流用电设备等。以直流变压器为例，相比 AC/DC 变换器，其发展相对缓慢。

(2) 关键的直流互联设备及其新型控制模式和方法。中低压大容量的直流变压器仍处于样机阶段，严重制约了中低压直流配电系统的发展和推广。针对目前中低压直流变压器存在的诸多问题，一方面，应研制大容量、低损耗、高效率、具有故障穿越功能的直流变压器。另外未来要实现和交流互联，还需要双向 AC/DC 变换器以及集成交直流多端口的新型电力电子设备。这类设备是实现直流配电组网及互联的关键物理基础。另一方面，其控制模式必须突破原有的传统 PQ、VF 等控制模式，需要适应未来电力电子化直流配电系统源网荷储多源协调运行的需求，实现直流配电网的无缝连接和自治运行。

(3) 直流配电系统的运行控制架构与方法。直流配电系统是典型的高度电力电子化的供电系统，因此其运行控制模式和方法与现有交流配电网有根本性的区别，需要突破目前交流系统运行的基本框架。现有直流配电系统控制策略大多未考虑换流器之间的交互影响，导致控制精度低、响应速度慢、控制效果差、运行经济性不高等问题。在完善直流配电系统分层控制理论和方法的基础上，应对各层之间的控制策略进行优化，以实现系统的潮流优化、平衡工况控制等，建立系统级的综合调控体系。

直流配电是随着直流分布式电源及直流负荷的快速增长而产生和不断发展的。尽管直流配电网具有特殊的优势，但是交流配电网基础设施完善、交流电源和负载长期存在，直流配电网目前难以完全取代交流配电网。因此在未来很长一段时间内将会是交直流混合配电融合发展的趋势。直流配电系统的发展和推广对于实现我国能源的绿色发展、循环发展和可持续发展具有重要意义。直流配电技术的研究和装置研制还有很长的路程。

现有研究都是基于交流系统运行和电源框架下的改进，没有完善的类似交流系统扩展、运行及保护的体系，无法从根本上解决电力电子化直流配电系统运行的灵活扩展、无缝连接、自动重构与自治运行问题。电力电子化电力系统是电力系统的一个本质性变革，必须从设备层到运行模式层进行根本性的颠覆和革命，需要全新的理论和模式进行支撑，以降低系统运行管理难度，实现高效的接入和运行。未来的路还很长，本书的成果是基于团队前期的相关研究成果总结而来，期待相关研究能够为直流配电网的发展起到抛砖引玉的作用，促进直流配电网的发展。

参 考 文 献

[1] 杨旭. 光储发电系统三端口 DC/DC 变换器硬解耦与控制方法研究[D]. 哈尔滨: 哈尔滨工业大学, 2016.
[2] 陈长江, 姜幼卿. 逆变电源缓冲电路与隔直电容的参数计算[J]. 武汉船舶职业技术学院学报, 2005, 4(2): 8-10.
[3] 刘飞, 查晓明, 段善旭. 三相并网逆变器 *LCL* 滤波器的参数设计与研究[J]. 电工技术学报, 2010, 25(3): 110-116.
[4] 朱永强, 贾利虎, 蔡冰倩, 等. 交直流混合微电网拓扑与基本控制策略综述[J]. 高电压技术, 2016, 42(9): 2756-2767.